科学出版社"十三五"普通高等教育本科规划教材

动物内科病与护理

付志新　主编

科学出版社
北京

内 容 简 介

　　本书是教育部、财政部职业院校教师素质提高计划培养资源开发项目——动物医学本科专业职教师资培养资源开发的成果之一。作者多年从事"动物内科病与护理"的教学和前沿领域的科研工作,具有扎实的内科病诊断能力和基本技能操作能力,以及日常在养殖场(户)基层服务时对畜主教育的实践经验。全书共分7章,共计102种疾病。编排以系统器官疾病为序。本书主要介绍马、牛、羊、猪、鸡、犬、猫等动物常见、多发、群发疾病的概念,可能病因,临床症状,诊断和鉴别诊断,中西生药治疗和治疗护理,以及平时保健护理或畜主教育,便于学生掌握每种疾病的诊断流程及施治方向。在每章开始有总论,介绍了该系统疾病发生前后解剖生理等的变化及总的发病特点和诊治方法,以便学生在学习该系统疾病前对先行课程有所了解,能较好地衔接。

　　本书可供动物医学专业本科生、高职生、中职生使用,也可供兽医临床专业技术人员和相关专业人员参考。

图书在版编目(CIP)数据

动物内科病与护理/付志新主编. —北京:科学出版社,2016
科学出版社"十三五"普通高等教育本科规划教材
ISBN 978-7-03-048962-3

Ⅰ.①动… Ⅱ.①付… Ⅲ.①兽医学－内科学－高等学校－教材
②兽医学－内科学－护理学－高等学校－教材　Ⅳ.①S856

中国版本图书馆CIP数据核字(2016)第139200号

责任编辑:丛　楠　刘　丹/责任校对:郑金红
责任印制:赵　博/封面设计:黄华斌

科 学 出 版 社 出版
北京东黄城根北街16号
邮政编码:100717
http://www.sciencep.com
天津市新科印刷有限公司印刷
科学出版社发行　各地新华书店经销

＊

2016年6月第 一 版　　开本:787×1092　1/16
2024年6月第八次印刷　　印张:16 1/4
字数:362 000
定价:69.80元
(如有印装质量问题,我社负责调换)

教育部动物医学本科专业职教师资培养核心课程系列教材编写委员会

《动物内科病与护理》编委会

主　编　付志新（河北科技师范学院）

副主编　梁有志（唐山市滦南县畜牧服务中心）

　　　　胡俊杰（甘肃农业大学）

编　委　（以姓氏笔画为序）

　　　　申红莲（卢龙县动物卫生监督所）

　　　　杨东兴（卢龙县畜牧水产局）

　　　　吴培福（西南林业大学）

　　　　赵永旺（江苏农牧科技职业学院）

　　　　崔学文（迁安市职业技术教育中心）

　　　　路　浩（西北农林科技大学）

审　校　杨宗泽（河北科技师范学院）

　　　　姜国均（河北农业大学）

丛 书 序

为贯彻落实全国教育工作会议精神和《国家中长期教育改革和发展规划纲要（2010—2020年）》提出的完成培训一大批"双师型"教师、聘任（聘用）一大批有实践经验和技能的专兼职教师的工作要求，进一步推动和加强职业院校教师队伍建设，促进职业教育科学发展，教育部、财政部决定于2011～2015年实施职业院校教师素质提高计划，以提升教师专业素质、优化教师队伍结构、完善教师培养培训体系。同时制定了《教育部、财政部关于实施职业院校教师素质提高计划的意见》，把开发100个职教师资本科专业的培养标准、培养方案、核心课程和特色教材等培养资源作为该计划的主要建设目标。作为传统而现代的动物医学专业被遴选为培养资源建设开发项目。经申报、遴选和组织专家论证，河北科技师范学院承担了动物医学本科专业职教师资培养资源开发项目（项目编号VTNE062）。

河北科技师范学院（原河北农业技术师范学院）于1985年在全国率先开展农业职教师资培养工作，并把兽医（动物医学）专业作为首批开展职业师范教育的专业进行建设，连续举办了30年兽医专业师范类教育，探索出了新型的教学模式，编写了兽医师范教育核心教材，在全国同类教育中起到了引领作用，得到了社会的广泛认可和教育主管部门的肯定。但是职业师范教育在我国起步较晚，一直在摸索中前行。受时代的限制和经验的缺乏等影响，专业教育和师范教育的融合深度还远远不够，专业职教师资培养的效果还不够理想，培养标准、培养方案、核心课程和特色教材等培养资源的开发还不够系统和完善。开发一套具有国际理念、适合我国国情的动物医学专业职教师资培养资源实乃职教师资培养之当务之急。

在我国，由于历史的原因和社会经济发展的客观因素限制，兽医行业的准入门槛较低，职业分工不够明确，导致了兽医教育的结构单一。随着动物在人类文明中扮演的角色日益重要、兽医职能的不断增加和兽医在人类生存发展过程中的制衡作用的体现，原有的兽医教育体系和管理制度都已不适合现代社会。2008年，我国开始实行新的兽医管理制度，明确提出了执业兽医的准入条件，意味着中等职业学校的兽医毕业生的职业定位应为兽医技术员或兽医护士，而我国尚无这一层次的学历教育。要开办这一层次的学历教育，急需能胜任这一岗位的既有相应专业背景，又有职业教育能力的师资队伍。要培养这样一支队伍，必须要为其专门设计包括教师标准、培养标准、核心教材、配套数字资源和培养质量评价体系在内的完整的教学资源。

我们在开发本套教学资源时，首先进行了充分的政策调研、行业现状调研、中等职业教育兽医专业师资现状调研和职教师资培养现状调研。然后通过出国考察和网络调研学习，借鉴了国际上发达国家兽医分类教育和职教师资培养的先进经验，在我校30年开展兽医师范教育的基础上，在教育部《中等职业学校教师专业标准（试行）》的框架内，设计出了《中等职业学校动物医学类专业教师标准》，然后在专业教师标准的基础上又开发出了《动物医学本科专业职教师资培养标准》，明确了培养目标、培养条件、培养过程和质量评价标准。根据培养标准中设计的课程，制定了每门课程的教学目标、实现方法和考核标准。在课程体系的框架内设计了一套覆盖兽医技术员和兽医护士层级职业教育的主干教材，并有相应的配套数字资源支撑。

教材开发是整个培养资源开发的重要成果体现，因此本套教材开发时始终贯彻专业教育与职业师范教育深度融合的理念，编写人员的组成既有动物医学职教师资培养单位的人员，又有行业专家，还有中高职学校的教师，有效保证了教材的系统性、实用性、针对性。本套教材的特点有：①系统性。本套教材是一套覆盖了动物医学本科职教师资培养的系列教材，自成完整体系，不是在动物医学本科专业教材的基础上的简单修补，而是为培养兽医技术员和兽医护士层级职教师资而设计的成套教材。②实用性。本套教材的编写内容经过行业问卷调查和专家研讨，逐一进行认真筛选，参照世界动物卫生组织制定的《兽医毕业生首日技能》的要求，根据四年制的学制安排和职教师资培养的基本要求而确定，保证了内容选取的实用性。③针对性。本套教材融入了现代职业教育理念和方法，把职业师范教育和动物医学专业教育有机融合为一体，把职业师范教育贯穿到动物医学专业教育的全过程，把教材教法融入到各门课程的教材编写过程，使学生在学习任何一门主干课程时都时刻再现动物医学职业教育情境。对于兽医临床操作技术、护理技术、医嘱知识等兽医技术员和兽医护士需要掌握的技术及知识进行了重点安排。④前瞻性。为保证教材在今后一个时期内的领先地位，除了对现阶段常用的技术和知识进行重点介绍外，还对今后随着科技进步可能会普及的技术和知识也进行了必要的遴选。⑤配套性。除了注重课程间内容的衔接与互补以外，还考虑到了中职、高职和本科课程的衔接。此外，数字教学资源库的内容与教材相互配套，弥补了纸质版教材在音频、视频和动画等素材处理上的缺憾。⑥国际性。注重引进国际上先进的兽医技术和理念，将"同一个世界同一个健康"、动物福利、终生学习等理念引入教材编写中来，缩小了与发达国家兽医教育的差距，加快了追赶世界兽医教育先进国家的步伐。

本套教材的编写，始终是在教育部教师工作司和职业教育与成人教育司的宏观指导下和项目管理办公室，以及专家指导委员会的直接指导下进行的。农林项目专家组的汤生玲教授既有动物医学专业背景，又是职业教育专家，对本套教材的整体设计给予了宏观而具体的指导。张建荣教授、徐流教授、曹晔教授和卢双盈教授分别从教材与课程、课程与培养标准、培养标准与专业教师标准的统一，职教理论和方法，教材教法等方面给予了具体指导，使本套教材得以顺利完成。河北科技师范学院王同坤校长、主管教学的房海副校长、继续教育学院赵宝柱院长、教务处武士勋处长、动物科技学院吴建华院长在人力调配、教材整体策划、项目成果应用方面给予大力支持和技术指导。在此项目组全体成员向关心指导本项目的专家、领导一并致以衷心的感谢！

本套教材的编写虽然考虑到了编写人员组成的区域性、行业性、层次性，共有近200人参加了教材的编写，但在内容的选取、编写的风格、专业内容与职教理论和方法的结合等方面，很难完全做到南北适用、东西贯通。编写本科专业职教师资培养核心课程系列教材，既是创举，更是尝试。尽管我们在编写内容和体例设计等方面做了很多努力，但很难完全适合我国不同地域的教学需要。各个职教师资培养单位在使用本教材时，要结合当地、当时的实际需要灵活进行取舍。在使用过程中发现有不当和错误的地方，请提出批评意见，我们将在教材再版时予以更正和改进，共同推进我国动物医学职业教育向前发展。

动物医学本科专业职教师资培养资源开发项目组
2015 年 12 月

前　言

　　《动物内科病与护理》是教育部、财政部动物医学本科专业职教师资培养资源开发项目的配套教材之一。本书的编写始终围绕两个方面：一是满足职教师资院校人才的培养要回归本位，加强临床诊治技能训练，引领兽医人才培养模式的要求；二是满足从职教师资院校毕业的学生在中等职业学校执教后，所培养的学生将来毕业后需要与行业需求、国家需求、国际需求衔接的要求。

　　在临床实践中，确诊一种疾病是有很大难度的，特别是在现在规模化、集约化、现代化养殖的情况下。并且在没有确诊的情况下，又无法给予正确的治疗及预后评估，或者通过暂时性诊断而决定治疗的方向。另外，目前的动物内科学已经突破了仅仅涉及动物的局限，直接关系到人类健康与公共卫生安全。本书在传统各系统疾病的概念、可能病因、临床症状、鉴别诊断、治疗框架基本不变的情况下，适当增加了中药防治内科病的内容，以及动物疾病的健康护理或畜主教育的内容，力求体现继承与发展相结合、理论与实践相结合、中西生药相结合、重视人畜共患病。

　　虽然本书力求内容全面，但是考虑畜主的经济状况、患畜本身的临床症状，以及科学检查和合理指导治疗是一个相当大的变量，临床专业教师和执业兽医在完成诊断，提供健康护理方案时，可不必完全按照本书上的流程进行。内科诊断过程如同公安人员办案一样，对于任何可疑的迹象和证据都力求不放过，要不断地从饲养员、场长等与患病动物有关的人员处搜集信息，不断地抽丝剥茧，这就是逻辑推理。合理的逻辑推理依赖于稳固的专业基础，在学习本书之前需要扎实掌握解剖学和生理学等先行的重要的基础课程。

　　本书编写过程中，承蒙河北农业大学姜国均教授、河北科技师范学院杨宗泽教授审校，感谢路浩副教授、赵永旺副教授、吴培福副教授、胡俊杰副教授、申红莲畜牧师、崔学文高级教师、杨东兴畜牧师、梁有志兽医师等编写人员的大力支持。对编写过程中引用了许多学者大量的资料和数据，在此一并致谢。

　　由于兽医内科疾病防治方面的知识、对畜主的健康指导，以及动物患病时护理措施的知识和技术日益发展，且参加编写的编者较多，每位编者的写作风格不尽相同，主编的研究工作和生产实践经验有限，书中的疏漏和不足恐难避免，诚恳希望广大读者予以批评指正，以便今后不断修改、完善。

　　随着科学研究的发展及临床经验的积累，治疗方法和健康护理必须或有必要进行及时的调整。执业兽医师在使用治疗药物时，必须参阅厂家提供的说明书，有责任根据经验对患病动物决定用量及选择最佳治疗方案。出版社和编写人员对任何在治疗中和健康护理指导中对患病动物造成的伤害不承担责任。

编　者

2016 年 3 月

目　　录

绪 论

一、动物内科病与护理的概念

动物内科病与护理（Animal Internal Disease and Veterinary Nursing）是研究常见动物非传染性内部器官疾病护理与保健护理和畜主教育的一门综合性临床应用学科。它较全面地阐述了临床内科疾病的理论、护理常规与健康护理指导。在该学科的研究中，应重点掌握每个疾病主要发病原因、临床症状、诊断技术、治疗技术、治疗与护理和保健护理及平时对畜主教育的能力。

二、动物内科病与护理的内容

动物内科病与护理的主要内容包括：消化系统疾病与保健护理、呼吸系统疾病与保健护理、心血管疾病与保健护理、血液疾病与保健护理、泌尿系统疾病与保健护理、神经系统疾病与保健护理、营养代谢性疾病与保健护理、中毒性疾病与保健护理等。

动物种类涉及马、牛、羊、猪、禽、犬、猫、狐狸、貉、貂等。动物内科病尤其是消化系统疾病、营养代谢性疾病及中毒性疾病等，多为群发病，常呈地方性和季节性发生，有的疾病可能会对畜主造成严重的经济损失和危害，平时保健护理显得尤为重要。

三、动物内科病与护理在现代畜牧业生产中的作用

当前，畜产品安全和动物疫病风险对养殖业构成很大的压力，一方面，为满足社会和经济发展需要，改变动物饲养方式，增加饲养量，提高饲养密度，提高生长速度，提高生产效率，出现一系列问题。越来越强大的人为干预，从根本上导致了饲养动物越来越背离自然生境下的生物学特性。另一方面，虽然引发畜禽健康与疫病问题的外因是养殖环境质量下降，但其根源是养殖密度不均衡和规模失调。经验丰富的兽医专家对畜禽疫病诊治不再像传统畜牧业时代那么高效，因为养殖的动物健康水平下降，抗逆性下降，或者说当前养殖动物应激敏感性增大，动物更容易受感染或遭遇应激；动物养殖环境质量下降，可刺激并引发动物机体发病的因素增多。例如，各种原因引起的畜禽舍内空气质量下降、舍内和场区病原体数量增多，各种生产、经营（如运输）和管理活动容易引发病原体的跨舍、跨场和跨地区传播；饲养者对动物健康和疫病风险的担心，以及对动物生长的过高期望，左右着药物的使用和外源物质的添加，直接关系到畜产品的安全。基于以上，目前及未来临床专业教师和执业兽医师要解决的问题除了继续保障畜牧业的健康、稳步发展外，更重要的是保证动物性食品的质量与安全，如畜禽生产过程兽药残留监控和食品残留监测。

1）短周期的食用动物如家禽、猪、狐狸、貉、貂等，主要以营养代谢性疾病、中毒性疾病、各种综合征为主，兽医护理员应切实考虑治疗期间的减少应激和平时保健护理时的动物福利与高蛋白等营养丰富饲料的平衡关系。

2）长周期的食用和役用动物如马属动物、牛、羊等，特别是奶用动物（如乳牛等）既具有发生群发病的特点，又因其生命周期明显长于同类肉用动物，器官性疾病的发病

率较高，特别是国家调整动物性食品结构后，在未来需要有相当一部分兽医护理员或执业兽医专职从事奶牛疾病的护理工作和防治工作。

3）伴侣动物、竞技动物、动物园动物及人工保护的重要野生动物由于生命周期长，主要以器官性疾病为主，如内科疾病、外科疾病、产科疾病及皮肤疾病等。兽医护理员的主要职责是在保障动物福利的前提下做好与动物主人和饲养员的沟通及对动物的人文关怀。

（付志新）

第一章　消化系统疾病

第一节　总　论

一、消化系统的解剖学

消化系统由消化道和消化腺两部分组成，消化道是从口腔到肛门的一条管道，包括口腔及其相关器官（上唇、下唇、牙齿、舌和唾液腺）、咽、食管、胃、小肠（十二指肠、空肠、回肠）、大肠（盲肠、结肠、直肠）和肛门。尽管消化道各部分的机能不同，管腔的粗细、管壁的厚薄也不一致，但其构造由内向外均可分为黏膜层、黏膜下层、肌层和浆膜层。消化腺包括壁内腺（胃腺、肠腺）和壁外腺（唾液腺、肝脏、胰脏），其机能是分泌消化液，以利食物的消化。另外，与肠道相关沿胃肠道分布的淋巴组织（肠相关淋巴样组织、扁桃体、淋巴集结、散在淋巴组织）、腹膜包裹着的腹腔脏器等也与许多胃肠疾病有关。

二、消化系统的生理学与病理生理学

胃肠道的主要功能包括贮存食物和水分，咀嚼，分泌唾液，吞咽食物，消化食物，吸收营养成分，维持体液及电解质平衡，排出废物。这些功能可分为消化功能、吸收功能、运动功能和排泄功能等四大类。相应地，就有消化功能异常、吸收功能障碍、运动失调及排泄紊乱等四大类功能紊乱。

胃肠道的运动力取决于胃肠道的肌肉系统及其在肌肉神经丛、交感和副交感神经系统受到的刺激，因此与交感和副交感神经中枢和外周神经的兴奋性有关。运动功能失调常表现为活动性减弱、逆蠕动减弱、肠内容物传递加速。肠壁肌肉无力、急性腹膜炎和低血钾导致肠道运动机能减弱，肠壁弛缓（麻痹性肠梗阻），肠道扩张充满液体和气体，而排粪减少。另外，小肠的慢性积食会诱发微生物菌群异常增殖，过度增生的微生物会损伤肠黏膜细胞，争夺营养成分，使胆盐解离、脂肪酸羟基化，导致吸收障碍。胃肠肌肉运动减弱的另一个主要后果是液体和气体潴留，导致胃肠扩张。大部分肠积液是正常消化道分泌的唾液、胃液及肠液。胃肠扩张导致疼痛和邻接肠段的反射性痉挛，这又进一步刺激胃肠道分泌增加，使胃肠扩张加重。当扩张超过了临界点，肠道肌肉对扩张的反应能力消失，在胃肠肌肉兴奋完全消失的肠段发生麻痹性肠梗阻。脱水、酸碱和电解质平衡失调、循环衰竭都是胃肠扩张的主要后果，肠积液可刺激积液处前段肠道分泌更多的肠液和电解质，使病情加重并导致休克。与胃肠疾病有关的腹痛，一般是由消化道壁受到牵拉所致，肠管的收缩不会引起其本身疼痛，但可引起邻近肠管直接或反射性扩张而引起疼痛。肠痉挛是指肠道的某段过度分节收缩，当蠕动波到达时可引起前一肠段的扩张。引起腹痛的其他因素还有水肿和局部组织供血不足。例如，局部血管栓塞或肠系膜扭转。

增加某肠段的刺激可增强该肠段的运动，扰乱食物在消化道中的正常运送过程。这不仅加快了食物通过该肠段的速度，还与前一段肠管产生反方向梯度，引起逆蠕动，这

可使肠内容物甚至粪便逆流入胃，发生呕吐。呕吐是食物和液体从胃内经口腔喷射出体外的神经反射活动，常先出现恶心、流涎和寒战等先前行为，并伴有腹肌反复收缩。反胃是咽下的食物从食管被动地反流。食管患有疾病，咽下食物可能难以进入胃。

某种疾病可通过多种和特异性机制引起腹泻，认识这些机制，对理解、诊断和防制胃肠疾病很有益处。腹泻的主要机制是：肠黏膜通透性升高、肠分泌过多和肠腔内渗透作用增强。而肠道蠕动过强常是继发性的；当肠腔中营养物质吸收不完全引起渗透压升高而致肠液蓄积时，可发生渗透性腹泻。引起营养吸收障碍或消化不良的任何疾病都可引起渗透性腹泻。

胰脏分泌功能缺损也可造成吸收障碍。新生农畜或幼犬在哺乳期喂以牛奶，因其不能消化乳糖，大量乳糖可致肠腔内渗透压升高，造成腹泻，这种情况较少见。肠绒毛顶端上皮细胞消化酶分泌作用减弱是畜禽感染嗜上皮毒的特征。

水和电解质在健康动物肠黏膜两侧持续不停地转运，分泌（从血液到肠腔）和吸收（从肠腔到血液）同时进行。健康动物，吸收作用超过分泌作用，导致净吸收。肠壁出现炎症后，会伴发肠黏膜的"孔径"增大，大量体液靠压力差从血液经肠黏膜漏到肠腔中。如果漏出的总量超过了肠道的吸收能力，就导致腹泻。漏过肠黏膜的粒子大小取决于肠黏膜孔径增大的程度。孔径增大很多，则血浆蛋白可以通过，引起蛋白质丢失性肠病（如犬淋巴管扩张症、牛副结核病、线虫感染）。

分泌过多是体液和电解质在肠道中的净丢失，其发生与肠黏膜的通透性、吸收能力或渗透压梯度的改变无关。肠毒性大肠杆菌病是由于分泌过多造成的腹泻疾病之一，产肠毒素大肠杆菌产生的肠毒素刺激隐窝上皮，使肠分泌超过了肠的吸收能力，而肠绒毛及其消化吸收能力却完好无损。该分泌液具有等渗性、偏碱、不含渗出物的特征。完好无损的肠绒毛对机体有利，因为它可以吸收含有葡萄糖、氨基酸及钠离子的口服药液。

吸收障碍是由于肠绒毛表面成熟的消化吸收细胞功能缺损，造成消化吸收衰竭。几种嗜上皮细胞的病毒能直接感染并破坏肠绒毛吸收上皮细胞或其前体。例如，冠状病毒、仔猪传染性胃肠炎病毒、犊牛轮状病毒、猫泛白细胞缺乏症病毒和犬细小病毒等可破坏隐窝上皮细胞，导致肠绒毛吸收细胞不能再生和肠绒毛塌陷。因此，感染细小病毒后肠绒毛的再生过程要比绒毛顶端上皮感染冠状病毒和轮状病毒受损后的再生过程长。肠吸收障碍也可由任何损伤肠吸收能力的疾病引起，如弥散性炎症（淋巴细胞浆细胞性肠炎、嗜酸性细胞性肠炎）或肿瘤（淋巴肉瘤）。

胃肠道消化食物的能力除了取决于其运动能力和分泌功能外，在草食动物中，还与反刍动物的前胃、马和猪的盲肠及结肠中的微生物菌群活力有关。反刍动物消化道内的微生物菌群能消化纤维素，发酵碳水化合物生成挥发性脂肪酸，转化含氮物质生成氨、氨基酸和蛋白质。在某些条件下，微生物菌群的活力会受到抑制，达到一定程度可使消化异常或停止。不正确的饲喂，长时间饥饿或无食欲，或饲料过酸，过食谷物造成的腹胀，都会破坏微生物的消化活力。细菌、酵母菌及原生动物都会因口服抗生素或使瘤胃内容物的酸碱度剧烈改变的药物而影响其消化活力。

三、消化系统疾病的症状

消化系统疾病的症状有饮食欲减退或废绝，采食与咀嚼异常，吞咽困难，唾液分泌减少或过多，呕吐，反刍与嗳气减少或停止，腹泻，便秘或少便，胃肠道出血，腹痛，腹胀，排粪失禁，消化功能减退，脱水，休克等。

四、消化系统检查

根据完整而确切的病史和临床检查，对大多数患消化系统疾病的病例可作出诊断。

临床检查包括：视诊，主要观察采食、咀嚼、吞咽和咽下的状况，口腔变化，以及腹围大小。触诊，腹壁触诊和直肠检查，可以判定腹腔脏器的形状、硬度、大小和位置；反刍动物瘤胃蠕动的力量、频率、持续时间和胃内容物的性质；冲击式触诊，通过腹腔脏器离开和回到腹壁来判定其性质和大小，以及有无回击波或振水音，以判定胃肠内或腹腔内有无积液。叩诊腹壁有无鼓音，以确定胃肠有无臌气。听诊，胃肠蠕动音的强弱、频率和持续时间，以判断胃肠运动情况。胃和食管探诊，可以判定食管有无阻塞、狭窄或胃扩张的性质。粪便检查，可评价粪便的量、形状、颜色，以及有无黏液、血液、纤维蛋白膜、未消化的饲料颗粒等；必要时，可作粪便的细菌培养和病毒分离。内窥镜检查食管、胃、结肠和直肠的黏膜表面，可判定这些器官有无炎症、溃疡、肿瘤等。对于诊断不确切或手术治疗的病例可作剖腹探查及取材进行活检。此外，X线检查和B型超声波检查可以诊断中、小动物的肠阻塞、肠变位、食管阻塞、胆结石等疾病；X线检查还可以判定牛创伤性网胃炎的金属异物的形状、位置等。

实验室检查包括：凝胶消化试验，可以检查粪便中有无蛋白质分解酶；纤维素消化试验，可检查瘤胃内微生物的活性。显微镜检查粪便，可了解有无寄生虫；有无脂肪滴或中性脂肪（苏丹Ⅲ染色法）是检查小动物是否患脂肪痢的敏感方法；直肠或结肠黏液涂片（瑞氏染色法）可检查粪内有无白细胞、脓细胞，以判断肠道有无炎症；腹腔穿刺液的检查可以判定是漏出液还是渗出液。

五、消化系统疾病的治疗与护理

根据不同症状进行护理。以常见症状——呕吐和腹泻为主的治疗和护理如下。

1. 呕吐 呕吐是一种临床症状，而不是病。兽医可以为每一个呕吐的动物提供相应的治疗计划，不论何时，这个计划要针对其首要病因。最基本的治疗方式是，除去主要病因，控制呕吐，补充液体，保持电解质平衡。

1）对单一非特异性胃炎，控制饮食至少 12～24h，仅可以间隔给少量的水。饲喂高消化性、低等到中等水平脂肪的饮食。

2）止吐剂，如胃复安，吩噻嗪类（乙酰丙嗪，氯丙嗪），罗马匹坦。

3）补液。防止脱水和电解质失衡。

4）代谢性碱中毒只在极端呕吐的情况下发生。在没有血浆 pH 和重碳酸盐等资料时，可以补充林格液，当有代谢性酸中毒时，使用乳酸林格液。

5）口服保护胃黏膜的药物，如高岭土、次硝酸铋、鞣酸蛋白、木炭末等。

6）抗酸剂治疗。中和胃酸及非活性胃蛋白酶，需要每 2～4h 给药一次，如氢氧化铝、硫糖铝、碳酸氢钠等，但应用时间不宜过长。

7）抑制胃酸分泌。奥美拉唑是体壁细胞组胺的受体，对胃黏膜表面起作用，是胃酸的有效抑制剂。

8）外科手术可以直接去除异物，缓解幽门狭窄，切出胃部病变部位。

2. 腹泻　　小动物腹泻的大多数病例是功能性和短暂性的，病犬、猫在消化后或喂食后，肠不能吸收且在肠腔内发酵或刺激肠壁。二者都能引起"肠紊乱"。治疗方法如下：

1）禁食24h，仅允许给少量的水。

2）口服吸收剂，如高岭土、次硝酸铋、活性炭。

3）在小动物的实践中，普遍使用抗体治疗、加强肠活力。但有学者对此方法的效果表示怀疑，应谨慎使用。

4）肠镇静药，如阿托品。

5）口服抗肠痉挛药，如阿托品、亥俄辛、薄荷醇。

6）饮喂平衡日粮，如内脏、鸡肉、牛肉和煮米饭。尽量不要喂奶、奶制品、未煮熟的碎肉、次等饼干，远离垃圾。

7）特别注意保持病兽的清洁。有很长毛的猫和狗需要从毛根洗，吹干。连续性腹泻会造成肛门溃疡，一般轻洗和使用滑石粉或含锌软膏，局部用麻醉剂和可的松也可起缓解作用。

六、消化系统疾病的保健护理

消化系统疾病的发生往往与饲养管理有关，要贯彻预防为主的方针，做到精心饲养，给予质量良好的、合乎卫生要求的全价日粮；饮水、饲料应有规律，不要突然改变；搞好畜舍卫生，尽量减少应激因素对畜禽的影响；役畜应合理使役，舍饲家畜每天应到运动场做适当运动，增强体质。

消化系统疾病可源于其他系统疾病，也可影响到其他系统。因此治疗时，不应只考虑某一症状或局部病灶，而应采取整体与局部相结合的诊断和治疗方法，可能会收到较理想的效果。

对消化系统疾病应早诊断、早治疗。对需进行手术治疗的病例，如肠套叠、肠扭转等，内、外科医生要通力合作，以便获得最佳效果。对于某些疾病，采取中药、西药、生药相结合的治疗手段。

在选择保健药物时，要根据季节、饲养阶段等选择。治疗时，用药要有针对性，选择疗效好、经济、简便而不良反应小的药物。并应随病情变化而调整所使用的药物。

第二节　口腔、咽、食管疾病

一、口炎

口炎是口腔黏膜炎症的总称，包括齿龈炎、腭炎和舌炎等。临床上以采食、咀嚼障碍，流涎为特征。口炎类型较多，按其炎症性质可分为卡他性口炎、水疱性口炎、溃疡性口炎、脓疱性口炎、中毒性口炎、鹅口疮性口炎等数种，其中以卡他性、水疱性和溃疡性口炎较为常见。本病各种动物都可发生，牛、马、犬最为常见。

（一）病因

病因可分非传染性和传染性两类。

非传染性病因主要包括机械性、温热性、化学性损伤，以及某些营养，如核黄素、抗坏血酸、烟酸、锌等缺乏。

传染性口炎多继发于口蹄疫、坏死杆菌病、传染性水疱性口炎、牛恶性卡他热、牛流行热、蓝舌病、猪瘟等特异病原性疾病。

不同性质的口炎，引起的原因有所不同。

1. 卡他性口炎　即口腔黏膜表层的卡他性炎症，是一种单纯性或红斑性口炎。多由机械性的、物理性的、化学性的或有毒物质的，以及传染性因素的刺激、侵害和影响所致。例如，带有芒刺的坚硬饲料、骨刺、铁丝或碎玻璃等各种尖锐异物，以及口衔、开口器乃至锐齿的直接损伤；或因吐酒石、石炭酸、升汞、铵盐等化学性物质，以及毛茛、毒芹、芥子等有毒物质的刺激；亦有因采食过热饲料或灌服过热的药液烫伤，或霉败饲料的刺激等。

2. 水疱性口炎　是一种以口黏膜上生成充满透明浆液水疱为特征的炎症。主要是由饲养不当，采食了带有锈病或黑穗病病菌的霉败饲料、发芽的马铃薯、毛滴虫的细毛，以及被细菌、病毒感染所致。

3. 溃疡性口炎　是一种以口黏膜糜烂、坏死为特征的炎症。主要是因口腔不洁，被细菌或病毒感染所致；或见于维生素 A 缺乏症、急性胃卡他、肝炎、血斑病、犬瘟热、钩端螺旋体病等的病程中。

（二）症状

各种类型的口炎，都具有采食、咀嚼缓慢甚至不敢咀嚼，拒食粗硬饲料，常吐出混有黏液的草团；流涎，口角附着白色泡沫；口黏膜潮红、肿胀、疼痛、口温增高等共同症状。不同类型的口炎，临床症状有所不同。

1. 卡他性口炎　各种动物都可发生，牛、马最常见。口黏膜弥漫性或斑点状潮红，硬腭肿胀。唇黏膜的黏液腺阻塞时，散在小结节和烂斑。舌面上有灰白色或草绿色舌苔。牛因为丝状乳突上皮增殖，舌面粗糙，呈白色或黄色。夏收季节如因麦芒刺伤，在舌系带、颊及齿龈等部位常可发现成束的麦芒。

2. 水疱性口炎　常见于牛、马、仔猪和家兔。唇的内面、硬腭、口角、颊、舌缘和舌尖及齿龈有粟粒大乃至蚕豆大的透明水疱，3～4d 后破溃，形成鲜红色烂斑。体温间或轻微升高。口腔疼痛，食欲减退，5～6d 后痊愈。

3. 溃疡性口炎　多发于肉食兽，犬最常见。表现为门齿和犬齿的齿龈部分肿胀，呈暗红色或紫红色，容易出血。1～2d 后，病变部位变为灰白色蜡样物（图 1-1）、糜烂。炎症常蔓延至口腔其他部位（图 1-2），导致溃疡、坏死甚至颌骨外露，散发出腐败臭味；流涎，混有血丝带恶臭。

（三）诊断

原发性口炎，根据病史及口黏膜炎症变化，可作出诊断。但唾液腺炎、咽炎、食管炎、有机磷农药中毒、亚硝酸盐中毒等也有流涎和采食障碍现象，应注意鉴别诊断。此外，还应注意与下列传染性疾病进行鉴别。

（1）坏疽性口炎（牛白喉）　坏死杆菌与口腔、舌和喉的坏疽性病变有关。这种情况在小牛中非常普遍，但是在生长期的牛和成年牛中很少。常见的位置是口腔黏膜，这

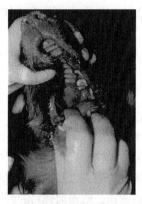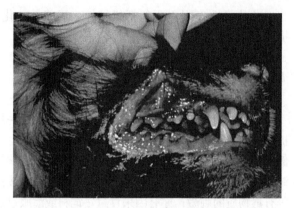

图1-1　犬硬腭表面覆盖灰白色蜡样物　　　图1-2　犬齿龈部位的假膜撕去后出血

可能是由腐败的食糜积蓄在牙齿和口腔黏膜之间造成的。病变是坏疽性的，通常包裹着干酪样的物质。据报道，饲养场的牛发生坏疽性舌炎。坏疽性病变出现在牛的舌头上，病因还不清楚，但可能与传染性的和病毒性的感染有关。症状为唾液分泌过多，口腔黏膜感染时面颊肿胀，呼出难闻的气味。注射抗生素或磺胺治疗，3～5d，通常可获得较好的疗效。

（2）牛丘疹性口炎　　一种由病毒引起的小疱破裂和发生溃疡性病变的疾病。这种疾病在小牛是很普遍的，没有多大的经济意义。然而，它可以用来特异性地诊断口蹄疫和黏膜疾病导致的病变，但是，它通常没有任何系统性疾病的症状，也没有过多唾液分泌。

（3）真菌性口炎　　本疾病是由念珠球菌引起的。念珠球菌是一种特殊的病原体。真菌性口炎的特征是口腔黏膜有黄色的坏疽性病灶，口腔黏膜糜烂，然后被一层纤维素性坏疽膜覆盖。霉菌感染可能是次要的，蓝舌病毒可能是其主要的病因。类似于真菌性口炎的口鼻部病变也时有发生。

（4）蜂窝织炎性口炎　　较易发生于成年牛，是一种急性的、深层的、快速扩散的口腔、喉和周围组织的炎症反应，经常发生于由体外异物造成的黏膜损伤之后。从这些病灶可以分离到坏死杆菌、链球菌、埃希氏大肠杆菌。本病的发作是突然的，开始时有大量的水样唾液和泪液分泌。直肠温度上升到40.5～41.5℃（105～107°F），心率和呼吸频率增加。面颊、口、鼻口部和下颌明显肿胀。呼出的气体污浊恶臭，口腔上皮频繁脱落。严重的在24h内发生死亡。如果在疾病早期，用磺胺治疗或注射一段时期的青霉素和链霉素可以获得较好的疗效。

（5）牛、马传染性水疱性口炎　　是病毒性疾病，口黏膜发生水疱。呈地方性流行，蹄部也有水疱形成。

（6）猪水疱疹　　是病毒性疾病，只有猪易感。表现体温升高，精神沉郁，舌、颊、唇、硬腭，以及口角和蹄部发生水疱，呈地方性流行。

（7）口蹄疫　　发生于偶蹄动物，由病毒引起。常见口黏膜、舌背和蹄爪间发生水疱，大量流涎、呷嘴、高热、食欲废绝，迅速传播和蔓延。

（8）牛恶性卡他热　　是一种散发的病毒性传染病。表现高热稽留、全身水肿、淋巴结肿大，全身症状明显，伴发口炎。

（四）治疗与护理

1）消除病因，如摘除刺入口腔黏膜中的麦芒，剪断并锉平过长齿等。

2）0.1%～0.3%的利凡诺溶液或0.05%的洗必泰溶液、1%食盐水、2%硼酸水溶液、0.1%高锰酸钾溶液、0.1%新洁而灭、1%明矾水冲洗口腔，每天3～4次。

3）1%碘甘油、1%～2%龙胆紫、2.5%金霉素鱼肝油、口腔溃疡散、冰硼散（冰片5g，煅硼砂50g，朱砂6g，玄明粉50g）、2%硫酸铜溶液、2%硼酸钠甘油混悬液、1%磺胺甘油混悬液涂布于口腔黏膜溃烂部位。

4）青黛散：青黛15g，黄连10g，黄柏10g，薄荷5g，桔梗10g，儿茶10g，研为细末，装入布袋内，湿水后给病畜衔于口中，饲喂时取下，每天换一次。肌内注射核黄素和维生素C。

5）中兽医治疗采用血针刺通关、玉堂、颈脉等穴。

6）草食动物给予优质青干草、营养丰富的青绿饲料或块根、块茎饲料。

7）肉食动物可给予牛奶、肉汤、稀粥、鸡蛋等。

（五）保健护理

1）搞好经常性饲养管理，合理调配饲料，防止尖锐异物、刺激性化学物质或有毒植物混于饲料中。

2）不饲喂发霉变质的饲草、饲料。

3）服用带刺激性或腐蚀性药物时，一定按要求使用。

4）正确使用开口器。

5）定期检查口腔，牙齿磨灭不齐时应及时修整。

6）改善畜舍环境卫生，防止受寒感冒和继发感染。

7）反刍动物通常会产生大量的唾液，作为一种缓冲剂，在瘤胃内可以保持正常的瘤胃pH。成年牛通常产生的唾液量为5～10ml/（100kg·min）。一头600kg的奶牛每分钟能够分泌60ml的唾液。平时发现过多的唾液分泌时要考虑下列疾病的症状：口蹄疫和牛鼻气管炎；各种导致口腔炎症的原因，如木舌病、牛白喉及与牙齿有关的疾病；咽喉麻痹，它是狂犬病、伪狂犬病、肉毒素中毒和破伤风的一个症状，在牛很少见；食管阻塞，是最常见的；采食具有刺激性的植物或化学物质，导致口腔发炎；某些化学物质，如铜、铅、汞和砷也可刺激唾液大量分泌。

二、咽炎

咽炎是咽黏膜及其邻近器官炎症的总称。因软腭、扁桃体、咽淋巴滤泡及其深层组织也发生炎性变化，故也称咽峡炎或扁桃体炎。临床上以咽部肿痛，头颈伸展、转动不灵活，触诊咽部敏感，吞咽障碍和口鼻流涎为特征。严重的病例还可能出现软食物经口鼻逆流于外。按炎症性质可分为卡他性咽炎、格鲁布性咽炎、蜂窝织性咽炎和化脓性咽炎等；按病程可分为急性和慢性咽炎。本病多发于猪、马、骡，牛和犬有时也发生，其他动物较少发生。

（一）病因

1. 原发性咽炎

1）机械的、化学的或温热的刺激。多见于饲料中的芒刺、异物等机械性刺激；饲料与饮水过冷或过热的温热性刺激；氨水、甲醛、硝酸银、吐酒石，以及强酸、强碱等应用不当的化学性刺激，致使咽黏膜受到刺激和损伤；或因受到强烈的烟熏，乃至吸入了芥子气、光气、双光气等毒剂，都是诱发急性咽炎的原因。

2）受寒、感冒和过度疲劳是咽炎的主要病因。当动物突然受到寒风、冷雨的侵袭，或因过劳又被雨淋，发生感冒，机体抵抗力降低，防卫机能减弱，极易受到条件致病菌（如链球菌、葡萄球菌、坏死杆菌、巴氏杆菌、沙门氏杆菌、大肠杆菌等）的侵害，导致咽炎的发生，特别是早春晚秋，气候骤变，车船长途运输，过度疲劳，更容易引起咽黏膜的炎症。

2. 继发性咽炎 常伴随于邻近器官的炎性疾病，如口炎、鼻炎、喉炎、食管炎等，继发于马腺疫、流感、血斑病、炭疽、猪瘟、犬瘟热、结核、鼻疽、牛恶性卡他热、牛羊的出血性败血症，以及口蹄疫、狂犬病等传染病。

（二）症状

咽是呼吸道和消化道的共同通道，上为鼻咽，中为口咽，下为喉咽（图1-3），易受到物理化学因素的刺激和损伤。咽的两侧、鼻咽部和口咽部均有扁桃体，咽的黏膜组织中有丰富的血管和神经纤维分布，黏膜极其敏感。因此，当机体抵抗力降低，黏膜防卫机能减弱时，极易受到条件致病菌的侵害，导致咽黏膜的炎性反应。特别是扁桃体，是各种微生物居留及其侵入机体的门户，容易引起炎性变化。

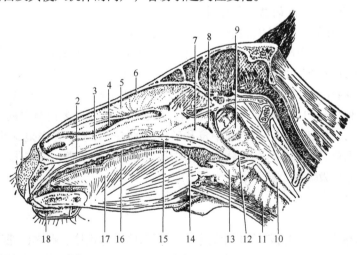

图1-3 马头纵剖图

1. 上唇；2. 下鼻道；3. 下鼻甲；4. 中鼻道；5. 上鼻甲；6. 上鼻道；7. 鼻咽部；8. 咽鼓管咽口；9. 咽鼓管囊；10. 食管；11. 气管；12. 喉咽部；13. 喉；14. 口咽部；15. 软腭；16. 硬腭；17. 舌；18. 下唇

原发性卡他性咽炎，病情发展缓慢，最初不引人注意，经3～4d后，临床症状逐渐明显。

继发于传染病的咽炎，特别是蜂窝织炎性咽炎，通常突然发生，具有高热、精神沉郁、心脏衰弱、呼吸困难等症。一般病例，常见下列症状。

采食、咀嚼缓慢，咽下障碍。摄取到口内的饲料形成食团后，即伸展头颈，小心吞咽或随口吐出。离开饲槽，不愿采食，呆然凝立，神情忧郁。其后病情加剧，采食咀嚼的食糜和饮水往往从两鼻孔逆出，成为马的示病症状之一。

流涎。唾液腺受到炎性反射性刺激，大量分泌，黏液腺的分泌也增多，并因咽下困难，大量唾液和黏液由口角缕缕流下，或蓄积在口腔内，当低头或开口检查时，突然流出。

流鼻液。在炎症发展中，由于咽黏膜炎性渗出物增多，或因咽黏膜受到炎症影响，则有大量炎性渗出物由鼻孔流出，有时为一侧性的，有时两侧并流，其中混有食糜和唾液。流出的鼻液在吃干草时带黄色，吃青草时带绿色。格鲁布性咽炎鼻液中混有白色假膜。鼻端污秽不洁，鼻黏膜充血。

咳嗽。由于咽在上，喉在下，因而患咽炎的动物多伴发喉炎，当患病动物吞咽时常常咳嗽。咳嗽音多为湿性，并有疼痛表现，同时咳出食糜和黏液。重剧病例呼吸促迫，伴有喘鸣声。咽部听诊伴有啰音。

局部变化。一般病例，局部无明显变化，重剧性咽炎，咽部周围组织发生炎性浸润，呈现水肿。大动物用食管镜检查，会厌及鼻咽侧壁黏膜潮红，附着黏液或脓性分泌物。外部触诊，有热、痛表现，甚至引起痛咳，颌下淋巴结略显肿胀。

全身症状。患蜂窝织炎性咽炎时全身症状更为明显。患病动物体温上升至 40~41℃，心悸，马脉搏数可增至 60~70 次 /min，精神沉郁，倦怠无力，头颈伸直，呼吸促迫。实验室检查白细胞数增多，嗜中性粒细胞显著增加，嗜酸性粒细胞和淋巴细胞减少。

慢性咽炎。全身症状不明显，病情发展缓慢，咽部触诊疼痛反应不明显。

（三）诊断

动物患咽炎时，头颈伸展、流涎、吞咽障碍、食糜和饮水可以从鼻孔逆出，特征明显，诊断并不困难，但应注意与下列疾病鉴别。

（1）咽腔内异物　　多在采食过程中突然发病，吞咽困难，常见于犬、牛和猪。可进行咽腔检查，咽部有团块状的异物或 X 线透视发现阻塞部位出现浓密的阴影。

（2）咽部肿瘤　　触诊无疼痛现象，开口视诊咽部肿胀、阻塞、流涎、吞咽障碍、无炎性变化，病程缓慢，经久不愈。

（3）腮腺炎　　多发于一侧，局部肿胀明显，头向健侧倾斜，咽部触诊无疼痛反应，也无食糜从鼻孔逆出和流鼻液现象。

（4）喉卡他　　患病动物咳嗽、流鼻液，咽下无异常。马喉囊卡他，多发于一侧，局部肿胀，触诊时于同侧流出鼻液，无流涎和疼痛表现。

（5）食管阻塞　　咽下障碍明显，外部触诊，能摸到阻塞物，食管探诊至阻塞部时无法前进，牛、羊易继发瘤胃臌气。

（四）治疗与护理

1. 治疗原则　　加强护理，清咽利喉，抗菌消炎，对症治疗，以促进康复过程。

2. 西药治疗

（1）抗菌消炎　　青霉素为首选抗生素，也可用磺胺类药物或其他抗生素，如土霉素、强力霉素、链霉素、庆大霉素等。并适时应用解热止痛剂，如水杨酸钠或安乃近、氨基比林。同时，可酌情使用肾上腺皮质激素，如可的松等。

（2）局部处理　病初咽喉部先冷敷，后热敷，每日 3～4 次，每次 20～30min。也可涂抹 10% 樟脑乙醇或鱼石脂软膏、止痛消炎膏，或用复方乙酸铅散（乙酸铅 10g，明矾 5g，薄荷脑 1g，白陶土 80g）做成膏剂外敷。同时，用复方新诺明 10～15g，碳酸氢钠 10g，碘喉片（或杜灭芬喉片）10～15g，研磨混合后装于布袋，衔于患病动物口内。小动物可用碘甘油涂布咽黏膜或用碘片 0.6g，碘化钾 1.2g，薄荷油 0.25ml，甘油 30ml，制成搽剂，直接涂抹于咽黏膜。

（3）非特异性疗法　牛、猪咽炎，可用异种动物血清，牛 20～30ml，猪 5～10ml，或用脱脂乳亦可，皮下或肌内注射。

（4）封闭疗法　用 0.25% 盐酸普鲁卡因注射液（牛、马 50ml，猪、羊 20ml）稀释青霉素（牛、马 240 万～320 万 IU，猪、羊 40 万～80 万 IU），进行咽喉部封闭。

3. 中药治疗　中兽医称咽炎为内颡黄，治宜清热解毒，清利咽喉，消肿止痛。

1）青黛散加减。青黛 15g，冰片 5g，白矾 15g，黄连 15g，黄柏 15g，硼砂 10g，柿霜 10g，栀子 10g，装于纱布袋，衔于口中，每天更换一次。

2）初期可在咽部用安得利斯粉（明矾 50g，乙酸铅 100g，薄荷脑 10g，樟脑 10g，白陶土 820g），配合雄黄散（雄黄、白芨、白蔹、龙骨、大黄各 50g，冰片 5g），冷醋调成糊状，涂于患处；后期局部涂擦刺激剂鱼石脂软膏。

3）六神丸（中成药）100～200 丸，凉水冲服，或研细末吹入咽喉内。

4）杏仁 10g，白矾 15g，共为细末，开水冲调，候温，猪（20～25kg）一次灌服。

5）射干 60g，薄荷 15g，共为末，开水冲，候温灌服。

4. 护理　停止饲喂粗硬饲料，草食动物给予青草、优质青干草、多汁易消化饲料和麸皮粥；肉食动物和杂食动物可喂给米粥、牛奶、肉汤、鸡蛋等，并给予充足饮水。对于咽痛拒食的动物，应及时补糖输液，种畜或珍贵动物还可静脉注射氨基酸。同时注意改进畜舍环境卫生，保持圈舍温暖、清洁、通风、干燥。对于疑似传染病的患畜，应进行隔离观察。对重病病畜为防止误咽，禁止经口鼻灌服营养物质及药物。

（五）保健护理

1）做好平时的饲养管理工作，注意饲料的质量和调制，避免饲喂霉败、冰冻的饲料。

2）搞好环境卫生，保持圈舍的清洁和干燥。

3）防止动物受寒感冒、过劳，增强机体的防卫机能。

4）对于咽部邻近器官的炎症应及时治疗，防止炎症蔓延。

5）应用诊断与治疗器械如胃管、投药管等时，操作应细心，避免损伤咽黏膜，以防本病的发生。

三、食管阻塞

食管阻塞，俗称"草噎"，是由于吞咽的食物或异物过于粗大和（或）咽下机能障碍，导致食管梗阻的一种食管疾病。常引起吞咽障碍和苦闷不安的现象。按阻塞程度分为完全阻塞与不完全阻塞；按阻塞部位分为颈部食管阻塞、胸部食管阻塞和腹部食管阻塞。本病常见于牛、马、猪和犬，羊偶尔发生。

（一）病因

1. 原发性食管阻塞　不同种类的动物，其发病原因差异较大。

（1）牛　主要是采食了未切碎的萝卜、甘蓝、芜菁、甘薯、马铃薯、甜菜、苹果、西瓜皮、玉米穗、大块豆饼、花生饼，误咽毛巾、破布、塑料薄膜、毛线球、木片或胎衣而发病。

牛的食管阻塞是非常常见的症状，牛通常采食迅速，不加咀嚼。食团的反刍和再咀嚼可以确保食物被磨成小的碎块。苹果，马铃薯，萝卜、甜菜的菜根可能不加咀嚼被吞咽，造成食管阻塞。食管阻塞在人工饲喂的牛中经常发生。马铃薯很多且廉价时，它会被作为饲养牛的饲料，萝卜、甜菜也被广泛用作饲料，所以导致食管阻塞是很普遍的现象。供给块根、块茎农作物也会导致食管阻塞。如果将大块的根，如甜菜根，整个的饲喂，则很少引起阻塞，但是，如果将它们切成块，牛会不经咀嚼地吞咽，这些块根太大，几乎不能通过食管。但饲喂较小的块根、块茎农作物，很少引起阻塞，可能是牛每次只吃了相当小的碎块。最普遍的引起阻塞的是苹果和马铃薯，这是因为它们的大小恰好可以阻塞食管，同时还由于它们圆且光滑很难咀嚼，而且饲喂之前很少将它们切碎。如果用马铃薯饲喂牛，一个宽敞的仓库对同时采食的所有牛来说是很重要的，如果仓库狭小，牛会冲进仓库不小心吞入整块马铃薯导致阻塞。

（2）马　多因车船运输、长途赶运，过于饥饿，当饲喂时，采食过急或贪食，摄取大口草料（如谷物和糠麸），咀嚼不全，唾液混合不充分，匆忙吞咽，而阻塞于食管中；或因过于兴奋，或因过度疲劳，咀嚼、吞咽不正常，在采食草料、小块豆饼、胡萝卜等时，引起阻塞；或因突然受到惊吓，匆忙吞咽而引起。亦有因全身麻醉，食管神经功能尚未完全恢复即采食，从而导致阻塞。

（3）猪和羊　多因抢食甘薯、萝卜、马铃薯块、未拌湿均匀的粉料，咀嚼不充分就忙于吞咽而引起。猪采食混有骨头、鱼刺的饲料，亦常发生食管阻塞。

（4）犬　多由群犬争食软骨、骨头和不易嚼烂的肌腱而引起，或因贪食匆忙吞咽而引起。幼犬常因嬉戏，误咽瓶塞、煤块、小石子等异物而发病。

2. 继发性食管阻塞　常继发于食管狭窄或食管憩室、食管麻痹、食管炎等疾病。也有由于中枢神经兴奋性增高，发生食管痉挛，采食中引起食管阻塞。

（二）症状

食管阻塞，通常是采食中突然发病，停止采食，精神紧张，躁动不安，头颈伸展，张口伸舌，呈现吞咽动作，大量流涎，甚至从鼻孔逆出。因食管和颈部肌肉收缩，可引起反射性咳嗽，呼吸急促。这种症状虽可暂时缓和，但仍可反复发作。

由于阻塞物的性状及其阻塞部位的不同，临诊症状也有所区别。一般地说，完全阻塞时，采食、饮水完全停止，表现空嚼。颈部食管阻塞时，外部触诊可感阻塞物；胸部食管阻塞时，在阻塞部位上方的食管内积满唾液，触诊能感到波动并引起哽噎运动。用胃导管进行探诊，当触及阻塞物时感到阻力，不能推进。不同家畜食管阻塞特点如下。

（1）牛、羊　主要症状是唾液过度分泌，不能进行嗳气和反刍，迅速发生瘤胃臌气、流涎和呼吸困难。不完全阻塞时，无流涎现象，尚能饮水，无瘤胃臌气现象。阻塞的食管会阻止唾液的吞咽和瘤胃内气体的排出。患病的牛表现为痛苦不堪，头向前伸和明显而频繁的吞咽，由于唾液积聚在咽部，还会出现咳嗽。瘤胃臌胀的程度与阻塞出现的时间长短和阻塞物的性质有关。一个圆形的阻塞物，如一个苹果或马铃薯会完全阻塞食管，动物将死于瘤胃臌胀。如果阻塞物是不规则形状，如一个根或一块马铃薯，瘤胃内的气体可以排出一些，死亡是可以避免的。

（2）猪　　多半离群，垂头站立而不卧地，张口流涎，往往出现吞咽动作。时而企图饮水、采食，但饮进的水立即逆出口腔。

（3）犬　　流涎、干呕和咽下困难。完全性食管阻塞的病犬采食或饮水后，出现食物反流。不完全性食管阻塞时，液体和流质食物可通过食管进入胃，但往往进食或饮水后立即吐出。

（4）马　　病马不安，前肢刨地，时卧时起，张口缩颈，干呕，大量流涎，饲料与唾液从鼻孔逆出，咳嗽。约 1h 以后，强迫或痉挛性吞咽的频率减少，患畜变得安静。

（三）诊断

根据突然发生吞咽困难的病史和大量流涎、瘤胃臌气等症状，结合食管外部触诊，胃管探诊或用 X 线透视等可以获得正确诊断（图1-4，图1-5）。但应注意与胃扩张、食管痉挛、食管狭窄，以及咽炎等进行鉴别。

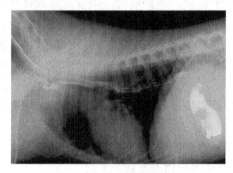 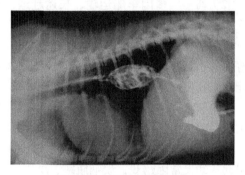

图1-4　犬正常食管造影侧位片　　　　图1-5　犬胸段食管异物

（1）胃扩张　　具有呼吸困难，甚至呕吐现象。唯其呕吐物带酸臭，呈酸性反应，疝痛症状剧烈。而本病从口鼻逆出物不具酸味，呈碱性反应，并无肚腹疼痛现象。

（2）食管痉挛　　与本病的临诊症状颇为相似，乍然观之，不易鉴别。可应用水合氯醛等解痉剂或胃管探针进行鉴别。

（3）食管狭窄　　病情发展缓慢，食物吞咽障碍，并常常呈现假性食管阻塞症状，但饮水和液体饲料可以咽下。

（4）咽炎　　患病动物头颈伸直、流涎、吞咽障碍等乍然看来与本病很相似。但其咽部具有炎性症状，疼痛明显。

（四）治疗与护理

1. 治疗原则　　疏通食管，消除炎症，加强护理和预防并发症的发生。

2. 治疗措施　　咽后食管起始部阻塞，大动物装上开口器，用器械或手伸入取出阻塞物即可康复，但颈部和胸部的食管阻塞，则应根据阻塞物的形状及其阻塞的程度，采取必要的治疗措施。

（1）疏导法　当确诊食管阻塞时，牛、马可用水合氯醛 10～25g，配成 2% 溶液灌肠，或者静脉注射 5% 水合氯醛乙醇注射液 100～200ml；也可皮下或肌内注射 30% 安乃近 20～30ml；此外尚可应用阿托品、山莨菪碱、氯丙嗪、甲苯噻嗪等药物。然后用植物油（或液体石蜡）50～100ml 和 1% 普鲁卡因溶液 10ml，灌入食管内，再插入胃管将阻塞物徐徐向胃内疏导。

（2）打气法　应用疏导法经 1～2h 后不见效时，可先插入胃管，装上胶皮球，吸出食管内的唾液和食糜，灌入少量植物油或温水。将病畜保定好后，把打气管接在胃管上，颈部勒上绳子以防气体回流，使患病动物的头尽量降低，然后适量打气，并趁势推动胃管，将阻塞物推入胃内。但不能打气过多和推送过猛，以免食管破裂。

（3）打水法　当阻塞物是颗粒状或粉状饲料时，可插入胃管，用清水反复泵吸或虹吸，以便把阻塞物溶化、洗出，或者将阻塞物冲下。

（4）挤压法　牛、马采食马铃薯、甘薯、胡萝卜等块茎、块根饲料，颈部食管发生阻塞时，可参照疏导法，先灌入少量解痉剂，再将患病动物横卧保定，控制其头部和前肢，用平板或砖垫在颈部食管阻塞部位，然后以手掌抵住阻塞物的下端，朝向咽部挤压到口腔，以排出阻塞物。

（5）药物疗法　先向食管内灌入植物油（或液体石蜡）100～200ml，然后皮下注射 3% 盐酸毛果芸香 3ml，促进食管肌肉收缩和分泌，经 3～4h 可奏效。猪可皮下注射藜芦碱（0.02～0.03g）或盐酸阿扑吗啡（0.05g），促使阻塞物向外呕出。

（6）手术疗法　采取上述方法仍不见效时，立即施行手术疗法。采用食管切开术，或开腹按压法治疗。在牛，还可施行瘤胃切开术，通过贲门将阻塞物排除。

3. 中兽医疗法

（1）通噎法　通噎法是中兽医治疗食管阻塞的传统方法，主要用于治疗马的食管阻塞。其方法是将病马缰绳系在左前肢系凹部，使马头尽量低下，然后驱赶病马前进或上下坡，往返运动 20～30min，借助颈部肌肉收缩，促使阻塞物纳入胃内。

（2）芸薹散吹鼻法　食管内灌入少量植物油，鼻吹芸薹散（芸薹子、瓜蒂、胡椒、皂角各等份，麝香少许，研为细末）。此法结合通噎法能互增其效果。

4. 验方　黄酒治疗棉籽饼食管阻塞。当因棉籽饼阻塞食管时，可用黄酒 250～500ml，每隔 2～3h 投服一次，可连续数次。

（五）保健护理

1）加强饲养管理，定时饲喂，防止饥饿。

2）过于饥饿的牛、马，应先喂草，后喂料，少喂勤添。

3）饲喂块根、块茎饲料时，应切碎后再喂；豆饼、花生饼等饼粕类饲料，应经水泡制后，按量给予，防止暴食。

4）注意饲料保管，堆放马铃薯、甘薯、萝卜、苹果、梨的地方，不能让牛、马、猪等家畜通过或放牧，防止骤然采食。

5）全身麻醉手术后，在食管机能尚未完全恢复前，更应注意护理，以防食管阻塞的发生。

6）如果用马铃薯饲喂，要求要有一个宽敞的饲喂空间。

7）如果在牧场上供给马铃薯，应该在牛进入牧场之前就将它放在场地内。

8）牛会跟在一辆正在卸食物的车后，在车移动的时候采食。如果牛在移动时吃马铃薯或苹果，它们很可能会发生食管阻塞。

9）苹果很少被专门提供给牛，在果园饲喂的时候，落地的苹果应该在牛进入果园之前集中起来，采食过多的苹果不仅可以导致食管阻塞，还会导致瘤胃酸中毒。

第三节　反刍动物胃肠疾病

一、前胃弛缓

前胃弛缓，是前胃（瘤胃、网胃、瓣胃）的神经肌肉装置感受性降低，平滑肌自动运动性减弱，内容物运转受阻（迟滞）所发生的一种消化障碍综合征。其临床特征是食欲减退、反刍障碍、前胃运动减弱乃至停止。该综合征主要发生于舍饲的牛羊，尤其奶牛和肉牛。我国黄淮海平原的耕牛，包括黄牛和水牛，早春和晚秋的发病率特高，有时可占前胃病的75%以上。

前胃弛缓按病因和病程，有原发和继发之分。原发性前胃弛缓，又称单纯性消化不良（simple indigestion），多取急性病程，预后良好；继发性前胃弛缓，又称症状性消化不良（symptomatic indigestion），多取亚急性或慢性病程，广泛显现于各系统和各类疾病的经过之中，病情复杂，预后不良的居多。

一般认为，前胃尤其瘤胃的消化运动状态是反刍动物是否健康的一面镜子。因此，兽医临床工作者通常都习惯于从前胃弛缓这一消化不良综合征入手，对反刍动物的各种胃肠疾病，以及相关的各类群体性疾病进行症状鉴别诊断。

（一）病因

前胃弛缓的病因比较复杂，一般分为原发性和继发性两种。

1. 原发性前胃弛缓　　发病原因与饲养管理不当和自然气候环境条件的改变关系密切。

（1）饲料过粗过细　　长期单一饲喂稻草、麦秸、豆秸、谷草、糠秕或山芋蔓、花生秧等含木质素多、质地坚韧、难以消化的饲料，强烈刺激胃壁，前胃内容物易缠结形成难移动的团块，从而影响微生物的正常消化活动；反之，长期饲喂质地柔软刺激性小或缺乏刺激性的饲料，如麸皮、面粉、细碎精料等，不足以兴奋运动机能，均易发生前胃弛缓。

（2）草料质量低劣　　当饲草饲料缺乏时，利用野生杂草、作物秸秆，以及棉秸、小杂树枝等饲喂牛羊，由于纤维粗硬，刺激过强，难于消化，常常导致前胃弛缓。

（3）饲料变质　　如采食受热发蔫的堆放青草，受过热的青饲料，冻结的块根，变质的青贮，霉败的酒糟、豆渣、粉渣，以及豆饼、花生饼、棉籽饼等糟粕，都易导致消化障碍而发生本病。

（4）矿物质和维生素缺乏　　严冬早春，水冷草枯，或饲料日粮配合不当，矿物质和维生素缺乏，特别是缺钙，引起低血钙症，影响到神经体液调节机能，是前胃弛缓的主要发病因素之一。

（5）饲养失宜　　特别是耕牛无一定的饲养标准，不按时饲喂，饥饱无常；或因精料过多，饲草不足，影响消化功能；或于农忙季节耕牛任意加喂豆谷精料；闯进饲料房或堆谷场，偷食大量谷物；片面追求高产，给奶牛和肉牛饲喂过量新收的大麦、小麦、燕麦等谷物或优良青贮，任其采食，都易扰乱其消化过程，而引进本病的发生。

（6）环境条件突然变换，管理混乱　　干旱年份，饮水不足；水涝地区，饲喂生长不良的再生草；误食尼龙绳、塑料袋等化纤制品；牛舍阴暗潮湿，过于拥挤，不通风，环境卫生不良；耕牛犁田耙地，劳役过度；或因冬季休闲，运动不足；缺乏日光照射，神经反射性降低，消化道陷于弛缓，也易导致本病的发生。

（7）应激反应　　在家畜中，特别是奶牛、奶山羊，由于受到饲养管理方法的突然改变、严寒、酷暑、饥饿、疲劳、断乳、离群、恐惧、感染与中毒等诸多因素的刺激，或受到妊娠、分娩、犊牛离乳、车船运输、天气骤变、预防接种、手术、创伤、剧烈疼痛的影响，引起复杂的应激反应，使胃肠神经受到抑制，消化动力定型遭到破坏，发生前胃弛缓现象。

2. 继发性前胃弛缓　　常作为症状性消化不良，显现于下列各类疾病。

（1）消化系统疾病　　口、舌、咽、食管等上部消化道疾病，以及创伤性网胃腹膜炎、肝脓肿等肝胆、腹膜疾病的经过中，通过对前胃运动的反射性抑制作用或因损伤迷走神经胸支和腹支所致；瘤胃积食、瓣胃秘结、皱胃阻塞、皱胃溃疡、皱胃变位、肠便秘、盲肠弛缓与扩张等胃肠疾病经过中，由于胃肠内环境尤其酸碱环境的相互影响，以及内脏 - 内脏反射作用所致。

（2）营养代谢病　　如牛生产瘫痪、酮血病、骨软症、运输搐搦、泌乳搐搦、青草搐搦、低磷酸盐血症性产后血红蛋白尿病、低钾血症、硫胺素缺乏症，以及锌、硒、铜、钴等微量元素缺乏症。

（3）中毒性疾病　　如霉稻草中毒、黄曲霉毒素中毒、杂色曲霉毒素中毒、棕曲霉毒素中毒、霉麦芽根中毒等真菌毒素中毒；白苏中毒、萱草根中毒、栎树叶中毒、蕨中毒等植物中毒；棉籽饼中毒、亚硝酸盐中毒、酒糟中毒、生豆粕中毒等饲料中毒；有机氯、五氯酚钠等农药中毒。

（4）传染性疾病　　如流感、黏膜病、结核、副结核、牛肺疫、布氏杆菌病等。

（5）侵袭性疾病　　如前后盘吸虫病、肝片吸虫病、细颈囊尾蚴病、血矛形线虫泰勒焦虫病、锥虫病等。

此外，治疗用药不当，长期大量的应用磺胺类和抗生素制剂，瘤胃内菌群共生关系遭到破坏，因而发生消化不良，呈现前胃弛缓。

（二）发病机制

草食动物消化生理的最大特点是纤维素的微生物酵解和挥发性脂酸的吸收功能。反刍动物纤维素酵解的主要场所在前胃尤其瘤胃。瘤胃内的纤维素消化，主要靠乳酸生成菌群和乳酸分解菌群等微生物区系的发酵分解，以及大、中、小三型纤毛虫的机械作用来完成。而微生物区系和纤毛虫的活力，需要前胃内环境尤其酸碱环境保持相对稳定。纤维素酵解的终末产物是乙酸、丙酸、丁酸等挥发性脂肪酸（volatile fatty acid，VFA）。这些挥发性脂肪酸经胃肠壁的跨膜吸收，必须通过肉毒酰辅酶 A 和碳酸氢根（HCO_3^-）的共同作用。食物反刍和充分咀嚼混合对反刍类动物之所以至关重要，就因为某唾液腺的分泌量特大，牛每日可达 60L。唾液内所含的大量水分和碳酸氢钠，能使前胃内环境，特别是酸碱环境保持相对稳定，从而保证纤维素的微生物消化和挥发性脂酸的吸收功能。

反刍动物胃肠道内食物的正常运转，不论是搅拌运动还是推进后送运动，都需要两个基本条件。一是包括食管沟、瘤网孔、网瓣孔、贲门、幽门、回盲口、盲结口等关卡在内的整个胃肠道的畅通（图 1-6）；一是胃肠平滑肌和括约肌固有的自动运动性（舒缩性）。而决定食物能否正常运转的这两大方面，都是由胃肠神经机制（交感与副交感）、体液机制（肠神经肽、血钙、血钾），以及肠道内环境尤其酸碱环境刺激，通过内脏 - 内脏反射进行调控的。

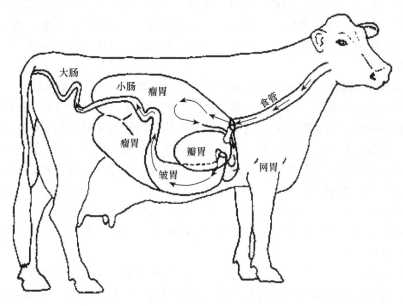

图 1-6　牛瘤胃及消化道和食物通过各关卡的示意图
（Linn. et al., 2005）

因此，前胃弛缓可按主要发病环节分为五种病理类型，即酸碱性前胃弛缓、神经性前胃弛缓、肌源性前胃弛缓、离子性前胃弛缓和反射性前胃弛缓。

1. 酸碱性前胃弛缓　前胃内容物的酸碱度对前胃平滑肌固有的自动运动性和纤毛虫的活力有直接影响。前胃内容物的酸碱度稳定在 pH 6.5～7.0 时，前胃平滑肌的自动运动性和纤毛虫的活力正常。如果超出此范围，不论过酸或过碱，则前胃平滑肌自动运动性减弱，纤毛虫活力降低，而发生前胃弛缓。过食谷类等高糖饲料，发酵过程旺盛，常引起酸性前胃弛缓；过食高蛋白或高氮饲料，包括过量饲喂豆科植物和尿素，腐败过程旺盛，常引起碱性前胃弛缓（Blood et al.，1989；李毓义等，1994）。

2. 神经性前胃弛缓　创伤性网胃腹膜炎时，因损伤迷走神经腹支和胸支所引发的迷走神经性消化不良是典型例证。应激性前胃弛缓亦属此类。

3. 肌源性前胃弛缓　　包括瘤、网、瓣胃的溃疡、出血和坏死性炎症所引发的前胃弛缓。

4. 离子性前胃弛缓　　包括生产瘫痪、泌乳搐搦、运输搐搦、妊娠后期等血钙过低或血钾过低所引发的前胃弛缓。

5. 反射性前胃弛缓　　如创伤性网胃炎、瓣胃秘结、皱胃变位、皱胃阻塞、肠便秘等胃肠疾病经过中，通过内脏 - 内脏反射的抑制作用所继发的症状性前胃弛缓。

前胃弛缓的发展过程，亦随病因病理类型而不同。单纯性消化不良，在饲养管理条件改善后多能于短期内迅速康复。症状性消化不良，由于瘤胃内容物不能正常运转，胃肠内环境尤其酸碱环境进一步发生改变，蛋白质腐解形成组胺、酰胺等有毒物质，损伤肝脏功能，而引起酸血症和毒血症。腐败和酵解产物还强烈刺激前胃、皱胃甚至小肠，发生炎性变化，使病情急剧发展和恶化。

（三）症状

前胃弛缓有两种病程类型。

1. 急性前胃弛缓　　食欲减退或废绝；反刍缓慢或停止；瘤胃收缩的力量弱、次数少，瓣胃蠕动音亦稀疏；瘤胃内容物充满，触诊背囊感到黏硬（生面团样），腹囊则比较稀软（粥状），奶牛的泌乳量下降。其原发性的，即所谓单纯性消化不良，体温、脉搏、呼吸等生命体征多无明显异常，血液生化指标亦无明显改变，经过 2～3d，只要饲养管理条件得到改善，给予一般的健胃促反刍处置即能康复，甚至不药而愈。其继发性的，即所谓症状性消化不良，除上述前胃弛缓的基本症状外，还显现相关原发病的症状，相应的血液生化指标亦有明显改变，一般性健胃促反刍处置多不见效，病情复杂而重剧，病程一周左右，预后慎重。

2. 慢性前胃弛缓　　食欲不定，有时正常，有时减退或废绝。常常虚嚼、磨牙、异嗜，舐墙啃土，或采食污草、污物。反刍不规则、无力或停止；嗳出气有臭味。瘤胃和瓣胃音减弱。瘤胃内容物呈液状（瘤胃积液），冲击式触诊闻震水声。便秘与腹泻相交替。粪便干小或糊状，气味腥臭，附黏液和血液。病程数周，病情弛张。全身状态愈益增重，精神萎顿，被毛猬立，逐渐消瘦，最终出现鼻镜干燥、眼球下陷、卧地不起等脱水和衰竭体征。

（四）诊断

前胃弛缓是反刍动物最常见且多发的一种消化障碍综合征，有多种病因、病程和病理类型，广泛显现或伴随于几乎所有消化系统疾病，以及众多动物群体性疾病的经过中。因此，前胃弛缓综合征的诊断应按以下程序逐步展开。

第一步：确认前胃弛缓。依据十分明确，包括食欲减退、反刍障碍，以及前胃（主要是瘤胃和瓣胃）运动减弱。在乳畜，还有泌乳量突然下降。

第二步：区分是原发性前胃弛缓还是继发性前胃弛缓。主要依据是疾病经过和全身状态。

其仅表现前胃弛缓基本症状，而全身状态相对良好，体温、脉搏、呼吸等生命指标无大改变，且在改善饲养管理并给予一般健胃促反刍处置后短期（48～72h）内即趋向康复的，为原发性前胃弛缓，即单纯性消化不良。再依据瘤胃液pH、总酸度、挥发性脂酸含量，以及纤毛虫数目、大小、活力和漂浮沉降时间等瘤胃液性状检验结果，确定是酸性前胃弛缓还是碱性前胃弛缓，有针对性地实施治疗。

其除前胃弛缓基本症状外，体温、脉搏、呼吸等生命指标亦有明显改变，且在改善饲养管理并给予常规健胃促反刍处置后数日病情仍继续恶化的，为继发性前胃弛缓，即症状性消化不良。

第三步：区分原发病是消化系统疾病还是群体性疾病。主要依据是流行病学和临床表现。

凡单个零散发生且主要表现消化病征的，要考虑各种消化系统疾病，包括瘤胃食滞、瘤胃炎、创伤性网膜炎、瓣胃秘结、瓣胃炎、皱胃阻塞、皱胃变位、皱胃溃疡、皱胃炎、盲肠弛缓和扩张，以及肝脓肿、迷走神经性消化不良等，可进一步依据各自的示病症状、特征性检验所见和证病性病变，分层逐步地加以鉴别和论证。

凡群体成批发生的，要着重考虑各类群体性疾病，包括各种传染病、侵袭病、中毒病和营养代谢病。可依据有无传染性、有无相关虫体大量寄生、有无相关毒物接触史，以及酮体、血钙、血钾等相关病原学和病理学检验结果，按类、分层、逐步加以鉴别和论证。

第四步：对前胃弛缓病畜，可进行血液生化检验和瘤胃液性状检查。

血液生化检验项目，主要包括酮体、钙、钾的定量，用以区分牛酮病和绵羊妊娠病所表现的前胃弛缓（酮体性消化不良），以及低钙和低钾血症所造成的前胃弛缓（离子性消化不良）。

瘤胃液性状检验项目，主要包括酸碱度，纤毛虫的数目、大小、活力，沉降活性试验（sediment activity test），以及纤维素消化试验（cellulose digestion test）。

1）瘤胃液酸碱度。吸取瘤胃液用pH试纸直接测定。健康牛羊瘤胃液pH为6.5~7.0。前胃弛缓时，多数降低至pH6.0以下（酸性消化不良），少数升高至pH7.0以上（碱性消化不良）。

2）纤毛虫数目、大小及活力。健康牛、羊瘤胃内容物每毫升纤毛虫数平均约为100万个，大、中、小纤毛虫各占一定比例，且都具有相当的活力。前胃弛缓时，不论是酸性消化不良还是碱性消化不良，纤毛虫尤其大型和中型纤毛虫的数目显著减少，纤毛虫存活率亦大大降低。

3）沉降活性试验。瘤胃内环境尤其酸碱环境的改变，不仅影响纤毛虫的数目和活力，以及胃壁平滑肌的自动运动性，而且还影响纤维素酵解所依赖的瘤胃微生物群系的活性。沉降活性试验就是检测瘤胃内微生物群系活性的一种最简便的方法（Nichols et al.，1958；Blood et al.，1989；李毓义等，1994）。方法是吸取瘤胃液，滤去粗粒，将滤液静置于室温下的玻璃筒内，记录微粒物质的漂浮时间。健康牛、羊的瘤胃液多在3~9min漂浮。若漂浮时间延长，即表明瘤胃内微生物群系的活性降低，存在较为严重的消化不良（Blood et al.，1989）。但作者在对河南省中牟地区碱过多性胃肠弛缓病牛的研究中发现，瘤胃液的漂浮沉降时间在健牛平均为（5.09±1.14）min，而碱过多性前胃弛缓病牛缩短为（2.65±0.89）min，原因还不清楚（李毓义等，1998）。

4）纤维素消化试验。检测瘤胃液内微生物群系活性的又一方法是将棉线一端拴在一小金属球上，悬于盛有瘤胃液的容器中，进行厌氧温浴，观察棉线被消化断离而金属球脱落的时间。若这一消化时间超过 30h，即表明瘤胃液微生物群系对纤维素酵解的活性降低（Blood et al.，1989；李毓义等，1994）。

第五步：由于前胃弛缓的临诊症状与下列疾病容易混淆，故应注意鉴别诊断。

1）酮血症。主要发生于产犊后 1～2 月内的奶牛，尿中酮体明显增多，呼出气带酮味。

2）创伤性网胃炎。泌乳量下降，姿势异常，体温中度升高，网胃区触诊有疼痛反应。

3）迷走神经性消化不良（迷走神经受损引起）。无热证，瘤胃蠕动减弱或增强，肚腹臌胀。

4）皱胃变位。奶牛多发，通常于分娩后突然发生，左腹胁下可听到特殊的金属音。

5）瘤胃积食。多因过食，瘤胃内容物充满、坚硬，腹部膨大，瘤胃扩张。

（五）治疗与护理

1. 治疗原则　改善饲养管理条件，调整胃肠内环境特别是酸碱环境，修正胃肠的神经体液调控，恢复胃肠运动机能，促进前胃内容物的微生物消化和运转，制止腐败发酵，防止脱水与自体中毒。为此，应针对不同的病因类型、病程类型和病理类型，分别采用如下治疗措施。

2. 治疗措施　根据治疗方法不同，治疗措施有以下几种。

（1）保守疗法　原发性前胃弛缓，病初绝食 1～2d（但给予充足的清洁饮水），再饲喂适量富有营养且易消化的青草或优质干草。轻症病例可在 1～2d 内自愈。

（2）清理胃肠、制止腐败发酵　为了促进胃肠内容物的运转与排除，可用硫酸钠（或硫酸镁）300～500g，鱼石脂 20g，乙醇 50ml，温水 6000～10 000ml，一次内服，或用液体石蜡 1000～3000ml、苦味酊 20～30ml，一次内服。对于采食多量精饲料而症状又比较重的病牛，可采用洗胃的方法，排除瘤胃内容物；洗胃后应向瘤胃内接种纤毛虫。重症病例应先强心、补液，再洗胃。

（3）增强和恢复瘤胃蠕动机能　应用"促反刍液"（5% 葡萄糖生理盐水注射液 500～1000ml，10% 氯化钠注射液 100～200ml，5% 氯化钙注射液 200～300ml，20% 苯甲酸钠咖啡因注射液 10ml），一次静脉注射；并肌内注射维生素 B_1 注射液。因过敏性因素或应激反应所致的前胃弛缓，在应用"促反刍液"的同时，肌内注射 2% 盐酸苯海拉明注射液 10ml。酒石酸锑钾（吐酒石），宜用小剂量，牛每次 2～4g，加水 1000～2000ml 内服，每日 1 次，连用 3 次。此外，还可皮下注射氨甲酰胆碱，牛 1～2mg，羊 0.25～0.5mg；新斯的明，牛 10～20mg，羊 2～5mg；毛果芸香碱，牛 30～100mg，羊 5～10mg。但对于病情重剧，心脏衰弱，老龄和妊娠母牛则禁止应用，以防虚脱和流产。

（4）调整与改善瘤胃内生物学环境　应用缓冲剂，调节瘤胃内容物 pH，恢复其微生物区系的活性及其共生关系。通过测定瘤胃内容物的 pH，选用缓冲剂。当瘤胃内容物 pH 降低时，宜用氢氧化镁（或氢氧化铝）200～300g，碳酸氢钠 50g，常水适量，牛一次内服；也可应用碳酸盐缓冲剂（carbonate buffer mixture，CBM）：碳酸钠 50g，碳酸氢钠 420g，氯化钠 100g，氯化钾 20g，常温水 10L，牛一次内服，每日 1 次，适用于酸过多性胃肠弛缓。用 CBM 试治 52 例酸过多性前胃弛缓病牛，全部痊愈，平均投用方剂数为（1.4±0.5）服。

其中 32 例一服治愈，20 例两服治愈（李毓义等，2002）。乙酸盐缓冲合剂（acetate buffer mixture，ABM）：乙酸钠 130g，冰醋酸 25g，氯化钠 100g，氯化钾 20g，常水 10L，胃管灌服，每日一次（牛）。适用于碱过多性胃肠弛缓。用 ABM 试治 48 例碱过多性前胃弛缓病牛，治愈 44 例，治愈率为 91.66%，投用方剂数平均为（1.3±0.48）服（李毓义等，1998）。CBM 和 ABM 是依据反刍兽酸碱性胃肠弛缓发病论假说所设计的一对病因 - 发病机制疗法。CBM 适用于酸过多性胃肠弛缓，ABM 适用于碱过多性胃肠弛缓。其药理作用在于移除瘤胃内积滞的挥发性脂酸（CBM）或者补给瘤胃内缺少的挥发性脂酸（ABM），从而调整酸碱度，解除前胃平滑肌弛缓，恢复纤维素的微生物消化过程。这两种合剂的终末降解产物都是 H_2CO_3，即 CO_2 和 H_2O。因此，CBM 和 ABM 与古今中外沿用的胃肠酸碱调节剂，如氢氧化镁和稀盐酸相比，不仅效果确实，而且安全可靠，无任何毒性作用，也不会矫枉过正，造成医源性酸中毒和碱中毒（李毓义等，1998，2002）。

（5）防止脱水和自体中毒　晚期病例，当病畜呈现轻度脱水和自体中毒时，应用 25% 葡萄糖注射液 500～1000ml，40% 乌洛托品注射液 20～50ml，20% 安钠咖注射液 10～20ml，静脉注射；并用胰岛素 100～200IU，皮下注射。此外还可用樟脑乙醇注射液 100～200ml，静脉注射；必要时配合应用抗生素药物。依据发病机制的不同，治疗措施有以下几种。

1）对低血钙和低血钾所致的离子性前胃弛缓，可用 10% 氯化钙溶液 100～150ml，10% 氯化钠溶液 100～200ml，20% 安那咖注射液 10～20ml，一次静脉注射（牛），增强前胃神经兴奋性，效果显著。

2）对牛酮病和绵羊妊娠病所表现的症状性前胃弛缓，可静脉注射高浓度葡萄糖液和胰岛素，迅速见效。

3）对应激或过敏因素所致的前胃弛缓，可用 2% 盐酸苯海拉明注射液 10ml 肌内注射，配合钙剂应用，效果更佳。

4）对趋向康复的前胃弛缓，可用健牛瘤胃内容物接种法。先胃管灌服 1% 氯化钠液 10L，然后通过虹吸引流取出瘤胃液 4～8L，给病牛灌服接种，以更新瘤胃内的微生物群系，增高纤毛虫活力，增进治疗效果。

5）对重症晚期病例，因瘤胃积液，伴发脱水和自体中毒，可用 25% 葡萄糖液 500～1000ml，40% 乌洛托品溶液 20～40ml，20% 安那咖注射液 10～20ml，静脉注射。

6）对继发性前胃弛缓，应首先治疗原发病，并采取健胃清肠等相应的对症疗法，提高治愈率。

3. 中兽医辨证施治　根据辨证施治原则，对脾胃虚弱，水草迟细，消化不良的牛，治宜健脾和胃，补中益气。方用加味四君子汤，取：党参 100g，白术 75g，茯苓 75g，炙甘草 25g，陈皮 40g，黄芪 50g，当归 50g，大枣 200g，共为末，灌服，每日一剂，连服 2～3 剂。偏寒者（便稀、口淡）加干姜、肉桂；偏热者（便干或下痢、口干苔黄），加黄芩、黄连；食滞不化者，加三仙；肚胀者，加木香、槟榔、莱菔子。

病初，对体壮实、口温偏高、口津黏滑、粪干、尿短赤的病牛，治宜清泻胃火，方用加味大承气汤或大戟散。加味大承气汤，取：大黄、厚朴、枳实、苏梗、陈皮、炒神曲、焦山楂、炒麦芽各 30～40g，芒硝 50～150g，玉片 15～20g，车前子 30～40g，莱菔子 60～80g，共为末，灌服。大戟散，取：大戟、千金子、大黄、滑石各 30～40g，甘遂

15~20g，二丑 20g，官桂 10g，白芷 10g，甘草 20g，共为末，加清油 250ml，灌服。

病牛口色淡白、耳鼻俱冷、口流清涎、水泻，治宜温中散寒、燥湿健脾，方用加味厚朴温中汤，取：厚朴、陈皮、茯苓、当归、茴香各 50g，草豆蔻、干姜、桂心、苍术各 40g，甘草、广木香、砂仁各 25g，共为末，灌服，每日一剂，连服数剂。此外也可以用红糖 250g、胡椒粉 30g、生姜 200g（捣碎），开水冲，候温内服。具有和脾暖胃，温中散寒的功效。

牛久病虚弱，气血双亏，治宜补中益气，养血。方用加味八珍散，取：党参、白术、当归、熟地、黄芪、山药、陈皮各 50g，茯苓、白芍、川芎各 40g，甘草、升麻、干姜各 25g，大枣 200g，共为末，灌服，每日一剂，连服数剂。

4. 针灸　取舌底、脾俞、关元俞、后三里、顺气（巧治）等穴；口温偏高、口色红者还可血针带脉、通关、尾本等穴。也可用电针、火针、白针、水针、激光针或 TDP 穴区辐射。

5. 验方

1）白术 45g，枳壳、槟榔片各 30g，厚朴 40g，木香 20g，共为末，开水冲，候温灌服。体虚者加党参、黄芪、白芍、陈皮；寒重者加附子、肉桂、干姜；对于湿热者，热重加黄芩、栀子、胆草，湿重者加草果、茯苓。

2）党参 30~60g，藜芦 15~30g，水煎服。

（六）保健护理

1）注意饲料的选择、保管，防止霉败变质。

2）奶牛和奶山羊、肉牛和肉羊都应依据日粮标准饲喂，不可任意增加饲料用量或突然变更饲料。

3）耕牛在农忙季节，不能劳役过度，而在休闲时期，则应注意适当运动。

4）圈舍须保持安静，避免奇异声音、光线和颜色等不利因素刺激和干扰。

5）注意圈舍清洁卫生和通风保暖，做好预防接种工作。

二、瘤胃积食

瘤胃积食（ruminal impaction）又称急性瘤胃扩张，相当于中兽医学的"宿草不转"，是反刍动物贪食大量难以消化或容易膨胀的饲料，引起瘤胃扩张，瘤胃容积增大，内容物停滞和阻塞，以及整个前胃机能障碍，形成脱水和毒血症的一种严重疾病。本病是牛、羊的多发病之一，舍饲牛更为多见。

（一）病因

瘤胃积食的病因，主要是由于贪食大量的青草、苜蓿、紫云英、甘薯、胡萝卜、马铃薯等饲料；或因饥饿采食了大量富含粗纤维的饲料，如豆秸、山芋藤、老苜蓿、花生蔓、紫云英、谷草、稻草、麦秸、甘薯蔓等，难于消化所致；也有因过食玉米、麸皮、大麦、豌豆、大豆、棉籽饼、酒糟、豆渣等，又大量饮水，饲料膨胀，从而导致本病的发生。

长期舍饲的牛、羊，运动不足，突然变换可口的饲料，常常造成采食过多，或者由放牧转为舍饲，采食难以消化的干枯饲料而发病。耕牛常因采食后立即犁田、耙地或使役后立即饲喂，影响消化功能，引起本病的发生。亦有因体质衰弱、产后失调，以及长途运输，机体疲劳，神经反应性降低，促使本病发生的。饲料保管不严，牛羊管理疏忽，偷食过多精料也会发病。

当饲养管理和环境卫生条件不良时，奶牛与奶山羊、肉牛与肉羊容易受到各种不利因素的刺激和影响，如过度紧张、运动不足、过于肥胖或中毒与感染等，产生应激反应，也能引起瘤胃积食。此外，在前胃弛缓、创伤性网胃腹膜炎、瓣胃秘结及皱胃阻塞等病程中，也常常继发瘤胃积食。

（二）发病机制

瘤胃积食的发生除一次大量暴食所引起者外，往往是在前胃弛缓的基础上发生。这是由于在前胃弛缓的基础上，当饲料数量和质量稍有变更，就可进一步造成神经-体液调节紊乱、瘤胃收缩力量减弱，瘤胃陷于进一步的弛缓、扩张乃至麻痹，反射性地引起皱胃幽门痉挛性收缩，瘤胃内容物不能正常运转而停滞，导致了瘤胃积食的病理演变过程。

由于大量胃内容物积聚于瘤胃，压迫瘤胃黏膜感受器，在瘤胃短时间的兴奋之后，立即转入抑制。瘤胃内容物浸渍、浸出、溶解、合成和吸收的全部消化程序遭到严重破坏，瘤胃内容物发酵、腐败，产生大量气体和有毒物质，刺激瘤胃壁神经感受器，引起腹痛不安。随着病情急剧发展，瘤胃内微生物区系失调，革兰氏阳性菌，特别是牛链球菌大量增殖，产生大量乳酸，pH下降，瘤胃内纤维分解菌和纤毛虫活性降低，甚至大量死亡。微生物区系共生关系失调，腐败产物增多，引起瘤胃炎，进一步导致瘤胃的渗透性增强，引起积液。由于脱水，酸碱平衡失调，碱贮下降，神经-体液调节机能更加紊乱，病情急剧恶化，呼吸困难，血液循环障碍，肝脏解毒机能降低，瘤胃内的蛋白质和氨基酸形成各种有毒的胺类，如组胺、尸胺等，当这些有毒物质被吸收后，引起自体中毒，患病动物出现兴奋、痉挛、抽搐、血管扩张、血压下降，循环虚脱的危重现象。

（三）症状

瘤胃积食病情发展迅速，常在饱食后数小时内发病，临诊症状明显。

初期患病动物神情不安，目光凝视，拱背站立，回顾腹部或后肢踢腹，间或不断起卧。

食欲废绝、反刍停止、虚嚼、磨牙、时而努喷，常有呻吟、流涎、嗳气，有时作呕或呕吐。

瘤胃蠕动音减弱或消失；触诊瘤胃，动物表现不安，内容物坚实或黏硬，有的病例呈粥状；腹部膨胀，瘤胃背囊有一层气体，穿刺时可排出少量气体和带有臭味的泡沫状液体。

腹部听诊：肠音微弱或沉寂；便秘，粪便干硬，色暗，间或发生腹泻。

直肠检查：可发现瘤胃扩张，容积增大，充满坚实或黏硬的内容物；有的病例内容物呈粥状，但胃壁显著扩张。

瘤胃内容物检查：内容物pH一般由中性逐渐趋向弱酸性；后期，纤毛虫数量显著减少。瘤胃内容物呈粥状、恶臭时，表明继发中毒性瘤胃炎。

晚期病例，病情恶化，奶牛、奶山羊泌乳量明显减少或停止。腹部胀满，瘤胃积液，呼吸急促，心悸，脉率增快；皮温不整，四肢下部、角根和耳尖冰凉；全身战栗，眼窝凹陷，黏膜发绀；病畜衰弱，卧地不起，陷于昏迷状态。发生脱水与自体中毒，出现循环虚脱。

（四）诊断

瘤胃积食根据发生原因，过食后发病，瘤胃内容物充满而硬实，食欲、反刍停止等病症，可以确诊。但易与下列疾病混淆，故须鉴别诊断。

（1）前胃弛缓　食欲、反刍减退，瘤胃内容物呈粥状，不断嗳气，并出现间歇性瘤胃臌气。

（2）急性瘤胃臌气　病情发展急剧，肚腹显著膨胀，瘤胃壁紧张而有弹性，叩诊呈鼓音，血液循环障碍，呼吸困难。

（3）创伤性网胃炎　网胃区疼痛，姿势异常，神情忧郁，头颈伸直，嫌忌运动，周期性瘤胃臌气，应用副交感神经兴奋药物，病情显著恶化。

（4）皱胃阻塞　瘤胃积液，右下腹部显著膨隆，皱胃冲击性触诊，病牛疼痛而退让，腰旁窝听诊结合轻叩倒数第1～2肋骨，出现击钢管样的铿锵音。

（5）牛黑斑病甘薯中毒　乍看起来，症状与瘤胃积食很相似，但呼吸用力而困难，鼻翼扇动，喘促，皮下气肿，特征明显。

（五）治疗与护理

1. 治疗原则　恢复前胃运动机能，促进瘤胃内容物运转，调整与改善瘤胃内生物学环境，防止脱水与自体中毒。

2. 治疗措施　一般病例，首先限制采食，并进行瘤胃按摩，每次5～10min，每隔30min一次。先灌服酵母粉250～500g（或神曲400g，食母生200片，红糖500g），再按摩瘤胃，效果更佳。在瘤胃内容物软化后，神曲、食母生用量减半，为防止发酵过盛，产酸过多，可服用适量的人工盐。

清肠消导，牛可用硫酸镁或硫酸钠300～500g，液体石蜡或植物油500～1000ml，鱼石脂15～20g，乙醇50～100ml，常水6000～10 000ml，一次内服。应用泻剂后，可皮下注射毛果芸香碱0.05～0.2g或新斯的明0.01～0.02g，以兴奋前胃神经，促进瘤胃内容物运转与排除。但心脏功能不全者与孕牛忌用。

为改善中枢神经系统调节功能，促进反刍，防止自体中毒，可静脉注射10%氯化钠注射液100～200ml，或者先用1%温食盐水20～30L洗涤瘤胃后，再用10%氯化钙注射液100ml，10%氯化钠注射液100ml，10%安钠咖注射液20～40ml，静脉注射。

对于病程长的病例，除反复洗胃外，宜用5%葡萄糖生理盐水注射液2000～3000ml，10%安钠咖注射液20～40ml，5%维生素C注射液10～20ml，静脉注射，每日2次，以达到强心补液，维护肝脏功能，促进新陈代谢，防止脱水的目的。

当血液碱贮下降，酸碱平衡失调时，先用碳酸氢钠30～50g，常水适量，内服，每日2次。再用5%碳酸氢钠注射液300～500ml或11.2%乳酸钠注射液200～300ml，静脉注射。必要时可用 1% 维生素 B_1 注射液 20ml，静脉注射，促进丙酮酸脱羧，解除酸中毒。如果因反复使用碱性药物而出现呼吸急促，全身抽搐等碱中毒症状时，宜用稀盐酸 15～40ml 加水后内服或食醋 500～1000ml 内服，并静脉注射复方氯化钠注射液 1000～2000ml。

在病程中，为了抑制乳酸的产生，应及时应用止酵剂。继发严重瘤胃臌气时，应及时穿刺放气，并内服鱼石脂等止酵剂，以缓解病情。

危重病例使用药物治疗效果不佳，且病畜体况尚好时，应及早施行瘤胃切开术，取出内容物，并用 1% 温食盐水冲洗。必要时，接种健康瘤胃液。

3. 中兽医辨证施治　中兽医称瘤胃积食为宿草不转，治宜健脾开胃，消食行气，攻下通便。方用加味大承气汤：大黄 60～90g，枳实 30～60g，厚朴 30～60g，槟榔 30～60g，芒硝 150～300g，麦芽 60g，白术 45g，陈皮 45g，茯苓 30～60g，甘草 15～30g，共为末，牛一次灌服。过食者加青皮、莱菔子、神曲各 60g；胃热者加知母、生地各 45g，麦冬 30g；脾胃虚弱者加党参、黄芪各 60g，神曲、山楂各 30g，去芒硝、大黄、枳实、厚朴均减至 30g。

4. 针灸　针刺食胀、脾俞、关元俞、顺气（巧治）等穴。

5. 验方

1）食醋 1000～2000ml，牛一次灌服，病重者可一日两次。

2）莱菔子 60g，花生油 250ml，陈醋 120ml，将莱菔子研成末，加入花生油，开水冲成糊状，再加醋调匀，内服。

3）10% 温食盐水 1000～4000ml，牛一次灌服，每日一次。

4）神曲 250g，山楂 60g，莱菔子 60g，为末加食醋 1000g 灌服。

（六）保健护理

1）加强经常性的饲养管理，防止突然变换饲料或过食。

2）奶牛和肉牛应按饲料日粮标准饲养。

3）加喂精料，须经 3～5d 逐渐过渡以适应其消化机能。

4）耕牛不要劳役过度。

5）避免外界各种不良因素的影响和刺激，保持其健康状态。

6）定期驱虫、消毒、防疫。

三、瘤胃臌气

瘤胃臌气（ruminal tympany）是因反刍动物采食了大量容易发酵的饲料，产生大量气体，或因其他原因造成瘤胃内气体排出困难，气体在瘤胃和网胃内迅速积聚，膈与胸腔脏器受到压迫，引起呼吸与血液循环障碍，甚至窒息的一种疾病。

瘤胃臌气，依其病因，有原发性和继发性之分；按其经过，则有急性和慢性的区别；从瘤胃内容物性质上看，又有泡沫性和非泡沫性的不同类型，目前，主要采用这种分类。

本病多发于牛和绵羊，山羊较少发生。夏季放牧的牛、羊，可能出现成群发生瘤胃臌气的情况。

（一）病因

原发性瘤胃臌气是由于反刍动物直接饱食容易发酵的饲草、饲料后而引起。继发性瘤胃臌气常继发于前胃弛缓、创伤性网胃炎、瓣胃阻塞、食管阻塞、食管痉挛等疾病。

泡沫性瘤胃臌气是由于反刍动物采食了大量含蛋白质、皂苷、果胶等物质的豆科牧草，如新鲜的豌豆蔓叶、苕子蔓叶、花生蔓叶、苜蓿、草木樨、红三叶、紫云英生成稳定的泡沫所致，或者喂饲较多量的谷物性饲料，如玉米粉、小麦粉等也能引起泡沫性臌气。

非泡沫性瘤胃臌气又称游离气体性瘤胃臌气，任何导致食管阻塞和干扰嗳气的条件都可以引起。与泡沫性臌胀相比，它通常散在发生，较少见。以下是导致气性臌胀的一些因素。

1）食管沟损伤，如迷走神经性消化不良，林氏放线杆菌引起的脓肿和感染，阻塞食管沟和抑制嗳气。

2）动物出生后的生理性食管沟阻塞。

3）马铃薯、其他菜根阻塞食管，阻止嗳气。

4）纵隔淋巴结或支气管淋巴结肿胀压迫食管，阻止气体从食管中释放出来，这是处于生长期的 3～6 月龄的牛最常见的情况，特别是患过肺炎的动物。

5）不能嗳气是破伤风和乳热的一个特点，这些疾病通常发生气性膨胀。

6）长期侧卧。早产而延误手术的动物通常会由于不能排除瘤胃气体而发生气性臌胀，偶尔背部摔入壕沟的动物如果不及时抢救，通常会死于气性臌胀。

7）在急性酸中毒之后发生严重的瘤胃上皮损伤可能导致瘤胃迟缓和气体积聚。

8）过多的消化谷物通常导致气性臌胀。

9）采食了产生一般性气体的牧草，如幼嫩多汁的青草、沼泽地区的水草、湖滩的芦苗等，或采食堆积发热的青草、霉败饲草、品质不良的青贮饲料，或者经雨淋、水浸渍、霜冻的饲料等而引起。

（二）发病机制

从生理角度看瘤胃实际上形同发酵罐，在纤毛虫、鞭毛虫、根足虫和某些生产多糖黏液的细菌参与下进行着发酵、消化过程，在此过程中产生了 CO_2、CH_4、H_2、H_2S、O_2 等气体。这些气体除覆盖于瘤胃内容物表面外，其余大部分通过反刍、咀嚼和嗳气排出，而另一小部分气体随同瘤胃内容物经皱胃进入肠道和血液被吸收，从而保持着产气与排气的相对平衡。但在病理情况下，由于采食了大量易发酵的饲料，经瘤胃发酵生成大量的气体，超量的气体既不能通过嗳气排出，又不能随同内容物通过消化道排出和吸收，因而导致瘤胃的急剧臌气和扩张。

对于本病的发病机制，除了上述的情况外，还必须考虑不同反刍动物的个体差异，如神经反应性、唾液的分泌及其成分、瘤胃运动、气体的性状、嗳气反射、食糜运转的速度，以及内容物 pH 和微生物区系的变化等。因此，瘤胃臌气发生的主要因素，是由于机体的神经反应性、饲料的性质和瘤胃内微生物共生关系三者之间变化及其动态平衡失调而引起。

瘤胃臌气有泡沫性和非泡沫性臌气两种性质。其中泡沫性臌气的病理机制较为复杂，病情发展也更为急剧。泡沫的形成，主要取决于瘤胃液的表面张力、黏稠度和泡沫表面的吸附性能三种胶体化学因素的作用。按照病因分析，易发酵的饲料，特别是豆科植物，含有多量的蛋白质、皂苷、果胶等物质，都可产生气泡，其中核蛋白体（rRNA）18S 更具有形成泡沫的特性；而果胶与唾液中的黏蛋白和细菌的多糖类可增高瘤胃液的黏稠度。瘤胃内容物发酵过程所产生的有机酸（特别是柠檬酸、丙二酸、琥珀酸等非挥发性酸）使瘤胃液 pH 下降至 5.2～6.0 时，泡沫的稳定性显著增高。显而易见，瘤胃内所产生的大量气体，与其中的内容物互相混合形成稳定性泡沫，而不能融合成较大的气泡通过嗳气将气体排出，从而导致泡沫性臌气的发生。

对于舍饲育肥牛臌气中泡沫的形成原因尚未肯定，但多数认为是在给牛喂饲高碳水化合物食物时，一是由某些种类瘤胃细菌产生了不溶性黏液；二是微细的小颗粒物质，如细磨的谷物，可明显提高瘤胃液的表面张力。这就为泡沫的形成创造了条件。舍饲育肥牛的臌气最常见于饲喂谷物食物达 1～2 个月的牛，这可能是由于谷物饲喂水平增加，或者是产黏液的瘤胃细菌增殖所需要的时间。

非泡沫性臌气，除瘤胃内重碳酸盐及其内容物发酵所产生的大量 CO_2 和 CH_4 外，饲料中还含有氰苷与脱氢黄体酮化合物（类似维生素 P），具有降低前胃神经兴奋性，抑制瘤胃平滑肌收缩的作用，因而引起非泡沫性瘤胃膨气的发生。

在瘤胃臌气发生发展的过程中，瘤胃过度臌胀和扩张，腹内压升高，影响呼吸和血液循环，病情急剧发展和恶化。并因瘤胃内容物发酵、腐败产物的刺激，瘤胃壁痉挛性收缩，引起疼痛不安。病的末期，瘤胃壁紧张力完全消失乃至麻痹，气体排除更加困难，血液中 CO_2 显著增加，碱贮下降，最终导致窒息和心脏停搏，使病情加剧。

（三）症状

急性瘤胃臌气，通常在采食大量易发酵饲料后迅速发病，甚至有的在采食中突然呆立，停止采食，食欲消失，病情急剧发展。

病的初期，举止不安，神情忧郁，结膜充血，角膜周围血管扩张。不断起卧，回头视腹，腹围迅速膨大，反刍和嗳气停止，食欲废绝，发出哼声。瘤胃收缩先增强，后减弱或消失，左肷窝部明显突起（图1-7，图1-8），严重者高过背中线。腹壁紧张而有弹性，叩诊呈鼓音。

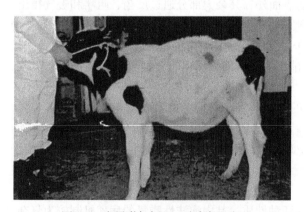

图1-7　瘤胃臌气侧面，肷窝部凸起　　　　　图1-8　瘤胃臌气正面，站立不稳，疼痛

随着瘤胃臌气和扩张，膈肌受到压迫，呼吸促迫而用力，甚至头颈伸展，张口呼吸，呼吸数增至 60 次 /min 以上；心悸、脉率疾速，可达 100 次 /min 以上。后期心力衰竭，脉微欲绝，病情危急。

胃管检查，非泡沫性臌气时，从胃管内排出大量酸臭的气体，臌气明显减轻；而泡沫性臌气时，仅排出少量气体，病情不见好转。

病的后期，心力衰竭，血液循环障碍，静脉怒张，呼吸困难，黏膜发绀，目光恐惧，出汗；站立不稳，步态蹒跚，甚至突然倒地，痉挛、抽搐。最终因窒息和心脏停搏而死亡。

慢性瘤胃臌气，多为继发性因素引起。病情弛张，瘤胃中等度膨胀，时而消长，常在采食或饮水后反复发作。经治疗虽能暂时消除臌气，但极易复发。病情发展缓慢，食欲、反刍减退，水草迟细，逐渐消瘦，生产性能降低，奶牛泌乳量显著减少。

（四）诊断

急性瘤胃臌气，病情急剧，根据采食大量易发酵饲料后发病的病史，腹部臌胀，左肷窝凸出，血液循环障碍，呼吸极度困难，确诊不难。

插入胃管和瘤胃穿刺是区别泡沫性臌气与非泡沫性臌气的有效方法。泡沫性臌气，在瘤胃穿刺时，只能断断续续从导管针内排出少量气体，针孔常被堵塞，排气困难；而非泡沫性臌气，则排气顺畅，臌气明显减轻。

慢性臌气，病情弛张，反复产生气体，随原发病而异。通过病因分析，也可确诊。但应注意与前胃弛缓、瘤胃积食、创伤性网胃腹膜炎、食管阻塞，以及白苏中毒和破伤风等疾病进行鉴别诊断。

（五）治疗与护理

1. 治疗原则 本病病情发展迅速，抢救患病动物贵在及时。因此，治疗应着重于排除气体，防止酵解、理气消胀、强心补液、健胃消导、恢复瘤胃蠕动。

2. 治疗措施 病情轻的病例，使病畜立于斜坡上，保持前高后低姿势，不断牵引其舌或用一根新的槐树枝去皮后衔在患病动物口内，同时按摩瘤胃，可促进气体排出。若通过上述处理，效果不显著时，可用松节油 20～30ml，鱼石脂 10～20g，乙醇 30～50ml，温水适量，牛一次内服，或者内服 8% 氧化镁溶液（600～1500ml）或生石灰水（1000～3000ml 上清液），具有止酵消胀作用。也可灌服胡麻油合剂：胡麻油（或清油）500ml，芳香氨醑 40ml，松节油 30ml，樟脑醑 30ml，常水适量，成年牛一次灌服（羊 30～50ml）。

严重病例，当有窒息危险时，可用胃管进行放气（图 1-9）或用套管针穿刺放气（间歇性放气），防止窒息。非泡沫性臌气放气后，为防止内容物发酵，宜用鱼石脂 15～25g（羊 2～5g），乙醇 100ml（羊 20～30ml），常水 1000ml（羊 150～200ml），牛一次内服，或从套管针内注入生石灰水或 8% 氧化镁溶液，或者稀盐酸（牛 10～30ml，羊 2～5ml，加水适量）。此外在放气后，用 0.25% 普鲁卡因溶液 50～100ml 将 200 万～500 万 IU 青霉素稀释，注入瘤胃，也具良好效果。

泡沫性臌气，以灭沫消胀为目的，宜内服表面活性药物，如二甲基硅油（牛 2～4g，羊 0.5～1g），消胀片（每片含二甲基硅油 25mg，氢氧化铝 40mg；牛 100～150 片 / 次，羊 25～50 片 / 次）。也可用松节油 30～40ml（羊 3～10ml），液体石蜡 500～1000ml（羊

图 1-9　犊牛使用的开口器（左）与胃管合用治疗犊牛瘤胃臌气（右）（冯军科等，2010）

30～100ml），常水适量，一次内服；或者用菜籽油（也可用豆油、棉籽油、花生油）300～500ml（羊 30～50ml），温水 500～1000ml（羊 50～100ml）制成油乳剂，一次内服。民间用油脚（牛、骆驼 400～500g，羊 50～100g）灭沫消胀。当药物治疗效果不显著时，应立即施行瘤胃切开术，取出其内容物。

此外调节瘤胃内容物 pH 可用 3% 碳酸氢钠溶液洗涤瘤胃。排除胃内容物，可用盐类或油类泻剂。兴奋副交感神经、促进瘤胃蠕动，有利于反刍和嗳气，可皮下注射毛果芸香碱或新斯的明。在治疗过程中，应注意全身机能状态，及时强心补液，增进治疗效果。

接种瘤胃液，在排除瘤胃气体或瘤胃手术后，采取健康牛的瘤胃液 3～6L 进行接种。

慢性瘤胃臌气多为继发性瘤胃臌气，除应用急性瘤胃臌气的疗法，缓解臌气症状外，还必须治疗原发病。

3. 中兽医辨证施治　中兽医称瘤胃臌气为气胀或肚胀。治宜行气消胀，通便止痛。方用消胀散：炒莱菔子 15g，枳实、木香、青皮、小茴香各 35g，玉片 17g，二丑 27g，共为末，加清油 300ml，大蒜 60g（捣碎），水冲服。也可用木香顺气散：木香 30g，厚朴、陈皮各 20g，枳壳、藿香各 20g，乌药、小茴香、青果（去皮）、丁香各 15g，共为末，加清油 300ml，水冲服。

4. 针灸　针治脾俞、百会、苏气、山根、耳尖、舌阴、顺气（巧治）等穴。

5. 验方

1）食醋 1000～2000ml，植物油 500～1000ml，牛一次灌服。

2）植物油 500ml，碱面 60g，用少量水将碱面溶解，再与油同调，牛一次灌服。

3）芒硝 150～300g，大黄 60～90g，碱面 60g，植物油 500ml，共为细末，水调加油灌服。

（六）保健护理

1）加强饲养管理，增强前胃神经反应性，促进消化机能，保持其健康水平。

2）由舍饲转为放牧时，最初几天先喂一些干草后再出牧，并且还应限制放牧时间及采食量。

3）在饲喂易发酵的青绿饲料时，应先饲喂干草，然后再饲喂青绿饲料，或把含水分过多的青草晒晾，减少含水量后再饲喂。

4）禁止饲喂发霉、腐败、冰冻、分解的块根、块茎植物及毒草，对于冰冻的饲料应经过蒸煮再予饲喂。

5）管理好畜群，不让牛、羊进入到苜子地、苜蓿地暴食幼嫩多汁豆科植物。

6）不到雨后或有露水、下霜的草地上放牧。

7）舍饲育肥动物，应该在全价日粮中至少含有 10%～15% 的粗料，粗料最好是禾谷类稿秆或青干草。

四、创伤性网胃炎

创伤性网胃炎，是金属异物（针、钉、铁丝）混杂在饲料内，被采食吞咽落入并刺伤网胃（图 1-10），导致以顽固性前胃弛缓、瘤胃反复臌气、网胃区敏感性增高为特征的前胃疾病。本病主要发生于舍饲的耕牛和奶牛，间或发生于山羊。

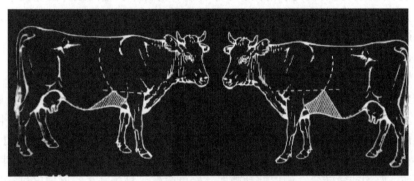

图 1-10 网胃体表投影图（斜线部分）

在左侧，背界是肺野的尾侧线，前界是肘头与剑状软骨的连线，后界是肩关节的水平线与肺野后腹侧线交点到脐部之连线。在右侧，其大约较左侧低一掌宽

（一）病因

牛采食迅速，并不咀嚼，以唾液裹成团，囫囵吞咽，又有舔食习惯，往往将随同饲料的金属异物吞咽落进网胃，导致本病的发生。因此在饲养管理不当，饲料加工过于粗放，调制饲料不经心的情况下，很可能食进金属异物而发生本病。

通常所见，耕牛多因缺少饲养管理制度，随意舍饲和放牧所致。饲养人员由于不具备饲养管理常识，常将碎铁丝、铁钉、钢笔尖、回形针、大头钉、缝针、发卡、废弃的小剪刀、指甲剪、铅笔刀和碎铁片（图 1-11）等到处抛弃，混杂在饲草、饲料中，散在

图 1-11 混入饲草中被牛误咽入网胃的碎铁块、铁钉、铁丝等异物

村前屋后、城郊路边或工厂作坊周围的垃圾与草丛中，因而都可能被牛采食或舔食吞咽下去，造成了本病发生的条件和环境。

奶牛主要因饲料加工粗放、饲养粗心大意、对饲料中的金属异物的检查和处理不细致而引起本病。饲草、饲料中的金属异物最常见的是饲料粉碎机与铡草机上的销钉，其他如碎铁丝、铁钉、缝针、别针、注射针头、发卡及各种有关的尖锐金属异物等，被采食后而发病。

不论是青壮年耕牛或是高产奶牛，食欲旺盛，采食迅速，往往将上述金属异物吞咽进去，落入网胃底；间或进入瘤胃，又随同其中内容物运转而进入网胃。于此情况下，随着腹压急剧增大，促使金属异物刺伤网胃。因此，通常在瘤胃积食或臌气、重剧劳役、妊娠、分娩，以及奔跑、跳沟、滑倒、手术保定等过程中，腹内压升高导致本病的发生和发展。其中以针、钉、碎铁丝与其他尖锐异物，以及玻璃碎片等，危害最大，不仅使网胃受到严重损伤，而且也会损害到邻近的组织和器官，引起急剧的病理过程。

（二）症状

根据金属异物刺穿胃壁的部位、造成创伤深度、波及其他内脏器官等因素，临床症状也有差异。急性局限性网胃炎的病例，病畜食欲急剧减退或废绝，泌乳量急剧下降；体温升高，但部分病例几天后降至常温，呼吸和心率正常或轻度加快；肘外展（图1-12），不安（图1-13），拱背站立（图1-14），不愿移动、卧地、起立时极为谨慎；牵病牛行走时，不愿上下坡、跨沟或急转弯。瘤胃蠕动减弱，轻度臌气，排粪减少；网胃区进行触诊，病牛疼痛不安。心包炎病例，出现下颌水肿（图1-15）、胸下水肿（图1-16）。发病24h内

图1-12　肘头外展侧面

图1-13　患牛惊恐、不安

图1-14　患牛拱背站立

图1-15　继发心包炎引发的下颌水肿

检查，典型病例易于诊断，但不同个体，其症状差异大。一些病例只有轻度的食欲减退，泌乳量减少，粪便稍干燥；瘤胃蠕动减弱，轻度臌气和网胃区疼痛。

图 1-16 继发心包炎引发的胸前积液（左）及不愿上下坡（右）

脾脏或肝脏受到损伤，形成脓肿，扩散蔓延，往往引起脓毒败血症。

慢性网胃炎的病例，被毛粗乱无光泽，消瘦，泌乳量少，间歇性厌食，瘤胃蠕动减弱，间歇性轻度臌气，便秘或腹泻，久治不愈。有时还有拱背站立等疼痛表现。

X 线检查：可确定金属异物损伤网胃壁的部位和性质。根据 X 线影像、临床检查结果和经验，可作出诊断，确定可否进行手术及手术方法，并做出较准确的预后。

金属异物探测器检查：可查明网胃内金属异物存在的情况（图 1-17），但须将探测的结果结合病情分析才具有实际意义，不少耕牛与舍饲牛的网胃内存有金属异物，但无临床症状。

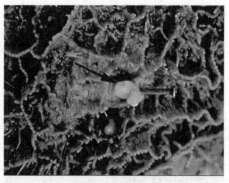

图 1-17 探测到异物（左），剖检发现铁钉及周围已经化脓的瘤胃组织（右）

实验室检查：病的初期，白细胞总数升高，可达 $11\times10^9\sim16\times10^9$个/L；嗜中性粒细胞增至 45%～70%，淋巴细胞减少至 30%～45%，核左移。慢性病例，血清球蛋白升高，白细胞总数中度增多，嗜中性粒细胞增多，单核细胞持久地升高达 5%～9%，缺乏嗜酸性粒细胞。

（三）诊断

创伤性网胃炎，通过临床症状观察，顽固性的前胃弛缓和间歇性瘤胃臌气，应用健胃促消化药不但没有效果，反而病情恶化。网胃区的叩诊与强压触诊检查，金属探测器检查可作出诊断。而症状不明显的病例则需要辅以实验室检查和 X 线检查才能确诊。应注意同前胃弛缓、慢性瘤胃臌气、皱胃溃疡等所引起的消化机能障碍，肠绞窄、肠套叠和子宫扭转等所导致的剧烈腹痛症状，创伤性心包炎、牛肺疫、吸入性肺炎等所呈现的呼吸系统症状，以及牛肺结核所形成的慢性体质消耗性疾病等相比较，进行鉴别诊断，以免误诊。

（四）治疗与护理

1. 治疗原则　　及时去除异物，抗菌消炎，加速创伤愈合，恢复胃肠功能。

2. 治疗措施

（1）保守疗法　　将病牛立于斜坡上或斜台上，保持前驱高后躯低的姿势，减轻腹腔脏器对网胃的压力，促使异物排出网胃壁。同时，应用磺胺类药物，按每千克体重0.07g，内服；或用青霉素300万IU与链霉素3g，肌内注射，连用3d。另一方法是用特制的磁铁经口投入网胃中，吸取胃中金属异物，同时应用青霉素和链霉素肌内注射。此外，加强饲养管理，使病牛保持安静，先绝食2～3d，然后给予易消化的饲料，并适当应用防腐止酵剂、高渗葡萄糖或葡萄糖酸钙溶液，静脉注射，增进治疗效果。

（2）手术疗法　　创伤性网胃炎在早期如无并发症，采取手术疗法，施行瘤胃切开术，从网胃壁上摘除金属异物，同时加强护理措施，具有较好疗效。

（五）保健护理

1）除去牛舍或周围环境中有可能被食入的金属异物。

2）加强经常性饲养管理工作，注意饲料选择和调理，防止饲料中混杂金属异物。

3）对10～12个月的以上的牛只预先投于磁力强的铁棒（图1-18）。

图1-18　磁力极强的铁棒（左）及放置一段时间后取出吸满异物的铁棒（右）

4）在奶牛场和肉牛场的饲料加工、自动输送线、TMR搅拌机等机械上安装大块电磁板或电磁装置，以除去饲草中的金属异物。

5）牛只在配种前（体重300～350kg）即可经口投入磁铁，预防本病。

6）不在村前屋后，铁工厂、垃圾堆附近放牧和收割饲草。

7）定期应用金属探测器检查牛群，并应用金属异物摘除器从瘤胃和网胃中摘除异物。

五、瓣胃阻塞

瓣胃阻塞又称瓣胃秘结，主要是因前胃弛缓，瓣胃收缩力减弱，瓣胃内容物滞留，水分被吸收而干涸，致使瓣胃秘结、扩张的一种疾病。本病常见于耕牛，奶牛也常发生。

（一）病因

1. 原发性瓣胃阻塞 主要因长期饲喂含有多量泥沙的糠麸、粉渣、酒糟等饲料，或甘薯蔓、花生蔓、豆秸、青干草、紫云英等含粗纤维多的坚硬饲料而引起，铡草过短时更易引起本病。另外，放牧转为舍饲或饲料突然变换，饲料质量低劣，饲料中缺乏蛋白质、维生素及微量元素，或者因饲养不正规，饲喂后缺乏饮水，以及运动不足等都可引起瓣胃阻塞。

2. 继发性瓣胃阻塞 常继发于前胃弛缓、瘤胃积食、皱胃阻塞、皱胃变位、皱胃溃疡、腹腔脏器粘连、生产瘫痪、黑斑病甘薯中毒、牛产后血红蛋白尿病、牛恶性卡他热和血液原虫病等疾病。

（二）症状

本病的初期，呈现前胃弛缓的症状，食欲不定或减退，便秘，粪呈饼状甚至栗子状，瘤胃轻度臌气，瓣胃蠕动音微弱或消失。于右侧腹壁（第8～10肋间的中央）触诊，病牛疼痛不安；叩诊，浊音区扩大；精神迟钝，时而呻吟；奶牛泌乳量下降。

病情进一步发展，精神沉郁，鼻镜干燥、龟裂，空嚼、磨牙，呼吸浅表，心悸，脉率增至80～100次/min。食欲废绝，反刍停止，瘤胃收缩力减弱。进行瓣胃穿刺检查，用15～18cm长穿刺针，于右侧第9肋间与肩关节水平线相交点进行穿刺，进针时感到有较大的阻力。直肠检查，肛门与直肠痉挛性收缩，直肠内空虚、有黏液，并有少量暗褐色粪便附着于直肠壁。

晚期病例，伴发肠炎和全身败血症，神情忧郁，体温升高0.5～1℃，食欲废绝，排粪停止或排出少量黑褐色藕粉样恶臭黏液。尿量减少，呈黄色或无尿。呼吸急促，心悸，脉率可达100～140次/min，脉搏节律不齐，毛细血管再充盈时间延长，皮温不整，结膜发绀，出现脱水与自体中毒现象，体质虚弱，卧地不起，病情显著恶化。

（三）诊断

瓣胃阻塞多与前胃其他疾病和皱胃疾病的病征互相掩映，颇为类似，临诊有时较难。虽然如此，也可根据病史、临诊病征，瓣胃蠕动音低沉或消失，触诊瓣胃敏感性增高，叩诊浊音区扩大，粪便细腻，纤维素少、黏液多等表现及结合瓣胃穿刺检查，作出诊断，必要时进行剖腹探查，可以确诊。

在论证分析时，应注意同前胃弛缓、瘤胃积食、创伤性网胃腹膜炎、皱胃阻塞、肠便秘，以及可伴发本病的某些急性热性病进行鉴别诊断，以免误诊。

（四）治疗与护理

1. 治疗原则 增强前胃运动机能，软化瓣胃内容物，促进瓣胃内容物排除。

2. 治疗措施 初期病情轻者，可服泻剂，如硫酸钠400～500g，加常水8000～10 000ml或液体石蜡（或植物油）1000～2000ml，一次内服。同时，用10%氯化钠溶液100～200ml，10%安钠咖注射液20～40ml，静脉注射，以增强前胃神经兴奋性，促进前胃内容物运转与排除。病情重剧的，皮下注射士的宁 0.015～0.03g，或毛果芸香碱 0.02～0.05g，或新斯的明 0.01～0.02g，或氨甲酰胆碱 1～2mg。但须注意，体弱、妊娠母牛、心肺功能不全的病牛，忌用这些神经性兴奋药。

瓣胃注射，可用 10% 硫酸钠溶液 2000～3000ml，液体石蜡（或甘油）300～500ml，普鲁卡因 2g，盐酸土霉素 3～5g，一次瓣胃内注入。

防止脱水和自体中毒可用撒乌安注射液 100～200ml 或樟酒糖注射液 200～300ml，静脉注射，同时应用庆大霉素、链霉素等抗生素，并及时输糖补液，缓和病情。

依据临床实践，在确诊后施行瘤胃切开术，用胃管插入网 - 瓣孔，冲洗瓣胃，效果较好。

3．中兽医辨证施治　　中兽医称瓣胃阻塞为百叶干，主要是因脾胃虚弱，胃中津液不足，百叶干燥，治宜养阴润胃，通便清热。方用藜芦润燥汤：藜芦、常山、二丑、川芎各 60g，当归 60～100g，水煎后加滑石 90g，麻油（或液体石蜡）1000ml，蜂蜜 250g，一次内服。或用猪膏散：滑石 200g，牵牛子 50g，大黄 60g，大戟 30g，甘草 15g，芒硝 200g，油当归 150g，白术 40g，研末，加猪油 500g，调服。

4．针灸　　针刺舌底、耳尖、山根、后丹田、百会、脾俞、八字等穴。

5．验方

1）麻油 1000ml，蜂蜜 250g，加温水 5000ml，同调灌服。

2）食醋 4000ml，食盐 120g，加温水 1000～200ml，混合溶解，一次灌服。

3）榆白皮 200～300g，水煎灌服。

4）碱面 70～90g，白矾 30～40g，食盐 90～120g，为末，加蜂蜜 250g，灌服。

（五）保健护理

1）避免长期应用混有泥沙的糠麸、糟粕饲料喂养。

2）适当减少坚硬的粗纤维饲料。

3）铡草喂牛，不宜铡得过短。

4）注意补充蛋白质与矿物质饲料。

5）发生前胃弛缓时，应及早治疗，以防止发生本病。

六、瘤胃酸中毒

瘤胃酸中毒是采食过量的精料或长期饲喂酸度过高的青贮饲料，在瘤胃内产生大量乳酸等有机酸而引起的一种代谢性酸中毒。临诊以呈现消化紊乱、中枢神经兴奋性增高、脱水、卧地不起、休克、毒血症和高死亡率为特征。乳牛、肉牛、绵羊、奶山羊等均可发生。

（一）病因

本病的病因主要是饲喂过量的富含碳水化合物的精料，如玉米、高粱、大麦、燕麦、小麦和各种块根、块茎饲料，如甜菜、马铃薯、萝卜，以及糟粕类饲料，如啤酒渣、糖糟、豆腐渣等，在瘤胃内经异常发酵产生大量乳酸而发病；饲料加工调制不当，如谷物类饲料粉碎过细，牛短时间内吃入大量粉碎的谷物在瘤胃内可产生大量乳酸，或青贮饲料酸度过大等也可产生大量乳酸；突然变换饲料，瘤胃内的细菌和纤毛虫等尚未适应，容易引起异常发酵形成大量乳酸，导致酸中毒。

此外，临产与产后母牛，机体抵抗力降低，消化机能减弱，在分娩、气候条件突然变化等应激因素的作用下，均可使瘤胃内环境改变，成为发病的诱因。

（二）发病机制

关于本病的发病机制，目前有两种观点，即酸中毒和内毒素中毒。

1. 乳酸中毒　　丰富的非纤维素碳水化合物在瘤胃中都能产生乳酸。过食精料后，$2 \sim 6h$ 瘤胃的微生物群出现明显的变化，瘤胃中的牛链球菌、乳酸菌等迅速繁殖，它们利用碳水化合物而产生大量乳酸、挥发性脂肪酸等，使瘤胃的 pH 降至 5 以下，此时溶解纤维素的细菌和原虫被抑制。瘤胃内正常微生物区系遭到严重破坏，乳酸增多，可提高瘤胃的渗透压，并使水分从全身循环进入瘤胃，引起血液浓缩、脱水和瘤胃积液。此时，瘤胃的缓冲剂可缓冲一些乳酸，但是大部分的乳酸通过胃壁吸收，呈现酸中毒。各种病因的作用，都可能造成牛血中乳酸浓度的升高。剧烈的肌肉运动、休克、缺氧症、激素、化学药物的刺激、分娩等，都可激发血中乳酸的增加；内分泌因素，如胰岛素、肾上腺皮质激素、肾上腺素、甲状腺素等，都可影响血中乳酸水平，促使酸中毒的发生。

2. 内毒素中毒　　大量饲喂精料后，瘤胃内的致病物质，如组胺、色氨、乙醇和细菌内毒素等，都会加剧发病过程。由于组织胺的增高，病牛可出现蹄叶炎。牛过食精料后，瘤胃 pH 下降到约 5.5 时，纤毛虫活性和再生能力消失，瘤胃微生物区系发生很大变化。牛链球菌等微生物生长迅速，产生大量乳酸，蓄积于瘤胃中，瘤胃内游离内毒素的浓度显著增加，于摄食 12h 后酸中毒就会发生。内毒素的增加主要是革兰氏阴性细菌大量死亡裂解，释放出细菌内毒素，被吸收入血所致。当瘤胃乳酸蓄积，pH 下降后会引起机体的氧合不全血症的出现、血液循环障碍，机体对内毒素解毒能力下降，则出现内毒素中毒和休克的发生。

其实，上述各种因素的致病性不是单一的，而是共同对机体的作用。即瘤胃 pH 的下降，乳酸的蓄积，引起了瘤胃内细菌区系的改变，产生内毒素。内毒素的吸收，并作用于组织器官，引起了组织的损伤，加剧了酸中毒征候群的病理过程。

（三）症状

本病的临诊症状与牛的品种，食人的饲料种类、性质和数量，以及疾病发展过程的速度有关，通常分为最急性型、急性型和慢性型等。

1. 最急性型　　常在采食后几小时内出现中毒症状，发病急骤，突然死亡，因患病动物生前无任何明显的前驱表现，故常不被发现。

有的病牛，在采食大量精料后 $12 \sim 24h$ 内发生酸中毒，表现不愿走动，行走蹒跚，呼吸急促，心跳增数，可达 100/min 以上，常在出现症状后 $1 \sim 2\,h$ 内死亡，死亡前病牛张口吐舌，从口内吐出带血的唾液，高声鸣叫、甩头蹬腿。

2. 急性型　　病牛突然食欲废绝，产奶量急剧下降，精神沉郁，时常侧卧，肌肉震颤。瘤胃运动消失，内容物胀满而黏硬，排黄绿色的泡沫性水样便，或排带血的粪便，有时则发生便秘。全身伴有中毒症状，结膜潮红，巩膜充血，脉搏增数达 100 次/min，呼吸稍增数，但变弱，脱水，尿量显著减少。随后可出现盲目直行或转圈运动，严重者兴奋不安，难以控制，特别是过食黄豆后神经症状更为明显。严重的病例步态蹒跚，行走如醉，视力障碍。

有的较重的病牛出现类似生产瘫痪的症状，瘫痪卧地，头、颈和体躯平躺在地上，四肢僵硬伸直侧于一方，头向背部弯曲，呻吟，磨牙，初期兴奋不安甩头，后期站立困难，卧地昏迷死亡。

3. 慢性型 病牛症状轻微，通常呈现前胃弛缓，瘤胃蠕动微弱，食欲减退，泌乳量减少，伴发蹄叶炎时，步态强拘，站立困难。

（四）诊断

本病的诊断是依据有过食豆、谷等精料的病史；特征是多呈急性经过，发病急骤，病程短；典型症状是瘤胃胀满，视觉障碍，中枢神经兴奋，脱水，酸中毒，腹泻，无尿或少尿等，可作出初步诊断。必要时进行实验室检查有助于确诊。

血液检查：血液浓稠，血容量增高，碱贮下降，血尿素氮、血钠、总蛋白、血平均渗透压增高，血钙、血糖降低。

尿液检查：尿液 pH 下降到 5.0～6.0，尿胆素、尿蛋白反应阳性，尿沉渣镜检有白细胞、肾上皮和膀胱上皮细胞等构成的管型。

瘤胃液检查：瘤胃液增多，呈乳绿色、灰白色，黏稠度减小具有酸臭味，pH4.0～6.0，纤毛虫数量明显减少，革兰氏阴性菌减少，阳性菌数量增加。

（五）治疗与护理

1. 治疗原则 矫正瘤胃和全身性酸中毒，防止乳酸的进一步产生；恢复损失的液体和电解质，并维持循环血量；恢复前胃和肠管机能。

2. 治疗措施 首先停止饲喂致病的饲料，限食 1～2d，然后改喂含粗纤维多的青草和干草，瘤胃积液时要限制饮水。

缓解酸中毒，可静脉注射 5% 碳酸氢钠溶液 5ml/kg 体重，每日 1～3 次。并补饲碳酸氢钠粉，每头牛每天 50～80g。

补充体液、电解质、保护心脏及促进毒素的排出，可静脉输入 5% 葡萄糖生理盐水、复方生理盐水、低分子右旋糖酐，以及 10%～25% 的葡萄糖等溶液。输液中可加入 0.02% 西地兰注射液 10～20ml，也可肌内注射。

为了促进乳酸代谢，可肌内注射维生素 B_1 0.2～0.4g，并内服酵母片。兴奋瘤胃可皮下注射瘤胃兴奋剂，如新斯的明、毛果芸香碱等。及时导胃、洗胃及移植健康牛胃液，对于恢复牛瘤胃内的正常发酵，促进痊愈有较好的效果。

（六）保健护理

1）加强饲养管理，合理供应精料，严防为追求产量增加浓厚的精料水平。

2）坚持正常的饲养管理制度，不要突然更换饲料。

3）注意饲料加工时颗粒尽量大小均匀，不要粉磨得过细。

4）为防止瘤胃 pH 降低，使瘤胃适应较高精料日粮，可在饲料中添加碳酸氢钠等缓冲剂。

七、皱胃炎

皱胃炎是指各种病因所致皱胃黏膜及黏膜下层的炎症。本病多见于老龄牛和犊牛，体质虚弱的成年牛也常见。

（一）病因

1. 原发性皱胃炎　多因长期饲喂粗硬饲料、冰冻饲料、霉变饲料或糟粕、粉渣等而引起；饲喂不定时，时饱时饥，突然变换饲料或劳役过度，经常调换饲养员，或者长途运输，过度紧张，发生应激反应，因而影响到消化机能，导致皱胃炎的发生。

2. 继发性皱胃炎　常继发于前胃疾病、营养代谢疾病、口腔疾病、肠道疾病、肝脏疾病、某些中毒性疾病、寄生虫病（如血矛线虫病）和某些传染病（如牛病毒性腹泻、牛沙门氏菌病）等。

（二）症状

急性或慢性皱胃炎都呈现消化机能障碍，并伴有呕吐、食欲减退等共同症状，但又各有特点。

1. 急性皱胃炎　患病动物精神沉郁，鼻镜干燥，皮温不整，结膜潮红、黄染，泌乳量降低甚至完全停止，体温一般无变化。食欲减退或废绝，反刍减少、短促、无力或停止，有时空嚼、磨牙；口黏膜被覆黏稠唾液，舌苔白腻，口腔散发甘臭，有的伴发糜烂性口炎；瘤胃轻度臌气，收缩力减弱；触诊右腹部皱胃区，病牛疼痛不安；便秘，粪呈球状，表面覆盖多量黏液，间或腹泻。有的病牛还表现腹痛不安。病的末期，病情急剧恶化，往往伴发肠炎，全身衰弱，脉率增快，脉搏微弱，精神极度沉郁甚至昏迷。

2. 慢性皱胃炎　病畜呈长期消化不良，异嗜。口腔甘臭，黏膜苍白或黄染，口腔内有唾液黏稠，舌苔厚，瘤胃收缩力量减弱；便秘，粪便干硬。病的后期，病畜衰弱、贫血、腹泻。

（三）诊断

本病的特征不甚明显，确诊较为困难。通常根据患病动物的消化不良，触诊皱胃区敏感，眼结膜与口腔黏膜黄染，具有便秘或腹泻现象，有时伴发呕吐，结合临诊观察，可作出初步诊断。

由于本病主要呈现消化机能障碍，因此需要与前胃疾病进行鉴别。其中前胃弛缓，瘤胃内容物呈粥状，不断嗳气，往往还可伴发瓣胃秘结现象，可与本病鉴别；创伤性网胃炎，有其特殊的站立和运动姿势，反复发生慢性瘤胃臌气，通过详细观察容易与本病鉴别。

（四）治疗与护理

1. 治疗原则　主要在于清理胃肠，消炎止痛。重症病例，则应强心、输液，促进新陈代谢。慢性病例，应注意清肠消导，健胃止酵，增进治疗效果。

2. 治疗措施 急性皱胃炎，在病的初期，先限制采食1～2d，并内服植物油（500～1000ml）或人工盐（400～500g）。同时静脉注射安溴注射液100ml。为提高治疗效果，可用黄连素2～4g，注射用水50ml，瓣胃注入，每日1次，连用3～5d。

犊牛限制采食1～2d，喂给充足温生理盐水。限食结束后，先给予温生理盐水，再给少量牛奶，逐渐增量。离乳犊牛，可饲喂易消化的优质干草和适量精料，补饲少量氯化钴、硫酸亚铁、硫酸铜等微量元素。

瘤胃内容物发酵、腐败时，可用土霉素10～25mg/kg，内服，每日1～2次，或者用链霉素1g，内服，每日1次，连用3～4次。必要时给予健康的牛瘤胃液0.5～1L，更新瘤胃内微生物，增进其消化机能。对病情严重、体质衰弱的成年牛应及时用抗生素，防止感染；同时用5%葡萄糖生理盐水2000～3000ml，20%安钠咖注射液10～20ml，40%乌洛托品注射液20～40ml，静脉注射。病情好转时，可服用复方龙胆酊60～80ml，橙皮酊30～50ml等健胃剂。清理胃肠，可给予盐类或油类缓泻剂。

慢性皱胃炎，着重改善饲养管理，适当地应用人工盐、酵母片、龙胆酊、橙皮酊等健胃剂。必要时，给予盐类或油类轻泻剂，清理胃肠。

3. 中兽医辨证施治 中兽医认为本病是胃气不和，食滞不化，治宜调胃和中，消积导滞。方用保和丸加减：焦三仙200g，莱菔子50g，鸡内金30g，延胡索30g，川楝子50g，厚朴40g，焦槟榔20g，大黄50g，青皮60g，水煎去渣，内服。

若脾胃虚弱，消化不良，皮温不整，耳鼻发凉，治宜益脾健胃，温中散寒。方用加味四君子汤：党参100g，白术120g，茯苓50g，肉豆蔻50g，广木香40g，炙甘草40g，干姜50g，共为末，开水冲，候温灌服。

（五）保健护理

1）加强饲养管理，给予质量良好的饲料，饲料搭配合理。
2）搞好畜舍卫生，减少应激因素。
3）对能引起皱胃炎的原发性疾病应及时治疗。

八、皱胃阻塞

皱胃阻塞又称皱胃积食，是由于迷走神经调节机能紊乱或受损，导致皱胃弛缓，内容物滞留，胃壁扩张而形成阻塞的一种疾病。本病常见于黄牛和水牛，奶牛与肉牛也有发生。

（一）病因

原发性皱胃阻塞是由于饲养管理不当而引起，特别是在冬春缺乏青绿饲料，用谷草、麦秸、玉米秸秆、高粱秸秆或稻草铡碎喂牛，常引起发病。而黄牛和水牛，每当农忙季节，因饲喂麦糠、豆秸、甘薯蔓、花生蔓或其他秸秆，同时添加磨碎的谷物精料，并因饲养失调、饮水不足、劳役过度和精神紧张，也常常发生皱胃阻塞。此外，由于消化机能和代谢机能紊乱，发生异嗜，舔食砂石、水泥、毛球、麻线、破布、木屑、刨花、塑料薄膜甚至食入胎盘而引起机械性皱胃阻塞。犊牛有的因大量乳凝块滞留而发生皱胃阻塞。

继发性皱胃阻塞，常常继发于前胃弛缓、创伤性网胃腹膜炎、皱胃溃疡、皱胃炎，腹腔脏器粘连、小肠秘结，以及肝脾脓肿、犊牛腹膜炎等疾病。

（二）症状

发病初期，食欲减退，反刍减少、短促或停止，有的病畜则喜饮水；瘤胃蠕动音减弱，瓣胃音低沉，腹围无明显异常；尿量短少，粪便干燥。

随着病情发展，患病动物精神沉郁，被毛逆立，鼻镜干燥或干裂，体温通常正常；食欲废绝，反刍停止，腹围显著增大，瘤胃内容物充满或积有大量液体，瘤胃与瓣胃蠕动音消失，肠音微弱；常常呈现排粪姿势，有时排出少量糊状、棕褐色的恶臭粪便，混杂少量黏液或紫黑色血丝和血凝块；尿量少而浓稠，呈黄色或深黄色，具有强烈的臭味。临床上见到山羊因生姜秆饲喂后表现为尖叫后死亡，剖检发现在幽门部被生姜秆中的芯缠结的阻塞物（图 1-19）。

发病的绒山羊，沉郁，腹痛

死亡病例皱胃及幽门部是黑色的软性圆形异物

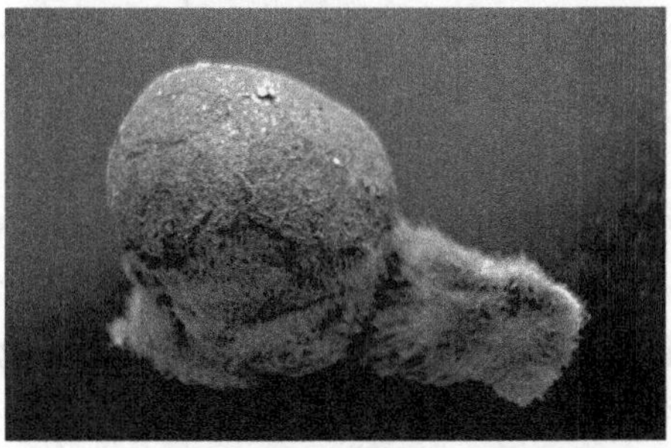

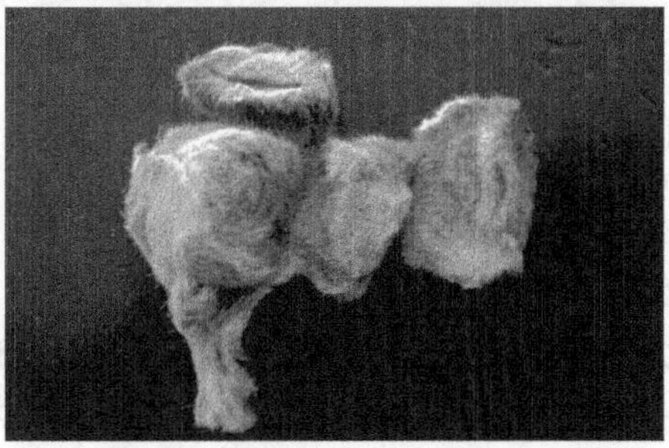

用清水冲洗后呈现出表面光滑的球状物，撕开后，如烟蒂中的物质，是生姜秆芯

图 1-19　皱胃幽门部被生姜秆芯阻塞发病的小羊

当瘤胃大量积液时，冲击式触诊，呈现振水音。在左肷部听诊，同时以手指轻轻叩击左侧倒数第 1～5 肋骨或右侧倒数第 1、2 肋骨，即可听到类似叩击钢管的铿锵音。

重剧病例，视诊可见右侧中腹部到后下方呈局限性膨隆；在肋骨弓的后下方皱胃区作冲击式触诊，则病牛有躲闪、蹴踢或抵角等敏感表现，同时感触到皱胃体显著扩张而坚硬，特别是继发于创伤性腹膜炎的病例，由于腹腔器官粘连，皱胃位置固定，更为明显。

直肠检查：直肠内有少量粪便和成团的黏液，混有坏死黏膜组织。体形较小的黄牛，手伸入骨盆腔前缘右前方，瘤胃右侧中下腹区，能摸到向后伸展扩张呈捏粉样的部分皱胃体。乳牛和水牛体形较大，直肠内不易触诊，必要时可以进行剖腹探查。

实验室检查：皱胃液 pH 为 1～4；瘤胃液 pH 多为 7～9，纤毛虫数量减少，活力降低；血清氯化物降低，平均为 3.88g/L（正常为 5.96g/L），血浆 CO_2 结合力升高，平均为 682ml/L（正常 514ml/L）。

病的末期，病牛精神极度沉郁，极度虚弱，皮肤弹性减退，鼻镜干燥，眼窝凹陷；结膜发绀，舌面皱缩，血液黏稠，心率 100 次/min 以上，呈现严重的脱水和自体中毒症状。

由含有多量的酪蛋白牛乳所形成的坚韧乳凝块而引起的犊牛皱胃阻塞，表现持续腹泻，瘦弱，腹部臌胀而下垂，腹部做冲击式触诊，可听到一种类似流水音的异常音响。

（三）诊断

根据右腹部皱胃区局限性膨隆，在左肷部结合叩诊肋骨弓进行听诊，呈现类似叩击钢管的铿锵音，以及皱胃穿刺测定其内容物的 pH 为 1～4，即可确诊。但须与前胃疾病、皱胃变位、肠变位等疾病进行鉴别。

1. 前胃弛缓　前胃弛缓，腹部皱胃区不膨隆，应用听诊结合叩诊反复检查，不呈现钢管叩击音。

2. 创伤性网胃腹膜炎　乍看起来与本病临诊病征极为相似。但创伤性网胃腹膜炎病牛姿势异常，肘部肌群震颤，用拳压或杠抬病牛剑状软骨后方，可引起疼痛反应。

3. 皱胃变位　皱胃变位病牛的瘤胃蠕动音低沉而不消失，并且从左腹胁至肘后水平线的部位可以听到由皱胃发出的一种高朗的钢管音，或潺潺的流水音，同时通过穿刺内容物检查，可以鉴定皱胃左方变位。至于皱胃扭转，则于右侧腹部肋弓后方，进行冲击性触诊和听诊时，呈现拍水音和回击音。

4. 肠扭转与肠套叠　病牛初期呈现明显的腹痛症状，病情急剧恶化，直肠内容物空虚，有多量黏液，肠系膜紧张，直肠检查手伸入骨盆腔时，即感到到阻力。

（四）治疗与护理

1. 治疗原则　消积化滞，防腐止酵，缓解幽门痉挛，促进皱胃内容物排除，防止脱水和自体中毒。

2. 治疗措施　病的初期，可用硫酸钠 300～400g，液体石蜡（或植物油）500～1000ml，鱼石脂 20g，乙醇 50ml，常水 6～10L 混合灌服，每日 2 次，连续用药 3～5d。

皱胃注射 25% 硫酸钠溶液 500～1000ml，液体石蜡 500～1000ml，乳酸 8～15ml 或皱胃注射生理盐水 1500～2000ml。

在病程中，为了改善中枢神经系统调节作用，提高胃肠机能，增强心脏活动，可应用 10% 氯化钠溶液 200～300ml，10% 安钠咖溶液 20ml，静脉注射。当发生自体中毒时，可用撒乌安注射液 100～200ml 或樟脑乙醇注射液 200～300ml，静脉注射。发生脱水时，应根据脱水程度和性质进行输液，通常应用 5% 葡萄糖生理盐水 2000～4000ml，10% 安钠咖注射液 20ml，40% 乌洛托品注射液 30～40ml，静脉注射。10% 维生素 C 注射液 30ml，肌内注射。此外可适当地应用抗生素或磺胺类药物，防止继发感染。

由于皱胃阻塞，多继发瓣胃秘结，药物治疗效果不佳时，及时施行瘤胃切开术，取出瘤胃内容物，然后用胃管插入网 - 瓣孔，通过胃管灌注温生理盐水，冲洗皱胃，达到疏通的目的。

3. 中兽医辨证施治 中兽医认为皱胃阻塞主要是脾胃运化失常，气血淤滞，以致中焦阻塞，胃有积食。治宜宽中理气，软坚破积，通便泻下。

早期病例可用加味大承气汤：大黄 100g，厚朴 50g，枳实 50g，芒硝 200g，滑石 100g，木通 50g，郁李仁 100g，瓜蒌两个，京三棱 40g，莪术 50g，醋香附 50g，山楂 50g，麦芽 50g，青皮 40g，沙参 50g，石斛 50g，水煎去渣，加植物油 250ml，候温灌服。

（五）保健护理

1）加强平时的饲养管理，合理搭配日粮，应特别注意粗饲料和精饲料的调配。
2）饲草不能铡得过短。
3）精料不能粉碎过细。
4）注意清除饲料中异物，防止发生创伤性网胃炎，避免损伤迷走神经。
5）农忙季节，应保证耕牛充足的饮水和适当的休息。

九、皱胃左方变位

皱胃的正常解剖学位置（图 1-20）改变，称为皱胃变位。皱胃通过瘤胃下方移到左侧腹腔，置于瘤胃和左腹壁之间，称为左方变位（图 1-21，图 1-22）。发病高峰在分娩后 6 周内，也可散发于泌乳期或怀孕期，高产奶牛多发，犊牛与公牛较少发病。

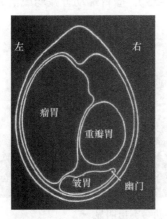

图 1-20　正常的解剖学位置

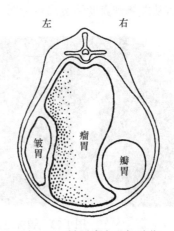

图 1-21　皱胃囊向左侧移位
（通过第 11 胸椎横断面）

（一）病因

皱胃左方变位的确切病因仍然不完全清楚，主要与皱胃弛缓和机械性转移两方面有关。

皱胃弛缓时，皱胃机能不良，导致皱胃扩张和充气，容易因受压而游走变位。造成皱胃弛缓的原因包括一些营养代谢性疾病或感染性疾病，如酮病、低钙血症、生产瘫痪、牛妊娠毒血症、子宫炎、乳房炎、胎膜滞留和消化不良，另有饲喂较多的高蛋白精料或含高水平酸性成分饲料，如玉米青贮等。此外，上述疾病可使病畜食欲减退，导致瘤胃体积减小，促进皱胃变位的发生。

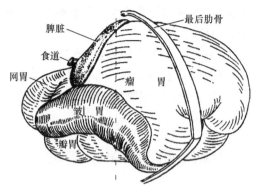

脾脏
食道
网胃
瘤胃
皱胃
瘤胃
最后肋骨

图 1-22 皱胃囊向左侧移位后的
平切面

皱胃机械性转移，是由于子宫在妊娠后期其胎儿逐渐增大和沉重，并逐渐将瘤胃向上抬高并向前移位，皱胃就趁机向左方移走，当母牛分娩时，腹腔这一部分的压力骤然减去，于是瘤胃恢复原位下沉，致使皱胃被挤压到瘤胃左方，置于左腹壁与瘤胃之间。此外，爬跨、翻滚、跳跃等情况，也可能造成发病。

为获得更高的产奶量，在奶牛的育种方面，通常选育后躯宽大的品种，从而腹腔相应变大，增加了皱胃的移动性，也就增加了发生皱胃变位的机会。

（二）症状

本病较多发生于高产奶牛，且大多数发生在分娩之后，少数发生在产前三个月至分娩前。病牛食欲减退，厌食谷物类饲料，青贮饲料的采食量往往减少，大多数病牛对粗饲料仍保留一些食欲，产奶量下降了 1/3~1/2。通常排粪量减少，呈糊状，深绿色。病畜精神沉郁，脱水，若无并发症，其体温、呼吸和脉率基本正常。从尾侧视诊可发现左侧肋弓突起，若从左侧观察肋弓突出更为明显（图 1-23）；瘤胃蠕动音减弱或消失。

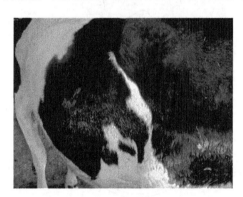

图 1-23 皱胃左方变位牛肋弓突出明显

在左侧肩关节和膝关节的连线与第 11 肋间交点处听诊，能听到与瘤胃蠕动时间不一致的皱胃音（带金属音调的流水音或嘀嗒音）。在听诊左腹部的同时进行叩诊，可听到高亢的鼓音（砰砰声或类似叩击钢管的铿锵音），叩诊与听诊应在从左侧髋结节至肘结节，以及从肘结节至膝关节连线区域内进行。砰砰声最常见的部位处于上述区域的第 8~12 肋间之间（图 1-24）。

但是也有一部分病例的砰砰声可能接近腹侧或后侧。在左侧肋弓下进行冲击式触诊时听诊，可闻皱胃内液体的振荡音。严重病例的皱胃臌胀区域向后超过第 13 肋骨，从侧面视诊可发现肷窝内有半月状突起。犊牛的皱胃左方变位，其典型的叩诊区在左肋弓后缘，向背侧可延伸至左肷窝，犊牛还表现为慢性或间歇性臌气。直肠检查：可发现瘤胃

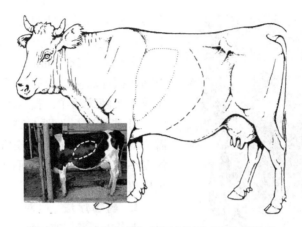

图1-24　皱胃左方变位牛叩诊的同时听诊的部位

背囊明显右移和左肾出现中度变位。有的病牛可出现继发性酮病，表现出酮尿症、酮乳症，呼出气和乳中带有酮味。

（三）诊断

早期诊断有些困难，主要从以下几个方面诊断。

1）多发生于分娩后。

2）食欲时好时坏。

3）左侧最后3个肋骨间显著膨大，从侧面视诊可发现肷窝内有半月状突起。

4）左肷部听诊能听到与瘤胃蠕动时间不一致的皱胃音，并在最后几个肋骨处用手指轻叩，可听到金属音。

5）检查牛乳、尿及呼出气体，酮体呈阳性。

6）直肠检查瘤胃背囊右移，背囊的外侧部压力降低。

在听诊与叩诊结合听到砰砰声（金属音）区域的直下部进行穿刺检查，穿刺液呈酸性反应（pH为1～4），棕褐色，缺乏纤毛虫，可作出明确诊断。

应注意与下列疾病相鉴别。

（1）原发性酮病　高产奶牛多由饲料配合不当等原因引起，葡萄糖治疗能立即见到良好反应。

（2）创伤性网胃炎　在站立、运动时有特殊姿势，胸壁疼痛和白细胞分类计数检查有诊断意义。

（四）治疗与护理

目前治疗皱胃左方变位的方法有滚转法、药物疗法和手术疗法三种。

1. 滚转法　滚转法是治疗单纯性皱胃左方变位的常用方法，运用巧妙时，可以痊愈。具体的方法是使牛右侧横卧1min，然后转成仰卧（背部着地，四蹄朝天）1min，随后以背部为轴心，先向左滚转45°，回到正中，再向右滚转45°，再回到正中；如此来回地向左右两侧摆动若干次，每次回到正中位置时静止2～3min，此时皱胃往往"悬浮"于腹中线并回到正常位置，仰卧时间越长，从臌胀的器官中逸出的气体和液体越多；将

图 1-25　患牛饥饿数日，并适当限制饮水，
施行滚转疗法技术

牛转为左侧横卧，使瘤胃与腹壁接触，然后马上使牛站立，以防左方变位复发。也可以采取左右来回摆动 3～5min 后，突然一次以迅猛有力动作摆向右侧，使病牛呈右横卧姿势，至此完成一次翻滚动作，直至复位为止。如尚未复位，可重复进行（图 1-25）。此法的优点是不需要对牛做外科的切创伤害，但其效果有限，复发率高达 75%，甚至可能导致子宫捻转和皱皱胃扭结的发生。

2. 药物疗法　　对于单纯性皱胃左方变位，当考虑到费用或护理及管理方面的限制而不能进行手术疗法时，可采取药物疗法。药物疗法可口服缓泻剂与止酵剂，应用促反刍药物和拟胆碱药物，以促进胃肠蠕动，加速胃肠排空。此外，还应静脉注射钙剂和口服氯化钾。若存在并发症，如酮病、乳房炎、子宫炎等，应同时进行治疗，否则药物治疗效果不佳。

病畜经药物治疗、滚转法治疗或药物与滚转法相结合的治疗后，让动物尽可能地采食优质干草，以增加瘤胃容积，从而达到防止左方变位的复发和促进胃肠蠕动。

3. 手术治疗法（图 1-26）　　六柱栏内站立保定，3% 盐酸普鲁卡因进行腰旁神经传导麻醉配合术部浸润麻醉，必要时可肌内注射 846 合剂 15～20ml 进行浅麻醉。在左腹部腰椎横突下方 25～35cm，距第 13 肋骨 6～8cm 处，作垂直切口，手术按常规打开腹腔，皱胃便暴露出来，若皱胃积气、积液过多时，可先放气、排液，以减轻皱胃内压力，便于整复。然后，牵拉皱胃寻找大网膜，将大网膜引至切口处，用长约 1m 的肠线，一端在皱胃大弯的大网膜附着部作褥式缝合并打结，剪去余端；带有缝针的另一端放在切口外备用。纠正皱胃位置后，右手掌心握着带肠线的缝针，紧贴左内腹壁伸向右腹底部，并按助手在腹壁外指示皱

患牛保定，术部清洗剪毛

术部浸润麻醉

导管放气、排液

真空泵放气、排液

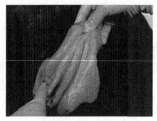

皱胃选择固定部位

术后恢复

图 1-26　手术法治疗皱胃变化的几个关键步骤

胃正常体表位置处，将缝针向外穿透腹壁，由助手将缝针拔出，慢慢拉紧缝线。之后，缝针从原针孔刺入皮下，距针孔处 1.5～2.0cm 处穿出皮肤，引出缝线，将其与入针处留线，在皮肤外打结固定，剪去余线；腹腔内注入青霉素和链霉素溶液，缝合腹壁。手术的同时，配合输液解除皱胃弛缓、代谢性碱中毒、低血氯、低血钾、脱水、酮病等症状，常静脉注射于葡萄糖酸钙、0.9% 生理盐水、电解质、副交感神经兴奋剂、50% 葡萄糖等加以改善。

术后照顾：术后数天仅供给干草，并马上给予饮水，视恢复情形再逐渐加量供给精料，如果恢复慢，尽量减少挤乳次数。

（五）保健护理

1）全价混合日粮（TMR）中应该有足够的反刍饲料。

2）干奶期间奶牛饲喂适宜阴阳离子差的日粮。

3）减少分娩期间的应激。

4）减少干奶牛脂肪肝问题及增加分娩后牛只肝功能。

5）注意围生期（特别是产后三周内）牛只采食状况并及早发现改善问题。

6）围产期补充维生素 E 和硒以增加免疫力，减少乳房炎，以及提升繁殖效率。

7）奶牛分娩后泌乳正常，5～7d 后泌乳量下降时，通常都有皱胃变位发生。

8）对发生乳房炎或子宫炎、酮病等疾病的病畜应及时治疗。

9）在奶牛的育种方面，应注意选育既要后躯宽大，又要腹部较紧凑的奶牛。

十、皱胃右方变位

皱胃从正常的解剖位置以顺时针方向扭转到瓣胃的后上方，而置于肝脏与腹壁之间，称为皱胃右方变位。皱胃右方变位又称皱胃扭转（图 1-27，图 1-28）。

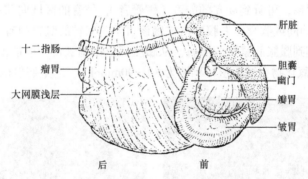

图 1-27 皱胃和瓣胃正常位置右侧观
瘤胃被大网膜、瓣胃被小网膜所覆盖

（一）病因

皱胃右方变位的病因目前仍不清楚，有关的因素与左方变位相似，认为由皱胃弛缓所致，但不限于妊娠或分娩的母牛。

（二）发病机制

皱胃扭转通常在瓣 - 皱孔附近以垂直平面旋转，从右侧看为顺时针方向扭转，扭转一

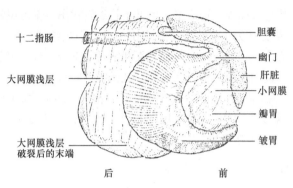

图 1-28　皱胃顺时针扭转（右侧面）

般呈 180°～270°，严重的可达 540°。皱胃扭转引起瓣胃、网胃、十二指肠的变位。皱胃扭转导致幽门阻塞，引起皱胃的分泌增加；分泌的盐酸、氯化钠、钾和液体积聚，导致皱胃扩张、积液、气胀、腹痛、脱水、低氯血症、低钾血症和碱中毒，以及循环虚脱的严重病理现象。由于皱胃扭转，皱胃的血液供应受到影响，最终引起皱胃局部血液循环障碍和缺血性坏死。轻度的扭转有少量内容物可以通过幽门部，积液和扩张的程度也比较轻，不妨碍皱胃的血液供应，碱中毒和脱水的发生也相对比较慢。

（三）症状

皱胃变位病情急剧，突然发生腹痛，背腰下沉，呻吟不安，后肢踢腹。食欲减退或废绝，泌乳量急剧下降，体温一般正常或偏低，心率 60～120 次 /min，呼吸数正常或减少。瘤胃蠕动音消失，粪便呈黑色、糊状（图 1-29），混有血液；脱水严重（图 1-30）；从尾侧视诊可见右腹膨大或肋弓突起，在右肷窝可发现或触摸到半月状隆起；在听诊右腹部的同时进行叩诊，可听到高亢的鼓音（钢管音），鼓音的区域向前可达第 8 肋间，向后可延伸至第 12 肋间或肷窝。右腹冲击式触诊可发现扭转的皱胃内有大量液体。直肠检查，在右腹部触摸到臌胀而紧张的皱胃。从臌胀部位穿刺皱胃，可抽出大量带血色液体，pH 为 1～4。血清氯化物在皱胃扭转早期为 80～90mmol/L，严重病例低于 70mmol/L。

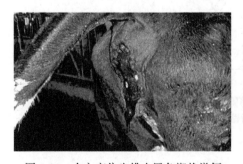

图 1-29　右方变位牛排出黑色糊状粪便

图 1-30　患牛严重脱水，倒卧不起

（四）诊断

皱胃右方变位由于幽门阻塞，可引起皱胃臌气和积液，因此右腹肋弓后方明显膨胀，通过右侧腰旁窝的听诊、叩诊和冲击式触诊，可以证实皱胃呈顺时针方向扭转。对膨胀部位进行穿刺可确诊。注意与皱胃积食、皱胃左方变位、原发性酮病等区别。

1）皱胃积食时，皱胃扩张程度不超过腹侧中线，也不进入腹胁部，且震摇不发现液体震荡音。

2）皱胃左方变位时虽亦呈现酮尿，但两侧腹部腰旁窝均不膨胀，且大多数呈亚急性或慢性，腹泻也可能是其特征之一，在左侧最后三个肋间，叩诊类似钢管音，腹部膨胀亦以该区为明显，皱胃穿刺可以确诊。

3）原发性酮病，用葡萄糖治疗有明显效果。

（五）治疗与护理

皱胃扭转主要采用手术方法治疗。在右腹部第 3 腰椎横突下方 10～15cm 处，做垂直切口，导出皱胃内的气体和液体；纠正皱胃位置，并使十二指肠和幽门通畅；然后将皱胃在正常位置加以缝合固定，防止复发。对于早期的皱胃扭转或轻度脱水者，采取术后口服补液（15～40L）和氯化钾（每次 30～120g，每日 2 次）；严重病例则应在术前进行静脉补液和补钾（450kg 体重的奶牛用复方氯化钠注射液 3000～5000ml，25% 葡萄糖注射液 500～1000ml，10% 安钠咖注射液 20ml，静脉注射）。同时，治疗低钙血症、酮病等并发症。

（六）保健护理

皱胃右方变位的平时保健护理与皱胃左方变位的相似。

十一、反刍动物肠痉挛

肠痉挛是由于肠平滑肌受到异常刺激发生痉挛性收缩，并以明显的间歇性腹痛为特征的一种急性腹痛病，水牛和黄牛均有发生，乳牛极少见。临床上以急性腹痛、肠蠕动增强、不断排粪为特征。

（一）病因

肠痉挛多因气温和湿度的剧烈变化，风雪侵袭，汗后淋雨，寒夜露宿，暴饮冷水，采食霜冻或发霉、腐败的草料等引起。此外，消化不良、胃肠的炎症、肠道溃疡或肠道内寄生虫及其毒素等都是不可忽视的内在致病因素，它们能使肠黏膜下神经丛和肠肌神经丛的敏感性增高，导致植物性神经系统平衡失调，发生暂时性肠痉挛。

（二）症状

本病一般在采食和饮冷水后 1～2h 发生。多数病牛腹部饱满，腹痛不安，后肢频频屈曲，企图蹲伏地上，不见排尿。能断续地见到排粪，开始时，粪便成堆状，以后变稀或呈水样，且排粪量逐渐减少。体温 38～39.5℃，脉搏 50～60 次/min。眼结膜及口黏膜潮湿，呈淡红色。瘤胃蠕动时发出"咕噜咕噜"音，触诊柔软。水牛肠痉挛时，能听到明显的瓣胃及肠蠕动音，直至排粪停止后声音减弱。

直肠检查：直肠内存在稀薄粪汁，无泡沫，无恶臭。极少数病程延长的病例，粪便中黏液增多。个别病例，当手从直肠抽出时，常粘着一些纤维蛋白薄膜，这样的病例，往往呈现严重脱水、消瘦，甚至濒于死亡。

（三）治疗与护理

1. 治疗原则 解除肠痉挛，清肠止酵，恢复胃肠功能。

2. 治疗措施 本病虽然呈急性腹痛发作，且腹痛症状很明显，但在一般情况下，经 1～3h 腹痛即可消失，并随后排出正常粪便。若暂时限制采食，可以不药而愈。如在几小时后仍呈现间歇性腹痛，可能转为肠变位或肠炎。

主要采用腹部温热疗法、镇痛、解痉。通常投服微温的常水，加入颠茄 30ml，或皮下注射阿托品 0.025～0.05g（剂量大，会引起胃肠臌气），或同时用温水作深部灌肠。肠痉挛较轻的病例，只需皮下注射 30% 安乃近溶液 30～40ml 或氯丙嗪 0.1～0.15g 用于镇痛。若病程延长，肠音停止，转为肠变位或肠炎，则需进行补液、投服抗菌药物，或采用手术治疗。

3. 中兽医辨证施治 中兽医称本病为冷痛，也称脾气痛、姜牙痛，是因外感风寒、内伤阴冷而致的一种急性阵发性腹痛。治宜温中散寒，理气和血。方用如下。①橘皮散：青皮 25g，陈皮 30g，厚朴 30g，桂心 25g，细辛 10g，茴香 25g，当归 30g，白芷 15g，共为细末，大葱 3 根、炒盐 15g、烧酒 60ml 为引，开水冲，候温灌服。②健脾散：当归、青皮、砂仁各 20g，陈皮、五味子、菖蒲各 25g，厚朴、白术、肉桂、干姜、茯苓、泽泻各 30g，干草 15g，共为末，开水冲，候温灌服。③桂心散：桂心、青皮、益智仁、白术、厚朴、干姜、当归各 20g，陈皮 30g，砂仁、五味子、肉豆蔻、炙甘草各 15g，共为末，开水冲调，候温灌服。

4. 针灸 针治山根、耳尖、三江、带脉、蹄头等穴。

5. 验方

1）吴茱萸 30g，花椒、胡椒各 15g，共为末，开水冲服，候温灌服。

2）生姜 70g，大葱 7 根，艾叶 35g，白酒 100～150ml，煎汤，候温，加酒灌服。

3）酒炒干姜、炒盐各 30g，酒炒小茴香 90g，白酒 120ml，共为末，酒调，灌服。

（四）保健护理

加强饲养管理，防止受寒、贼风侵袭，不喂霉败变质、冰冻饲料，犊牛要及时驱虫，饲喂定时定量，防止消化不良。

十二、反刍动物肠便秘

肠弛缓导致粪便积滞称为肠便秘。牛的肠便秘与饲养和劳役不当有关。发生的部位大多在结肠，也有在小肠的。由于肠弛缓是肠便秘的发病基础，因此病牛常伴有前胃弛缓的现象。本病一般见于成年牛，并以老龄牛发病率较高。

（一）病因

牛肠便秘通常由饲喂甘薯藤、豆秸、花生蔓、棉秆和稻草等粗纤维饲料所致。这些富含纤维素的粗饲料先引起肠道兴奋性增高，随后导致肠管运动和分泌减退，最终引起肠弛缓和肠积粪，特别在连续饲喂粗纤维饲料而又重度劳役和缺乏饮水时，更能助长便秘的发生。因此，农忙季节的耕牛易发生肠便秘。乳牛肠便秘虽不常见，但当长期饲喂大量浓质饲料而使肠道负担过重时，若伴有肠弛缓，就可发展为肠便秘。新生犊牛可因分娩前的胎粪积聚，在出生后发现肠便秘。其他如在腹部肿瘤、某些腺体增大、肝脏疾病导致胆汁排除减少等情况下，亦可见之。母畜临近分娩时，因直肠麻痹，容易导致直肠便秘。

（二）症状

病初腹痛是轻微的，但可呈持续性；病牛两后肢交替踏地，呈蹲伏姿势；或后肢踢腹；拱背，努责，呈排粪姿势。腹痛增剧以后，常卧地不起。病程延长以后，腹痛减轻或消失，卧地和厌食，反刍停止，鼻镜干燥，结膜呈污秽的灰红色或黄色，口腔干臭，有灰白或淡黄色舌苔。通常不见排粪，频频努责时，仅排出一些胶冻样团块。

直肠检查，肛门紧缩，直肠内空虚，有时在直肠壁上附着干燥的少量粪屑。耕牛便秘大多数发生于结肠，因此直肠检查须注意结肠盘的状态。有些病例，在便秘的前方胃肠积液积气，应注意对积液积气肠段后方的肠段检查。

病的后期，病牛眼球下陷，可视黏膜干燥，皮肤弹性下降，目光无神，腹围增大，鼻镜干裂，机体抵抗力很差，卧地后起立困难，心脏衰弱，心律不齐，脉搏快弱。对右腹部进行冲击式触诊有明显振水音。对右腹部肠臌气积液肠段叩诊，可出现明显的金属音。病程一般 6～12d，若不治疗大多以脱水和虚脱而死。

（三）诊断

便秘病牛一般表现不进食、不反刍、不排粪；不时做排粪姿势，但仅仅排出一些胶冻样的白色黏液性团块；病牛右腹围增大，对右腹部用拳头进行冲击式触诊可出现振水音，叩诊右腹部可出现明显的金属音。结合病史，有腹痛现象及直肠检查结果，可以确诊。但应注意与瘤胃积食、皱胃阻塞、瓣胃阻塞等病进行鉴别诊断。

（四）治疗与护理

1. 治疗原则　镇痛、通便、补液和强心。
2. 治疗措施　通便治疗是在补液的基础上投予硫酸镁或硫酸钠及皮下注射小剂量新斯的明（0.02g）。灌服硫酸钠 500～800g（配成 8% 浓度），经 3～4h 再灌服食盐 250g，水 25 000ml，10～14h 可使肠道通畅。结肠便秘还可采用温肥皂水 15 000～30 000ml 作深部灌肠。对顽固性便秘，可试用瓣胃注入液体石蜡 1000～1500ml。
3. 中兽医治疗　方用通结汤：大黄 90g、麻仁 50g、枳实 50g、厚朴 30g、醋香附 60g、木香 30g、木通 25g、连翘 25g、栀子 30g、当归 30g，水煎 0.5～1h 后，加入芒硝 250g，乳香 20g，没药 20g，神曲 90g，候温灌服。

如治疗仍不见排粪者，应及时进行剖腹破结，剖腹后局部注入液体石蜡 300～500ml，或生理盐水 1000ml，并通过肠外直接按压至松软为止。若粪块粗大、坚硬，肠壁淤血坏死时则应作肠管切除术。

（五）保健护理

加强饲养管理，经常供给多汁的块根、块茎和青绿饲料，合理搭配粗纤维饲料，饲喂要定时定量。耕牛要合理使役,乳牛应适当运动。

十三、反刍动物肠变位

肠变位又称机械性肠阻塞和变位疝,是由于肠管的自然位置发生改变,致使肠系膜或肠间膜受到挤压绞窄,肠腔发生机械性闭塞和肠壁局部发生循环障碍的一种疾病。反刍动物发病率较低,特别在乳牛,肠变位的病例是极少见的。哺乳犊牛的消化不良和耕牛的饲养失调及劳逸不均,可能导致肠变位,以及某些腹内疝。

(一)肠套叠

肠套叠是一段肠管伴同肠系膜套入与之相连的另一段的肠管内,形成双层肠壁重叠现象。套叠部分短者,可能自然复位;套叠部分长者,由于肠管和肠系膜紧张,牵引导致剧烈腹痛,套叠肠段局部淤血、肿胀,若不及时手术复位,则套叠肠段发生坏死,常导致中毒性休克,此时手术成功率较低。

1. 病因　本病通常见于哺乳犊牛。哺乳犊牛肠套叠,主要由于母乳浓稠和变质,引起消化不良,或因暴饮冷水,引起肠管痉挛性收缩所致。至于成年牛,肠套叠或许由于肠道内寄生虫的侵袭,或存在肿瘤及炎性增生物,也有因肠炎引起的。

2. 症状　突然出现腹痛不安、踢腹、摇尾、频频起卧;站立时,背腰下沉,特别是胸腰椎关节部分。发病12~24h后,腹痛减轻或消失,病牛精神萎顿与虚脱。通常体温正常,当肠管坏死及腹膜炎时,体温升高约1℃。脉搏80~120次/min。呼吸浅表,有喘息现象。有些病例,仅表现腹部不适感和里急后重。初期阶段排粪减少,粪便内带有一些黏液,随后排粪越来越少,且粪中常混有血凝块或鲜血丝,也有的排出的少量粪便呈煤焦油样。直肠检查,直肠内常蓄积少量棕褐色胶冻样粪便,或带有血凝块的少量粪便。中等体型的黄牛在直肠检查时,常常可发现腊肠样圆柱状肿胀的套叠肠段,表面光滑、肉样感,牵拉敏感。

3. 诊断　由于腹部症状与其他肠变位相似,区别诊断比较困难。但在肠套叠时,随腹痛发作后呈现背部下沉,而较快地排出一些黏液样或煤焦油样粪便;且直肠检查可发现肠系膜紧张、牵引及圆柱状肿胀肠段,可以初步诊断。必要时可剖腹探查。

4. 治疗与护理　肠套叠的初期可试用温水高压灌肠法进行复位,但由于肠套叠肠段都有不同程度的淤血与水肿,温水灌肠复位多不能奏效,因此,只要临床确诊发生了肠套叠,就应进行紧急手术进行救治。

手术方法:保定、麻醉、切口定位及腹壁切开,见有关课程。

腹腔探查时,在网膜上隐窝(大网膜深浅两层包被结肠袢、空肠、回肠和盲肠的间隙)内,发现有腊肠状、肉样感肠段,表面光滑,触之敏感疼痛。将套叠部经网膜上隐窝间口(网膜上隐窝的后口,即网膜深浅两层相互连接吻合处)引出腹壁切口外(也可切开双层网膜),进行整复。

整复方法:用手指在套叠的顶端将套入部慢慢逆行(自远端向近端)推挤复位。操作时须耐心、持续、压力均匀地排挤,绝不允许在近端用手猛拉,以防肠管破裂。若经较长时间地推挤复位仍无进展,可用小指插入套叠鞘内扩张紧缩环。若小手指不能伸入套叠鞘内,可剪开鞘部和套入部外层,即可复位。将肠壁切口用内翻垂直褥式浆膜肌层缝合。

复位的肠管如色泽、蠕动及肠系膜动脉搏动均属良好，即可还纳腹腔内。如复位的肠管色泽改变、蠕动消失、肠系膜动脉搏动不明显时，应先用温热生理盐水纱布覆盖，经20min后检查。若色泽、蠕动及肠系膜血管搏动恢复正常，说明病区肠管仍有活力，即可还纳腹腔内；若已坏死或套入部不能退出，应及时考虑作肠切除并行肠吻合术。

（二）肠扭转

肠扭转是肠管本身伴同肠系膜呈梭状扭转的一种肠纵轴扭转，造成肠管闭塞不通。本病在耕牛和乳牛都有发生，发病率较低。扭转的部位多数在空肠，特别是接近回肠的部位，有时也可发生于盲肠。

1. 病因　发病机制还不十分了解。发病原因认为与肠弛缓或肠痉挛等肠运动失调有密切关系；至于动物体位的突然改变，只能看成是肠扭转的一种附加的动力因子。扭转的肠管通常是在自然游离度较大的肠断，因此空肠，以及有时回肠和盲肠的发病率较高。役用牛的劳逸不均和肉用牛的粗饲料成分不足，都可导致肠弛缓。肠痉挛引起的肠扭转，主要是寒冷因素刺激作用的结果。

2. 症状　突然出现腹痛，腹痛时蹴踢腹部。强迫行走时，背下沉而小心，有时呻吟，肩部和前肢发抖，食欲废绝，排粪减少或停止，不见排尿。以后反复起卧，经0.5~1d后卧地不愿起立，频频举头回顾腹部；有些病例腹围膨胀。急性阶段维持8~10h，然后腹痛缓和，精神沉郁。体温可升高1℃左右。脉搏快而弱，呼吸无力，瞳孔和肛门反射消失。呈现严重脱水现象，盲肠扭转时，还伴有低血钾症。

直肠检查：通常在右侧腹腔能摸到一种粗硬的索状物。在扭转的前段肠管，由于积聚大量液体和气体，故肠管膨胀而紧张；但在扭转的后段肠管，由于与盲肠相通，缺乏粪便，故肠管细软而空虚。

3. 诊断　从症状诊断上容易与肠痉挛和肠便秘区别，但不易与其他肠变位区别；确诊需结合直肠检查，甚至剖腹探查术才能完成。本病直肠检查的特征是发现一段较粗的充气、膨胀的肠管，在其前方肠管中积聚大量液体、气体和粪便，在其后方肠管中内容物缺乏，肠管柔软而空虚，同时肠系膜扭转呈索状。肠套叠虽然肠系膜紧张，但不呈索状，且患部肠管呈圆柱状，触诊比较坚实。肠嵌闭和肠绞窄时，肠系膜虽紧张，但不呈索状，且患部肠管呈蒂状。

4. 治疗与护理　按一般腹痛进行常规治疗。镇痛、补液、强心，并适当纠正酸中毒。在盲肠扭转时，大多数病例会伴有低血钾症和碱中毒及严重脱水，应及时纠正。根本的治疗在于早期诊断后进行手术治疗。若不能明确肠变位的类型，可借剖腹探查术，边诊断边治疗。严重粘连和坏死者，作肠管切除术。

（三）肠嵌闭和肠绞窄

肠嵌闭是一段肠管坠入与腹腔相通的天然孔或后天病理破裂口内，肠管遭受挤压，产生疼痛、肿胀、淤血和闭塞。肠绞窄是一段肠管被某些腹腔韧带绞窄，导致与肠嵌闭相似的结果。

1. 病因　犊牛多见于脐疝，成年牛（尤其是肥育的肉牛）多见于腹股沟疝。此外，下腹肌创伤性裂孔，肠系膜、大网膜、膈肌破裂时，以及肠管绞在韧带上或大网膜与肠管粘连，也可引起肠管嵌闭或绞窄。

乳牛在难产之后或患有严重的子宫炎，常常与小肠、大肠某一部分粘连而引起绞窄。

去势的公牛，往往由于断离的输精管绞窄肠管或输精管退回到腹腔而与腹膜粘连，以致形成一种圈套，若游离的空肠坠入该圈套中，可立即发生肠嵌闭。

2. 症状　　轻度肠管嵌闭，可以自然恢复；如不能自然恢复，则继发肠粘连。如肠道依然保持畅通，动物遗留一种小型内疝，不至于死亡，但却表现长期隐性腹痛，慢性消化不良、消瘦、贫血和衰竭，并丧失其生产性能。严重的病例，腹痛剧烈，频频起卧，回头顾腹，站立时后肢踢腹，经6～12h之后，腹痛程度减轻；这样的病例，若发生在夜间，至次日早晨腹痛症状消失；因此早期腹痛病史常被忽略；但从牛舍中发现垫草散乱或地面泥土松散等痕迹来判断，应怀疑存在腹痛。直肠检查，除某些腹壁疝和膈疝等难以触及外，通常能发现腹腔内存在一种蒂状肿胀；但蒂的基部不呈索状。死亡常因继发消化道麻痹和败血症引起。

3. 治疗与护理　　按腹痛一般治疗原则进行治疗，但忌用泻剂和拟胆碱药物。治疗的根本是整复肠管，必要时应作肠管切除术，但同时必须缩小天然孔或闭合病理孔。

第四节　其他胃肠疾病

一、胃肠炎

胃肠炎是胃黏膜和（或）肠黏膜及黏膜下深层组织炎性疾病的总称。临床上很多胃炎和肠炎往往相伴发生，故合称为胃肠炎。按炎症性质可分为黏液性、出血性、化脓性、纤维素性和坏死性炎症；按病因可分为原发性和继发性胃肠炎；按病程分为急性和慢性两种。临床上以腹泻、脱水，胃肠机能严重障碍，自体中毒，不同程度的酸碱平衡失调为特征。本病是畜禽常见的多发病，马、牛和猪最为常见。

（一）病因

1. 原发性胃肠炎

1）常见病因主要是饲料的品质不良，如发霉变质的玉米、大麦、豆饼、糟粕，冰冻腐烂的块根、块茎、青草，受到霉菌侵染的谷草、麦秸、藤秧、青贮饲料，误食了蓖麻、巴豆等有毒植物和酸、碱、磷、砷、汞、铅等刺激性化学物质。

2）饲养管理不善（如畜舍阴暗潮湿、环境卫生不良、过度使役、车船输送、仔猪断奶、舍内拥挤受热等）使机体处于应激状态，容易受到致病因素的侵害；或机体防卫能力降低，受到条件致病菌（如沙门氏杆菌、大肠杆菌、坏死杆菌等）的侵袭引发。

2. 继发性胃肠炎

1）常继发于某些传染病（如猪瘟、仔猪副伤寒、猪痢疾、猪传染性胃肠炎、仔猪大肠杆菌病、仔猪梭菌性肠炎、猪流行性腹泻等）。

2）某些寄生虫病，如猪蛔虫病等。

3）急性胃肠卡他及各种腹痛病的治疗不当或病情重剧的经过。

（二）症状

1. 全身症状重剧　　精神沉郁，闭目呆立；食欲废绝而饮欲亢进；结膜潮红，巩膜黄染；体温升高至40℃以上，少数病畜后期发热，个别病畜始终不见发热；脉搏增数80～100次/min。

2. 胃肠机能障碍重剧　　表现口腔干燥，口色潮红、红紫或蓝紫，有多量舌苔，口臭难闻。常有轻微腹痛，喜卧。持续而重剧的腹泻是肠胃炎的主要症状，频频排粪，粪便稀软、粥状、糊状或水样，常混有数量不等的黏液、血液或坏死组织片（图1-31），有恶臭或腥臭味。肠音初期增强，后期减弱或消失。后期有排粪失禁和里急后重现象。

水样粪便　　　　　　粪便稀软、粥状　　　　　　黄绿色粪便

黄色腥臭粪便　　　　　失禁，水样粪便　　　　　粥状带血粪便

绿色水样粪便　　　　　后期带血粪便

图1-31　腹泻时粪便中出现的各种类型

3. 脱水体征明显　　胃肠炎腹泻重剧的，在临床上多于腹泻发作后18～24h可见明显（占体重10%～12%）的脱水特征，表现为皮肤干燥、弹性降低，眼球塌陷，尿少色暗，血液黏稠暗黑（图1-32）。

4. 自体中毒体征明显　　病畜衰弱无力，耳尖、鼻端和四肢末梢发凉，局部或全身肌肉震颤，脉搏细数或不感于手，结膜和口色蓝紫，微血管再充盈时间延长，有时出现兴奋、痉挛或昏睡等神经症状。

5. 胃和小肠为主的胃肠炎　　无明显腹泻症状，排粪弛缓、量少，粪球干而小，口腔症状明显如舌苔黄厚、口臭味难闻，巩膜黄染重，自体中毒的体征比脱水体征明显，后期可能出现腹泻。

严重脱水

脱水、呼吸困难

粪失禁、腹痛

图 1-32　脱水体征的几种表现形式

（三）诊断

根据病史，结合全身症状重剧，口腔症状明显；肠音初期增强以后减弱或消失，腹泻明显，以及迅速出现的脱水与自体中毒体征等特征，不难诊断。根据症状的不同组合，可判断病变发生的部位。口腔症状明显，肠音微弱，粪球干小的，主要病变可能在胃；腹痛和黄染明显，腹泻出现较晚，且继发积液性胃扩张的，主要病变可能在小肠；腹泻出现早，脱水体征明显，并有里急后重表现的，主要病变在大肠。

临床上还需与以下疾病进行鉴别诊断。

（1）中毒性胃肠炎　有的不腹泻，但食欲废绝，腹痛不安。口腔黏膜充血、出血、坏死，有的舌咽麻痹，但体温正常，而脉搏快弱，呼吸迫促，肌肉发抖。

（2）出血性胃肠炎　经过急剧，多在 4～6h 内死亡。表现体温正常，但心跳快速上升，呼吸加快。腹痛剧烈，不易控制，一般止痛药多无效。肠音消失，排粪停止（不腹泻）引起臌气。出汗明显，舌色初期正常，但很快变为暗紫无光。

（3）由结症等疝痛病继发的胃肠炎　症状较轻，表现精神沉郁，食欲减半，轻度腹泻，或排暗黑色如牛粪状粪便，舌色紫红，舌底红黄，心跳加快达 60～80 次 /min，心音强大，体温正常或稍高。

（4）霉菌性胃肠炎　先表现腹泻，粪内黏液较多，轻度腹痛，结膜发黄，以后唇、舌、耳、膀胱麻痹，表现出唇下垂，舌拉出口外不能缩回，舌面白滑无光，舌底暗紫有光，两者界限分明（肠麻痹），耳聋下，尿闭。肠音消失，发生中度臌气。末期病畜站立不稳，倒地后四肢做游泳动作，口流涎沫，阵发痉挛而死。

（四）治疗与护理

1. 治疗原则

1）抓住一个根本：消炎抗菌。

2）把好两个关：缓泻与止泻（清理胃肠）。

3）掌握好三个时期：早发现、早确诊、早治疗。

4）做好四个配合：输液、强心、利尿、解毒。

2. 治疗措施

根据治疗方法的不同，治疗措施有以下几种。

（1）抑菌消炎　抑制肠道内致病菌增殖，消除胃肠炎症过程，是治疗急性胃肠炎的根本措施，适用于各种病型，应贯穿于整个病程。可依据病情和药物敏感性试验，选用抗菌药物，如复方黄连素、呋喃唑酮（痢特灵）8～12mg/kg、磺胺脒（酞磺胺噻唑或琥珀酰磺胺噻唑），配伍用抗生增效剂三甲氧苄氨嘧啶（TMP）、肌内注射庆大霉素（1500～3000IU/kg）或庆大-小诺霉素（1～2mg/kg）、盐酸环丙沙星（20～5mg/kg）、乙基环丙沙星（2.5～3.5mg/kg）等。

（2）缓泻与止泻　缓泻与止泻是治疗胃肠炎相反相成的两种措施，须注意选择使用，切实掌握好用药时机，否则会促进病情恶化。缓泻：适用于病畜排粪迟滞，或排恶臭稀粪且肠胃内仍有大量异常内容物积滞的情况。目的是为了排除胃肠道内有害内容物，制止内容物继续腐败酵解，减轻炎性刺激，缓解自体中毒。常用药为硫酸钠或人工盐250～400g，鱼石脂10～20g，温水5000～8000ml，一次内服。本方对早期排粪迟滞效果较好。对胃肠已经陷于弛缓的重剧病例，以灌服液体石蜡为好。止泻：适用于肠内积粪已基本排净，粪的臭味不大且仍剧泻不止的非传染性肠胃炎。目的是防止病畜因严重下痢而重度脱水。常用吸附剂和收敛剂，如木炭末，牛、马一次100～200g，加水1～2L，配成悬浮液内服；或用矽炭银片30～50g，鞣酸蛋白20g，碳酸氢钠40g，加水适量灌服。注意事项：过早应用会使胃肠道有毒物质潴留，而加剧炎症和自体中毒。

（3）补液、解毒和强心　脱水和自体中毒，引起的心力衰竭，常是病畜致死的直接原因，故它是抢救危重肠胃炎的三项关键措施。药液选择：腹泻引起的脱水多是混合性脱水，水、盐同时丧失，常用糖盐水和复方氯化钠溶液。同时，加输一定量的10%低分子右旋糖酐液，兼有维持渗透压、扩充血容量和疏通微循环的作用。为增强解毒机能，可在输液时加入5%碳酸氢钠液300～500ml，40%乌洛托品液50～100ml。为防止自体中毒，可静脉注射樟酒糖注射液（樟脑、乙醇、葡萄糖合剂）100～200ml，或撒乌安注射液（水杨酸钠、乌洛托品、安钠咖合剂）100ml，一日两次。补液时机：开始腹泻时就补液，疗效显著；如等到重剧腹泻之后才补液，疗效较差。补液数量：依据脱水程度而定，一般根据皮肤弹性、口腔湿度及眼球凹陷的程度推断。临床上，一般以开始大量排尿作为液体基本补足的判断标准。当心脏功能较差时，快速大量的输液，易诱发心力衰竭，少量又不能阻止病情发展时，可用5%糖盐水或复方氯化钠实施腹腔内输液，或用1%温盐水灌肠。补液速度：决定于心脏的机能状态。在输液开始时，一般每分钟30～40ml速度为宜。当输到一定数量而病畜全身机能有所好转时，输液速度可控制在每分钟25ml左右。输液过快，则会加重心、肾负担。

根据发病机制不同，治疗措施分为以下几种。

（1）中毒性胃肠炎的治疗　胃管投服0.1%高锰酸钾溶液（其内可加入硫酸镁300g，苏打100g，滑石粉200g），静脉补液（氢化可的松400mg或硫代硫酸钠5～15g），肌内注射尼克刹米2～5g。

（2）霉菌性胃肠炎的治疗　糖盐水1500ml，复方氯化钠1000ml，低分子右旋糖酐500ml，5%氯化钙200ml，40%乌洛托品60ml，混合静注；滑石粉300g，硫酸镁500g，苏打100g，混合加水3kg，胃管投服。

（3）出血性胃肠炎的治疗　复方氯化钠1500ml，5%葡萄糖1000ml，氟苯尼考2～3g，氢化可的松2～4mg，氯化钙10g，5%碳酸氢钠150～200ml或40%乌洛托品50～100ml，混合静脉滴注；0.9%生理盐水500ml，2%盐酸普鲁卡因20ml，呋喃西林

400万IU, 硫酸链霉素300万IU, 混合腹腔注射。

3. 中药治疗 中兽医称肠炎为肠黄, 多因久食生料过多, 料毒积于肠内, 变为邪热。又因外感暴热或劳累过度, 致使心肺热极, 心热移于小肠, 肺热传于大肠, 而成肠黄之症。治宜以清热解毒、消黄止痛、活血化瘀为治则。方用郁金散: 郁金36g, 大黄50g, 栀子、诃子、黄连、白芍、黄柏各18g, 黄芩15g。或白头翁汤: 白头翁72g, 黄连、黄柏、秦皮各36g。

4. 针灸 针刺脾俞、小肠俞、大肠俞、后海等穴。

5. 验方 绿豆1000g, 车前草 (鲜) 500g, 水煎服; 滑石150g, 甘草50g, 水煎服; 车前草150g, 竹叶100g, 山楂200g, 水煎服。

（五）保健护理

1）搞好饲养管理工作。

2）不用霉败饲料喂家畜。

3）不让动物采食有毒物质和有刺激、腐蚀的化学物质。

4）防止各种应激因素的刺激。

5）搞好畜禽的定期预防接种和驱虫工作。

二、肠便秘

肠便秘又称肠阻塞, 是由于肠道运动、分泌和消化机能减退, 粪便停滞引起某段和某几段肠腔完全或不完全阻塞的一种腹痛性疾病。其发病率约占马属动物胃肠性腹痛病的50%, 我国在肠便秘防治方面做了大量的研究工作, 其发病率和死亡率已在逐步下降。

肠阻塞按便秘程度分完全阻塞和不完全阻塞, 按阻塞肠段分小肠阻塞和大肠阻塞。临床上以不同程度的腹痛, 饮、食欲减退或废绝, 口干, 结膜潮红或发绀, 肠音沉寂或消失, 排粪停止, 直肠检查可摸到阻塞的粪便为特征。本病多见于马属动物, 牛、猪、狗等动物也常发生。

（一）病因

饲养管理不当和使役不合理常是本病发生的主要原因。例如, 长期饲喂未经加工或加工不良的富有粗纤维的饲料, 包括花生蔓、老苜蓿、甘薯蔓、豌豆蔓、麦秸、谷草、玉米秸等; 或饲喂过多未经煮泡的精料, 如玉米、高粱、豆饼、豌豆; 或饲喂因受潮、发霉、变湿而柔韧切铡不够碎、腐烂的饲草饲料时; 或气候突变机体处于应激状态; 或食盐不足等。

当使役前后给予大量上述的饲草料后, 加之饮水不足, 或使役过重不得休息, 或休闲缺乏适当运动皆可引起本病的发生。也有因吞食了异物, 如绳、干草网而阻塞于骨盆曲或横结肠的病例。

肠便秘发生的其他原因, 如体质衰弱, 营养不良, 矿物质供给不足, 牙齿的疾病, 心脏的疾病, 肠管粘连或慢性卡他性炎症所致的胃肠蠕动、分泌及消化机能减弱等。

（二）症状

肠便秘的共同症状: 口腔症状变化明显, 如口腔潮红或发绀, 口腔干燥有口臭, 舌苔黄厚，腹痛，排粪量少，多数停止，肠音减弱或消失，直肠检查，常常可摸到形状不同、大小不一、硬度不等的秘结粪块。

不同肠段肠便秘各有其临床特征。

1）小肠便秘。主要的临床症状是腹痛剧烈、口臭，往往口鼻反流粪水，常常继发胃扩张，用胃导管排出酸臭黄绿色的液体后，全身症状暂时减轻，在结粪未疏通前，数小时又可复发。直肠检查，可摸到如手腕粗细，表面光滑呈椭圆形（如鸭蛋）或圆柱状（如香肠）的阻塞肠段，它位于前肠系膜根后约10cm，距腹上壁10～20cm，横行于左右肾之间，位置较固定。

2）大肠便秘。最常发生便秘部位依次为小结肠，骨盆曲，胃状膨大部。

3）小结肠便秘。多为完全阻塞，易继发肠膨胀，腹痛剧烈。直肠检查可摸到呈椭圆形或圆形如拳头大小的坚硬粪球，一般位置在耻骨前缘的水平线上下或体中线的左侧，活动性较大可将其牵引到耻骨附近的秘结粪块，一般是小结肠中后部的阻塞，活动性较小且位于左肾前下方的结粪，一般是小结肠起始部的阻塞。

4）骨盆曲便秘。为完全阻塞，腹痛剧烈，常继发左下大结肠积粪。直检：结粪块较坚硬，呈弧形或椭圆形，有小臂粗细，位置一般在体中线左侧或右侧，活动性较大。

5）胃状膨大部便秘。有完全阻塞和不完全阻塞两种。不完全阻塞：病程发展缓慢，病期较长，多为间歇性腹痛。完全阻塞：病程发展快而严重，腹痛较剧烈，病程也短。直检：秘结粪球呈排球状，表面光滑、坚硬，常随呼吸动作前后移动，位置在腹腔右前方。至于左侧大结肠、盲肠、直肠的便秘，均可在相应的解剖位置触摸到结粪，由于位置在腹腔后部，或结粪面积较大，比较容易诊断。

（三）诊断

肠便秘的诊断根据临床检查，大体上可以推断出疾病性质和发病部位。若确定诊断，必须结合直肠检查，进行综合分析，必要时须作剖腹探查，可明确诊断。应注意与肠变位、肠痉挛等腹痛病进行鉴别。

（四）治疗与护理

1. 治疗原则　　通（疏通）、静（镇痛）、减（减压）、补（补液与强心）、护（护理）。

2. 治疗措施　　依据治疗方法的不同，治疗措施有以下几种。

1）疏通肠道的方法很多，常用的有：内服泻剂、捶结和直肠按压破结法、深部灌肠、和开腹按压等。内服泻剂：可用硫酸钠300～500g，大黄末60～80g或松节油20～40ml，温水6000～10 000ml，混合一次内服，一般用于治疗大肠便秘早期和中期病例。或用液体石蜡或植物油500～1000ml，克辽林15～20ml，温水500～1000ml，一次内服，此方适用于小肠便秘。灌药前应先导胃。捶结术：主要用于小结肠、骨盆曲和左上大结肠便秘。操作方法是，右手臂伸入直肠内，摸到结粪块后，拇指屈曲于掌心，其余四指微弯托住结粪并抵在附近的软腹壁处，然后左手握拳在体外对准结粪捶击，术者不方便时，可由助手用拳头或木槌对准结粪捶击，一般连捶2～3下即可破结。直肠按压术：适用于除直肠以外的各种肠段的便秘。通过按压，使结粪的粪块发生变形，或出现纵沟，或使其破碎，这样肠内积滞的气体和粪液即可向后排除，秘结部位的肠壁血液循环改善，蠕动机能逐渐恢复，达到治疗目的。在直肠便秘时，可用直取法，即用拇指、食指及中指捏住结粪，一块一块地取出，达到疏通的目的。另外，必要时尚可用深部灌肠或开腹按压法。

2）镇痛。可刺三江、分水、姜牙等穴位，或用30%安乃近溶液20～30ml，皮下注射，或用5%水合氯醛乙醇注射液200～300ml，静脉注射。

3）减压。当继发胃肠膨胀时，应及时导胃，或穿肠放气。

4）补液强心。目的在于维护心脏机能、缓解脱水和自体中毒。在重症便秘和便秘后期尤应注意。常用复方氯化钠注射液或5%葡萄糖盐水1000～2000ml，10%安钠咖液20～40ml，一次静脉注射。或用6%低分子右旋糖酐液1000～2000ml，缓慢静脉注射，在出现酸中毒时，要及时应用碳酸氢钠注射液。

5）护理。主要目的是预防各种继发症的发生。要有专人护理，在疼痛不安时，要牵遛，防止滚转、摔倒，避免肠破裂或肠变位的发生，在胃肠道被疏通后，要停食1～2顿，然后再逐渐恢复饲养，防止便秘复发或继发肠炎。

秉着上述肠便秘的综合性治疗原则，结合不同部位的肠便秘具体情况，实施不同的治疗方法。

小肠便秘的治疗：治疗时应以疏通减压为主，并积极配合镇痛，补液和强心。先导胃减压，随后灌服液体石蜡（或其他植物油，但禁用盐类泻剂）1000～2000ml，水合氯醛15～25g，鱼石脂10～15g，乳酸10～15ml，加水适量，成年马、骡一次灌服。补液以林格液为好，适量添加氯化钾液，但禁加碳酸氢钠液。直肠检查时，若能摸到便秘的肠段，可采用握、切法破碎结块。如灌药后6～8h仍不疏通，且全身症状逐渐加剧时，就应断然实施剖腹按压。

小结肠、骨盆曲、左上大结肠便秘：便秘初期，可采用针灸疗法，直肠按压法和灌服各种泻剂，一般均能迅速奏效。对肠音未消失、心脏功能尚好的病畜，可酌用3%盐酸毛果芸香碱3～6ml，皮下注射；便秘中期，主要用直肠按压法，也可内服盐类泻剂。继发肠臌气时，可穿肠放气，腹痛剧烈的，应用水合氯醛等镇静剂；便秘后期，首先是补液、强心、解毒、维护心脏功能，并适时穿肠放气。由于新针疗法和内服泻剂均无效，故疏通肠管主要靠直肠破结术的进行。如秘结肠段前移、下沉或不能后牵、不便于按压、捶结时，应立即采取剖腹按压。

盲肠便秘：早期，内服各种泻剂，均能达到疏通目的。但据报道，投服碳酸盐缓冲合剂，疗效最高，轻症治愈率为100%，重症治愈率为93.6%。中、后期，如结粪比较干硬，且肠管高度弛缓时，可静脉注射10%氯化钠液200～300ml；如粪便开始软化，但仍停滞，次日可再内服1%温盐水10～15L，同时皮下注射3%盐酸毛果芸香碱液3～6ml；如结粪仍较干硬时，可向盲肠内注入5%～7%碳酸氢钠液2～3L，并配合直肠按压。结粪消除后，为重建大肠微生物区系，可灌服新鲜马粪混悬液，头2～3d不喂草料，但应勤饮温盐水，为维持营养，可静脉注射25%葡萄糖液500ml，每日2～3次。

胃状膨大部便秘：应用碳酸盐缓冲合剂、猪胰子方、针灸疗法、灌服各种泻剂或大量温水灌肠，均可达到疏通目的。配合直肠按压，静脉注射10%氯化钠液，效果好。继发胃扩张时应导胃，腹痛剧烈时应镇痛。如配合应用1%普鲁卡因液80～120ml作双侧胸腰段交感神经干阻断，则奏效更快。

3. 中药治疗　　中兽医称肠阻塞为结症，结症属于里实症，由气血凝滞，肠内粪结积滞不通，而发的剧烈腹痛，"痛则不通"。治以通肠利便，消积理气为主。方用加味承气汤、麻仁承气汤、当归苁蓉汤和加减化铁膏。

4. 针灸　　疏通是治疗便秘的根本措施，临床上采用耳穴水针疗法：用10%红花液或25%葡萄糖液20～30ml耳穴注射，注射后15～30min，肠音显著增强，促使结粪排出。待3～5h观察疗效，如效果不佳时，可再次在另一耳穴注射。

大结肠和小结肠轻度阻塞可用电针试治：电疗机一台，10cm长新针两支。病畜站立保定，取穴关元俞（位于背最长肌下缘与最后肋骨交点的凹陷处，左右各一穴）。穴位剪毛、消毒；针与水平呈45°角，斜向内下方刺入7～8cm深（针尖刺入肾囊为度）；在针柄上分别连接两个电极，电压和频率的调节，须由低到高、由慢到快，维持强直状态数秒钟；然后，再倒转调节钮，即由高到低、由快到慢；如此反复一次约需10min，重复操作2～3次即可。通电后，腹肌呈现与电流频率相一致的节律性收缩，肠音增强。

5. 验方　　猪胰子方：猪胰子一份，小苏打两份，切碎混合，做成块状，晾干备用；也可现用现作。每次150～400g，加常水6000～8000ml调匀灌服，必要时隔天重灌一次，疗效极高。在便秘的治疗中，最困难的是小结肠、泛大肠便秘的治疗，国内外通过反复实验，应用碳酸盐缓冲合剂获得成功。处方：碳酸钠150g，碳酸氢钠250g，氯化钠100g，氯化钾20g，常水4～14L，胃管投服，每天一次，可以连用，无不良反应。

（五）保健护理

加强饲养管理，按时定量饲喂，防止过饥、过食；合理搭配饲料，以防止饲料单一；禁喂坚硬或不易消化的饲料；合理使役，防止过劳；对慢性消化系统疾病要进行及时治疗。

三、马的急性胃扩张

急性胃扩张是马属动物的剧烈疝痛之一。常常是由大量进食难于消化的精料或粗饲料，导致胃腔过度的充满饲料、饲草，同时胃排空机能障碍，导致形成胃壁超出生理适应性范围的急剧膨胀。按病因分为原发性胃扩张和继发性胃扩张，但一般前者多于后者。按内容物性状分为食滞性胃扩张、气胀性胃扩张和液胀性胃扩张（积液性胃扩张），继发性的多为液胀性。

（一）病因

饲养管理不良和使役不合理是促使胃扩张发生的重要原因。

1. 原发性胃扩张　　多由于采食大量品质不良的饲料，如难消化和容易膨胀的饲料（如燕麦、大麦、豆类、豆饼、谷物的渣头及稿秆等），或采食了易发酵的嫩青草、蒿青草或堆积发热变黄的青草，以及发霉的草料而发病，或者由于偷食大量精料或饱食后，突然喝大量冰冷的水而发病。在过度劳役后喂饮，饱食后立即使役和突然变换饲料等情况下，更容易发病。

2. 继发性胃扩张　　主要继发于小肠阻塞、小肠变位等疾病。当大肠阻塞或大肠臌气的肠管压迫小肠使小肠闭塞不通时，亦可引起继发性胃扩张。

（二）症状

原发性急性胃扩张，常在采食后不久或 2～3h 内突然发病。病畜食欲废绝、精神沉郁、眼结膜发红甚至发绀、嗳气（嗳气时，左侧颈静脉沟部可见到食管逆蠕动波）。有的病畜还表现干呕或呕吐。

腹痛，病初多呈轻微间歇性腹痛，肠音活泼，排粪频繁呈软便，但很快即发展成剧烈而持续的腹痛，患畜表现为快步急走或向前直冲，急起急卧，卧地滚转，有时出现犬坐姿势。

病初口腔湿润，随后发黏，重症干燥，味奇臭，出现黄腻苔；口色除有相应变化外，齿龈边缘部分比其他可视黏膜颜色变化更为明显；肠音逐渐减弱，最后消失。呼吸急促，脉率不断增快，脉搏由强转弱。重症病畜的皮肤弹性减退，眼窝凹陷；胸前、肘后、股内侧、颈侧、耳根和眼周围等局部出汗，个别病例则全身出汗。

胃管检查：由于食管肌肉松弛，胃导管送入阻力较小。送入胃管后，从胃管排出少量酸臭气体和稀糊状食糜甚至排不出食糜，腹痛症状并不减轻，则为食滞性胃扩张。当送入胃管后，有大量气体从胃管排出，病畜随气体排出而转为安静，则为气胀性胃扩张。

直肠检查：这是确诊本病最主要的诊断方法。直检时直肠内常常粪少或空虚，特见脾脏后移，脾脏可移到髋关节的垂直线处。在左肾前下方可摸到膨大的胃后壁，触之胃壁紧张而富有弹性，为气胀性胃扩张；当触之胃壁有黏硬感，压之留痕，则是食滞性胃扩张。

血液检查：血沉减慢，红细胞压积容量增高，血清氯化物含量减少，血液碱贮增多。

继发性胃扩张，在原发病的基础上病情很快转重。其特点是大多数病畜经鼻流出少量粪水；插入胃管后，间断或连续地排出大量具有酸臭气味、淡黄色或暗黄绿色的液体，并混有少量食糜和黏液，其量可达 5～10L，随着液体的排出，病畜逐渐安静。经一定时间后，又复发，再次经胃管排出大量液体，病情又有所缓解，如此反复发作。两次发作的间隔时间越短，表示小肠不通的部位距离胃越近。胃液检查，胃液中的胆色素检查呈阳性反应。

（三）诊断

通过详查病史，本病常由饲喂大量品质不良的饲料，或过食易于发酵的饲料，或重役前后的饱饮饱食等所致。观察临床症状，本病多于饱饮饱食后迅速发病，腹痛剧烈而持续，腹围变化不明显但呼吸迫促，眼周围和耳根处出汗；食管呈现逆蠕动和发呕、嗳气动作，从鼻孔反流胃内容物；用胃导管可导出大量气体或少量食糜；直肠检查脾脏后移，体躯较小患畜可触及充满胃内容物的胃后壁，但肠管不出现大异常，可以确诊。应注意与下列疾病的鉴别。

（1）食滞性与液胀性胃扩张　　在病史上前者系吃进大量精料，后者系吃进易于发酵膨胀饲料而致病；应用胃导管探诊时，前者没有液体排出，后者液体较多，并导出带有酸臭食糜，症状减轻或消失，多不复发；在直检上，前者胃内充满呈面团状内容物，指按有压痕，后者胃后壁紧张而有弹性。

（2）原发性与继发性胃扩张　　前者尤其液胀性的经导胃后，症状一般都有所减轻甚至消失，多不复发，直检肠管无明显的变化。后者经导管能流出多量胃内容物，呈黄绿色或黄褐色液体，食糜较少，导胃后腹痛暂时减轻，不久又复发加重，直检肠管有不同的病理性变化。

（四）治疗与护理

1. 治疗原则　　排出胃内积聚大量的食糜（包括液体）和解除幽门及胃肌的痉挛性收缩，从而消除患畜的剧烈腹痛。以利胃排空机能障碍的恢复为主；制止发酵，保护心脏机能，防止机体脱水和自体中毒等为辅。

2. 治疗措施　　为了制止腹痛，解除幽门和胃肌痉挛性收缩，可用镇痛药物，如氯丙嗪 0.5～1mg/kg，肌内注射，或用乙醇水合氯醛合剂（水合氯醛 10～15g，95% 乙醇 200～250ml，5% 氯化钠溶液 500ml）静脉注射。

液胀性急性胃扩张，经导胃排出粥状食糜后，疼痛症状立即有所减轻；继之应用止酵药物和开张幽门药物进行治疗。可用鱼石脂 15～25g，乙醇 80～100ml，茴香亚醑 80～100ml 加水至 1000ml；松节油 100ml 加水至 500ml 灌服；或灌服乳酸 20～30ml 加水至 500ml；或灌服食醋 1000ml。

食滞性急性胃扩张，经导胃往往收效不大，导出胃内容物很少。一般灌服下列药物治疗：除用止酵及解痉药物外，给予缓泻药物，如液体石蜡 1000～1500ml；一般忌用盐类泻剂，因为该药使机体组织吸回大量水分入胃肠，而加重胃的负担，促进病情恶化。

3. 中药治疗　　中兽医称本病为大肚结、料伤腹痛。中药以增胃的机能，消食破气，化谷宽肠为治则。宜用调气攻坚散：藿香、丁香、广木香、醋三棱、醋莪术、大腹皮、泽泻各24g，醋香附、醋青皮、炒枳壳各30g，炒神曲、焦山楂、炒麦芽各45g，半夏、焦大白各21g，水煎两次，得药液2000～3000ml，加入食醋0.5kg，香油500ml，导胃后内服。

4. 针灸　　电针关元俞、大肠俞（关元俞前一肋间）、气海俞（大肠俞前一肋间）治疗慢性胃扩张。

5. 验方

1）治轻型食滞性胃扩张。滑石粉 150～200g，水合氯醛 25～30g，温水 500ml 化开，然后加入陈皮酊或姜酊 100ml，胃管投服。

2）治重型食滞性胃扩张。静注 1g 盐酸普鲁卡因（2% 的盐酸普鲁卡因 50ml），2g 安钠咖（20% 安钠咖 10ml），30g 氯化钠（10% 盐水 300ml），即按质量比 1 : 2 : 30 混合缓慢滴注。

（五）保健护理

加强饲养管理，特别是在劳役过度、极度饥饿时，应注意饲料调理，少喂勤添，避免采食过急；加强管理，防止马、骡脱缰后进入饲料房或仓库偷吃精料。

四、马的肠性腹痛

马的肠性腹痛又称肠痉挛、痉挛疝、卡他性肠痛、卡他性肠痉挛，是由于肠平滑肌受到异常刺激发生痉挛性收缩，致使胃肠机能紊乱，并以明显的间歇性腹痛为特征的一种腹痛病。

（一）病　因

本病发生的主要原因是饲养管理不当和气候急剧变化。

寒冷的刺激，如饮进冰冷的水和吃进冰冻的饲草饲料，气候突变，气温大幅度下降，全身大汗之后被阴雨所淋，寒夜露宿等。

饲料品质不良，如采食了有刺激性、发霉、腐败的草料，以及难于消化的饲料。

诱发因素可能有牙齿的疾病和慢性胃肠卡他、消化不良、胃肠的炎症、肠道溃疡或肠道内寄生虫等。

（二）症状

常在采食不良饲料或饮进大量冷水后突然发病。口腔湿润，结膜淡染，鼻端耳尖冰凉；体温、脉搏、呼吸和全身状态变化不明显。患畜呈现中等或剧烈的阵发性腹痛；发作时卧地滚转，站立不安，出现各种异常姿势。持续 5～15min 后，转入间歇期，此期较安静，尚能采食饲草，但多不愿饮水。经 10～20min 腹痛又发作。随病程的延续，间歇期变长。肠音高朗（为一时性），连绵不断，尚听到金属音，频频排出少量稀软粪便，有酸臭味，并混有少许黏液。直肠检查，除感到肠管收缩紧张不易入手外，一般无明显异常。

（三）诊断

根据发病情况和临床症状的特点，不难诊断。又可依据导胃和直肠检查的阴性结果，可与急性胃扩张、肠便秘相区别。

（四）治疗与护理

1. 治疗原则　镇痛解痉，防止肠变位和清肠止酵，杜绝肠臌气的发生。

2. 治疗措施　镇痛解痉，可用水合氯醛 20～25g，乙醇 50ml，鱼石脂 15g，加水 3000ml，调匀灌服；或用 30% 安乃近溶液 20～30ml 肌注；或用安溴合剂 80～120ml 静注；或者肌内注射盐酸消旋山莨菪碱注射液 3～5ml（10mg/ml）。

腹痛减轻或消失后，为了排出肠内有毒物质，可用人工盐 200～300g，克辽林 10～20g 加水 5000ml 调匀灌服；或用硫酸钠 250～300g，鱼石脂 15g，乙醇 60ml 加水 4000ml 调匀灌服；或植物油 300～500ml，松节油 40ml，加水适量灌服。

3. 中药治疗　中兽医称肠痉挛为冷痛和伤水起卧，治以温中散寒、和血顺气为主。宜用橘皮散：青皮、陈皮、官桂、小茴香、白芷、当归、台乌各 15g，细辛 6g，元胡 12g，厚朴 20g，共为末，加白酒 60ml，开水冲，候温灌服。

4. 针灸　针治三江、姜牙、耳尖等穴或电针关元俞。

5. 验方　后海穴注射 30% 安乃近 20～40ml。0.25% 普鲁卡因肾囊封闭。

第五节　幼畜胃肠疾病

一、幼畜消化不良

幼畜消化不良是哺乳期幼畜胃肠消化机能障碍的总称。以犊牛、羔羊、仔猪最为多发，幼驹亦有发生。根据临床症状和疾病经过，通常分为单纯性消化不良和中毒性消化不良两种。单纯性消化不良主要表现为急性消化与营养障碍，仅出现轻微的全身症状。

中毒性消化不良主要表现严重的消化障碍和营养不良，有明显的自体中毒和重剧的全身症状。该病通常不具有传染性，但具有群发性的特点。

（一）病因

本病的病因有两方面：对妊娠母畜的不全价饲养可影响胎儿在母体内的正常发育，是初生幼畜消化不良的先天性因素；对哺乳母畜和初生幼畜的饲养管理不当是幼畜消化不良的后天获得性因素。

母畜饲养管理不当。出生前直接影响胎儿在母体内的正常发育；出生后能影响母乳的质量导致初乳的免疫球蛋白含量减少。正常母畜初乳中，免疫球蛋白（γ球蛋白）含量很高，比一般的母乳中高 75～100 倍。当受母畜乳房炎、子宫内膜炎炎性产物的影响，易发生消化不良。或当乳中维生素 A、维生素 B、维生素 C 含量缺乏（特别是怀孕后期饲养不良），可影响幼畜胃肠机能活动。东北农业大学学者认为，母畜乳汁不良引起幼畜消化不良的发病率高达 94%。

幼畜机体受寒或环境过于潮湿。初生幼畜因为体温调节机能不健全，对寒冷和潮湿的适应能力很弱，对外界环境变化极为敏感。

吃初乳延迟。临床上仔猪超前免疫分娩后 6～8h 才吃初乳，必然造成仔猪营养不良。实际上在 0.5～2h 之内影响不大，但如果在 2h 以后，会使仔猪抵抗力下降，即使不发生猪瘟，也会发生其他疾病死亡。吃初乳迟对幼畜的影响主要有营养不良和不利于乳酸杆菌的繁殖，使腐生菌大量繁殖。

人工哺乳的不定时、不定量，乳温过高或过低或使用配制不当的代乳品，以及哺乳期幼畜补饲不当，均可妨碍消化腺的正常机能活动，抑制或兴奋胃肠分泌和蠕动机能，而引起消化机能紊乱，导致发病。

至于中毒性消化不良的病因，多半是由于对单纯性消化不良的治疗不当或治疗不及时，肠内容物发酵、腐败，所产生的有毒物质被吸收或是微生物及其毒素的作用，引起自体中毒的结果。

（二）症状

1. **单纯性消化不良**　病畜精神不振，喜躺卧，食欲减退，体温一般正常或偏低。主要表现为腹泻，粪便性状表现多样，一般带酸臭气味，但无恶臭。犊牛多拉黄色糊状或黄色水样粪便；仔猪 10 日龄以内多为黄色糊状或水样便；10～30 日龄多呈灰色糊状或灰色水样便。羔羊的粪便多呈灰绿色，混有气泡和白色小凝块；幼驹的粪便稀薄，尾和会阴部被稀粪污染，粪便带酸臭气味，混有小气泡及未消化的凝乳块或饲料碎片。

2. **中毒性消化不良**　全身症状重剧，病畜精神沉郁，食欲废绝，全身无力，躺卧不起剧烈腹泻，频频排出水样稀便，粪中含大量黏液或血液，并有恶臭气味。持续腹泻时，则肛门松弛，排便失禁；皮肤弹性降低，眼窝凹陷。病至后期，体温多突然下降，四肢及耳尖、鼻端厥冷，终至昏迷死亡（图 1-33）。

粪便中有机酸及氨含量变化：单纯性消化不良时，粪便内由于含有大量低级脂肪酸，故呈酸性反应。中毒性消化不良时，由于肠道内腐败菌的作用致使腐败过程加剧，粪便内氨的含量显著增加。

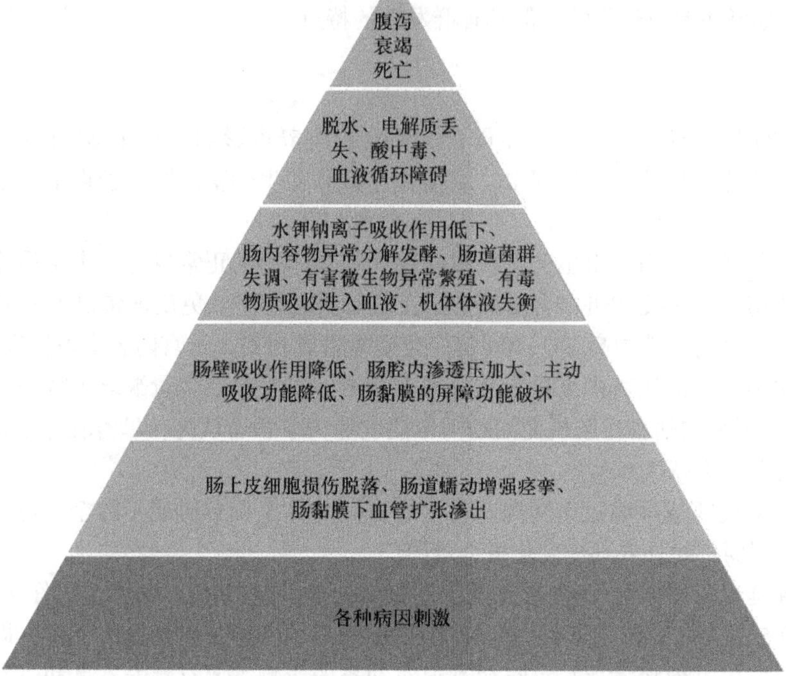

图 1-33 幼畜中毒性消化不良的症状比较重剧的机制示意图

（三）诊断

根据临床症状和疾病经过可作初步诊断，在兽医临床上，幼畜消化不良应与由特异性病原体引起的腹泻进行鉴别。在犊牛应与轮状病毒病、冠状病毒病、细小病毒病、犊牛副伤寒、弯杆菌性腹泻、球虫病等相鉴别；在羔羊应与羊副伤寒、羔羊痢疾等相鉴别。在猪应与猪瘟、猪传染性胃肠炎、猪副伤寒、猪结肠小袋虫病等相鉴别；在幼驹应与幼驹大肠杆菌病、马副伤寒等相鉴别。

（四）治疗与护理

1. 治疗原则   加强护理，除去病因，促进消化，防止肠道感染，调整胃肠机能，促进康复。

2. 治疗措施

1）加强护理。对治疗本病，特别是巩固疗效，具有重要意义。护理不周，治疗不及时，常转为胃肠炎。在护理上首先要消除病因，改善饲养管理，给予易消化的草料及充分饮微温盐水。

2）清肠止酵。对腹泻不严重的病畜应用油类或盐类泻剂，目的是减轻炎性产物对胃肠黏膜的刺激。常用液体石蜡 200～500ml，鱼石脂 15～30g，加水灌服。或用碳酸氢钠 50g，常醋 100ml，温水 1000ml。

3）调整胃肠机能。胃蛋白酶 10g，稀盐酸 5ml，温常水 1000ml，犊牛 30～50ml，羔羊、仔猪 10～30ml，喂服，以促进消化机能恢复。本方可在腹泻缓和之后使用，每日 2

次，连用 2～4d。

4）防止肠道感染，特别是对中毒性消化不良的幼畜，可肌内注射链霉素（10mg/kg）或卡那霉素（10～15mg/kg），头孢噻吩（10～20mg/kg），庆大霉素（1500～3000IU/kg），氟苯尼考（10～30mg/kg），痢菌净（2～5mg/kg）。内服呋喃唑酮（10～12mg/kg）或磺胺脒，犊牛、驹首次量 2～5g，维持量 1～3g；羔羊、仔猪首次量 0.2～0.5g。

3. 中药治疗

1）胃热不食。主用苦寒清热药，辅以健胃理气，酌加滋阴生津之剂，如芩连散：黄芩 35g，连翘 50g，石膏 50g，花粉 50g，枳壳 35g，玄参 50g，知母 25g，川芎 50g，地骨皮 50g，陈曲 50g，陈皮 50g，甘草 25g，水煎服。

2）胃寒不食。治宜温中散寒，燥湿健脾，方用桂心散：桂心 25g，青皮 25g，白术 30g，川朴 30g，益智仁 20g，干姜 20g，当归 20g，陈皮 30g，砂仁 20g，炙甘草 15g，五味子 15g，肉蔻 25g，共为末，冲服。

3）脾虚泄泻。治宜补中益气，燥脾渗湿。方用参苓白术散：党参 15g，白术 10g，茯苓 10g，甘草 9g，山药 10g，白扁豆 15g，莲肉 9g，薏苡仁 10g，砂仁 10g，桔梗 10g。水煎服，每日 1 剂，连服 3～4 剂。

4. 针灸 主穴为玉堂、通关，配穴为脾俞、后三里、内唇阴。

5. 验方 碘淀粉：5% 碘伏 3～5ml，淀粉 10g，凉开水 200ml，混合调成溶液，用于仔猪。2～10 日龄 2～4ml，10～30 日龄 4～6ml，每日 2 次灌服。

（五）保健护理

加强饲养管理，不喂发霉变质的饲料，饲料中给予一定量的矿物质；给予充足的饮水；定期驱虫；保持乳房卫生，保证新生幼畜能尽早地吃到初乳，最好能在生后 1h 内吃到初乳，尽量在生后 6h 内吃到不低于 5% 体重的高质初乳；幼畜的饲具，必须经常洗刷干净，定期消毒。

二、犬猫胃肠炎

胃肠炎是胃肠黏膜及黏膜下深层组织重剧炎性疾病的总称。犬的发病率较高，有些重症胃肠炎预后不良。

（一）病因

1. 原发性的胃肠炎 多因暴食或食入腐败变质的食物所致，或者滥用抗生素使肠道正常菌群失调，营养不良，体质下降使胃肠屏障机能减弱而引发。

2. 继发性胃肠炎 常见多种病毒性传染病（犬瘟热、犬细小病毒病、犬猫冠状病毒病、猫泛白细胞减少病），细菌性（大肠杆菌、沙门氏菌、耶尔森氏菌、毛样产芽孢杆菌、空肠弯曲杆菌、梭菌）疾病，真菌性（组织胞浆菌、藻状菌、曲霉菌、白色念珠菌）疾病，寄生虫性（鞭毛虫、球虫、弓形虫、蛔虫、钩虫）疾病，采食异物（包装物、塑料、小玩具等，被污染或腐败变质的食物、刺激性家庭化学物质、清洁剂、毒物或药物等）引发的疾病，某些重金属中毒，食物过敏或某些变态反应等。

（二）症状

以胃炎为主时，体温可能升高；食欲废绝，呕吐和腹痛，口渴贪饮，但一饮即吐；若胃黏膜受损范围较大时，频繁呕吐，且呕吐物中常混有血液。

以肠炎为主时，腹泻是主要症状，粪便呈液体状，腥臭难闻，肠黏膜受损时，粪便可能呈黑色；有不同程度的食欲减退；体温升高或降到正常以下。

可视黏膜发绀，脱水，严重时四肢感凉、昏睡、抽搐死亡。

由病毒、细菌、真菌和寄生虫等引起的胃肠炎，常出现精神不振，体温升高，食欲减退或废绝，呕吐或腹泻，迅速消瘦。急性胃肠炎有弓背不安等腹痛表现，触摸腹部敏感紧张。

犬出血性胃肠炎可能是梭菌内毒素引起的变态反应，2～4 岁的观赏小型犬多发。通常是发生剧烈呕吐，严重血样腹泻，迅速脱水而休克。

嗜酸性细胞性肠炎可能是饮食抗原性食物或寄生虫移行引起的。表现为间歇性呕吐，有时有血样物。腹泻粪便为棕黑色或血便。腹部触摸肠襻增厚和淋巴结增大。血液检验嗜酸性粒细胞增多，肠壁组织切片检查，可显示出含有多量嗜酸性粒细胞。

（三）诊断

根据发病原因和临床症状可作出初步诊断，但应注意与胃内异物和胃肠溃疡相鉴别。

（四）治疗与护理

1. 治疗原则　　除去病因，清理肠道，纠正脱水和解除自体中毒。

2. 治疗措施　　对患轻度胃肠炎的犬，要限制采食，口服吗丁啉，每次 1 片，每日 3 次，促进胃排空；口服乳酶生，每次 2～6 片，每日 3 次，不宜与抗菌药物及吸附剂同服；口服补液盐一袋溶于 500ml 水中任病犬饮用。

细菌性胃肠炎需用抗生素或磺胺类治疗；病毒性胃肠炎需用抗病毒药物，并用抗生素防止细菌继发感染；真菌性肠炎用防治真菌病药物；寄生虫性胃肠炎用驱虫药等。

胃肠炎由于呕吐和腹泻，机体需补充水分、电解质和纠正酸碱平衡失调。每次静脉滴注 5% 葡萄糖生理盐水 250～500ml，每日 2～3 次，加输适量 10% 低分子右旋糖酐液和 5% 碳酸氢钠 5～10ml。

3. 中药治疗　　大黄牡丹汤：大黄、丹皮、黄连各 20g，败酱草、蒲公英、冬瓜子、赤芍、鸡内金各 15g，金银花 30g，甘草 10g，水煎服。便稀脱水严重时不用或少用大黄；便血加白头翁，重用金银花、黄连；便稀无潜血者加五倍子。

葛根芩连汤加味治疗犬血痢：葛根 15g，甘草 10g，黄芩 15g，黄连 20g，地榆 20g，仙鹤草 20g，半夏 10g，柴胡 20g，水煎灌服。

4. 针灸　　灸脐法治疗犬腹泻：病犬取坐姿，用青艾条灸脐部 40min，结合输液、抗菌消炎等常规用药，效果较好。

5. 验方　　用口服补液盐一袋溶入 500ml 温水中，先取 350ml 快速灌入病犬直肠，清除肠道积粪，再取云南白药 1g 溶入剩下的 150ml 口服补液盐溶液中，给犬作直肠保留灌肠，可以起到消炎、止血、补钾、补液及纠正酸中毒的作用。

（五）保健护理

加强饲养管理，避免饲喂不洁食物或有毒物质，每日清洗饮食器具，更换洁净的饮用水；保持犬舍的通风、卫生、干燥；定期进行驱虫及免疫注射。

第六节　肝脏、胰脏疾病

一、肝炎

急性实质性肝炎，是以肝细胞变性、坏死和肝组织炎性病变为病理特征的一组肝脏疾病。本病各种家畜、家禽都有发生，常伴发于高热性疾病、传染病和某些中毒病的经过中，它的发生使病理变化复杂化，加速病程发展，加剧病情恶化，对病程和预后产生严重影响。

（一）病因

1. 中毒性肝炎　见于各种化学毒中毒、有毒植物中毒、真菌毒素中毒，如霉菌性瘤胃炎可引起霉菌性肝炎，饲喂尿素过多或尿素循环代谢障碍所致氨中毒引起的急性肝炎等。

2. 感染性肝炎　见于细菌、病毒、钩端螺旋体等各种病原体感染，如沙门氏菌病、钩端螺旋体病、牛恶性卡他热、猪瘟、猪丹毒、犬病毒性肝炎、鸭病毒性肝炎或瘤胃酸中毒引起的瘤胃炎，使坏死杆菌等经瘤胃血管扩散至肝脏并对其造成损伤。

3. 营养障碍性肝炎　主要见于硒缺乏、维生素 E 缺乏、甲硫氨酸缺乏和胱氨酸缺乏。

4. 寄生虫性肝炎　主要见于肝片吸虫、血吸虫的严重侵袭。

5. 充血性肝炎　主要见于充血性心力衰竭时，肝窦状隙内压增大，肝实质受压并缺氧，而导致肝小叶变性和坏死。例如，犬恶丝虫病所致的腔静脉综合征，前后腔静脉内有大量心丝虫成虫，造成严重肝被动性充血，可引起急性肝炎肝衰竭，甚至死亡。

（二）症状

消化不良，粪恶臭且色淡，可视黏膜黄染，肝浊音区扩大并有压痛；精神沉郁、昏睡、昏迷或兴奋狂暴；鼻、唇、乳房等处皮肤红、肿、瘙痒或有溃疡；体温升高或正常，心动徐缓，全身无力，并有轻微腹痛或排粪带痛。实验室检验血清胆红素增加，重氮试剂定性试验呈双相反应，转氨酶活性升高；红细胞脆性增加，凝血酶原降低，血凝时间延长，尿色发暗，有时如油状，病初尿胆素含量增多，尿中含有蛋白质、肾上皮细胞及管型。

（三）诊断

可根据发病原因和临床症状作初步诊断，但应与急性胃肠卡他、急性肝营养不良、肝硬化相鉴别。

（四）治疗与护理

1. 治疗原则　加强管理，保肝利胆，增强肝脏解毒功能。

2. 治疗措施　静脉注射 25% 葡萄糖液、维生素 C 液、肌注维生素 B_1 液；服用甲硫氨酸、肝泰乐等保肝药；内服人工盐、鱼石脂等，以清肠止酵利胆；有出血倾向的用止血剂和钙制剂；狂暴不安的给予镇静安定药。

3. 中药治疗　茵陈蒿汤合逍遥散：茵陈 120g，栀子 30g，大黄 30g，油炒当归 120g，白芍 60g，柴胡 35g，茯苓 30g，白术 40g，甘草 15g，薄荷 25g，生姜 20g，煎服或研末服。拉稀，加秦皮 25g，黄连 20g，老鹤草 30g；尿不利，加滑石 45g，竹叶 30g，车前子 30g，泽泻 25g，薏苡仁 45g；体温高，加黄芩 25g，夏枯草 50g，板蓝根 30g，石膏 60g。

（五）保健护理

加强饲养管理，防止霉败饲料、有毒植物，以及化学毒物的中毒；加强防疫卫生，防止感染，增强肝脏功能，保证家畜健康。

二、胰腺炎

胰腺炎是指胰腺的腺泡与腺管的炎症过程。分为急性与慢性两种病型。急性胰腺炎，是由于致病因素的作用，使胰液从胰管壁及腺泡壁逸出，胰酶被激活后对胰腺本身及周围组织发生消化作用，而引起的急性炎症；以水肿、出血、坏死为其病理特征。慢性胰腺炎，是由于未及时治愈的急性胰腺，或胰腺炎在反复发作的经过中，引起的慢性、持续性或反复发作性的病变；以胰腺广泛纤维化、局灶坏死与钙化为其病理特征。主要发生于犬，尤其是中年雌犬；牛、猫也有发病，其他动物少见。

（一）病因

1. 营养因素　长期饲喂高脂肪食物，又不喜运动，机体过于肥胖易发生急性胰腺炎；动物患有高脂血症时，胰脂酶分解血脂产生脂肪酸而使胰腺局部酸中毒和血管收缩，也可引发本病。

2. 胆道疾病　如胆道寄生虫、胆石嵌闭、慢性胆道感染、肿瘤压迫、局部水肿、黏液淤塞等，致使胆管梗阻，胆汁逆流入胰管并使未激活的胰蛋白酶原激活为胰蛋白酶，而后进入胰腺组织并引起自身消化。

3. 胰管梗阻　如胰管痉挛、水肿、胰石、蛔虫、十二指肠炎及其阻塞，或迷走神经兴奋性增强引发胰液分泌旺盛等，致使胰管内压力增高，以致胰腺腺泡破裂、胰酶逸出而发生胰腺炎。

4. 胰腺损伤　如腹部钝性损伤、被车压伤或腹部手术等损伤了胰腺或胰管，使腺泡组织的包囊内含有消化酶的酶原粒被激活，而引起胰腺的自身消化并导致严重的炎症反应。

5. 感染　急性胰腺炎可并发于某些传染病，如犬传染性肝炎、钩端螺旋体病；寄生虫病如犬、猫弓形体病；中毒病、腹膜炎、胆囊炎、败血症等，病毒、细菌或毒物经血液、淋巴而侵害胰腺组织引起炎症。

6. 慢性胰腺炎　可由急性胰腺炎未及时治疗转化而来，或急性炎症后又多次复发成慢性炎症，以及邻近器官，如胆囊、胆管的感染经淋巴管转移至胰腺，致使胰腺发生慢性炎症。

（二）症状

1. 急性胰腺炎　主要表现腹痛、呕吐、发热、腹泻且粪便中常混有血液；若溢出的活性胰酶累及肝脏和胆囊，则出现黄疸；腹部有压痛，前腹部有时可触及到硬块，腹壁紧缩，少数病例有腹水；严重病例出现脱水及休克危象。

2. 慢性胰腺炎　病程迟缓，缺乏特异性症状。主要表现厌食，周期性呕吐，腹痛，腹泻和体重下降。由于胰腺外分泌功能减退，粪便酸臭，且存有大量未消化脂肪。患病动物有时因食物消化与吸收不良，而出现贪食，并伴有体重急剧下降。猫很少发生慢性胰腺炎，偶尔在剖检中发现。

（三）诊断

急性胰腺炎的诊断，依据下列临床资料进行综合分析与判断。临床表现剧烈腹痛与重剧呕吐，犬常以双前肘部和胸骨支于地面而后躯抬高呈"祈祷姿势"；实验室检查，出现血液中淀粉酶与脂肪酶的活性同时升高，白细胞急剧增多与核左移，血液浓稠与脂血症、低钙血症、一时性高糖血症；X线检查，腹前部密度增大，右侧结构模糊，十二指肠向右侧移位且其降支中有气体样物质存留；B型超声检查，可见胰脏肿大、增厚，或显示假性囊肿形成。

慢性型，表现反复发作的病史以及腹痛、黄疸、脂肪泻等症状；胰腺发生纤维变性时，血中淀粉酶和脂肪酶不升高；X线检查可见胰腺钙化或胰和内结石阴影；B型超声检查，可显示出胰腺内有结石或囊肿等。

（四）治疗与护理

1. 治疗原则　加强护理，抑制胰腺分泌，镇静止痛，抗休克纠正水盐及电解质紊乱。

2. 治疗措施　急性胰腺炎，在最初的24～48h内，为避免刺激胰腺的分泌，禁止经口给予食物、饮水和药物，病情好转时，可喂给少量肉汤与易消化食物。抗胆碱药具有抑制胰腺分泌和止吐作用，常用硫酸阿托品0.03mg/kg，肌内注射，每天3次，但应限制在24～36h内使用，以防出现肠梗阻。

为防止疼痛性休克发生，用杜冷丁镇痛效果好，犬、猫用10～20mg/kg，肌内注射；马静脉注射250～500mg（肌内注射量加倍）；牛肌内注射50mg。皮质激素对治疗休克有一定作用，可用氢化可的松注射液，犬5～20mg/次，猫1～5mg/次，猪20～80mg/次，马、牛200～500mg/次，用生理盐水或葡萄糖注射液稀释后静脉注射。

为矫正休克和脱水，恢复机能及胰脏的正常血液循环，可用5%～20%葡萄糖液或复方氯化钠液、维生素C、维生素B_1等静脉注射，注意适量补钾。

抗感染，用抗生素（强力霉素、氨苄西林为首选）。

慢性胰腺炎，应饲喂高蛋白、高碳水化合物低脂肪饲料，并混饲胰酶颗粒，可维持粪便正常。缩聚山梨醇油酸酯与日粮混饲，可增进脂肪吸收，犬每次1g。长期用胆碱可预防脂肪肝的发生，牛每次15g，每日2～3次。只要不发生糖尿病，则预后良好。在胰内分泌机能减退时，必须用胰岛素治疗，此种病例预后不良。另外，依据病情实施对症治疗，在病情逐渐恶化或反复发作，出现假性胰腺囊肿或胆总管梗阻引起黄疸时，可用外科手术治疗。

第七节 腹 膜 疾 病

一、腹膜炎

腹膜炎是在致病因素作用下，引起腹膜局限性或弥漫性炎症。临床上以腹膜疼痛，腹膜内积有多量的炎性渗出液为特征。按发病原因可分为原发性、继发性腹膜炎；按病程可分为急性、慢性腹膜炎；按炎症范围可分为弥漫性、局限性腹膜炎；按渗出性质可分为干性腹膜炎和渗出性腹膜炎等。在临床上，原发性的少见，多数是继发于其他疾病的经过中。各种家畜均可发生，但以马多发，牛和猪次之。

（一）病因

原发性腹膜炎是由于受寒、过劳或某些理化因素的影响，机体防卫机能降低，抵抗力减弱，受到大肠杆菌、沙门氏菌、链球菌和葡萄球菌等条件致病菌的侵害而发生。猫可由传染性腹膜炎病毒引起。

继发性腹膜炎，多由胃肠及其他脏器破裂或穿孔所致，或者由腹壁的创伤、腹腔与胃肠的穿刺或手术感染引起；亦见于腹腔脏器炎症的蔓延；还见于炭疽、出血性败血症、肠结核、马腺疫、猪瘟、猪丹毒、肝片吸虫病、棘球蚴病等疾病。

（二）病理

1. 腹膜炎的发生　　腹膜的壁层及脏层中有大量的血管和淋巴管，有较强的渗出和吸收功能，腹膜液内有一定量的吞噬细胞和免疫物质，可吞噬细菌和异物，中和并清除有毒物质，对腹膜有一定的保护作用。当腹膜受到重剧的损伤，如腹壁透创、肠穿孔、胃破裂、腹腔手术中感染；或肠炎、肠扭转、肠套叠、重症的肠阻塞经过中，肠屏障机能丧失，肠内细菌进入腹腔；骨盆腔脏器炎症蔓延，传染病过程中，细菌、有毒物质或异物刺激腹膜引起炎症。

2. 渗出过程增强　　腹膜发炎后，腹膜血管充血、出血和腹腔内积有渗出液。被膜失去光泽、粗糙、不透明。干性腹膜炎时渗出液少，腹膜和腹腔各脏器粘连。湿性腹膜炎时渗出液量多，按其性质不同可分为浆液性、出血性、纤维蛋白性、化脓性。病程较长，渗出液中的水分逐渐被吸收，只剩下纤维蛋白成为带状或绒毛状的附着物。渗出物表现出腐败臭味；血管严重损伤时，渗出物有大量红细胞；胃肠破裂时，渗出物中有饲料颗粒或粪渣；膀胱破裂时，渗出液含大量尿液成分。

3. 毒血症、菌血症和中毒性休克　　大量的毒素、细菌或炎性渗出物，被机体吸收，则可发生毒血症、菌血症或中毒性休克，导致病畜迅速死亡。

（三）症状

1. 急性腹膜炎　　继发性腹膜炎多被原发病的症状掩盖，故症状不定。主要症状有以下几种。

1）腹痛：随病畜种类不同，腹痛程度有轻有重。

2）体温变化：大多数病例体温均升高到41.0～42.0℃，败血性腹膜炎体温降低，脉搏增数，结膜紫红色，皮温不整。

3）腹部检查变化：腹壁感觉过敏，后期减弱，腹围膨大，肠蠕动麻痹，肠膨胀，初期便秘或粪便干燥带有黏液，后期下痢，腹腔穿刺，一般有多量渗出液，其中含有多种病理性成分。

4）其他症状：食欲急剧减少，见呕吐，呼吸促迫，精神高度沉郁或呈昏睡状态。

2. 慢性腹膜炎　　与急性病例相似，只是症状较轻微，经过较缓慢。

牛缺乏腹壁过敏症状，食欲减退，逐渐消瘦，长期下痢，腹部膨胀。马除具有相同的症状外，尚表现轻微的腹痛，中等热。

（四）诊断

一般根据病因和临床症状，如腹壁知觉过敏，体温升高，胸式呼吸，心悸亢进，心律不齐；直检腹膜显粗糙，腹肌卷缩等即可确诊。在诊断中须与各种疝痛性疾病和胃肠炎鉴别诊断。

诊断要点：腹壁疼痛表现为怕运动，四肢呈集合姿势，步样强拘，短缩、腹部压痛；体温升高，皮温不整；腹围增大，腹壁感觉敏感，腹腔穿刺液增多，并含有多种病理成分；有相应原发病症状。应与腹水鉴别诊断，要点如下：腹腔积水，是由于血液循环障碍导致腹腔内积聚大量漏出液的一种慢性疾病；两侧下腹部对称性膨大，触诊有波动感，穿刺有大量漏出液，Rivalfa反应阴性；体温不高，腹壁不敏感。

（五）治疗与护理

1. 治疗原则　　抗菌消炎，制止渗出，增强全身机能。

2. 治疗措施

1）要除去病因，积极治疗原发病。

2）腹腔液过多，要穿腹排液，过于浓稠时，可切开腹腔排除后用生理盐水冲洗干净。

3）抗菌消炎，可用青链霉素或用0.25%普鲁卡因液混合5%葡萄糖溶液作腹腔注射。

3. 中药治疗　　消黄散：知母，川贝母各25g，二药子25g，金银花30g，连翘25g，犀角9g，羚羊角5g，大黄25g，玄参30g，花粉25g，郁金25g，生地25g，薄荷25g，蝉蜕15g，僵虫15g，蒲公英3g，山甲珠15g，豆根15g，地丁20g，射干15g，黄连15g，黄芩25g，黄柏30g，栀子25g，桔梗20g，甘草15g，蜂蜜120g，鸡清4个，童便少许研末服。

（六）保健护理

1）避免各种不良因素的刺激和影响，特别是注意防止腹腔及骨盆腔脏器的破裂和穿孔。

2）导尿、直肠检查、灌肠都须谨慎。

3）去势、腹腔穿刺，以及腹壁手术均应按照操作规程进行，防止腹腔感染。

4）母畜分娩、胎盘剥离、子宫整复、难产手术，以及子宫内膜炎的治疗等都须谨慎，防止本病发生。

二、腹腔积液

动物的腹腔，在生理状态下，腔内含有少量液体，主要起润滑作用。病理状态下，腹腔内液体增多，称为腹腔积液或称腹水。

（一）病因

因积液形成的原因及性质不同，可分为漏出液性腹腔积液和渗出液性腹腔积液。

1）漏出液性腹腔积液，为非炎性积液，其形成的主要原因为血浆胶体渗透压减低，常见于肾病、慢性间质性肾炎、重度营养不良等；毛细血管内压增高，常见于慢性心脏衰弱；淋巴管阻塞，常见于肿瘤压迫、结核引起的淋巴回流受阻。也有上述两种或两种以上的因素所致的漏出液性腹腔积液，如肝硬化。

2）渗出液性腹腔积液，为炎性积液，见于各种原因引起的弥漫性腹膜炎，如细菌性腹膜炎、结核性腹膜炎、内脏器官破裂、穿孔所引起的腹膜炎等。在致病因素的作用下，致使腹膜发生炎症，使发炎区内的毛细血管壁受损，通透性增高，使血液内的液体、细胞和分子较大的蛋白质渗出到腹腔。渗出液在马可高达 40L，牛可达 100L。

（二）症状

除有引起腹腔积液的原发病所特有的临床症状外，最明显的症状是腹部外形的变化，腹部向下，向两侧对称性膨胀，状如蛙腹。当动物体位改变时，腹部的形态也随着改变，腹部的最低处即膨起。腹部叩诊，呈水平浊音。腹部冲击式触诊，可感到回击波或震荡音。此外，由于腹水压迫横膈膜，动物常常表现呼吸困难。腹腔穿刺有多量液体流出。

腹腔穿刺液检查：其目的是鉴别腹腔积液的性质。

1. 蛋白质定性检查　100ml 量筒一只，加蒸馏水 100ml 及冰醋酸 2 滴，充分混合，滴加穿刺液 1～2 滴，发生白色云雾状凝集物者为渗出液（其中含黏液蛋白）；否则，为漏出液。

2. 蛋白质定量检查　（穿刺液的相对密度－1.007）×343＝蛋白质百分克数（g%）。

例如：某一穿刺液的相对密度为 1.020，带入公式得到 4.459g%，蛋白质高于 3g% 为渗出液，低于 3g% 者为漏出液。

3. 葡萄糖定量检查　方法与血糖测定相同。漏出液的含糖量和血液的含糖量相似。渗出液的含糖量低于血液含糖量（葡萄糖被细菌分解利用）。

4. 细胞成分

1）渗出液细胞较多，急性化脓性疾病，嗜中性粒细胞增多；慢性疾病，淋巴细胞增多。

2）漏出液细胞较少，主要为内皮细胞，或有少数淋巴细胞，红细胞。

5. 积液性状　漏出液为淡黄色透明液体或稍混浊的淡黄色液体，相对密度低于 1.018，一般不凝固，蛋白质总量在 25g/L 以下，黏蛋白定性试验（Rivalta 试验）为阴性反应。细胞计数，常小于 $100×10^6$ 个/L；渗出液为深黄色混浊液体（但因病因不同，亦可呈现红色、黄色等颜色），相对密度高于 1.018，蛋白质总量在 30g/L 以上，黏蛋白定性试验为阳性。细胞计数，常大于 $500×10^6$ 个/L。

（三）治疗与护理

1. 治疗原则　　消除病因，制止漏出，利尿，排出腹腔液体。

2. 治疗措施　　本病的治疗，首先应着重治疗原发病，如肾病、慢性间质性肾炎、肝硬化、营养不良、心脏衰弱和腹膜炎等疾病。

为促进漏出液或渗出液的吸收和排出，可应用强心剂和利尿剂。

有大量积液时，应采取腹腔穿刺排出腹腔积液（逐渐排放，以防发生虚脱）。

制止漏出。可静脉缓慢注射 10% 氯化钙或水解蛋白液，并配合 25% 葡萄糖、强心剂、维生素 B、维生素 C 等。

（付志新　申红莲　杨东兴）

第二章

呼吸系统疾病

第一节 总 论

一、呼吸器官的结构与生理功能

呼吸器官包括鼻、副鼻窦、喉等上呼吸道和气管、支气管、肺等下呼吸道。呼吸道是一条较长的管道，其黏膜内壁具有丰富的毛细血管网，并有黏液腺分泌黏液。这些结构特征，使吸入的空气在到达肺泡之前加温和湿润，并通过鼻毛阻挡、黏膜上皮的纤毛运动及喷嚏和咳嗽，将吸入的尘埃排出，以维持肺泡的正常结构和生理功能。

呼吸器官的主要功能是进行体内外之间的气体交换。动物机体在新陈代谢过程中，由于对营养物质进行生物氧化以提供生命活动所需的能量，需不断地消耗氧，同时不断产生二氧化碳和水及其他物质。因此，机体必须不断从外界摄取氧，并将二氧化碳排出体外，以确保机体新陈代谢的进行和内环境的相对稳定。机体与外界环境之间进行的这种气体交换过程，总称为呼吸。机体的呼吸过程由三个环节来完成：一是外界空气与肺泡之间以及肺泡与毛细血管血液之间的气体交换，称为外呼吸；二是组织细胞与组织毛细血管血液之间的气体交换，称为内呼吸；三是血液的气体运输，通过血液的运行，使肺部摄取的氧及时运送到组织细胞，同时将组织细胞产生的二氧化碳运送到肺排出体外。

除了气体交换外，呼吸器官还具有许多功能，包括维持酸碱平衡、发挥血液碱贮库的作用、过滤并可消除一些栓子、激活一些物质（如血管紧张肽）。肺还可合成一些化学物质释放入血，引起局部或远离器官的反应，如缓激肽、组织胺、5-羟色胺、前列腺素、肝素等，可在一定情况下释放出从而影响其他器官的功能。另外，肺从体循环静脉血中清除一些物质，避免其进入体循环动脉系统影响其他器官的活动，这些物质包括5-羟色胺、乙酰胆碱、缓激肽、血清毒素、前列腺素、皮质类固醇及白细胞三烯等。

二、呼吸器官疾病的常见病因

呼吸器官与外界相通，环境中的病原微生物（包括细菌、病毒、衣原体、支原体、真菌、蠕虫等）、粉尘、烟雾、化学刺激剂、过敏原（变应原）和有害气体均易随空气进入呼吸道和肺部，直接引起呼吸器官发病。在我国西北地区，家畜饲草中粉尘较多，吸入后刺激呼吸器官容易发生尘肺。集约化饲养的动物，由于突然更换日粮、断奶、寒冷、贼风侵袭、环境潮湿、通风换气不良、高浓度的氨气及不同年龄的动物混群饲养、长途运输等，均容易引起呼吸道疾病。某些传染病和寄生虫病专门侵害呼吸器官，如流行性感冒、鼻疽、肺结核、传染性胸膜肺炎、猪传染性萎缩性鼻炎、猪肺疫、羊鼻蝇、肺包虫和肺线虫等。临床上最常见的呼吸器官疾病是肺炎，一般认为，多数肺炎的病因是上呼吸道正常寄生菌群的突然改变，导致一种或多种细菌的大量增殖。这些细菌随气流被大量吸入细支气管和肺泡，破坏正常的防御机制，引起感染而发病。另外，呼吸器官也可出现病毒感染，使肺泡吞噬细胞的吞噬功能出现暂时性障碍，吸入的细菌大量增殖，导致肺泡内充满炎性渗出物而发生肺炎。因此，临床上呼吸器官疾病仅次于消化器官疾病，占第二位，尤其是北方冬季寒冷、气候干燥，发病率相当高。

三、呼吸器官疾病的主要症状

呼吸器官疾病的主要症状有流鼻液、咳嗽、呼吸困难、发绀和肺部听诊的啰音，在不同的疾病过程中有不同的特点。严重的呼吸器官疾病可引起肺通气和肺换气（即外呼吸）功能障碍，出现呼吸功能不全（respiratory insufficiency），又称呼吸衰竭（respiratory failure），主要指动脉血氧分压低于正常范围，伴有或不伴有二氧化碳分压增高的病理过程。呼吸衰竭时发生的低氧血症和高碳酸血症可影响全身各系统的代谢和功能，最终导致机体酸碱平衡失调及电解质紊乱，同时影响循环系统、中枢神经系统和消化系统的功能。

健康动物一般无鼻液，或仅有少量的浆液性鼻液。临床上所谓的鼻液是动物在病理状态下从鼻腔排出的异常分泌物。鼻液排出量的多少与病变部位、广泛程度和轻重有关。一般炎症的初期、局灶性的病变及慢性呼吸道疾病，鼻液量少。在上呼吸道疾病的急性期和肺部的严重疾病，常出现大量的鼻液，如副鼻窦积脓、肺脓肿破裂、肺坏疽、急性鼻疽、马腺疫等。临床上根据炎症的特性将鼻液分为浆液性、黏液性、黏液脓性和血性4种。

咳嗽是一种强烈的呼气运动，它的形成是由于呼吸道分泌物、病灶及外来因素刺激呼吸道和胸膜，通过神经反射，而使咳嗽呼吸中枢兴奋，发生咳嗽，并将呼吸道中的异物和分泌物咳出。因此，咳嗽是一种反射性的保护动作。一般认为，单纯性的咳嗽称为咳痰，咳嗽次数多并呈持续性称痉挛性咳嗽或咳嗽发作，见于呼吸道黏膜受到强烈的刺激，如喉炎、支气管炎、慢性肺泡气肿、吸入性肺炎及胸膜炎等。慢性呼吸器官疾病可出现经常性咳嗽，有的达数周或数月，甚至数年之久。犬、猫等小动物，在咳嗽之后，常出现恶心或发生呕吐。咳嗽的强度与呼吸肌的收缩和肺的弹性成正比，喉、气管患病时咳嗽声音强大而有力，表明肺组织弹性良好；细支气管和肺患病时咳嗽弱而无力，声音嘶哑，表明肺组织弹性降低。同时，呼吸道的分泌物少或仅有少量分泌物时，出现干而短的咳嗽，声音清脆；如呼吸道有大量稀薄的分泌物时，咳嗽声音钝浊、湿而长，随着咳嗽将分泌物排出体外。另外，动物患胸膜炎、喉水肿、吸入性肺炎、呼吸道纤维素性和溃疡性炎症时，咳嗽伴有头颈伸直、摇头不安、呻吟等疼痛反应。

呼吸困难是复杂的呼吸障碍，不仅表现呼吸频率的增加和深度的变化，而且伴有呼吸肌以外的辅助呼吸肌有意识的活动，但气体的交换作用不完全。呼吸困难的主要原因是体内氧缺乏、二氧化碳和各种氧化不全的产物积聚于血液内，并循环于脑而使呼吸中枢受到刺激。高度的呼吸困难称为气喘。呼吸困难是呼吸器官疾病的一个重要症状，在患上呼吸道狭窄、喉炎等疾病时，主要表现吸气性呼吸困难，并可听到明显的狭窄音。在患细支气管炎、细支气管痉挛及肺气肿等疾病时，由于肺泡内的空气呼出困难，而发生呼气性呼吸困难。另外，呼吸器官疾病（如肺炎、肺萎缩、肺水肿、支气管炎等）、循环器官疾病（如心肌炎、心脏肥大、渗出性心包炎、心瓣膜病等）、消化器官疾病（如急性胃扩张、胃肠臌气等）、血液疾病（如严重贫血）、中毒性疾病（如亚硝酸盐中毒、氢氰酸中毒、有机磷农药中毒、尿毒症等）、严重的发热性疾病及脑部疾病，可出现呼气和吸气同时发生困难，又称为混合性呼吸困难。

发绀指可视黏膜呈蓝紫色，主要是血液中还原血红蛋白增多或形成大量变性血红蛋白的结果。发绀仅发生于血液中血红蛋白浓度正常或接近正常，但血红蛋白的氧合作用不完全。因此，发绀是机体缺氧的典型表现，当动脉血氧饱和度低于90%时，可视黏膜（眼结膜、口黏膜等）出现发绀。呼吸器官疾病，特别是上呼吸道高度狭窄发生吸入性呼吸困难或肺部疾病（各种肺炎、胸膜炎等），使肺有效呼吸面积减少，均可引起动脉血氧饱和度降低。此时，血氧分压降低可刺激颈动脉体和主动脉体化学感受器，反射性地引起呼吸加深加快，从而使肺泡通气量增加，肺泡氧分压升高，同时胸廓呼吸运动的增加使胸内负压增大，还可促进静脉回流，增加心输出量和肺血流量，有利于氧的摄取和运输。当疾病严重时，机体的代偿不全，则出现严重的代谢功能紊乱，发生呼吸衰竭，形成恶性循环，发绀症状更明显。

啰音是很重要的病理性呼吸音，按其性质可分为干啰音和湿啰音。干啰音是支气管中的分泌物黏稠，呈块状、线状或膜样并黏着在管壁上，因气流经过的震动而发生，或由于支气管黏膜肿胀和支气管痉挛，引起支气管内径狭窄时气流通过也可产生干啰音，临床上常见于支气管炎、支气管肺炎、肺结核等。湿啰音是由于支气管内存在稀薄的分泌物，呼吸时因气流引起液体移动或水泡破裂而产生的一种声音。湿啰音是支气管疾病最常见的症状，亦为肺部许多疾病的症状之一，常见于支气管炎、肺炎、肺水肿、肺脓肿、肺结核等。

四、呼吸器官疾病的诊断

详细地询问病史和临床检查是诊断呼吸器官疾病的基础，X线检查对肺部疾病具有重要价值。必要时进行鉴别诊断（表2-1）和实验室检查，包括血液常规检查、鼻液及痰液的显微镜检查、胸腔穿刺液的理化及细胞检查等。

表 2-1　呼吸系统几种疾病的鉴别诊断

鉴别要点	急性支气管炎	支气管肺炎	大叶性肺炎	胸膜炎
体温变化	微热或中等发热	弛张热	稽留热	弛张热
呼吸现象	稍快呈胸腹式	加快呈胸腹式	加快，多呈腹式呼吸，常有呻吟	浅表疾速，可有腹式呼吸
鼻液	黏液、黏液脓性	黏液脓性	铁锈色或橙黄色，鼻脓或有臭味	无
咳嗽	频咳，诱咳易发，声粗大	频发，声粗大，后转弱	有时咳嗽，低、弱	短、弱、痛苦
叩诊	无变化，有时呈过清音	点状浊音或片状浊音区	广泛浊音	水平浊音较多，有痛感
听诊	肺泡音加强或有湿啰音	肺泡音弱，有湿啰音	肺泡音消失，有支气管呼吸音	胸膜摩擦音，或有支气管呼吸音
心脏机能	心音强盛，稍快	心音强盛，加快	心音高朗，在胸壁各处均能听到心音	心音遥远，心搏动弱

随着检测技术的发展，对呼吸器官疾病的诊断和鉴别诊断将更加灵敏和准确，如采用聚合酶链反应技术诊断结核病、支原体病、肺孢子虫病、病毒感染等，用分子遗传学

分析准确确定某些基因缺陷引起的疾病，用高精密度螺旋 CT 和核磁共振显像（MRI）技术可诊断肺部小于 1cm 的病灶等。

五、呼吸器官疾病的治疗原则

呼吸器官疾病的治疗主要包括抗菌消炎、祛痰镇咳及对症治疗。

1. 抗菌消炎　　细菌感染引起的呼吸道疾病均可用抗菌药物进行治疗。使用抗生素的原则是选择对某些特异病原体最有效的药物，或选择毒性最低的药物。对呼吸道分泌物培养，然后进行药敏试验，可为合理选用抗生素提供指导。同时，了解抗生素类药物的组织穿透力和药物动力学特征，也非常重要。一般认为，对不同动物有效的药物有：牛为土霉素、红霉素、青霉素和磺胺类；马为青霉素、磺胺类和四环素；羊为土霉素、青霉素和磺胺类；猪为林可霉素、壮观霉素、青霉素和磺胺类；犬和猫为头孢菌素、氯霉素、红霉素、林可霉素、青霉素、四环素和磺胺类。如果没有检出特异性的细菌，应使用广谱抗生素。在治疗过程中，抗菌药物的剂量不宜太大或过小，剂量太大不仅造成浪费，而且可引起严重反应，剂量过小起不了治疗作用。同时抗菌药物的疗程应充足，一般应连续用药 3～5d，直至症状消失，再用 1～2d，以求彻底治愈，切忌停药过早而导致疾病复发。对慢性呼吸器官疾病（如结核、鼻疽等）则应根据病情需要，延长疗程。对气管炎和支气管炎，除传统的给药途径外，可将青霉素等抗生素直接缓慢注入气管，有较好的效果。另外，对肉用或奶用动物，应注意动物性食品中的药物残留，严格执行有关肉用动物休药期和牛奶禁用时间的有关规定，以防止出现动物性食品中的药物残留及其对公共健康造成危害。

2. 祛痰镇咳　　咳嗽是呼吸道受刺激而引起的防御性反射，可将异物与痰液咳出，一般咳嗽不应轻率使用止咳药，轻度咳嗽有助于祛痰，痰排出后，咳嗽自然缓解，但剧烈频繁的干咳对病畜的呼吸器官和循环系统产生不良影响。有些呼吸道炎症可引起气管分泌物增多，因水分的重吸收或气流蒸发而使痰液变稠，同时黏膜上皮变性使纤毛活动减弱，痰液不易排出。祛痰药通过迷走神经反射兴奋呼吸道腺体，促使分泌增加，从而稀释稠痰，易于咳出，临床上常用的有氯化铵、碘化钠、碘化钾等。镇咳药主要用于缓解或抑制咳嗽，目的在于减轻剧烈咳嗽的程度和频繁度，而不影响支气管和肺分泌物的排出，临床上常用的有咳必清、复方樟脑酊、复方甘草合剂等。另外，在痉挛性咳嗽、肺气肿或动物气喘严重时，可用平喘药，如麻黄碱、异丙肾上腺素、氨茶碱等。

3. 对症治疗　　主要包括氧气疗法和兴奋呼吸。当呼吸器官疾病由于呼吸困难引起机体缺氧时，应及时用氧气疗法，特别是对于通气不足所致的血液氧分压降低和二氧化碳蓄积有显著效果。临床上大动物吸入氧气不常使用，主要用于犬、猫等宠物及某些种畜。当呼吸中枢抑制时，应及时选用呼吸兴奋剂，临床上最有效的方法是将二氧化碳和氧气混合使用，其中二氧化碳占 5%～10%，可使呼吸加深，增加氧的摄入，同时可改善肺循环，减少躺卧动物发生肺充血的机会。另外，兴奋呼吸中枢的药物有尼可刹米（可拉明）、多普兰等，对延脑生命中枢有较高的选择性，常作为呼吸及循环衰竭的急救药，能兴奋呼吸中枢和血管运动中枢，临床上要特别注意用药剂量，剂量过大则引起痉挛性或强直性惊厥。

第二节　上呼吸道疾病

一、感冒

感冒是由于气候骤变，机体突受风寒侵袭而引起的以上呼吸道炎症为主的一种急性、热性全身性疾病。临床上以鼻流清涕、羞明流泪、呼吸增快、体表温度不均为特征。各种畜禽都可发病，尤以幼畜禽多见。一年四季均可发生，但以早春、秋末，气温骤变季节多发。

（一）病因

感冒主要是由于对畜禽管理不当，寒冷突然袭击所致。例如，厩舍条件差，安全过冬措施跟不上，受贼风的侵袭；舍饲的家畜在寒冷气候下露宿；运动出汗后被雨淋风吹等。寒冷因素作用于机体，引起机体防御机能降低，上呼吸道黏膜血管收缩，分泌减少，气管黏膜上皮纤毛运动减弱，致使呼吸道条件致病菌大量繁殖，由于细菌产物的刺激，引起上呼吸道炎症，因而出现咳嗽、鼻塞、流涕，甚至体温升高等现象。

此外，长途运输（特别是小鸡）、重度使役、营养不良及患有其他疾病时，机体抵抗力减弱的情况下，更易发病。

（二）症状

病畜精神不振，头低耳耷，食欲减退，体温升高，羞明流泪，结膜充血。耳尖、鼻端发凉，皮温不均。鼻黏膜充血、肿胀，鼻塞不通，初期流浆液性鼻液，以后变为黏性、脓性鼻液，常伴发咳嗽，呼吸、脉搏增快。病情严重的畏寒怕冷，拱腰战栗，行走不灵，甚至躺卧不起。牛则磨牙，鼻镜干燥，前胃弛缓，反刍停止。猪多便秘，怕冷，喜钻草堆，仔猪尤为明显。有的病畜眼红多眵，口舌干燥。一般如能及时治疗，可很快痊愈，如治疗不及时，幼畜则易继发支气管肺炎。

（三）诊断

根据病因调查，身颤肢冷、发热、皮温不均、流清涕、咳嗽等主要症状可以诊断。在鉴别诊断上，应与流行感冒相区别。流行感冒为流行感冒病毒引起，体温突然升高至40℃以上，传播迅速，有明显的流行性。

（四）治疗与护理

1. 治疗原则　以解热镇痛、祛风散寒为主，有并发症时，可适当抗菌消炎。
2. 治疗措施　可选用30%安乃近、复方氨基比林、复方奎宁（孕畜禁用）、柴胡等注射液，牛、马20～40ml，猪、羊5～10ml，一次肌内注射。

为预防继发感染，在用解热镇痛剂后，体温仍不下降或症状没有减轻时，可适当应用磺胺类药物或抗生素。

3. 中药治疗　以解表、散寒、清热为主。分为风寒、风热两种证型。

（1）**风寒感冒**　　发热轻，恶寒重，耳鼻凉，肌肉颤抖，无汗，舌苔薄白，治宜辛温解表，散寒镇咳，可用杏苏散：杏仁 18g，桔梗 30g，紫苏 30g，半夏 15g，陈皮 20g，前胡 25g，枳壳 20g，茯苓 30g，甘草 15g，生姜 30g，葱白两根为引，共为细末，开水冲，候温灌服（牛、马），猪、羊酌减。

（2）**风热感冒**　　发热重，恶寒轻，口干舌燥，口色偏红，舌苔薄黄，治宜辛凉解表，清泻肺热，可用银翘散：金银花 30g，连翘 30g，桔梗 25g，荆芥 25g，淡豆豉 25g，竹叶 30g，薄荷 15g，牛蒡子 25g，芦根 60g，甘草 15g，共为细末，开水冲，候温灌服（牛、马），猪、羊酌减。

4. 针灸　　主要针刺山根、肺俞、血印、尾尖、蹄头、百会、六脉、鼻梁、大椎等穴。

5. 验方

1）轻者可用生姜、紫苏、葱白、红糖适量，煎水候温灌服。

2）紫苏、荆芥各 300～500g，煎水候温灌服。

3）一枝黄花、金银花、紫花地丁各适量，煎水候温灌服。

（五）保健护理

对感冒的预防应侧重于防止畜禽突然受寒和风雨侵袭（特别是运动出汗后）。建立合理的饲养管理和使役制度，冬天气温骤变时要做好防寒保暖工作。

二、鼻炎

鼻炎是指鼻腔和窦黏膜的急性或慢性炎症，按病程可分为急性鼻炎和慢性鼻炎；按病因可分为原发性鼻炎和继发性鼻炎。临床上以浆液性、黏液性、脓性或血性鼻液，喷嚏，鼻黏膜充血、肿胀，敏感性增高，张口呼吸，吸气性呼吸困难等为特征。常见于犬、猫、羊、猪。

（一）病因

1. 原发性鼻炎　　主要是由于受寒感冒、吸入刺激性气体和化学药物等引起，如畜舍通风不良，吸入氨、硫化氢、烟雾以及农药、化肥等有刺激性的气体。或动物吸入饲料或环境中的尘埃、霉菌孢子、麦芒、昆虫及使用胃管不当或异物卡塞于鼻道对鼻黏膜的机械性刺激。过敏性鼻炎是一种很难确定病因的特异性反应，季节性发生多与花粉有关，犬和猫常年发生可能与房舍尘土及霉菌有关。牛和绵羊的"夏季鼻塞"综合征是一种原因不明的变应性鼻炎。

2. 继发性鼻炎　　主要见于流感、马鼻疽、传染性胸膜肺炎、牛恶性卡他热、慢性猪肺疫、猪萎缩性鼻炎、犬瘟热、犬副流感、猫病毒性鼻气管炎等传染病。在咽炎、喉炎、副鼻窦炎、支气管炎和肺炎等疾病过程中常伴有鼻炎症状。犬齿根脓肿扩展到上颌骨隐窝时，也可发生鼻炎或鼻窦炎。

（二）症状

急性鼻炎鼻黏膜敏感性增强，主要表现打喷嚏，流鼻液，摩擦鼻部，犬猫抓挠面部。

鼻黏膜潮红、肿胀，敏感性增高，由于鼻腔变窄，小动物呼吸时出现鼻塞音或鼾声，严重者张口呼吸或发生吸气性呼吸困难。病畜体温、呼吸、脉搏及食欲一般无明显变化。鼻液初期为浆液性，继发细菌感染后变为黏液性，鼻黏膜炎性细胞浸润后则出现黏液脓性鼻液，最后逐渐减少、变干，呈干痂状附着于鼻孔周围。下颌淋巴结肿胀。急性单侧性鼻炎伴有抓挠面部或摩擦鼻部，提示鼻腔可能有异物。初期为单侧性流鼻液，后期呈双侧性，或鼻液由黏液性变为浆液血性或鼻出血，提示肿瘤性或霉菌性疾病。

慢性鼻炎病程较长，临床表现时轻时重，有的鼻黏膜肿胀、肥厚、凹凸不平，严重者有糜烂、溃疡或瘢痕。犬的慢性鼻炎可引起窒息或脑病。猫的慢性化脓性鼻炎可导致鼻骨肿大，鼻梁皮肤增厚及淋巴结肿大，难以痊愈。

牛的"夏季鼻塞"常见于春夏时节牧草开花时，突然发生呼吸困难，鼻孔流出黏液脓性至干酪样不同稠度的大量橘黄色或黄色鼻液。打喷嚏，鼻塞，因鼻腔发痒而使动物摇头，在地面擦鼻或将鼻镜在篱笆及其他物体上摩擦。严重者两侧鼻孔完全堵塞，表现呼吸困难，甚至张口呼吸。

急性原发性鼻炎，一般在1～2周后，鼻液量逐渐减少，最后痊愈。慢性或继发性鼻炎，可经数周或数月，有的病例长时间未能治愈而发生鼻黏膜肥厚，病畜表现鼻塞性呼吸音。

（三）诊断

单纯性鼻炎可根据鼻黏膜充血、肿胀，打喷嚏和流浆液性鼻液或脓性鼻液，全身反应不明显等症状确诊。继发性鼻炎要侧重于确定原发病。此外，本病应注意与鼻腔鼻疽、马腺疫、流行性感冒及副鼻窦炎等疾病相区别。

（四）治疗与护理

1. 治疗原则 消除病因，镇痛消炎，对症治疗。

2. 治疗措施 首先应除去致病因素，轻度的卡他性鼻炎可自行痊愈。病情严重者可用温生理盐水、1%碳酸氢钠溶液、2%～3%硼酸溶液、1%磺胺溶液、1%明矾溶液、0.1%鞣酸溶液或0.1%高锰酸钾溶液，每日冲洗鼻腔1～2次。冲洗后可用油剂滴鼻药液（复方薄荷油）或涂以青霉素或磺胺软膏，也可向鼻腔内撒入青霉素或磺胺类粉剂。

当鼻黏膜严重充血肿胀时，为促进局部血管收缩并减轻鼻黏膜的敏感性，可用可卡因0.1g，0.1%的肾上腺素溶液1ml，加蒸馏水20ml，混合后滴鼻，每日2～3次。

亦可用2%克辽林或2%松节油，进行蒸汽吸入，每日2～3次，每次15～20min。

对体温升高、全身症状明显的病畜，应及时用抗生素或磺胺类药物进行治疗。

3. 中药治疗 以疏风清热，解毒消肿为主。方用苍耳子散加减：苍耳子30g，辛荑25g，白芷15g，薄荷15g，菊花25g，黄芩20g，栀子20g，木香15g，苏叶30g，煎水候温灌服。也可用连翘30g，银花15g，桔梗20g，知母20g，黄柏25g，郁金20g，花粉20g，薄荷15g，蒲公英20g，甘草12g，共为细末，开水冲，候温灌服。

4. 针灸 主要针刺鼻梁、玉堂、开关等穴。

5. 验方

1）鹅不食草100g或葱白一把，捣汁滴鼻。

2）吹鼻散：冰片 5g，血余炭 5g，共为细末，用胶管吹入鼻腔内。

（五）保健护理

主要是防止受寒感冒和其他致病因素的刺激，对继发性鼻炎应及时治疗原发病。

三、喉炎

喉炎是喉头黏膜的炎症，临床上以剧烈咳嗽和喉头敏感为特征。急性卡他性喉炎较多见，如与咽炎并发，则称咽喉炎。本病各种动物均可发生，一般多发生在春、秋、冬季。

（一）病因

原发性喉炎主要是由于受寒感冒，吸入尘埃、烟雾或刺激性气体、霉菌、异物，以及出汗动物突饮冷水等刺激喉黏膜而发生炎症。

喉炎也可继发于一些疾病过程中，如鼻炎、咽炎、气管和支气管炎、犬瘟热、猫传染性鼻气管炎、牛传染性鼻气管炎、马腺疫、流感等。

（二）症状

喉炎主要表现为剧烈咳嗽，病初为干而痛的咳嗽，声音短促强大，以后则变为湿而长的咳嗽，病程较长时声音嘶哑。按压喉部、吸入寒冷或有灰尘的空气、吞咽粗糙食物或冷水以及投服药物等均可引起剧烈的咳嗽。犬随着咳嗽可发生呕吐。有的病畜鼻流浆液性、黏液性或黏液脓性鼻液。下颌淋巴结肿大，动物头颈不愿转动，保持微向前伸姿势。严重病例伴有体温升高和其他全身症状。触诊喉部，局部肿胀、温度升高，病畜表现敏感疼痛，常诱发强烈的咳嗽；听诊喉部气管，有大水泡音或喉头狭窄音。

喉头水肿可在数小时内发生，表现吸气性呼吸困难，喉头有喘鸣音。随着吸气困难加剧，呼吸频率减慢，可视黏膜发绀，体温升高，脉搏增数。犬在天气炎热时，由于呼吸道受阻，体温调节功能极度紊乱，可使体温显著上升。

（三）诊断

根据咳嗽剧烈和喉头敏感可作出初步诊断，确诊则需进行喉镜检查。本病应注意与咽炎相鉴别，咽炎主要以吞咽障碍为主，吞咽时食物和饮水常从两侧鼻孔流出，咳嗽较轻。

（四）治疗与护理

1. 治疗原则　消除致病因素，缓解疼痛，加强护理，消除炎症。

2. 治疗措施　为缓解疼痛，减轻咳嗽可采用喉头周围封闭，马、牛可用 0.25% 普鲁卡因 20～30ml，青霉素 40 万～100 万 IU 混合，每日 2 次，效果良好。

对出现全身反应的病畜，可内服或注射抗生素或磺胺类药物。喉炎病畜还可在喉部皮肤涂鱼石脂软膏，必要时可经鼻腔向喉内注入碘甘油。

频繁咳嗽时，应及时内服祛痰镇咳药，常用人工盐 20～30g，茴香粉 50～100g，马、牛一次内服；或碳酸氢钠 15～30g，远志酊 30～40ml，温水 500ml，一次内服；或氯化铵 15g，杏仁水 35ml，远志酊 30ml，温水 500ml，一次内服。小动物可内服复方甘草片、止咳糖浆等；也可内服羧甲基半胱氨酸片（化痰片），犬 0.1～0.2g，猫 0.05～0.1g，每日 3 次。

中药治疗以清热解毒，消肿利喉为主。方用普济消毒饮加减：黄芩、玄参、柴胡、桔梗、连翘、马勃、薄荷各 30g，黄连 15g，橘红、牛蒡子各 24g，甘草、升麻各 8g，僵蚕 9g，板蓝根 45g，水煎服。也可用消黄散加味：知母、黄芩、牛蒡子、山豆根、桔梗、花粉、射干各 18g，黄药子、白药子、贝母、郁金各 15g，栀子、大黄、连翘各 21g，甘草、黄连各 12g，朴硝 60g，共研末，加鸡蛋清 4 个，蜂蜜 120g，开水冲服，或水煎服。

3. 针灸　　主要针刺鹘脉、玉堂、开关、通关、锁喉、颈脉等穴。

4. 验方

1）雄黄、栀子、大黄各 30g，冰片 3g，白芷 6g，共研末，用醋调成糊状，涂于咽喉外部，每日 2～3 次，有一定效果。

2）七叶一枝花 15g，水煎服。

3）鲜八角莲根 20g，加冰片 3g，捣汁，滴入喉内。

（五）保健护理

参考感冒和鼻炎的预防。

第三节　支气管与肺脏疾病

一、支气管炎

支气管炎是一种呼吸道的急、慢性炎症性疾病，可引起患犬喘息、气促、咳嗽等症状反复发作，多在夜间或清晨发病。症状时隐时现，可以持续几分钟或数天。对于犬来说，支气管疾病发病突然，治疗时间较长。

其实支气管炎是指气管、支气管黏膜及其周围组织的非特异性炎症。临床上以长期咳嗽、咳痰或伴有喘息及反复发作为特征。

（一）支气管炎的分类

犬的支气管炎主要分为三大类：急性支气管炎，慢性支气管炎和毛细支气管炎。

1. 急性支气管炎　　一般在发病前无支气管炎的病史，即无慢性咳嗽、咳痰及喘息等病史。急性支气管炎起病较快，开始为干咳，以后咳黏痰或脓性痰。常伴胸骨后闷胀或疼痛。发热等全身症状多在 3～5d 内好转，但咳嗽、咳痰症状常持续 2～3 周才恢复。

2. 慢性支气管炎　　多数起病很隐蔽，开始症状除轻咳之外并无特殊，故不易被主人所注意。部分起病之前先有急性呼吸道感染，如急性咽喉炎、感冒、急性支气管炎病史，且起初多在寒冷季节发病，以后症状即持续，反复发作。慢性支气管炎的主要临床表现为咳嗽、咳痰、气喘及反复呼吸道感染。

长期、反复、逐渐加重的咳嗽是本病的主要表现。痰一般呈白色黏液泡沫状，严重时黏稠，痰量增加，或呈黄色脓性痰或伴有喘息。偶因剧咳而痰中带血，喘合并呼吸道感染时，呼吸困难；早期患犬可有胸闷甚至窒息感，不久出现呼吸困难，并带有哮鸣音（如吹哨声）。患犬呈现端坐姿势，头向前伸，用力喘气。发作可持续数分钟到数小时不等，一般可自行缓解或治疗缓解。这种以喘息为突出表现的类型，临床上称为喘息性支气管炎。肺部出现湿性啰音，白细胞数升高等。本病早期多无特殊体征，在多数病畜的肺底部可以听到少许湿性。

3. 毛细支气管炎　　常常在上呼吸道感染2～3d后出现持续性干咳和发作性喘憋，长伴中、低度发热。咳喘发生时吸浅而快，长伴有呼吸性喘鸣音即呼气时可听到像拉风箱一样的声音，每分钟呼吸50～70次，甚至更快，同时有明显的鼻翼扇动。严重时可出现口周发绀，可并发心力衰竭、脱水、代谢性酸中毒及呼吸性酸中毒等酸碱平衡紊乱。临床上较难发现未累及肺泡与肺泡间壁的纯粹毛细支气管炎，故国内认为毛细支气管炎是一种特殊类型的肺炎，有人称之为喘憋性肺炎。

（二）病因

1. 感染　　受寒感冒是引起支气管炎的主要原因。动物机体受寒后，导致机体抵抗力降低，一方面病毒、细菌直接感染，另一方面呼吸道寄生菌（如肺炎球菌、巴氏杆菌、链球菌、葡萄球菌、化脓杆菌、霉菌孢子、副伤寒杆菌等）或外源性非特异性病原菌乘虚而入，呈现致病作用。也可由急性上呼吸道感染的细菌和病毒蔓延而引起。

2. 物理、化学因素　　吸入过冷的空气、粉尘、刺激性气体（如二氧化硫、氨气、氯气、烟雾等）均可直接刺激支气管黏膜而发病。投药或吞咽障碍时由于异物进入气管，可引起吸入性支气管炎。

3. 过敏反应　　多由吸入花粉、有机粉尘、真菌孢子等引起。主要见于犬，特征为按压气管容易引起短促的干而粗厉的咳嗽，支气管分泌物中有大量的嗜酸性粒细胞，无特异性致病菌。

4. 继发性因素　　在马腺疫、流行性感冒、牛口蹄疫、恶性卡他热、家禽的慢性呼吸道病、羊痘等传染病的经过中，常表现支气管炎的症状。另外，患喉炎、肺炎及胸膜炎等疾病时，炎症扩展也可继发支气管炎。

5. 诱因　　饲养管理粗放，如畜舍卫生条件差、通风不良、闷热潮湿以及饲料营养不平衡等，导致机体抵抗力下降，均可成为支气管炎发生的诱因。

原发性慢性支气管炎通常由急性转变而来，致病因素未能及时消除，长期反复作用，或未能及时治疗，饲养管理及使役不当，均可使急性转变为慢性。老龄动物由于呼吸道防御功能下降，喉头反射减弱，单核-吞噬细胞系统功能减弱，慢性支气管炎发病率较高。维生素C、维生素A等缺乏，支气管黏膜上皮的修复功能减退，溶菌酶的活力降低，也容易发生本病。另外，一性慢性疾病如结核、肺蠕虫病、肺气肿和心脏瓣膜病等经过中，都可影响肺内气体交换和使血液循环障碍，而引起支气管的慢性炎症过程。

（三）症状

1. 急性支气管炎　　主要的症状是咳嗽。在疾病初期，表现干、短和疼痛咳嗽，以后随着炎性渗出物的增多，变为湿而长的咳嗽。有时咳出较多的黏液或黏液脓性痰液，呈灰白色或黄色。同时，鼻孔流出浆液性、黏液性或黏液脓性鼻液。胸部听诊肺泡呼吸音增强，并可出现干啰音和湿啰音。通过气管人工诱咳，可出现声音高朗的持续性咳嗽。全身症状较轻，体温正常或轻度升高（升高 0.5～1.0℃）。随着疾病的发展，炎症侵害细支气管，则全身症状加剧，体温升高 1～2℃，呼吸加快，精神不振，食欲大减，严重者出现吸气性呼吸困难。

吸入异物引起的支气管炎，后期可发展为腐败性炎症，出现呼吸困难，呼出气体有腐败性恶臭，两侧鼻孔流出污秽不洁和有腐败臭味的鼻液。听诊肺部可能出现空瓮性呼吸音。病畜全身反应明显。血液检查，白细胞总数增加，嗜中性粒细胞比例升高。

2. 慢性支气管炎　以持续性咳嗽为特征，咳嗽可拖延数月甚至数年。咳嗽严重程度视病情而定，一般在运动、采食、夜间或早晚气温较低时，常常出现剧烈咳嗽。痰量较少，有时混有少量血液，急性发作并有细菌感染时，则咳出大量黏液脓性痰液。体温无明显变化，有的病畜因支气管狭窄和肺泡气肿而出现呼吸困难。肺部听诊，初期因黏膜有大量稀薄的渗出物，可听到湿啰音，后期由于支气管渗出物黏稠，则出现干啰音；由于长期食欲不良和疾病消耗，病畜逐渐消瘦，有的发生贫血。

（四）诊断

急性支气管炎根据病史，结合咳嗽、流鼻液和肺部出现干、湿啰音等呼吸道症状即可初步诊断，应注意与流行性感冒、急性上呼吸道感染等疾病相鉴别。慢性支气管炎根据持续性咳嗽和肺部啰音等症状即可诊断。

（1）人工诱咳阳性　在体格检查方面，慢性支气管炎早期可无异常体征，急性发作期肺部常有散在的干、湿啰音。慢性喘息型支气管炎发作期，肺部可听到哮鸣音和呼气延长，如伴有感染时，啰音增多。

（2）细菌和病毒培养　通过痰涂片作出的培养检查，可在显微镜下清晰地找到肺炎球菌等致病菌。药敏的培养能减短疾病的治疗时间，恢复动物的健康。

（3）血常规化验　血常规一般无异常变化，只有在急性发作时，白细胞总数和嗜中性粒细胞可以偏离。慢性喘息型支气管炎患者，可有嗜酸性粒细胞增多。血气一般会有代谢性酸中毒和呼吸性酸中毒。

（4）胸部 X 线检查　可见肺纹理增粗、增多，以双中、下野为著。继发感染时，肺纹理紊乱、粗糙或有小斑片状阴影，且多位于纹理远端，形态不规则，以两肺中、下肺野内侧多见。这是由于细支气管发炎，管腔物阻塞所致。

（5）针对老年犬的检查　在针对老年犬的检查和治疗时，还要特别注意肺心病，最好对其心电图和血压都作详细的检查。

（6）阻塞性肺气肿　是慢性支气管炎最常见的并发症，患者肺泡壁纤维组织弥漫性增生。加上管腔狭窄和痰液阻塞，呼气不畅，故可发生阻塞性肺气肿。

慢性主气管炎炎症严重时可蔓延至支气管周围的肺组织中，患者有寒战、发热、咳嗽增剧、痰量增多且呈脓性等症状出现。通过血常规的检查可发现白细胞总数及嗜中性粒细胞增多。X 线检查后会发现两下肺叶有斑点状或小片状阴影。

慢性支气管炎反复发作，支气管黏膜充血、水肿，形成溃疡，管壁纤维组织增生，管腔或多或少变形，扩张或狭窄。扩张部分多呈柱状变化。百日咳、麻疹或肺炎后所形成的主气管扩张常呈柱状或囊状，且较慢性支气管炎所致扩张为严重。

（五）治疗与护理

1. 治疗原则　　消除病因，祛痰镇咳，抑菌消炎，必要时用抗过敏药。

2. 治疗措施　　消除病因，加强护理，畜舍内保持通风良好且干燥温暖，供给充足的清洁饮水和优质的饲草料。

为了促进炎性渗出物的排出，可用克辽林、来苏儿、松节油、薄荷脑、麝香草酚等蒸气反复吸入，也可用碳酸氢钠等无刺激性的药物进行雾化吸入。对严重呼吸困难的病畜，则可吸入氧气。

（1）祛痰镇咳　　对咳嗽频繁、支气管分泌物黏稠的病畜，可口服祛痰剂，如氯化铵，马、牛 10～20g，猪、羊 0.2～2g；吐酒石，马、牛 0.5～3g，猪、羊 0.2～0.5g，每日 1～2 次。分泌物不多，但咳嗽频繁且疼痛明显，可选用镇痛止咳剂，如复方樟脑酊，马、牛 30～50ml，猪、羊 5～10ml，内服，每日 1～2 次；复方甘草合剂，马、牛 100～150ml，猪、羊 10～20ml，内服，每日 1～2 次；杏仁水，马、牛 30～60ml，猪、羊 2～5ml，内服，每日 1～2 次；磷酸可待因，马、牛 0.2～2g，猪、羊 0.05～0.1g，犬、猫酌减，内服，每日 1～2 次；犬、猫等动物痛咳不止，可用盐酸吗啡 0.1g、杏仁水 10ml、茴香水 300ml，混合后内服，每次一汤匙，每日 2～3 次。

（2）抑菌消炎　　根据感染的主要致病菌和严重程度或视病原菌药敏结果选用抗生素。轻者可口服，较重用皮下或静脉滴注抗生素。可选用抗生素或磺胺类药物。例如，肌内注射青霉素，马、牛 4000～8000IU/kg 体重，驹、犊、羊、猪、犬 10 000～15 000IU/kg 体重，每日 2 次，连用 2～3d。青霉素 100 万 IU，链霉素 100 万 IU，溶于 1% 普鲁卡因溶液 15～20ml，气管内注射，每日 1 次，有良好的效果。病情严重者可用四环素，剂量为 5～10mg/kg 体重，溶于 5% 葡萄糖溶液或生理盐水中静脉注射，每日 2 次。也可用 10% 磺胺嘧啶钠溶液，马、牛 100～150ml，猪、羊 10～20ml，肌肉或静脉注射。另外，可选用大环内酯类（红霉素等）、喹诺酮类（氧氟沙星、环丙沙星等）及头孢菌素类（第一代头孢菌素、第二代头孢菌素等）。

（3）抗过敏　　在使用祛痰止咳药的同时，每日内服溴樟脑，马、牛 3～5g，猪、羊 0.5～1g，或盐酸异丙嗪，马、牛 0.25～0.5g，猪、羊 25～50mg，效果更好。

（4）气雾疗法　　气雾湿化吸入或加糜蛋白酶，可稀释气管内的分泌物，有利排痰。如痰液黏稠不易咳出，目前超声雾化吸入有一定帮助，亦可加入抗生素及痰液稀释剂。呼吸困难者，可进行吸入氧气疗法。

此外，也可采用自家血疗法，大动物初次为 80～100ml，以后每次增加 20ml，小动物酌减。

3. 中药治疗　　中兽医称支气管炎为咳嗽，治以疏风、宣肺、化痰止咳为主。

1）外感风寒引起者，宜疏风散寒，宣肺止咳。可选用荆防散合止咳散加减：荆芥、紫苑、前胡各 30g，杏仁 20g，苏叶、防风、陈皮各 24g，远志、桔梗各 15g，甘草 9g，共研末，马、牛一次开水冲服（猪、羊酌减）。

2）外感风热引起者，宜疏风清热，宣肺止咳。可选用款冬花散：款冬花、知母、浙贝母、桔梗、桑白皮、地骨皮、黄芩、金银花各 30g，杏仁 20g，马兜铃、枇杷叶、陈皮各 24g，甘草 12g，共研末，马、牛一次开水冲服（猪、羊酌减）。

4. 针灸 主要针刺苏气、肺俞、尾尖、血印、鼻梁、山根、大椎等穴。

5. 验方

1）炙杏仁 100g，冰糖 50g，共为细末，开水冲调，加麻油 100g，一次灌服。

2）食用醋 500g，甘草粉 50g，冰片 10g，水 500ml 混合后用胃管一次投服，用于慢性支气管炎。

3）白毛夏枯草、一枝黄花各 200～250g，水煎灌服，治急、慢性支气管炎。

（六）保健护理

为了延长缓解期，减少复发，防止疾病进一步发展，主人应该重视预防和护理工作。

1）预防感冒，能有效地预防慢性支气管炎的发生或急性发作。

2）减少冷热温度及刺激性气味引起呼吸道分泌物增加，因其可反射性引发支气管痉挛，排痰困难，有利于病毒、细菌的生长繁殖，使慢性支气管炎进一步恶化。

3）发热、咳喘时减少运动，否则会加重心脏负担，使病情加重，最好安静休息，减少因运动带来的刺激。

4）慢性支气管炎如果防治不好的话，可能会进一步发展为肺气肿乃至肺源性心脏病。

5）积极控制感染：在急性期，遵照医嘱，选择有效的抗菌药物治疗。在急性感染控制后，及时停用抗菌药物，以免长期应用引起不良反应。

6）促使排痰：急性期在使用抗菌药物的同时，应用镇咳、祛痰药物。对老年犬的咳痰或痰量较多的犬，应以祛痰为主，不宜选用强烈镇咳药，以免抑制中枢神经，加重呼吸道炎症，导致病情恶化。

对宠物来说，要保持良好的家庭环境卫生，室内空气流通新鲜，有一定湿度，控制和消除各种有害气体和烟尘，注意保暖。室内空气补充负离子。小粒径高活性的空气负离子能有效加强气管黏膜上皮的纤毛运动，影响上皮绒毛内呼吸酶的活性，改善肺泡的分泌功能及肺的通气和换气功能，从而有效缓解支气管炎。

二、支气管肺炎

支气管肺炎又称小叶性肺炎或卡他性肺炎，是病原微生物感染引起的以细支气管为中心的个别肺小叶或几个肺小叶的炎症。其病理学特征为肺泡内充满了由上皮细胞、血浆和白细胞组成的卡他性炎性渗出物，病变从支气管炎或细支气管炎开始，而后蔓延到邻近的肺泡。临床上以出现弛张热型、呼吸次数增多、叩诊有散在的局灶性浊音区、听诊有捻发音等为特征。各种动物均可发病，但以幼畜和老龄动物更为多见，多发生于春秋两季。

（一）病因

1. 不良因素的刺激 因受寒感冒，饲养管理不当，某些营养物质缺乏，长途运输，物理因素、化学因素的刺激，过度劳役等，使机体抵抗力降低，特别是呼吸道的防御机能减弱，导致呼吸道黏膜上的条件致病菌大量繁殖，以及外源性病原微生物入侵感染引起。这些各种各样能引起支气管肺炎的病原菌均为非特异性，已发现的有肺炎球菌、猪嗜血杆菌、坏死杆菌、副伤寒杆菌、沙门氏杆菌、大肠杆菌、链球菌、葡萄球菌、流感病毒等。

2. 血源感染 主要是病原微生物经血流至肺脏，先引起间质的炎症，尔后波及支气管壁，进入支气管腔，即经由支气管周围炎、支气管炎，最后发展为支气管肺炎。血源性感染也可先引起肺泡间隔的炎症，然后侵入肺泡腔，再通过肺泡管、细支气管和肺泡孔发展为支气管肺炎，常见于化脓性疾病，如子宫炎、乳房炎等。

3. 继发性病因 继发或并发于许多传染病和寄生虫病的过程中，如仔猪流行性感冒、传染性支气管炎、结核病、犬瘟热、牛恶性卡他热、猪肺疫、副伤寒、肺线虫病等。

（二）症状

病初呈急性支气管炎的症状，表现干而短的疼痛性咳嗽，逐渐变为湿而长的咳嗽，疼痛减轻或消失，并有分泌物被咳出。体温升高 1.5～2.0℃，呈弛张热型。脉搏频率随体温升高而增加（60～100 次 /min）。呼吸频率增加（40～100 次 /min），严重者出现呼吸困难。流少量浆液性、黏液性或脓性鼻液。精神沉郁，食欲减退或废绝，可视黏膜潮红或发绀。

1）胸部叩诊：当病灶位于肺的表面时，可出现一个或多个局灶性的小浊音区，融合性肺炎则出现大片浊音区。

2）听诊病灶部：肺泡呼吸音减弱或消失，出现捻发音和支气管呼吸音，并常可听到干啰音或湿啰音；病灶周围的健康肺组织，肺泡呼吸音增强。

3）血液学检查：白细胞总数增多（1～2）×10^{10}/L，嗜中性粒细胞比例可达 80% 以上，出现核左移现象。

4）X 线检查：表现斑片状或斑点状的渗出性阴影，大小和形状不规则，密度不均匀，边缘模糊不清，可沿肺纹理分布。

（三）诊断

根据咳嗽、弛张热型、叩诊浊音及听诊捻发音和啰音等典型症状，结合 X 线检查和血液学变化，即可诊断。本病与细支气管炎和大叶性肺炎有相似之处，应注意鉴别。

（四）治疗与护理

1. 治疗原则 加强护理，抗菌消炎，祛痰止咳，制止渗出和促进渗出物吸收及对症治疗。

2. 治疗措施

（1）抗菌消炎 临床上主要应用抗生素和磺胺类药物进行治疗，用药途径及剂量视病情轻重及有无并发症而定。常用的抗生素为青霉素、链霉素、红霉素、林可霉素，也可选用氟苯尼考、四环素等广谱抗生素。有条件的可在治疗前取鼻分泌物作细菌的药敏试验，以便对症用药。肺炎双球菌、链球菌对青霉素敏感，一般青霉素和链霉素联合应用效果更好。多杀性巴氏杆菌用氟苯尼考，每天 10mg/kg 体重肌内注射，疗效很好。诺氟沙星对大肠杆菌、绿脓杆菌、巴氏杆菌及嗜血杆菌等有效。

对支气管炎症状明显的病畜（马、牛），可用青霉素 200 万～400 万 IU、链霉素

1～2g、1%～2% 的普鲁卡因溶液 40～60ml，气管内注射，每日 1 次，连用 2～4d，效果较好。病情严重者可用第一代或第二代头孢菌素，如头孢噻吩钠（先锋Ⅰ）、头孢唑啉钠（先锋Ⅴ），肌肉或静脉注射。抗菌药物疗程一般为 5～7d，或在退热后 3d 停药。磺胺类药物，常用长效磺胺类药（如 SM、SMZ、SD、SMM、SMP 等）并配合增效剂（TMP），按 20～25mg/kg 体重，12～24h 一次。葡萄糖 50g，安钠咖 2g，乌洛托品 10g，磺胺嘧啶 10g，溶于 1L 蒸馏水中，灭菌后大动物静脉注射，一日 1 次，连用 3～4d，效果良好。

（2）祛痰止咳　　咳嗽频繁，分泌物黏稠时或无痰干咳时，可选用止咳祛痰镇痛剂。

（3）制止渗出　　可静脉注射 10% 氯化钙溶液，马、牛 100～150ml，每日 1 次。促进渗出物吸收和排出，可用利尿剂，也可用 10% 安钠咖溶液 10～20ml、10% 水杨酸钠溶液 100～150ml 和 40% 乌洛托品溶液 60～100ml，马、牛一次静脉注射。

（4）对症疗法　　体温过高时，可用解热药，常用复方氨基比林或安痛定注射液，马、牛 20～50ml，猪、羊 5～10ml，犬 1～5ml，肌肉或皮下注射。对体温过高、出汗过多引起脱水者，应适当补液，纠正水、电解质和酸碱平衡紊乱。对病情危重、全身毒血症严重的病畜，可短期（3～5d）静脉注射氢化可的松或地塞米松等糖皮质激素。心功能衰弱，可用安钠咖等。

3. 中药治疗　　中兽医称支气管肺炎为肺热，治以辛凉泄热，清肺止咳为主。方用加味麻杏石甘汤：麻黄 15g，杏仁 8g，生石膏 90g，金银花 30g，连翘 30g，黄芩 24g，知母 24g，元参 24g，生地 24g，麦冬 24g，花粉 24g，桔梗 21g，共为细末，蜂蜜 250g 为引，马、牛一次开水冲服（猪、羊酌减）。

也可用桑白皮 30g，地骨皮 30g，花粉 30g，知母 30g，天冬 20g，贝母 20g，黄芩 30g，生地 30g，栀子 30g，桔梗 25g，甘草 15g，水煎候温灌服（牛、马）。

4. 针灸　　可参照"大叶性肺炎"。

5. 验方

1）金荞麦根 200～400g，水煎候温灌服。

2）马鞭草、板蓝根各 200～400g，水煎候温灌服。

3）生石膏 30g，鱼腥草 30g，白毛根 30g，金银花 15g，连翘 10g，水煎后温服。

（五）保健护理

1）加强饲养管理，避免淋雨受寒、过度劳役等诱发因素。

2）供给全价日粮。

3）健全完善免疫接种制度。

4）减少应激因素的刺激，增强机体的抗病能力。

三、大叶性肺炎

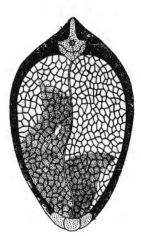

图 2-1　大叶性肺炎模式图

大叶性肺炎是整个肺叶发生的急性炎症过程（图 2-1）。该病的炎性渗出物为纤维蛋白性物质，故称为纤维素性肺炎或格鲁布性肺炎。病变起始于局部肺泡，并迅速波及整个或多个肺大叶。临床上以稽留热型、流铁锈色鼻液和肺部出现广泛性浊音区为特征。本病可发生于马、牛、猪、羔羊、犬、猫等动物。

（一）病因

本病主要由病原微生物引起，但真正的病因仍不十分清楚。多数研究表明，动物的大叶性肺炎主要由肺炎双球菌引起，并且常见于一些传染病的病程中，如马和牛的传染性胸膜肺炎主要表现大叶性肺炎的病理过程。巴氏杆菌可引起牛、羊和猪发病。此外，肺炎杆菌、金黄色葡萄球菌、绿脓杆菌、大肠杆菌、坏死杆菌、沙门氏杆菌、溶血性链球菌等在本病的发生中也起着重要作用。

继发性大叶性肺炎见于马腺疫、出血性败血症、血斑病、流行性支气管炎和犊牛副伤寒等，在临床上常呈非典型经过。

过度劳役、受寒感冒、饲养管理不当、长途运输、吸入刺激性气体、使用免疫抑制剂等均可导致呼吸道黏膜的防御机能降低，成为本病的诱因。

（二）发病机制

病原微生物主要经气源性感染，通过支气管播散，炎症通常开始于细支气管，并迅速波及肺泡。细菌侵入肺泡内，尤其在浆液性渗出物中迅速大量地繁殖，并通过肺泡间孔或呼吸性细支气管向临近肺组织蔓延，播散形成整个或多个肺大叶的病变，在大叶之间的蔓延则主要由带菌渗出液经支气管播散所致。

大叶性肺炎按炎症的定型发展可分为以下 4 个时期。

1. 充血水肿期　　发病 1～2d。剖检变化为病变肺叶肿大，重量增加，呈暗红色，挤压时有淡红色泡沫状液体流出，切面平滑，有带血的液体流出。组织学变化为肺泡壁毛细血管显著扩张、充血，肺泡腔内有较多浆液性渗出物，并有少量红细胞、嗜中性粒细胞和肺泡巨噬细胞。

2. 红色肝变期　　发病后 3～4d。剖检发现肺叶肿大，呈暗红色，病变肺叶质实，切面稍干燥，呈粗糙颗粒状，近似肝脏，故有"红色肝变"之称。肺泡和细支气管充满纤维蛋白，其中含有大量红细胞、脱落的上皮和少量白细胞的渗出物，不含空气。当切开后，切面干燥呈颗粒状有些像红花岗石样，剪取一块放入水中，立即下沉。

3. 灰色肝变期　　发病后 5～6d。剖检发现肺叶仍肿胀，质实，切面干燥，颗粒状，由于充血消退，红细胞大量溶解消失，实变区颜色由暗红色逐渐变为灰白色，切面有些像灰色花岗石样，坚固性比红色肝变期为小。

4. 溶解消散期　　发病后 1 周左右，机体充分发挥抗菌机制，形成特异性抗体，白细胞、巨噬细胞的吞噬作用增强，导致病原菌被消灭。剖检发现肺叶体积复原，质地变软，病变肺部呈黄色，挤压有少量脓性混浊液流出，胸膜渗出物被吸收或有轻度粘连。病变肺组织逐渐恢复正常结构和功能。

由于临床上大量抗生素的应用，大叶性肺炎的上述典型经过已不多见，分期也不明显，病变的部位有局限性。另外，动物的大叶性肺炎在发病过程中，往往造成淋巴管受损，肺泡腔内的纤维蛋白等渗出物不能完全被吸收清除，则由肺泡间隔和细支气管壁新生的肉芽组织加以机化，使病变部分肺组织变成褐色肉样纤维组织，称为肺肉质变。

大叶性肺炎常同时侵犯胸膜，引起浆液 - 纤维素性胸膜炎，表现为胸膜粗糙，表面有数量不等的纤维素附着，胸腔内有浆液 - 纤维素性渗出物蓄积。

（三）症状

病畜精神沉郁，食欲减退或废绝，反刍停止，泌乳降低。体温迅速升高至 40℃以上，呈稽留热型，6～9d 后渐退或骤退至常温。脉搏加快（60～100 次 /min），一般初期体温升高 1℃，脉搏增加 10～15 次 /min，继续升高 2～3℃时，脉搏则不再增加，后期脉搏逐渐变小而弱。呼吸迫促，频率增加（60 次 /min 以上），严重时呈混合性呼吸困难，鼻孔开张，呼出气体温度较高。黏膜潮红或发绀。初期出现短而干的痛咳，溶解期则变为湿咳。疾病初期，有浆液性、黏液性或黏液脓性鼻液，在肝变期鼻孔中流出铁锈色或黄红色的鼻液，

图 2-2　大叶性肺炎弧形浊音区

胸部叩诊，充血渗出期，叩诊呈过清音或鼓音；肝变期，叩诊呈大片半浊音或浊音（图 2-2）；溶解期，凝固的渗出物逐渐被溶解、吸收和排除，重新呈过清音或鼓音；随着疾病的痊愈，叩诊音恢复正常。马的浊音区多从肘后下部开始，逐渐扩展至胸部后上方，范围广大，上界多呈弓形，弓背向上（图 2-2）。牛的浊音区，常在肩前叩诊区。大叶性肺炎继发肺气肿时，叩诊边缘呈过清音，肺界向后下方扩大。

肺部听诊，充血渗出期，可出现干啰音，以后随肺泡腔内浆液渗出，可听到湿啰音或捻发音，肺泡呼吸音减弱；肝变期出现支气管呼吸音；溶解期，渗出物逐渐溶解、液化和排除，支气管呼吸音逐渐消失，出现湿啰音或捻发音；最后随疾病的痊愈，呼吸音恢复正常。

血液学检查，白细胞总数显著增加，嗜中性粒细胞比例增加，呈核左移。病情严重的动物，白细胞减少，表示病畜机体抗病力差，多预后不良。

X 线检查，充血期仅见肺纹理增重；肝变期发现肺脏有大片均匀的浓密阴影；溶解期表现散在不均匀的片状阴影；2～3 周后，阴影完全消散。

（四）诊断

根据稽留热型，流铁锈色鼻液，不同时期肺部叩诊和听诊的变化，即可诊断。X 线检查肺部有大片浓密阴影，有助于确诊。本病应与小叶性肺炎和胸膜炎相鉴别。

（1）小叶性肺炎　　多为弛张热型，肺部叩诊出现大小不等的浊音区，X 线检查表现斑片状或斑点状的渗出性阴影。

（2）胸膜炎　　热型不定。干性胸膜炎听诊有胸膜摩擦音；当有大量渗出液时，叩诊呈水平浊音，听诊呼吸音和心音均减弱，胸腔穿刺有大量液体流出。

（五）治疗与护理

1. 治疗原则　　抗菌消炎，控制继发感染，制止渗出和促进炎性产物吸收。

2. 治疗措施　　在病初，注射 914（新砷凡钠明），按 0.015g/kg 体重计算，溶于葡萄糖盐水或生理盐水 100～500ml 内，缓慢静脉注射（现用现配）；在注射前半小时，先皮下注射咖啡因较为安全，3～5d 一次，可连用 3 次。如出现过敏，可皮下注射 0.1% 肾上腺素 3～4ml。

抗菌消炎可选用青霉素、链霉素联合应用或土霉素、四环素，剂量为每日 10～30mg/kg 体重，溶于 5% 葡萄糖溶液 500～1000ml，分 2 次静脉注射。也可静脉注射氢化可的松或地塞米松，降低机体对各种刺激的反应性，控制炎症发展。大叶性肺炎并发脓毒血症时，可用 10% 磺胺嘧啶钠溶液 100～150ml、40% 乌洛托品溶液 60ml、5% 葡萄糖溶液 500ml，混合后马、牛一次静脉注射（猪、羊酌减），每日 1 次。

制止渗出可静脉注射 10% 氯化钙或葡萄糖酸钙溶液。促进炎性渗出物吸收可用利尿剂。当渗出物消散太慢，为防止机化，可用碘制剂，如碘化钾，马、牛 5～10g；或碘伏，马、牛 10～20ml（猪、羊酌减），加在流体饲料中或灌服，每日 2 次。

对症治疗。体温过高可用解热镇痛药，如复方氨基比林、安痛定注射液等。剧烈咳嗽时，可选用祛痰止咳药。心力衰竭时用强心剂。

3. 中药治疗　　中兽医称大叶性肺炎为肺黄，治以清热解毒，凉血养阴为主。方用清瘟败毒散：石膏 120g，犀角 6g（或水牛角 30g），黄连 18g，桔梗 24g，淡竹叶 60g，甘草 9g，生地 30g，山栀 30g，丹皮 30g，黄芩 30g，赤芍 30g，元参 30g，知母 30g，连翘 30g，水煎候温，马、牛一次灌服。也可用清肺山栀散加减：栀子、黄连、黄芩、桔梗、知母、葶苈子、连翘、玄参、贝母、天冬、麦冬各 40～50g，生石膏 200g，杏仁 50～100g，甘草 25g，共研末，马、牛开水冲服或水煎候温灌服（猪、羊酌减）。

4. 针灸　　主要针刺肺俞、苏气、尾尖、血印、百会、玉堂、山根、大椎等穴。

5. 验方

1）鱼腥草、鸭跖草各 200～400g，生石膏 150g，水煎候温灌服。

2）穿心莲、十大功劳、板蓝根各 200～400g，水煎候温灌服。

3）生石膏 100g，鱼腥草 250g，黄芩 60g，水煎候温，每天分 2 次灌服，连用 3～5d。

（六）保健护理

隔离病畜，对饲养管理人员及厩舍和用具进行严格消毒；病畜痊愈后单独饲喂一周以上，新购入的家畜最好先隔离饲喂，经检查无病后，方可混群饲养。

四、幼畜肺炎

幼畜肺炎是一种卡他性，间或为卡他性纤维素性肺炎，单纯纤维素性肺炎不常见。此病各种幼畜均可发生，多见于早春晚秋气候多变的季节，常引起大量发病；恢复后的幼畜发育受阻，生长迟缓。

（一）病因

本病发生的原因是多方面的，首先是幼畜的呼吸道在形态上和机能上均发育不充分，如呼吸道黏膜较幼嫩，血管丰富而通透性较大，咽周围的淋巴结发育不良，支气管腺分泌黏液较少，纤毛上皮运动较差，其清除异物和屏障防御机能较弱。肺的组织很柔软，在肺上分布的血管是浅表的。同时，神经反射机能尚未发育成熟。因此，对于幼畜肺炎与其他感染性疾病最易发生。

饲养和管理不良，常是造成本病的主要诱因。例如，利用营养价值不全的饲料饲喂妊娠后期的母畜，则生出的幼畜体质常见虚弱，对外界环境因素抵抗力降低。此外，受寒感冒、物理因素、化学因素的刺激，厩舍的寒冷和潮湿，畜舍日光照射不足，通风不良，经常蓄积有害的气体（如氨、硫化氢等），密集饲养，畜舍过热，运动不足，以及受贼风侵袭、雨雪浇淋等，均易使幼畜发生肺炎。

在本病的发生上某些微生物的传染，如腺疫链球菌、副伤寒杆菌、坏死杆菌、大肠杆菌、巴氏杆菌、双球菌等的感染也起着重要作用。幼畜肺炎的细菌感染，一方面是在上述内外条件改变的影响下发生，另一方面感染的细菌往往是非特异性的和多种多样的。在幼畜饲养管理不良的条件下，细菌乘机繁殖，增强其毒素，呈现致病作用。

（二）症状

幼畜肺炎有急性型和慢性型两种。

急性型多见于1～3月龄的幼畜。精神萎靡，食欲减退或废绝。结膜充血，以后发绀。热度中等，心跳次数增加。重症时随心脏血管机能变化出现水肿；心音微弱，心律不齐。呼吸困难，浅表频数，多呈腹式呼吸，甚至头颈伸张。咳嗽，开始干而痛，后变为湿性。马驹、犊牛和羔羊于每次咳嗽之后，常伴有吞咽动作，时而发生喷鼻声。同时流大量鼻液，初为浆液性，后变为黏稠脓性。

胸部叩诊呈现灶状浊音区。听诊时有干性或湿性啰音，在病灶部呼吸音减弱或消失，有的出现捻发音。

慢性型多发生于3～6月龄的幼畜。病初最显著的症状为间断性的咳嗽。起初比较稀疏，后来日益频繁。呼吸加快而困难（特别是在运动时），听诊有湿性和干性啰音，间或有支气管呼吸音。体温略有升高，病程较长，发育迟滞，日渐消瘦。

幼畜肺炎常并发喉头炎、气管炎、胸膜炎、胃肠卡他，若有并发症存在时，则症状变复杂而严重。

（三）诊断

本病可根据病因，临床症状如咳嗽、肺部变化和X线检查肺叶的灶状阴影等而确诊。病原诊断须排除特异性微生物感染，如犊牛病毒性肺炎、败血症、仔猪蛔虫性肺炎、丝虫性支气管肺炎、猪肺疫、喘气病等。

（四）治疗与护理

1. 治疗原则　　主要是加强护理、抑菌消炎和祛痰止咳，以及对症治疗。

2. 治疗措施

（1）加强护理　厩舍内要保持清洁，通风良好。天暖时要使幼畜随母畜在附近牧地放牧，或行适当运动，并给予哺乳母畜和幼畜以营养丰富的饲料。

（2）抗菌消炎　为了抑制病原微生物的大量繁殖，消除炎症和避免并发病的发生，主要使用抗生素或磺胺类药物。可用青霉素或链霉素肌内注射，每日两次，痊愈为止。据报道应用四环素治疗有很好效果。也可用磺胺制剂，如10% 磺胺噻唑钠或磺胺嘧啶钠溶液 20～40ml（犊、驹），加入 25% 葡萄糖溶液，或葡萄糖生理盐水 100ml 静脉注射，每日两次。亦可内服长效磺胺，驹、犊 0.1g/ kg体重，每天一次，首次用两倍量；羔羊和仔猪用量酌减。为了增强磺胺制剂的疗效，在使用磺胺制剂的同时，可配合使用磺胺增效剂。为了促使炎症消散，可用青霉素或链霉素，溶于 5ml 注射用水中，向气管内缓缓注入，每日一次；连用 5～9 次为一疗程。对慢性病例，可配合自家血疗法。用同种健康动物血清，按 0.5ml/kg 体重肌内注射。

（3）祛痰止咳　咳嗽频繁而重剧的，可用止咳祛痰药，常用氯化铵、复方甘草合剂或远志酊等内服。

（4）对症治疗　为了防止渗出，早期可用钙制剂。心脏衰弱可用强心剂。

3. 验方

1）苇根 120g，小米 500g，煎汤喂服。

2）大蒜、葱白各 40g，蚯蚓、蜗牛各 10 条，捣烂，加白糖 50g 喂服（仔猪）。

（五）保健护理

1）平时给予妊娠母畜富有营养、易消化的饲料。

2）畜舍保持良好通风，清洁干燥，饲养密度适宜。

3）冬季防止贼风侵袭，夏季防止过热。

4）给予幼畜的补料，应注意各种营养成分的配合。

5）根据国外资料，对 1 周龄的仔猪，每头每天 0.2g 维生素 C 随饲料喂给，持续到仔猪断奶，有预防肺炎的作用。

五、肺气肿

肺气肿是肺泡腔在致病因素作用下，肺泡发生过度扩张，超过生理限度，最终引起肺泡壁弹性降低，肺泡内充满大量气体，甚至肺泡隔破裂的一种疾病。其临床特征为呼吸困难、呼吸深快用力和役用能力降低。根据其发生的过程和性质，分为急性肺泡气肿和慢性肺泡气肿两种。急性病例多是肺泡的单纯扩张，肺组织很少发生变化。慢性病例，肺泡壁与微细血管逐渐萎缩，肺泡弹力将永久失去而不能恢复。各种动物均可发生，老龄动物和营养不良者更易发病。

（一）病因

急性弥漫性肺气肿主要发生于过度使役、剧烈运动、持续性咳嗽、长期挣扎和鸣叫等紧张呼吸所致。特别是老龄动物，由于肺泡壁弹性降低，更容易发生。呼吸器官疾病引起持续剧烈的咳嗽也可发生急性肺泡气肿。慢性支气管炎使管腔狭窄，也可发病。另外，肺组织的局灶性炎症或一侧性气胸使病变部肺组织呼吸机能丧失，健康肺组织呼吸机能相应增强，可引起急性局限性或代偿性肺泡气肿。

慢性肺气肿多由急性肺气肿治疗不当转化而来；或发生于长期过度劳役和迅速奔跑的家畜，由于深呼吸和胸廓扩张，肺泡异常膨大，弹性丧失，无法恢复而发生。

继发性慢性肺泡气肿多发生于慢性支气管炎、毛细支气管卡他性炎症、重度肺炎及其他呼吸道疾病，因呼气性呼吸困难和痉挛性咳嗽导致发病。肺硬化、肺扩张不全、胸膜局部粘连等均可引起代偿性慢性肺泡气肿。

（二）症状

急性弥漫性肺气肿发病突然，主要表现呼吸困难，病畜用力呼吸，甚至张口伸颈，呼吸频率增加。可视黏膜发绀，有的病畜出现低而弱的咳嗽、呻吟、磨牙等。肺部叩诊呈广泛性过清音，叩诊界向后扩大。听诊，肺泡呼吸音病初增强，后期减弱，有时伴有干啰音或湿啰音。X线检查，两肺透明度增高，膈后移及其运动减弱，肺的透明度不随呼吸而发生明显改变。

代偿性肺气肿发病缓慢，呼吸困难逐渐加剧。肺部叩诊时过清音仅局限在浊音区周围。X线检查可见局限性肺大泡或一侧性肺透明度增高。

慢性肺气肿常能持续数月、数年，主要表现呼气性呼吸困难，特征是呈现二重式呼气，即在正常呼气运动之后，腹肌又强烈地收缩，出现连续两次呼气动作。同时可沿肋骨弓出现较深的凹陷沟，又称"喘沟"或"喘线"，呼气用力，脊背拱曲，肷窝变平，腹围缩小，肛门突出。黏膜发绀，容易疲劳、出汗，体温正常。肺部听诊，肺泡呼吸音减弱甚至消失，常可听到干、湿啰音。继发右心室肥大，肺动脉第二心音高朗，心功能不全时，可出现全身淤血，腹下、会阴部及四肢水肿。

X线检查，整个肺区异常透明，支气管影像模糊，膈穹隆后移。

急性肺泡气肿，如能及时消除病因，则迅速恢复健康，否则可转为慢性，出现不可逆的病变。在牛有时因肺泡过度扩张而破裂，导致间质性肺气肿，预后多不良。

中兽医称肺气肿为肺胀或喘病，可分为实喘与虚喘。虚喘来势较慢，喘声低而短，静时喘轻，动则喘重，体表不热，口色青白，脉象沉细，有时大便溏泻，小便短少，日渐消瘦。实喘发病较快，鼻咋喘粗，气急胸满，喘鸣音长，形似抽锯，咳嗽有力，体表发热，口色赤红，精神沉郁，草料减少，脉象洪数，大便干燥，小便短赤。牛反刍缓慢。此症多发生于体质强壮的家畜或暴发病。

（三）诊断

急性肺气肿根据病史，结合呼吸困难及肺部叩诊界后移，呈鼓音，听诊肺泡呼吸音减弱或消失，并有明显喘沟，二重式呼吸等特征及X线检查，不难确诊。但在临床上应与气管狭窄、肺水肿、气胸等相鉴别。

（四）治疗与护理

1. 治疗原则　　加强护理，缓解呼吸困难，治疗原发病。

2. 治疗措施　　加强护理，病畜应置于通风良好和安静的畜舍，供给优质饲草料和清洁饮水。可口服亚砷酸钾溶液提高病畜的物质代谢，改善其营养和全身状况，以便恢复肺组织的机能，马、牛 10～15ml，每日 2 次。有人用砷制剂和碘制剂（碘化钾 3g，碘化钠 2g，混合分为 12 包，每日 2 次，每次 1 包）相结合进行治疗，方法为 10～20d 用砷制剂治疗，以后 10d 用碘制剂治疗，直至病情好转。

缓解呼吸困难可用舒张支气管药物，如抗胆碱药、茶碱类等。可用 1% 硫酸阿托品、2% 氨茶碱或 0.5% 异丙肾上腺素雾化吸入，每次 2～4ml。也可用皮下注射 1% 硫酸阿托品溶液，大动物 1～3ml，小动物 0.2～0.3ml。如有过敏因素存在，可适当选用糖皮质激素。

对急性发作期的病畜，应选用有效的抗菌药，如青霉素、庆大霉素、环丙沙星、头孢菌素等防止继发感染。慢性肺气肿无根治疗法，可采取加强护理、减轻劳役、对症治疗等措施。

3. 中药治疗

1）实喘以清热润肺祛痰为主。方用葶苈子散加减：葶苈子 60g，炙杏仁 40g，贝母 30g，桔梗 40g，桑白皮 30g，瓜蒌仁 40g，紫菀 40g，花粉 40g，黄芩 40g，枇杷叶 50g，知母 40g，栀子 40g，麦冬 30g，玄参 50g，前胡 40g，百合 30g，甘草 15g，共为细末，开水冲调，候温加蛋清 5 个，蜂蜜 200g 为引，马、牛一次灌服（猪、羊酌减）。

2）虚喘以理气健脾，补虚定喘为主。方用滋阴定喘散加减：熟地 40g，山药 40g，何首乌 30g，麦冬 30g，当归 40g，沙参 40g，党参 50g，五味子 25g，天冬 30g，丹参 30g，炙杏仁 40g，前胡 40g，苏子 30g，紫菀 40g，白芍 30g，百合 30g，黄芪 40g，甘草 15g，共为细末，开水冲调，候温，加蜂蜜 200g 为引，马、牛一次灌服（猪、羊酌减）。

4. 针灸 主要针刺苏气、肺俞、六脉、膻中、山根、尾尖、蹄头等穴。

5. 验方

1）鲜梨（捣碎）500g，白果粉、杏仁粉、焙地龙粉各 50g，开水冲调，加蜂蜜 200g 为引，一次灌服。每天 1 剂，连用 7～10 剂。

2）白芨 120g，白蔹 90g，枯矾 120g，硼砂 90g，共为细末，开水冲调，加香油 120ml，蛋清 10 个为引，一次灌服，隔天一剂（夏季可加石膏，咳嗽加清半夏）。

3）地龙、甘草各 30～60g，共为细末，加温水 1000～2000ml 混合，一次灌服，每天一次。10d 为一疗程，主治慢性肺气肿。

（五）保健护理

1）加强饲养管理，避免过度劳役和采食有大量尘埃的草料。
2）注意畜舍通风换气和冬季保暖。
3）对支气管炎和肺炎等呼吸器官疾病应及时治疗。

第四节　胸膜疾病

一、胸膜炎

胸膜炎是胸膜纤维蛋白沉着和胸腔炎性渗出物积聚的一种炎症过程。临床上以胸部疼痛、体温升高和胸部听诊出现摩擦音为特征。根据病程可分为急性和慢性；按病变的蔓延程度，可分为局限性和弥漫性；按渗出物的多少，可分为干性和湿性；按渗出物的性质，可分为浆液性、浆液 - 纤维蛋白性、出血性、化脓性、化脓 - 腐败性等。各种动物均可发病。

（一）病因

原发性胸膜炎比较少见，肺炎、肺脓肿、败血症、肋骨骨折、胸腔肿瘤等均可引起发病。剧烈运动、长途运输、外科手术及麻醉、寒冷侵袭及呼吸道病毒感染等应激因素可成为发病的诱因。

胸膜炎常继发或伴发于某些传染病的过程中，如多杀性巴氏杆菌和溶血性巴氏杆菌引起的吸入性肺炎，纤维素性肺炎、结核病、流行性感冒、牛肺疫、猪肺疫、马传染性贫血、支原体感染等。

（二）症状

疾病初期，精神沉郁，食欲减退或废绝，体温升高（40℃），呼吸迫促，出现腹式呼吸，脉搏加快。在胸壁触诊或叩诊，动物敏感疼痛，甚至发生战栗或呻吟。站立时两肘外展，不愿活动，有的病畜胸腹部及四肢皮下水肿。胸部听诊，随呼吸运动出现胸膜摩擦音，随着渗出液增多，则摩擦音消失。伴有肺炎时，可听到拍水音或捻发音，同时肺泡呼吸音减弱或消失，出现支气管呼吸音。当渗出液大量积聚时，胸部叩诊呈水平浊音。

慢性病例表现食欲减退，消瘦，间歇性发热，呼吸困难，运动乏力，反复发作咳嗽，呼吸机能的某些损伤可能长期存在。

胸腔穿刺可抽出大量渗出液，同时炎性渗出物表现混浊、易凝固、蛋白质含量在 4% 以上或有大量絮状纤维蛋白及凝块，显微镜检查发现大量炎性细胞和细菌。

血液学检查，白细胞总数升高，嗜中性粒细胞比例增加，呈核左移现象，淋巴细胞比例减少。

急性渗出性胸膜炎，全身症状较轻时，如能及时治疗，一般预后良好。因传染病引起的胸膜炎或化脓杆菌感染导致胸膜发生化脓性、腐败性炎症时，则预后不良。

（三）诊断

根据胸膜摩擦音和叩诊出现水平浊音等典型症状，结合 X 线和超声波检查，即可诊断。胸腔穿刺对本病与胸腔积水的鉴别诊断有重要意义，穿刺部位为胸外静脉之上，反刍动物多在左侧第 6 肋间隙，猪在左侧第 8 肋间隙或右侧第 6 肋间隙。

（四）治疗与护理

1. 治疗原则　抗菌消炎，制止渗出，促进渗出物的吸收和排除。

2. 治疗措施　首先应加强护理，将病畜置于通风良好、温暖和安静的畜舍，供给营养丰富、优质易消化的饲草料，并适当限制饮水。

抗菌消炎，可选用广谱抗生素或磺胺类药物，如青霉素、链霉素、氟苯尼考、庆大霉素、四环素、土霉素等。也可根据细菌培养后的药敏试验结果，选用更有效的抗生素。

制止渗出，可静脉注射 5% 氯化钙溶液或 10% 葡萄糖酸钙溶液，每日 1 次。

促进渗出物吸收和排出，可用利尿剂、强心剂等。当胸腔有大量液体存在时，穿刺抽出液体可使病情暂时减轻，并可将抗生素直接注入胸腔。或用水杨酸钠 5g、利尿素 5g、乌洛托品 5g，蒸馏水加至 100ml，混合灭菌，马、牛一次静脉注射，连用 4d。也可用硫酸钠等轻泻剂内服，促进渗出液的排出。胸腔穿刺时要严格按操作规程进行，以免针头在呼吸运动时刺伤肺脏。

化脓性胸膜炎，在穿刺排出积液后，可用 0.1% 雷佛奴尔溶液、2%～4% 硼酸溶液或 0.01%～0.02% 呋喃西林溶液反复冲洗胸腔，然后直接注入抗生素。

3. 中药治疗　　中兽医称胸膜炎为肺痛；有胸腔渗出液时，则称前槽停水前罗膈水。治以清热润肺、活血止痛或攻逐水饮（体弱者宜攻补兼施）为主。

1）方用归芍散：当归 30g，白芍 30g，白芨 30g，桔梗 15g，贝母 18g，寸冬 15g，百合 15g，黄芩 20g，花粉 24g，滑石 30g，木通 24g，共为末，开水冲调候温，马、牛一次灌服。热盛加双花、连翘、栀子；喘甚加杏仁、杷叶、葶苈子；胸水加猪苓、泽泻、车前子；痰多加前胡、半夏、陈皮；胸痛甚者加没药、乳香；后期气虚加党参、黄芪等。

2）也可用十枣汤加味：芫花 18g，大戟 18g，甘遂 18g，葶苈 30g，黄芪 30g，党参 45g，白术 30g，茯苓 30g，当归 30g，大枣 45g，陈皮 30g，水煎去渣，候温灌服（马）。每天一剂，如出现腹痛，可停药 1～2d 后再服。

4. 针灸　　根据虚实补泻原则，主要针刺鹘脉、胸膛、肺俞、苏气等穴。水盛停胸而正气尚旺者，可前槽穴放胸水。

5. 验方

1）瓜蒌皮、白芍、柴胡、牡蛎、黄芩、郁金各 50～100g，甘草 40g，水煎去渣，候温灌服。

2）陈醋 500～1000ml，每天灌服一次，连服 2d。间隔 4d 再服，6 次为一疗程。

（五）保健护理

1）加强饲养管理。

2）防止胸部创伤，增强机体的抵抗力。

二、胸腔积液

胸腔积液，又称胸水，是指胸腔内积聚有大量的漏出液，但在胸膜上并无炎症变化的一种疾病。本病一般不是独立的疾病，而是其他器官或全身疾病的一种表现，临床上以呼吸困难为特征。通常为两侧性，但在局部血液循环紊乱时，也可发生一侧性胸水。

（一）病因

常见于心力衰竭、肾功能不全、肝硬化、营养不良、各种贫血等，也见于某些毒物中毒、机体缺氧等。另外，恶性淋巴瘤（特别是犬、猫）时常见胸腔积液。

血管内外的液体不断地进行交换，血液中的液体通过动脉端毛细血管进入组织间隙，成为组织液，又回流入静脉端毛细血管或进入淋巴管变为淋巴液。健康状况下，组织液的生成和回流处于动态平衡状态。当动物发生心力衰竭时，静脉回流障碍，使体循环静脉系统有大量血液淤积，充盈过度，压力上升，均可使组织液生成与回流失去平衡，胸膜腔内的液体形成过快，而发生胸腔积液。中毒、缺氧、组织代谢紊乱等，使酸性代谢产物及生物活性物质积聚，破坏毛细血管内皮细胞间的黏合物质，引起血管壁通透性升高而发生大量液体渗出。

胸腔大量漏出液积聚，使肺脏扩张受到限制，导致肺通气功能障碍而发生呼吸迫促或呼吸困难。

（二）症状

病初有少量的胸腔积液，一般无明显的临床表现。当液体积聚过多时（图2-3），动物呼吸频率加快，严重者呼吸困难，甚至出现腹式呼吸。体温正常，心音减弱或模糊不

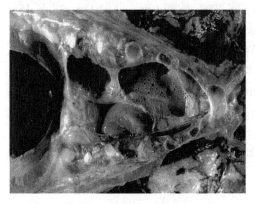

图2-3 猪胸腔大量积液

清。胸部叩诊呈水平浊音，水平面随动物体位的改变而发生变化。胸腔穿刺探查，有大量淡黄色的液体流出。肺部听诊，浊音区内常听不到肺泡呼吸音，有时可听到支气管呼吸音。本病若发生腹水、心包积水及皮下水肿等现象，预后一般不良。

（三）诊断

根据呼吸困难及叩诊胸壁呈水平浊音等特征症状，即可初步诊断，胸腔穿刺液的检查，可为确诊提供依据。本病应与渗出性胸膜炎、血胸、乳糜胸相鉴别（表2-2）。胸膜炎时体温升高，胸部疼痛，咳嗽，听诊有胸膜摩擦音，渗出液混浊，含有大量炎性细胞、纤维素及蛋白质；血胸主要由外伤、凝血病和肿瘤引起；乳糜胸主要见于外伤、肿瘤、心脏蠕虫病及传染病。

表2-2 常见胸腔积液的鉴别诊断

积液类型	病因	颜色	诊断特征	主要的细胞类型
乳糜胸	淋巴肉瘤、真菌性肉芽肿、犬心丝虫病、静脉血栓、先天性心脏病、外伤等	乳白色或粉红色，不透明	离心后仍不透明，含微小乳糜。甘油三酸酯>1.11g/L，加醚澄清试验阳性	嗜中性粒细胞或淋巴细胞
脓胸	异物，感染	灰白、粉红或红色	有腐败气味，有大量细菌、嗜中性粒细胞和脓细胞	嗜中性粒细胞和脓细胞
血胸	创伤、凝血病、肿瘤、	红色	血性液体，不凝固	红细胞和白细胞
渗出液	炎症性（感染、肿瘤等）	颜色深、混浊，可呈浆液性、脓性、血性等	相对密度>1.018，李凡他（Rivalta）试验阳性，蛋白质>30g/L，胆固醇<1.56mmol/L，细胞>500×10⁶/L，有致病菌存在	嗜中性粒细胞
漏出液	非炎症性	透明、无色	相对密度<1.016~1.018，Rivalta试验阴性，蛋白质<30g/L，细胞<100×10⁶/L，胆固醇>1.56mmol/L，无致病菌存在	内皮细胞和淋巴细胞

（四）治疗与护理

1. 治疗原则　本病是胸部或全身疾病的一部分，主要为治疗原发病，改善饲养管理，对症治疗。

2. 治疗措施　首先应加强饲养管理，限制饮水，供给蛋白质丰富的优质饲料。确诊和及时根治原发病，防止病情继续恶化。胸腔积液常在纠正病因后逐渐吸收。

对症治疗。当漏出液不多时，可选用强心剂和利尿剂以促进胸水的吸收和排除。临床可用苯甲酸钠咖啡因 0.2～0.4g、蒸馏水 5ml，溶解、过滤、煮沸灭菌后，一次皮下注射（猪）。当胸腔积液过多引起严重呼吸困难时，可通过胸腔穿刺排出积液。

3. 中药治疗　中兽医称胸腔积液为前槽停水，治以补气和血，行水散瘀，或利水渗湿，健脾化气为主。可选用：当归 30g，黄芪 30g，党参 30g，白芍 30g，桑白皮 60g，桔梗 15g，麦冬 15g，黄芩 15g，滑石 30g，木通 20g，泽泻 20g，茯苓 20g，共为末，开水冲调，候温灌服（牛、马）。亦可选用加味五苓散：泽泻 80g，肉桂 40g，茯苓 60g，猪苓 60g，白术 60g，厚朴 60g，煎水，候温灌服，每天 2～3 次（牛、马）。

4. 针灸　以放胸水为主。马在前槽穴；牛为右侧第 6 肋，左侧第 7 肋间，胸外静脉上 2～5cm 处；猪为右侧第 7 肋，左侧第 8 肋间之肋骨与肋软骨的交界处。此外，可酌情配以脾俞、六脉、胸膛等穴。

5. 验方

1）车前草 120g，蒲公英 100g，萹蓄 100g，水煎候温灌服。

2）大戟、甘遂各 20g，白芥子 50g，共为细末，开水冲调，候温灌服。

（五）保健护理

加强饲养管理，保证动物健康。本病主要是循环系统疾病、低蛋白血症等因素引起的全身疾病的局部表现。因此，及时诊断和早期治疗原发病是预防本病的关键。

（梁有志　赵永旺　付志新）

第三章 心血管及血液疾病

第一节 总　论

一、心血管解剖

心脏是一个中空的肌性器官，由纵膈和房室瓣将其分为四个心腔（左心房、右心房、左心室和右心室）。血管是血液运动的管道，由动脉管、静脉管和毛细血管网构成。血液由右心室出发，经肺动脉、肺部血管网、肺静脉到达左心房，称小循环；左心室将血液输送到主动脉，经全身的血管网、静脉，流入上、下腔静脉，最后达右心房，称为大循环。

二、血液生理

血液是一种流体组织，是动物机体的重要组成成分，它沿着血管不停地在全身循环，输送体内各种营养物质和代谢产物，是维持内环境相对稳定和生命活动正常进行的基本条件。正常血液为红色黏稠液体，由血浆和其中悬浮的有形成分——血细胞组成。血液的颜色由其所含色素（血红蛋白）的氧合程度而定，动脉血呈鲜红色，静脉血呈暗红色。正常动物的血液总量由于家畜种类不同而不同，一般占体重的 5%～10%。其中血浆约占 55%，细胞占 45%。血液成分包括血浆蛋白、水、无机盐、营养物质和激素等。血浆蛋白有白蛋白、球蛋白和纤维蛋白原三种。血液中的无机盐大部分以离子形式存在，主要有 Na^+、K^+、Ca^{2+}、Mg^{2+} 等阳离子，Cl^-、HCO_3^-、SO_4^{2-} 及 HPO_4^- 等阴离子。血液中有许多的酶，如磷酸酶、胆碱酯酶、转氨酶、淀粉酶及乳酸脱氢酶等。血液中还含有氧、二氧化碳、氮等气体。

三、心血管及血液的主要功能

心血管地主要功能为维持血液循环，使血液和组织之间能够进行体液、电解质、氧和其他营养物质以及排泄物的正常交换。本系统的两个机能单位——心脏和血管，心脏具有强大的储备力量和代偿能力。在劳役或运动期间，心脏的血液排出量可以比安静状态下增加许多倍，以适应机体的需要。例如，心脏在心舒张期高度扩张，收缩期加强收缩，能增加血液输入量和排出量；又可通过增加心搏动的速度，来提高血液排出量。但心脏血管系统的代偿能力有限，在超出一定时间和限度时，可导致心脏和血管发生结构或机能的改变；也可由其他神经系统、内分泌调节障碍及其他脏器的机能紊乱或器质性病变引起适应能力降低或丧失，临床上呈现血液循环障碍。同时，循环障碍也会影响其他系统的机能，以至整个机体的生命活动。血液是动物体细胞间运输的介体，是体内免疫过程的媒介和参与者，也是激素和酶的输送者，它将从消化道吸收的营养成分送到全身各组织，收回各细胞的代谢产物，将从肺所得到的氧送到组织，组织所产生的二氧化碳送还到肺，同时将内分泌腺的分泌物送到全身。血液细胞发生质量和数量的改变都能产生相应的病理变化，这种病理变化不仅影响到造血器官及其功能，而且也影响到其他器官。反之，造血器官发生病理过程直接影响到血细胞，其他器官障碍时也可反映到血液中来。

四、心血管及血液疾病的病因

心血管疾病，特别是心脏的疾病，大多继发或并发于许多传染性疾病（如炭疽、口蹄疫、腺疫、出血性败血病、马传染性贫血和幼驹副伤寒等）、普通病（如肺炎、胸膜炎、肝炎、胃肠炎、肾脏疾病、子宫疾病、新陈代谢疾病、外伤性心脏疾病和化脓性外科疾病）、中毒性疾病（如有毒植物、矿物性毒物、过量使用呋喃唑酮等）或微量元素缺乏（如铜缺乏等）等过程中，饲养管理不当或使役不合理，也可发生心力衰竭和循环虚脱等疾病。血液疾病是由影响血液的有形成分——红细胞、白细胞和血小板的原因引发，主要是化学因素、物理因素、生物因素、遗传、免疫、污染等，都可以成为血液病发病的诱因或直接原因，由于这些原因很多是近几十年现代工业的产物，从而使血液病的发病率有逐年增高的趋势，可以说，血液病是一种现代病。

五、心血管及血液疾病的诊断方法

心血管疾病的检查方法包括：心血管超声技术、心肌标志物检测、动态血压监测技术、动态心电图监测、运动负荷试验；血液病常用的检查方法包括：血常规、血细胞形态学检查、白细胞分类、骨髓细胞分析、血细胞化学染色、染色体核型检查、免疫学检查、骨髓病理活检、相关酶学检查等。

心血管疾病的治疗方面：加强护理，减轻心脏负担，缓解呼吸困难，增强心肌收缩力和排血量及对症治疗。血液疾病在治疗时常应用止血、泻血、输血等方法。发病期间的护理主要是将患畜置于安静厩舍休息，减少钠盐的摄入，供给充足能量、蛋白质和维生素饲料。

六、保健护理

1）密切观察动物在使役、训练、平时饲养、饲喂过程中出现的异常。

2）定期检测心率、脉搏。

3）饲料供应以全价配合饲料为主。

4）定期驱除影响心脏功能的寄生虫，如心丝虫。

5）根据地区、饲养密度及气候变化，制定合理的免疫程序，抵抗影响心脏功能的疾病。

6）平时的管理方面做好通风、保温、保湿措施，防止因外界环境突变引发机体应激反应导致心血管和血液疾病的发生。

第二节　心血管疾病

一、心力衰竭

心力衰竭又称为心脏衰弱，它不是一种独立的心脏疾病，而往往是营养不良或过度劳累及其他全身性疾病过程中特有的一组症候群，即心肌收缩力减弱，心脏机能不全，使心脏的输出量减少，动脉压下降，静脉回流受阻，从而导致全身血液循环障碍性疾病。

按发病原因可分为原发性和继发性心力衰竭；按病程分为急性和慢性心力衰竭。本病多见于牛、马、骡，其他动物也可发生。

（一）病因

1. 原发性病因 主要是由于过度疲劳，尤其是平时缺乏锻炼或长期休闲的役畜突然重役，乘马长途疾驰，役畜重载快跑或猛冲上坡，或是在崎岖道路上奔跑；心脏负荷突然加重，如保定时的剧烈挣扎，过度的强烈调教，静脉注射钙剂速度过快、补液量过大等，均可引起本病。

2. 继发性病因 主要见于马传染性贫血、传染性胸膜肺炎、恶性口蹄疫、急性贫血、血孢子虫病、急性胃肠炎、中暑和多种中毒疾病过程中，其发生往往与毒素对心肌的直接刺激有关。此外，一些影响血液循环的疾病，如心肌炎、慢性心内膜炎、慢性肺泡气肿、慢性肾炎等也常继发心力衰竭。

（二）症状

1. 急性心力衰竭 轻度的心力衰竭表现为精神沉郁，食欲减退，使役时容易出汗，气喘，黏膜轻度淤血，心音增强，脉搏增数达每分钟 60 次以上；中度心力衰竭时，病畜表现为精神沉郁，食欲大减，黏膜淤血，体表静脉怒张，心悸亢进并常出现心杂音，心律不齐，第一心音高朗，脉搏数达每分钟 80 次以上；重度心力衰竭时，病畜表现为高度的精神沉郁，食欲废绝，黏膜严重淤血，体表静脉显著怒张（图 3-1），呼吸困难并常发生肺水肿，全身大出汗，脉搏增数可达每分钟 100 次以上，心悸增强，震动整个胸壁乃至全身。病至后期，心动微弱，甚至脉不感手，体温下降，末梢冷厥，可

图 3-1　牛颈静脉显著怒张

在数分钟或十几分钟内倒地死亡。

2. 慢性心力衰竭 发展缓慢，病程较长，除了表现为精神沉郁，食欲减退，使役时容易疲劳和出汗外，重要症状之一是全身肌肉的紧张性降低而呈现下唇松弛、耳和眼睑下垂、鼻和耳的活动减少，当肌肉紧张性下降严重时，病畜站立不稳，四肢频频交替负重，运步时头耳和尾随运动而摇摆。同时，在身体低位和四肢下部出现水肿，这种水肿在运动和给予强心药后可减轻或消失。病初心搏动增强，后期则减弱，并伴有节律不齐或心内杂音。

由于体循环不良，可引起全身器官淤血。当脑淤血时，因脑组织缺氧而出现类似慢性脑室积水的症状；肺淤血时，常出现肺水肿及慢性支气管炎症；肾淤血时，尿量减少，尿中出现蛋白质。

（三）诊断

根据发病史，以及静脉怒张、结膜发绀、脉搏增数、呼吸困难、心内杂音、心浊音区扩大等临床症状可作出诊断。但要注意区别该病是急性还是慢性心力衰竭，是原发性

还是继发性心力衰竭。

（四）治疗与护理

1. 治疗原则　加强饲养管理，以减轻心脏负担及改善心脏机能为主，辅以对症治疗。

2. 治疗措施　加强护理，充分休息，给予容易消化的优质饲料，并且适当控制或禁喂食盐。

减轻心脏负担，根据动物的体重、淤血程度和心脏的机能状态，酌情放血1000～3000ml，再缓慢静脉注射25%～50%的葡萄糖溶液500～1000ml，维生素C5～6g。为消除水肿和钠、水滞留，最大限度地减轻心室容量负荷，给予利尿剂，常用双氢克尿噻，马、牛0.5～1.0g，猪、羊0.05～0.1g，犬25～50mg，内服；或速尿、按每千克体重2～3mg内服，或每千克体重0.5～1.0mg肌内注射1～2次/d，连用3～4d，停药数日后再用数日。

改善心脏功能，可选用洋地黄粉2～5g内服，也可以用0.03%的洋地黄苷5～10ml静脉注射。洋地黄制剂必须在动物血压平稳时才能使用，用前要仔细检查动物的心脏，在心内膜炎、急性心肌炎和心肌营养不良时不宜使用，孕畜要慎用。

对严重急性心力衰竭的动物急救，可立即注射0.065%的洋地黄注射液，数分钟后放血1000～2000ml，同时皮下注射0.3%的硝酸士的宁5～10ml，然后再给予氧气、维生素C等，当呼吸衰竭时可皮下注射2.5%的尼可刹米10～20ml。

对于持续时间较长或难治的犬、猫心力衰竭，可应用小动脉扩张剂，如肼苯哒嗪，0.5～2.0mg/kg体重，每天两次。静脉扩张剂，如硝酸甘油、异山梨醇二硝酸酯等。兼有扩张小动脉和降低静脉血压的制剂，如哌唑嗪0.02～0.05mg/kg体重内服，每天两次。醛固酮拮抗剂，如安体舒通10～50mg/kg体重内服，每天三次，兼有利尿效果。血管紧张素转移酶抑制剂，如甲巯丙脯酸0.5～1.0mg/kg体重内服，每天三次，有缓解症状，延长存活时间的功效。

此外，应针对出现的症状，给予健胃、缓泻、镇静等制剂，还可使用ATP、辅酶A、细胞色素c、维生素B_6和葡萄糖等营养合剂，作辅助治疗。

3. 中药治疗　治宜益气养阴，温阳活血，方用参附汤合生脉散加减：党参60g，黄芪60g，制附子30g，五味子30g，麦冬30g，当归24g，丹参24g，甘草15g，水煎灌服。气喘自汗为主者，可加牡蛎30g，麻黄30g，补骨脂30g和胡桃肉18g；如见水肿严重者，去麦冬，加桂皮24g，白术24g，茯苓24g，车前子24g，泽泻24g和防己24g；如见舌红、口渴、盗汗者，去附子，加玉竹24g，南沙参24g，天冬24g和生地30g。

4. 验方

1）万年青（卷柏）60g，水煎灌服。

2）人参45g，附子45g，牡蛎75g，水煎灌服。

（五）保健护理

加强饲养管理和动物的调教训练、合理使役、作好疫病的防治工作，可减少本病的发生。在发生某些严重传染病和寄生虫病的过程中，应注意保护心脏。

二、心包炎

心包壁层和脏层的炎症，统称为心包炎。按病程可分为急性和慢性心包炎；按渗出物可分为浆液性、纤维素性、出血性、化脓性、腐败性等多种类型，其中以浆液性、浆液 - 纤维素性和纤维素性心包炎比较常见。临床特征为心动过速，心音减弱，心浊音区扩大，出现心包摩擦音或拍水音。心包炎常见于牛和猪，马、羊、犬、鸡、兔等动物均有发生。

（一）病因

1. 非创伤性心包炎　通常由血源性感染或邻近器官炎症（心肌炎、胸膜炎）蔓延引起，常见于某些传染病、寄生虫病和各种脓毒败血症。另外，受寒、感冒、过劳、饲养管理失误、维生素缺乏，以及许多亚临床型新陈代谢疾病会降低机体的抵抗力，会促进心包炎的发生。

马的心包炎伴发于马传染性胸膜肺炎、马鼻疽、马腺疫、上呼吸道感染、流感、链球菌感染、败血症、腹膜炎、关节炎、风湿病、肿瘤、弓形虫病的经过中。

牛的心包炎伴发于牛肺疫、牛出败、牛结核病、脓毒性子宫炎、衣原体病和支原体病的经过中。

猪的心包炎主要见于猪丹毒、猪肺疫、猪瘟、支原体肺炎、沙门氏菌病、链球菌感染、仔猪病毒性心包炎、猪浆膜丝虫病、弓形虫病的经过中。

犬的心包炎见于结核病、肿瘤等疾病。

鸡的心包炎多见于多种传染病和中毒病的经过中，如大肠杆菌病、鸡白痢、新城疫、禽出败等传染病和多种药物和化学药物中毒等。

慢性心包炎多数由急性心包炎转化而来，也可继发于一些慢性传染病的病程中，有的散发性病例常无确切的病因，是感染因素综合作用的结果。

2. 创伤性心包炎　是由于尖锐异物刺伤心包而引起的。

（二）症状

急性非创伤性心包炎通常都有感冒、上呼吸道感染、肺炎、胸膜炎或传染病的病史，多伴有原发病的相关症状。病初主要表现为发热，脉律加快，心律失常，逐渐出现心包摩擦音。心区触诊有时可感到心区震颤。随着病情的发展，心包腔内积聚多量渗出物，心包摩擦音减弱或消失，心音遥远，第一心音和第二心音均减弱。如果心包腔内积液的同时还存在气体，则可听到心包拍水音，病的后期，颈静脉、胸外静脉怒张，颈静脉阴性搏动明显，腹下水肿，脉搏微弱，脉律显著加快，结膜发绀，呼吸困难。

创伤性心包炎的症状表现分为两个阶段，第一阶段为网胃炎症状（详见第一章有关描述），第二阶段为心包炎症状。心包炎症状主要表现为精神沉郁，呆立不动，头下垂，眼半闭。病初体温升高，多数呈稽留热，少数呈弛张热，后期降至常温，但脉率仍然增加，脉性初期充实，后期微弱不易感触。呼吸浅快，迫促，有时困难，呈腹式呼吸。心音变化较快，病初由于有纤维性渗出故出现摩擦音，随着浆液渗出及气泡的产生，出现心包拍水音。叩诊浊音区增大，上界可达肩端水平线，后方可达第 7 至第 8 肋间。可视黏膜发绀,有时呈现黄染。当病程超过1～2周,血液循环明显障碍,颈静脉搏动明显,患畜下颌间隙和垂皮等处先后发生水肿。病畜常因心脏衰竭或脓毒败血症而死亡,极个别的突然死于心脏破裂。

（三）诊断

根据病史,心包有摩擦音或心包拍水音、心区敏感疼痛、颈静脉高度怒张等主要症状可诊断,但应该注意以下特征。

心包摩擦音为本病的初期特征,只在发病初期的2～3d内明显,过此时期,心包内有大量的渗出液时,摩擦音消失,临床上往往不容易听到。心包积内渗出液较多时出现拍水音,但只有伴发心包积气时,拍水音带金属音而异常明显,单纯积液时拍水音低弱。纤维蛋白性心包炎以及心包腔内大量纤维蛋白形成凝块时,临床上均不见拍水音。

创伤性心包炎的一系列疼痛表现在发病初期较为明显,可为本病的特征。病程到了后期,由于炎症转为慢性,敏感性就会降低,且异物周围包囊形成,刺激性减弱,所以心区周围的疼痛表现不很突出,但仔细观察,可发现肘头外展,重度叩诊有疼痛反应。

本病应注意与纤维素性胸膜炎、胸腔积液等病进行鉴别诊断。

（四）治疗与护理

1. 治疗原则 加强饲养管理,积极治疗原发病,排出心包积液,减轻心脏负担,辅以对症治疗。

2. 治疗措施 对于继发于传染病的心包炎应采用抗微生物药物治疗,常用青霉素和庆大霉素,有条件的应该对心包穿刺,用心包液分离出细菌再进行药敏试验,然后根据试验结果,选用高敏的抗菌药治疗。对创伤性心包炎宜尽早实施手术疗法。

为了减轻心脏的负担,可用心包穿刺法,排液后注入含青霉素100万～200万IU、链霉素1～2g、胃蛋白酶10万～20万IU的溶液。

对于严重心律失常的动物,可选用硫酸奎尼丁、盐酸利多卡因等制剂。有充血性心力衰竭的动物,可试用洋地黄制剂、咖啡因等药物。

（五）保健护理

及时治疗损害心包的传染病、寄生虫病等各种原发病。加强饲养性管理工作,防止饲料中混杂金属异物,被动物采食后,引起创伤性心包炎。对已确诊为创伤性网胃炎的病畜,尽早实施瘤胃切开术,取出异物,避免病程延长使病情恶化,刺伤心包。

三、心肌炎

心肌炎是伴发心肌兴奋性增强和心肌收缩机能减弱为特征的心肌炎症。本病主要继发或并发于多种传染病、中毒或脓毒败血症的过程中,其特点是心肌中有局灶性或弥漫性的炎性病变。按其侵害的组织可分为实质性和间质性心肌炎;按照炎症的性质分为化脓性和非化脓性心肌炎;按照炎症的病程可分为急性和慢性心肌炎。

（一）病因

急性心肌炎原发性的很少，主要是继发性的。可继发于传染病，如炭疽、马腺疫、马传染性贫血、口蹄疫、猪瘟、猪丹毒等；寄生虫病如血孢子虫病；营养代谢病如白肌病、酮病；中毒性疾病如汞、砷、磷、锑、铜等中毒病。此外，还可见于脓毒败血症、邻近器官组织的炎症、风湿病、感冒等的病程中。

（二）症状

由急性传染病引起的心肌炎，大多数表现发热，精神沉郁，食欲减退和废绝。有的呈现黏膜发绀，呼吸高度困难，体表静脉怒张，颌下、垂皮和四肢下端水肿等心脏代偿能力丧失后的症状。重症患畜，精神高度沉郁，全身虚弱无力，战栗，运步踉跄，甚至出现神志昏迷，眩晕，因心力衰竭而突然死亡。

听诊时，病初第一心音强盛伴有混浊或分裂；第二心音显著减弱，多伴有因心脏扩张房室孔相对闭锁不全而引起的缩期性杂音。重症患畜，出现奔马律，或有频繁的期前收缩，濒死期心音减弱。

脉搏，初期紧张、充实，随病程发展，脉性变化显著，心跳与脉搏非常不相称，心跳强盛而脉搏甚微。当病变严重时，出现明显的期前收缩，心律不齐，交替脉。

（三）诊断

本病往往是继发于传染病和中毒病，在原发病的基础上如出现心动过速、心律不齐、心音分裂、心浊音区扩大、循环障碍等症状，即可诊断，但应注意与心内膜炎和心包炎的区别。心内膜炎有各种心内性杂音，心包炎则可出现心包摩擦音或拍水音、心区叩诊疼痛等症状。

（四）治疗与护理

1. 治疗原则　　以治疗原发病，减轻心脏负担，增加心肌营养为主。

2. 治疗措施　　病畜要充分休息，饲喂容易消化和富含维生素的饲料。对感染性疾病引起的，可选用抗生素和磺胺类药物配合治疗。当出现心脏衰弱时，可选用强尔心（樟脑）或安钠咖肌内注射，但禁用洋地黄。为了增加心肌的营养，牛、马可静脉注射 25% 的葡萄糖液 500～1000ml、维生素 C 6～8g，每日一次。同时为了抑制心肌的炎性反应和变态反应，缓解心脏衰竭和心律失常，可用地塞米松 10～20mg，加入到5%～10% 的葡萄糖液中静脉注射，连用一周后，逐渐减量，不要突然停药。当出现全身水肿时，可适当限制动物的饮水量，并使用利尿药，如山梨醇、速尿等药物注射。如有缺氧症状时，可用 5%～10% 的葡萄糖溶液配制 0.3% 过氧化氢静脉注射，每千克体重用 2～3ml。

3. 中药治疗　　方用葛根芩连芪麦汤：葛根 15g，黄芩 12g，黄连 8g，炙甘草 l0g，生黄芪 40g，麦冬 15g。水煎去渣取汁，候温灌服。

4. 针灸　　迅速彻放鹘脉血、胸膛血、蹄头血等。

（五）保健护理

合理饲养管理和使役，增强机体抗病能力，及时治疗原发病，动物痊愈后，要适当休息一段时间，以防止复发。

四、急性心内膜炎

急性心内膜炎是指心内膜及其瓣膜的炎症，临床上以血液循环障碍、发热和心内器质性杂音为特征。本病发生于各种家畜。犬、猪发生较多，在牛和马次之。

（一）病因

原发性心内膜炎多数是由细菌感染引起的。牛主要是由化脓性放线菌、链球菌、葡萄球菌和革兰氏阴性菌引起；马是由马腺疫链球菌和其他化脓性细菌；猪是由猪丹毒杆菌和链球菌；羔羊是由埃希氏大肠杆菌和链球菌引起。

继发性心内膜炎多数继发于牛的创伤性网胃炎、慢性肺炎、乳房炎、子宫炎和血栓性静脉炎。也可由心肌炎、心包炎等蔓延而发病。

此外，新陈代谢异常、维生素缺乏、感冒、过劳等，也是易发本病的诱因。

（二）症状

由于致病菌的种类和毒性强弱不同，炎症的性质以及有无全身感染的情况不同，其临床症状也不一样。有的家畜无任何前驱症状而突然死亡。有的病畜体重下降，伴发游走性跛行和关节性强拘、滑膜炎和关节触疼。

大多数病畜表现为持续或间歇性发热，心动过速，缩期杂音；牛有时也出现"高亢"心音或心音强度增强，有时甚至减弱。病初，心率增加，心搏动增强，心区震颤，继而出现心内器质性杂音，脉搏微弱，脉律不齐。有的出现食欲废绝、瘤胃臌气、腹泻或便秘、黄疸等症状。后期，发生充血性心力衰竭，出现水肿、腹水、浅表静脉怒张和搏动。心区浊音区增大。呼吸困难，触压心区，病畜出现疼痛反应。马病初有疝痛表现。如发生转移性病灶，则可出现化脓性肺炎、肾炎、脑膜炎、关节炎等。

母猪常在产后2～3周出现无乳，继而体重下降，不愿运动，休息时呼吸困难。

血液检查：中性白细胞增多和核左移，病畜血液培养能分离出病原菌，血清球蛋白升高，伴有轻度心脏衰竭的病牛血浆心房尿钠肽升高。

（三）诊断

根据病史和血液循环障碍、心动过速、发热和心内器质性杂音等可以作出诊断。血液培养阳性和心回声检查可确诊，心脏超声显像和 M 型超声心动图检查能确立病变部位。必须注意本病与急性心肌炎、心包炎、败血症、脑膜脑炎、血斑病等鉴别。

（四）治疗与护理

1. 治疗原则　积极治疗原发病，加强护理，抗菌消炎，减轻心脏负担。

2. 治疗措施　控制感染是治疗本病的关键，须长期应用抗生素治疗。应通过血液培养和药物敏感实验，选择最小抑菌浓度的最佳药物。青霉素和氨苄西林是抑制化脓性放线菌和链球菌的首选药物，无革兰氏阴性菌或抗西林的革兰氏阳性菌感染时，可直接应用西林（22 000～33 000IU/kg）或氨苄西林（10～20mg/kg）一日2次，连用1～3周。

对慢性化脓性放线菌感染，用青霉素配合利福平（每次5mg/kg体重，口服），一日2次。

当出现静脉扩张，腹下水肿时，除用抗生素外，还应用速尿（0.5mg/kg体重），一日2～3次。

当病畜出现疼痛或强直及游走性跛行时，口服阿司匹林15.6～31.0g，一日2次。当出现充血性心力衰竭时，应限制食盐的食入量。

为维持心脏机能，可应用洋地黄、毒毛旋花子苷K等强心剂；对于继发性心内膜炎，应治疗原发病。

五、贫血

贫血是指一定容积的循环血液中红细胞数、血红蛋白和红细胞压积值低于正常以下，细胞向组织输送氧的能力降低的异常状态。贫血不是特定的疾病，而是各种原因引起的不同疾病的一种状态。贫血主要表现为皮肤和可视黏膜苍白，心率加快，心搏动增强，肌肉无力及各器官由于组织缺氧而产生的各种症状。根据骨髓的反应性，贫血可分为再生性贫血和非再生性贫血；根据发生贫血的原因可分为失血性贫血、溶血性贫血、营养不良性贫血和再生障碍性贫血四种。

（一）病因

1. 失血性贫血　是由于出血造成红细胞丧失过多所致，可分为急性失血性贫血和慢性失血性贫血。

急性失血性贫血是由于血管，特别是动脉管被破坏，在短时间内使机体丧失大量红细胞，引起血浆蛋白、血清蛋白、白蛋白和球蛋白的下降，而血库及造血器官又不能代偿时所发生的贫血。常见于各种外伤或外科手术使血管壁受损，动脉管发生大出血后，机体血液丧失过多。例如，鼻腔、喉及肺受到损伤而出血，牛的皱胃溃疡和猪的胃出血，母畜分娩时损伤产道，公畜去势止血不良所引起的血管断端出血及发生于某些部位的肿瘤等引起的长期大量出血。内脏器官受到损伤引起的内出血，尤其是作为血库的肝和脾破裂时严重出血。

慢性失血性贫血是由少量反复的出血及突然大量出血后长时间不能恢复所引起的低蛋白性及晚幼红细胞性贫血。可见于鼻、肺、肾、膀胱、子宫内膜、胃肠及出血性素质等长期反复地失血引起慢性出血性贫血。由于胃肠器官机能减弱，影响对铁的吸收，使肝脏和骨髓得不到足够的铁，造血原料缺乏引起慢性出血性贫血。有毒植物中毒也可发生慢性出血性贫血。寄生虫病，特别是反刍动物的血矛线虫病、肝片吸虫病和血吸虫病，犊牛的球虫病及蜱、刺蝇的重度侵袭下引起慢性出血性贫血。

2. 营养不良性贫血　由于造血物质供应不足所引起的贫血。多由于长期采食缺乏蛋白质、铁、铜、钴、维生素B_{12}和叶酸等营养物质的饲料，或动物长期患有消化吸收功能障碍等引起。临床上以仔猪的缺铁性贫血最为多见。

3. 溶血性贫血　　免疫介导性、寄生虫性、代谢性和机械损伤性等原因，引起红细胞破坏速度加快而导致循环红细胞寿命缩短时，就会发生溶血性贫血。许多溶血性疾病同时存在血管内溶血和血管外溶血。严重的血管内溶血病例可见血红蛋白血症和 / 或血红蛋白尿。因血红蛋白的释放，可引发黄疸。

溶血性贫血不是独立的疾病，凡是有溶血症状的皆成为其发病原因，主要有内在缺陷和红细胞外因所致的两大类溶血性贫血。红细胞内在缺陷是红细胞膜结构异常，磷酸戊糖旁路和谷胱甘肽代谢中酶的缺乏，红细胞糖酵解酶缺乏及球蛋白构造和合成的缺陷所致的溶血性贫血。红细胞外因是由免疫性反应（不合血型的输血，新生幼畜溶血性贫血）及创伤、感染、物理、化学及生物性因素所致的溶血性贫血和脾功能亢进等。

新生幼畜溶血性贫血，属同族免疫溶血性疾病。这是由于母畜与仔畜血型不同，仔畜在胚胎期间产生一种抗原，刺激母畜产生免疫性抗体。在胚胎期，抗体不能通过胎盘屏障进入胎儿体内，只存在于血液及初乳中。当初生幼畜吃了含有免疫性抗体的初乳后，抗体即通过肠黏膜进入血液，与带有抗原的仔畜红细胞凝集而发生溶血。

4. 再生障碍性贫血　　由于骨髓的造血功能障碍所致的贫血，这型贫血往往导致循环血中红细胞和白细胞同时减少。损伤骨髓造血的因素中，药物、化学、物理因素和病毒感染较为常见，细胞毒类药物，特别是烷化剂，是强烈的骨髓抑制性药物，达到足够剂量即可损害骨髓造血功能。

（二）症状

贫血病的共同症状主要表现为体质虚弱，容易疲劳，多汗，心跳、呼吸加快，可视黏膜苍白，血红蛋白量和红细胞总量减少，红细胞形态改变等。

1. 急性失血性贫血　　病程发展迅速，病畜衰弱，精神萎靡，行步不稳，出冷黏汗，烦渴欲饮，体温降低，鼻端、耳尖和四肢厥冷，可视黏膜急剧苍白，脉快而弱，呼吸加快，心音微弱。濒死前，瞳孔散大，眩晕甚至昏迷、休克，倒地痉挛死亡。

轻症时，病畜表现贫血的一般症状，严重时则出现呼吸、循环及消化系统症状。同时发生明显的生物化学过程的变化，组织呼吸受到破坏，血液中的酸性产物增加，乳酸增加尤为明显，加重了酸中毒，低蛋白血症，残余氮增加。

血液学变化：出血后由于血管内血液总量减少，引起血液动力学的应答性反应，所有代偿机能都起作用。首先是真正的血库（肝、脾等）及补充性的扩散性血库（肠系膜血管及皮下血管丛）排出血液。其次是毛细血管网收缩，相应部分的动脉收缩，最后液体从组织中回流到血管，此时血液稀薄，红细胞数及血红蛋白量降低，血沉加快。

出血后，骨髓开始再生活动，到第4～5天时达到最高峰。一般来说，幼畜比老畜强，单蹄动物比猪及部分牛的反应强。因此，在出血后血液中出现网织红细胞、多染性红细胞、嗜碱性颗粒红细胞增多，同时出现各种有核红细胞。血液中未成熟的红细胞，其直径比正常的红细胞稍大一些。在红细胞中，血红蛋白的饱和度不足，血色指数低于1.0。

2. 慢性失血性贫血　　出现渐进性消瘦和衰弱，嗜睡，脉搏快而弱，呼吸快而浅表，结膜苍白，病程长时，往往在胸腹下部及四肢末梢发生水肿，最后死于因贫血而引起的心力衰竭。

症状发展缓慢，初期症状不明显，患畜呈渐进性消瘦及衰弱。严重时可视黏膜苍白，机体衰弱无力，精神不振，嗜睡。血压降低，脉搏快而弱，轻微运动后脉搏显著加快，呼吸快而浅表。心脏听诊时，心音低沉而弱，心浊音区扩大。由于脑贫血及氧化不全的代谢产物中毒，引起各种症状，如晕厥、视力障碍、嗳气、呕吐和膈肌痉挛性收缩。贫血严重时，胸腹部、下颌间隙及四肢末端水肿。体腔积液，胃肠吸收和分泌机能降低，腹泻，最终因体力衰竭而死亡。血液学检查，长期慢性出血性贫血时，血液中幼稚型红细胞及网织红细胞增多，血红蛋白减少，血液相对密度降低，干物质减少，血沉加快。显微镜检查有很多有核红细胞呈有丝分裂，白细胞及巨核胚细胞大量增多。骨髓中由于铁含量不足，常见到大而淡染的、血红蛋白贫乏的红细胞。发现淡染的红细胞是慢性出血性贫血的重要特征之一。

3. 营养不良性贫血　病程较长，精神萎靡，容易疲劳，皮肤干燥，被毛粗乱无光泽，进行性消瘦，可视黏膜苍白，出现代偿性心扩张，心浊区界扩大，心跳呼吸加快，听诊心脏有贫血性心内杂音，脉快而空虚。胸腹下部及四肢末梢发生水肿。血液检查，除了血红蛋白量和红细胞降低外，血中可出现大量的网织红细胞和异形红细胞。缺铁时，红细胞直径缩小、淡染。缺维生素 B_{12} 和叶酸时，红细胞直径增大。

仔猪缺铁性贫血，多见于 2～3 周龄的仔猪，可大群发病。仔猪出生 8～9d 时出现贫血症状，皮肤及可视黏膜苍白，心搏增快，活力显著下降，吮乳能力下降。仔猪发生营养不良，机体衰弱，精神不振，被毛粗乱，影响生长发育。仔猪极度消瘦，消化系统发生障碍，出现周期性下痢及便秘，腹壁卷缩呈橄榄猪。另一类型仔猪不消瘦，外观上很肥胖，生长发育较快，经 3～4 周后在奔跑中突然死亡。

4. 溶血性贫血　急性溶血或慢性溶血急性发作（溶血危象），骤然发病，严重的背部疼痛，四肢酸痛，寒战，高热，患畜并发狂躁、恶心、呕吐、腹痛、腹泻等胃肠道症状。由于溶血迅速，血红蛋白大幅下降；血管内溶血出现血红蛋白尿，发病 12h 后，出现黄疸。

慢性溶血性贫血，起病缓慢，可有贫血、黄疸及脾肿大三大类型，主要表现为可视黏膜苍白，气短。若溶血未超过骨髓代偿能力时不出现贫血。由于肝脏消除胆红素功能很强，黄疸转为轻度。长期持续溶血，可并发胆石症和肝功能损害，血液中出现大量的胆固醇、类脂质和脂肪。

5. 再生障碍性贫血　由于骨髓造血机能障碍，外周血液中红细胞数减少，血红蛋白量降低，再生型红细胞几乎完全消失，红细胞大小不均，血沉加快。由于贫血，可视黏膜及无色素皮肤苍白，周期性出血，机体衰弱，易于疲劳，心动过速。此外，白细胞和血小板数也减少，毛细血管脆性和通透性增加，在皮肤和黏膜下，往往有出血斑点。局部感染常反复发生，亦有周身感染和败血症。由于粒细胞及单核细胞减少，机体防御机能下降，体温升高，皮肤发生局部坏死等症状。

（三）诊断

急性出血性贫血，可根据临床症状和发病情况作出诊断。对内出血则需要作出各系统详细检查，如为肝脾破裂，则需要腹腔穿刺确诊。有贫血症状，而且黄疸较重时，可考虑溶血性贫血。一般认为，网织红细胞计数在 80 000～20 000 个 /L 时，意味着失血性贫血或溶血性贫血。网织红细胞计数超过 20 000 个 /L 时，怀疑是溶血性贫血。结合血涂片检查，可初步确定病因。

铁缺乏时，血涂片出现中央灰白区域较大的小红细胞，为小红细胞性低色素性贫血；同时，由于红细胞脆性增加，镜检会有显著的异型红细胞症和红细胞碎片，此因细胞不能获得充足的血红蛋白，红细胞前体连续分裂，变得越来越小所致。

叶酸缺乏时，细胞核和细胞质成熟不同步，核前体不能发育成熟，但正常分裂，细胞质的发育成熟不受影响，形成巨幼红细胞。血涂片表现为大细胞正色素型的形态学类型。

犬、猫误食洋葱或对乙酰氨基酚等氧化物，可形成氧化血红蛋白的沉淀，即海恩茨氏小体，常附着于红细胞膜，呈鼻状突起，同时，见到偏心红细胞，因红细胞膜氧化融合，将血红蛋白推到细胞一侧所致。

细菌、真菌、病毒等的慢性感染性疾病时，骨髓血涂片表现为红细胞系再生不良、粒细胞过度再生、骨髓巨噬细胞内的铁增加。

慢性肝病、慢性肾病、慢性间质性肾炎或肾上腺皮质功能减退时，骨髓血涂片检查表现为粒细胞和血小板生成正常，红细胞前体少见。

传染病（如猫白血病）、有毒化学物质（如铅、锌）、骨髓肿瘤等原因可导致骨髓干细胞免疫破坏，骨髓血涂片检查表现为骨髓内细胞显著减少，且含有脂肪组织和一些结缔组织，严重时发生骨髓纤维化。

（四）治疗与护理

1. 治疗原则　急性出血性贫血：针对出血原因立即进行止血，增加血管充盈度，解除休克状态，补充造血物质等。慢性出血性贫血：止血，加强饲养管理，补充造血物质等。溶血性贫血：消除原发病，给予易消化的营养丰富的饲料，输血并补充造血物质。仔猪营养性贫血：去除病因，补充铁剂，加强母畜饲养管理，并尽早给幼畜补铁。再生障碍性贫血：加强饲养管理，消除病因，提高造血机能，补充血液量。

2. 治疗措施　外伤性出血，除了采取外科止血法外，可适当使用全身止血药，如安络血肌内注射，马、牛 10~20ml，羊、猪 0.1~0.3g，其他如维生素 K_3、氯化钙、凝血质等均可使用。如果出血量多，可以输同型血，牛、马一次量为 1000~2000ml。

溶血性贫血，可采用肾上腺皮质激素疗法，强泼尼松注射液，肌内注射或静脉注射，马、牛 0.05~0.15g；猪、羊 0.01~0.02g。其他治疗方法参照急性出血性贫血。

营养不良性贫血，以缺铁性贫血多见，大动物口服硫酸亚铁，每天 6~8g，一周后改为 3~5g，连用 1~2 周，同时每天注射 0.1% 的亚砷酸钾溶液，每天 10~15ml，能显著提高疗效。对于仔猪缺铁性贫血，可用硫酸亚铁 5g、硫酸铜 1g、氯化钴 0.5g、常水 100ml，配成溶液涂擦在母猪的乳头上或每日 1~2ml 口服。母猪在产前两周，肌内注射右旋糖酐铁 10ml，可预防仔猪缺铁性贫血。国产兽用右旋糖酐铁（每 10ml 含铁元素 150mg），2~3 日龄的仔猪一次可肌内注射 1ml，药效可维持 20d 以上。

再生障碍性贫血，主要在于除去病因，给予富含蛋白质的饲料，并同时补给氯化钴和维生素 B_{12}，或给重度贫血的动物（犬红细胞压积低于 20%，猫红细胞压积低于 15%）反复中等剂量输血，以兴奋造血机能，药物疗法可用硝酸士的宁，牛、马用量为 5~15mg，每周可肌内注射 5d，休息 2d。另外，服用具有同化作用的非特异性红细胞生成刺激剂，如丙酸睾丸酮能刺激骨髓的造血机能，治疗促红细胞生成素减少的病例，牛、马每日可肌内注射 200～300mg，疗程至少一个月以上。

3. 中药治疗　治宜补气养血。用八珍汤合归脾汤加减：党参 60g，黄芪 60g，白术 45g，当归 30g，熟地 60g，白芍 30g，炙甘草 30g，酸枣仁 45g，五味子 30g，红枣 60g，共为细末，同调冲服（大动物）。如脾虚、运化不健、食少、便稀，可去当归、熟地，加砂仁 24g、山药 120g、陈皮 24g；如见舌质红，脉搏细数无力，口干，常有低热，或出现黏膜淤点或淤斑者，则为肝肾阴虚，则去黄芪，酌加女贞子、炙首乌、炙龟板、枸杞子各 30g，若有慢性出血，加炮姜炭 24g，仙鹤草 30g，煅龙骨、煅牡蛎各 60g。

（五）保健护理

对急、慢性失血性贫血应查明原因，及时采取治疗措施，防止继续失血。对内外寄生虫引起的应该定期驱虫，平时加强饲养管理，供给富含蛋白质、维生素、矿物质的饲料。对溶血性贫血和再生障碍性贫血，应及早治疗原发病，避免慢性化过程、感染及进行性出血。慎重选用药物，禁止滥用药物，必须使用时应定期检查血液学变化，以便及时减量或停药。

（崔学文　杨东兴　付志新）

第四章

泌尿器官疾病

第一节 总 论

一、与泌尿器官疾病有关的解剖生理

泌尿器官是机体的重要排泄系统，由尿液生成器官（肾脏）和尿液贮留、排出的通道（尿路）组成。肾脏主要由肾小球、肾小管、集合管和血管构成。膀胱是尿液贮留的器官。在正常状态下，泌尿器官，尤其是肾脏具有强大的代偿功能，当致病因素的损伤作用超过泌尿器官或肾脏的自身代偿能力时，就会发生不同程度的功能障碍，如尿液的形成障碍、肾小球毛细血管网通透性障碍、尿液贮留障碍、尿液排出障碍等。

二、泌尿系统的病因

主要是病原微生物通过血源性感染（细菌、病毒和寄生虫等），经淋巴途径进入肾、肾盂和膀胱致病，由尿道口进入泌尿器官感染；某些外源性毒物和内源性毒物（胃肠道炎症、肝炎、腹膜炎、大面积烧伤或烫伤时产生的毒素）经肾排出时产生强烈的刺激而发病；体内或体外的变应原、菌体蛋白或某些生物制品所产生的抗原抗体反应及免疫复合物对肾小球基底膜的损伤，造成肾及尿路细胞变性、坏死、脱落以至炎症反应；结石对形成部位、周围组织产生压迫与刺激，引起局部炎症，或者形成梗阻，导致尿潴留进而发生泌尿系统疾病；钝性外力（如踢蹴、导尿管的机械性压迫和刺激）引起肾、输尿管、膀胱或尿道的损伤；继发于泌尿器官的肿瘤（如膀胱上皮癌、肾囊肿等）；钙磷比例不当、维生素A缺乏、子宫内膜炎、前列腺炎、尿道炎等。

三、泌尿器官疾病的临床症状

包括排尿障碍（表现为排尿困难、疼痛、频尿及失禁）；尿液变化（表现为尿液量和质的改变，如少尿、多尿、蛋白尿、血尿及尿管型）；肾性水肿；肾性高血压；尿毒症。

四、泌尿器官疾病的诊断

大部分泌尿系统异常可通过身体检查、尿液分析和对血清化学成分分析作出诊断。在某些情况下，诊断可能另外需要特殊的试验和肾病生理学知识。

动物的症状、病史和身体检查经常可以提供泌尿道异常诊断所需要的线索。病史应当包括排尿频率、尿量以及尿液性状和气味异常。尿频要与多尿相区别，烦渴的出现可能是多尿；身体检查应当包括膀胱触诊、外生殖器检查，以及直肠检查对两种性别动物的远端尿道和雄犬前列腺进行评价。对具有尿失禁的动物要求进行全面的神经学检查。

尿分析是泌尿道疾病评价中最重要的诊断性实验。尽管常规尿分析最常使用排出的样品，但通过膀胱穿刺或导管插入术收集的尿液对计数培养可提供更准确的结果。后一种方法减少了尿道和生殖器对尿样的污染。尿分析包括对颜色、混浊度、相对密度和pH

的评价，蛋白质、潜血、葡萄糖、酮、胆红素和尿胆素原的出现可通过使用浸渍片的方法评定。浸渍片不能将血红蛋白尿、肌红蛋白尿或血尿分开，但尿沉淀物的检查可证实血尿。在尿液中蛋白质的出现根据尿液相对密度进行评价。非常浓的尿液蛋白浓度可能增加，但没有病理学的意义。

尿液沉淀物检查可以进行红细胞、白细胞、上皮细胞、肾小管管型、晶体、寄生虫和细菌的检测。在患肾或者下泌尿道肿瘤动物的尿液沉淀物中可观察到脱落的肿瘤细胞。具有脓尿、血尿或者结晶尿症，并且尿中有沉淀物，很可能是泌尿道细菌感染。

尿液培养对证实泌尿道细菌感染和确定适合的抗生素进行治疗有用。排泄的尿样细菌浓度＞100 000cfu/ml，尿液表明为细菌感染；在用导管插入术收集的尿样中＞10 000cfu/ml，或者在用穿刺术获得的尿样中＞1000cfu/ml 表明是细菌感染。

对某一特定时期收集的全部尿液进行分析可了解电解质分级排泄、肾小球滤过率（GFR）和蛋白质排泄方面的信息。蛋白质排泄液可以通过测定随机尿样中尿液蛋白与肌酸酐的比例进行评价。只要尿沉淀物是无活性的，此方法与使用24h 尿液收集所获得的结果相符合。犬尿液的蛋白质与肌酸酐的比率正常情况＜2。比例＞2 表明有蛋白质流失性肾病，比例＞10 时，常与肾淀粉样变性有关。

其他诊断学：为了确诊肾功能障碍需要进行血清化学评价，包括 BUN、肌酸酐、钙和磷，以及血清电解质。识别特殊的泌尿道疾病可能要求进行腹部放射检查，上、下泌尿道的对照研究，肾脏和膀胱的超声检查，膀胱的膀胱镜检查，或肾活组织检查。肾活组织检查材料可以通过剖腹术、腹腔镜检查或体外穿刺等方法获得。肾脏对疾病有一定的反应范围，因此，肾病理组织学检查可以提供诊断和预后的信息。

五、泌尿器官疾病的治疗与护理原则

除去特异性病因，控制感染，消除水肿，实施非特异性和支持性治疗。治疗泌尿器官疾病时，除中西医结合应用中草药外，还采用了肾上腺皮质激素、免疫抑制药物等治疗方法。

第二节　肾　脏　疾　病

一、肾炎

肾炎通常是指肾小球、肾小管或肾间质组织发生炎症性病理变化的统称。病的主要特征是水肿，肾区敏感和疼痛，尿量改变，尿液含多量肾上皮细胞和各种管型。按其病程分为急性和慢性两种，按炎症发生的部位可分为肾小球性和间质性肾炎，按炎症发生的范围可分为弥漫性和局灶性肾炎。临床上多见急性和慢性及间质性肾炎，各种家畜均可发生，而间质性肾炎主要发生在牛。

（一）病因

肾炎的发病原因不十分清楚，目前认为病的发生与感染、毒物刺激和变态反应等因素有关。

1. 感染因素　　多继发于某些传染病，如炭疽、牛瘟、口蹄疫、结核、传染性胸膜肺炎、猪和羊的败血性链球菌、猪瘟、猪丹毒及牛病毒性腹泻等。

2. 毒物刺激因素　　主要有外源性毒物刺激和内源性毒物刺激两种。外源性毒物刺激主要有有毒植物、霉败变质的饲料与被农药和重金属（如砷、汞、铅、镉等）污染的饲料或误食有强烈刺激性的药物（如斑蝥、石炭酸、松节油等）以及化学物质（砷、汞、磷等）；内源性毒物主要是胃肠道炎症、代谢性疾病、大面积烧伤等疾病中所产生的毒素、代谢产物或组织分解产物，经肾脏排出时而致病。

3. 诱发因素　　机体遭受风、寒、湿的作用（受寒、感冒），营养不良以及过劳等，均为肾炎的诱发因素。特别是当家畜感冒时，由于机体遭受寒冷的刺激，引起全身血管发生反射性收缩，尤其是肾小球毛细血管的痉挛性收缩，导致肾血液循环及其营养发生障碍，结果肾脏防御机能降低，病原微生物侵入，促使肾脏易于发病。此外，本病也可由肾盂肾炎、膀胱炎、子宫内膜炎、尿道炎等邻近器官炎症的蔓延和致病菌通过血液循环进入肾组织而引起。

肾间质对某些药物呈现一种超敏反应，可引起药源性间质性肾炎，如二甲氧西林、氨苄西林、先锋霉素、噻嗪类及磺胺类药物。犬的急性间质性肾炎多数是由钩端螺旋体感染引发的。

慢性肾炎：是指肾小球发生弥漫性炎症，肾小管发生变性以及肾间质组织发生细胞浸润的一种慢性肾脏疾病，或是伴发间质结缔组织增生，致实质受压而萎缩，肾脏体积缩小变硬（慢性间质性肾炎，或称肾硬化）。慢性肾炎的原发性病因基本上与急性肾炎相同，只是作用时间较长，刺激作用轻微。当家畜患急性肾炎后，如果治疗不当或不及时，或未彻底治愈，亦可转化为慢性肾炎。

（二）发病机制

近年来，由于免疫生物学的发展、动物模型的改进、电镜技术和肾脏活体组织检查以及荧光抗体法的应用，使肾炎的发病机制研究取得较大的进展。经过大量的试验研究表明，有 70% 左右的临床肾炎病例属免疫复合物性肾炎，有 5% 左右的病例属抗肾小球基底膜性肾炎，其余为非免疫性所致。

1. 免疫复合物性肾炎　　是机体在外源性（如链球菌的膜抗原、病毒颗粒和异种蛋白质等）或内源性抗原（如因感染或自身组织被破坏而产生的变性物质）刺激下产生的相应的抗体。当抗原与抗体在循环血液中形成可溶性抗原抗体复合物后，抗原抗体复合物随血循到达肾小球，并沉积在肾小球血管内皮下，血管间质内或肾小球囊脏层的上皮细胞下。由于激活了补体，促使肥大细胞释放组织胺，使血管的通透性升高，同时吸引嗜中性粒细胞在肾小球内聚集，并促使毛细血管内形成血栓，毛细血管内皮细胞、上皮细胞与系膜细胞增生，引起肾小球肾炎。进一步研究表明，这种由免疫介导引起的肾炎与淋巴因子、溶酶体的释放有关，氧自由基起到重要作用。研究发现，免疫复合物可刺激肾小球系膜释放超氧阴离子自由基和过氧化物，导致肾小球结构改变，内皮细胞肿胀，上皮细胞足突融合，肾小球基底膜降解等一系列组织细胞损伤。免疫复合物的生成，犬常与腺病毒感染、子宫蓄脓、肿瘤、全身性红斑狼疮、犬恶心丝虫病、利什曼病等有关，猫常与白血病、传染性腹膜炎、支原体感染等有关。

2. 抗肾小球基底膜性肾炎　　此为抗体直接与肾小球基底膜结合所致。其产生的过程是，在感染或其他因素作用下细菌或病毒的某种成分与肾小球基底膜结合，形成自身抗原，刺激机体产生抗自身肾小球基底膜抗原的抗体，或某些细菌及其他物质与肾小球毛细血管基底膜有共同抗原性，刺激机体产生的抗体，既可与该抗原物质反应，也可与肾小球基底膜起反应（交叉免疫反应），并激活补体等炎症介质引起肾小球的炎症反应。自 20 世纪 70 年代以来的研究证实，肾炎的发病过程中，除体液免疫以外，细胞免疫亦起到一定作用。研究表明，T 淋巴细胞、单核细胞等均在肾小球肾炎的发病中起重要作用。如在抗基底膜性肾小球肾炎的动物模型和病人的肾活检材料的肾小球内均明显地见到单核细胞浸润，表明单核细胞在肾小球性肾炎的发病机制中起一定作用。

3. 非免疫性肾炎 为病原微生物或其毒素，以及有毒物质或有害的代谢产物，经血液循环进入肾脏时直接刺激或阻塞、损伤肾小球或肾小管的毛细血管而导致肾炎。

肾炎初期，因变态反应引起肾小球毛细血管痉挛收性收缩，肾小球缺血，导致毛细血管滤过率下降，或因炎症致使肾毛细血管壁肿胀，导致肾小球滤过面积减少，滤过率下降，因而尿量减少，或无尿。进一步发展，水、钠在体内大量蓄积而发生不同程度的水肿。

肾炎的中后期，由于肾小球毛细血管的基底膜变性、坏死、结构疏松或出现裂隙，使血浆蛋白和红细胞漏出，形成蛋白尿和血尿。由于肾小球缺血，引起肾小管也缺血，结果肾小管上皮细胞发生变性、坏死，甚至脱落。渗出、漏出物及脱落的上皮细胞在肾小管内凝集形成各种管型（透明管型、颗粒管型、细胞管型）。

肾小球滤过机能降低，水、钠潴留，血容量增加；肾素分泌增多，血浆内血管紧张素增加，小动脉平滑肌收缩，致使血压升高，主动脉第二心音增强。由于肾脏的滤过机能障碍，使机体内代谢产物（非蛋白氮）不能及时从尿中排除而蓄积，引起尿毒症（氮质血症）。

慢性肾炎，由于炎症反复发作，肾脏结缔组织增生以及体积缩小导致临床症状时好时坏，终因肾小球滤过机能障碍，尿量改变，残余氮不能完全排除，滞留在血液中，引起慢性氮质血症性尿毒症。

（三）症状

1. 急性肾炎 病畜食欲减退，体温升高，精神沉郁，消化不良，反刍紊乱（反刍动物）。由于肾区敏感、疼痛，病畜不愿行动。站立时腰背拱起，后肢叉开或齐收腹下。强迫行走时背腰僵硬，运步困难，步态强拘，小步前进。严重时，后肢不能充分提举而拖曳前进，尤其向侧转弯困难。病畜频频排尿，但每次尿量较少（少尿），严重者无尿。尿色浓暗，相对密度增高，甚至出现血尿。由于血管痉挛，眼结膜显淡白色，动脉血压可升高达 29.26kPa（正常时为 15.96～18.62kPa）。主动脉第二心音增高，脉搏强硬。

肾区触诊或直肠触摸，可见病畜有痛感反应，手感肾脏肿大，压之感觉过敏。病畜站立不安，拱腰拂尾，躲避或抗拒检查。

水肿并不一定经常出现，有时在病的后期可见眼睑、颌下、胸腹下、阴囊部及牛的垂皮处发生水肿。严重病例可伴发喉水肿、肺水肿或体腔积水。

严重病畜或发病后期血中非蛋白氮含量增高，呈现尿毒症症状。此际病畜体力急剧下降，衰弱无力，嗜睡，意识障碍或昏迷，全身肌肉呈发作性痉挛，严重腹泻，呼吸困难。

尿液蛋白质检查呈阳性，尿沉渣镜检可见管型、白细胞、红细胞及多量的肾上皮细胞。血液检查可见血浆蛋白含量下降，血液非蛋白氮含量明显增高。有资料报道，马的肾炎血液非蛋白氮可达 1.785mmol/L 以上（正常值为 1.428～1.785mmol/L）。

2. 慢性肾炎　多由急性肾炎发展而来，故其症状与急性肾炎基本相似。但慢性肾炎发展缓慢，且症状多不明显，在临床上不易辨认。病畜逐渐消瘦，贫血，疲乏无力，食欲不定，血压升高，脉搏增数，硬脉，主动脉第二心音增强。疾病后期，于眼睑、颌下、胸前、腹下或四肢末端出现水肿，重症时可发生体腔积水或肺水肿。

尿量不定，相对密度增高，尿中有少量蛋白质，尿沉渣中出现大量肾上皮细胞和各种管型。血中非蛋白氮含量增高，尿蓝母增多，最终导致慢性氮质血症性尿毒症。

（四）诊断

肾炎主要根据病史（有无患某些传染病，中毒，或有受寒、感冒的病史）、临床特征（少尿或无尿，肾区敏感，疼痛，血压升高，主动脉第二心音增强，水肿，尿毒症）和实验室尿液化验（尿蛋白、血尿、尿沉渣中有多量肾上皮细胞、各种管型和肌酐清除率测定）进行综合诊断。

间质性肾炎，除上述诊断根据外，可进行直肠内触诊：肾脏硬固，体积缩小。

在鉴别诊断方面，本病应与肾病区别。肾病是由于细菌或毒物的直接刺激肾脏，而引起肾小管上皮变性的一种非炎性疾病，通常肾小球损害轻微。临床上有明显水肿、大量蛋白尿和低蛋白血症，但无血尿及肾性高血压现象。

（五）治疗与护理

1. 治疗原则　消除病因，加强护理，消炎利尿，抑制免疫反应以及对症治疗。

2. 治疗措施　首先应改善饲养管理，将病畜置于温暖、干燥、阳光充足且通风良好的畜舍内，防止继续受寒、感冒。

在药物治疗方面，应采用消除感染、抑制免疫反应和利尿、消肿等措施。

（1）消除炎症、控制感染　一般选用青霉素，按每千克体重，肌内注射一次量为：牛、马1万～2万IU，猪、羊、马驹、犊牛2万～3万IU，每日3～4次，连用一周。亦可应用卡那霉素，10～15mg/kg体重（或1万～1.5万IU/kg体重），每日2次，肌内注射。另外，链霉素、诺氟沙星、环丙沙星合并使用也可提高疗效。

（2）免疫抑制疗法　近年来鉴于免疫反应在肾炎发病上的重要作用，在临床上应用某些免疫抑制药治疗肾炎，收到一定的效果。而肾上腺皮质激素在药理剂量时具有很强的抗炎和抗过敏作用。所以，对于肾炎病例多采用皮质酮类制剂治疗，如氢化可的松注射液，肌内注射或静脉注射，一次量：牛、马200～500mg，猪、羊20～80mg，犬5～10mg，猫1～5mg，每日一次；地塞米松，肌内注射或静脉注射，一次量：牛、马10～20mg，猪、羊5～10mg，犬0.25～1mg，猫0.125～0.5mg，每日一次。也可配合使用超氧化物歧化酶（SOD）、别嘌呤醇及去铁敏等抗氧化剂，其在清除氧自由基、防止肾小球组织损伤中起重要作用。

（3）利尿消肿　可选用利尿剂双氢克尿噻，牛、马0.5～2g，猪、羊0.05～0.2g，加水适量内服，每日一次，连用3～5d。

（4）对症治疗　当心脏衰弱时，可应用强心剂，如安钠咖或洋地黄制剂。当出现尿毒症时，可应用 5% 碳酸氢钠注射液，200～500ml，或应用 11.2% 乳酸钠溶液，溶于 5% 葡萄糖溶液 500～1000ml 中，静脉注射。当有大量蛋白尿时，为补充机体蛋白，可应用蛋白合成药物，如苯丙酸诺龙或丙酸睾丸素。当出现血尿时，可应用止血剂。

3. 中药治疗　中兽医称急性肾炎为湿热蕴结证，治法为清热利湿，凉血止血，代表方剂 "秦艽散" 加减。慢性肾炎属水湿困脾证，治法为燥湿利水，方用 "平胃散" 合 "五皮饮" 加减：苍术、厚朴、陈皮各 60g，泽泻 45g，大腹皮、茯苓皮、生姜皮各 30g，水煎服。

（六）保健护理

本病应加强管理，防止家畜受寒、感冒，以减少病原微生物的侵袭和感染。注意饲养，保证饲料的质量，禁止喂饲家畜发霉、腐败或变质的饲料，避免中毒。对患急性肾炎的病畜，应采取有效的治疗措施，彻底消除病因以防复发或慢性化或转为间质性肾炎。

二、肾病

肾病主要是指肾小管上皮发生弥漫性变性、坏死的一种非炎性肾脏疾病。其病理变化的特点是肾小管上皮发生混浊肿胀、上皮细胞弥漫性脂肪变性与淀粉样变性及坏死，通常肾小球的损害轻微。肾病的临床特征是：大量蛋白尿、明显的水肿、低蛋白血症，但不见有血尿及血压升高现象。各种家畜均有发生，但以马较为多见。

（一）病因

多种因素均可引发肾病，其中以中毒与缺氧为较重要因素。

1. 中毒性肾病病因　常见的有家畜蛋白性与脂肪性肾病。蛋白性肾病通常是由于传染性胸膜肺炎、口蹄疫、结核病和猪丹毒等急、慢性传染病，以及重金属元素、霉菌毒素等中毒病引起的。脂肪性肾病则见于严重的妊娠中毒、原发性酮病及某些传染病。

2. 低氧性肾病　主要是由大的撞击伤、马的氮尿症、输血性贫血、大面积烧伤和其他引起大量游离血红蛋白与肌红蛋白的疾病引发的。

3. 其他肾病病因　如空泡性肾病或称为渗透性肾病与低血钾有关。犬和猫的糖尿病，由于糖沉于肾小管上皮细胞，特别是沉积于髓质外带与皮质的最内带时而导致糖原性肾病。在禽痛风时因尿酸盐沉着于肾小管而导致尿酸盐肾病。

（二）症状

肾病一般缺乏特征性的临床症状，症状基本与肾炎相似，但不同的是肾病没有血尿，尿沉渣中无红细胞及红细胞管型。

轻症病例，仅呈现原发病固有的症状。尿中有少量的蛋白质和肾上皮细胞。当尿呈酸性反应时，可见少量管型，尿量不见明显变化。重症病例，则出现不同程度的消化障碍，如食欲减退、周期性腹泻等，病畜逐渐消瘦、衰弱和贫血，并出现水肿，严重时发生胸、腹腔积水。尿量减少，相对密度增高，尿蛋白含量增加，尿沉渣中见有大量肾小管上皮细胞及透明管型、颗粒管型，但缺少红细胞。

慢性肾病，尿量无显著改变，当肾小管上皮细胞严重变性或坏死时，重吸收功能降低，尿量增加，相对密度降低。

血液学变化，轻症病例无明显变化，重症病例可见红细胞数减少，白细胞数正常或轻度增加，血小板计数偏高。血红蛋白降低，血沉加快，血浆总蛋白降低至20~40g/L，血液中总脂、胆固醇和甘油三酯含量均明显增高。

（三）诊断

肾病的诊断，主要根据尿液化验，尿液中含有大量蛋白质、肾上皮细胞、透明管型和颗粒管型，但缺乏红细胞和红细胞管型，血液变化（蛋白含量降低，胆固醇含量增高），然后结合病史（中毒或缺氧等病史）及临床症状（水肿，无血尿，血压也不升高）进行诊断。

在鉴别诊断方面主要应与肾炎进行区别。肾炎既可由细菌感染引起，也可由变态反应所引起，炎症主要侵害肾小球，并伴有渗出、增生等病理变化。患畜肾区敏感、疼痛，尿量减少，出现血尿。在尿沉渣中能发现大量红细胞、红细胞管型及肾上皮细胞。心脏血管系统变化明显，但水肿比较轻微。

（四）治疗与护理

1. **治疗原则** 加强饲养管理，消除病因，改善饲养，抗菌，利尿和防止水肿。

2. **治疗措施** 在饲养上应给病畜饲喂富含蛋白质的饲料，以补充机体漏失的蛋白质，纠正低蛋白血症。对肉食动物饲喂牛奶，草食家畜应饲喂优质豆科植物，配合少量块根、块茎饲料。

针对中毒性肾病、低氧性肾病及其他原因引起的原发性肾病，采取消除病因和控制治疗。注射抑菌消炎药以控制病原微生物的感染，采用清理体内毒物与毒素的方法来处理由毒性物质所致的原发病等。

为了消除水肿，适当使用利尿剂，改善病畜一般情况。胃肠道水肿消退后，患畜食欲增加，对防制感染也有利。常用的利尿剂有以下几种。

1）髓袢利尿剂。可用速尿静脉注射或口服。本药很适宜于肾功能减退者，其用量可根据水肿程度及肾功能情况而定，一般用量，犬、猫5~10mg/kg体重，牛、马0.25~0.5g/kg体重，每日1~2次，连用3~5d。

2）噻嗪类。一般病例可用双氢克尿噻，口服，牛、马0.5~2g，猪、羊0.05~0.1g，每日1~2次，连用3~4d，同时应补充钾盐。

也可选用乙酰唑胺（成犬100~150mg，内服，每日3次）、氯噻嗪、利尿素等利尿药。促进蛋白质的生成，可应用丙酸诺龙，牛、马0.2~0.4g，猪、羊0.05~0.1g，肌内注射。或丙酸睾丸素，牛、马0.1~0.3g，猪、羊0.05~0.1g，肌内注射，2~3d一次。

在治疗效果不满意时，使用免疫抑制剂进行治疗，可提高疗效。临床上常用环磷酰胺，其可作用于细胞内脱氧核糖核酸或信息核糖核酸，影响B淋巴细胞的抗体生成，减弱免疫反应。使用剂量可参考人的用量（200mg/d）环磷酰胺置于生理盐水中作静脉注射，5~7d为一疗程。

第三节 尿路疾病

一、肾盂肾炎

肾盂肾炎是肾盂黏膜的炎症，临床上单纯的肾盂肾炎极少见，多半是肾盂和肾合并发生炎症，即肾盂发炎后肾实质很快或同时发生不同程度的炎症，即肾盂肾炎，但通常以肾盂的病变占优势，故一般将本病统称为肾盂肾炎。多为化脓性，取慢性经过。临床上以频尿、排尿带痛、脓尿和高热为特征。各种动物均可发病，但多发于母畜，尤其是乳牛或产后母牛。

（一）病因

肾盂肾炎多发生于某些传染性和中毒性疾病过程中，主要是由细菌及其毒素的作用而引起。致病菌中，除大肠杆菌、化脓杆菌、变形杆菌、链球菌、葡萄球菌、绿脓杆菌之外，肾盂肾炎棒状杆菌也是本病常见的病原菌。这种细菌既可单独感染，也可与其他病菌混合感染。由于母畜的尿道短而宽，常常发生创伤，病原微生物易通过尿道口进入膀胱，因而母畜易发生感染上行而致肾盂肾炎。肾盂肾炎多发生在全身和局部化脓性疾病的经过中。病程中可因病原菌沿血液循环到达肾盂而致病，也可因尿道、膀胱、子宫的炎症上行蔓延而发生。牛肾盂肾炎多见于妊娠后期或分娩后的乳牛，产后的胎衣滞留亦可造成肾盂的感染。

此外，有毒物质（松节油、棉酚、斑蝥等）经过肾脏排出，以及肾结石或肾寄生虫的机械性刺激，也能引起肾盂肾炎。

（二）发病机制

病原微生物一般可经血源、尿源、淋巴源三种感染途径侵入肾脏。

1. 血源性感染　当家畜患全身性传染病或局部化脓性疾患时，病原微生物及其毒素可经血液循环途径侵入肾脏，先在肾小球毛细血管网内形成细菌性栓塞，然后病原菌移行至肾小管和集合管，并在其周围的间质形成小脓肿。最后通过肾乳头到达肾盂，引起肾盂炎症。

2. 尿源性感染　病原微生物从尿道经膀胱和输尿管而逆行进入肾盂。开始时肾盂黏膜发生化脓性炎症，随后炎症不断发展，并沿集合管上行，在肾小管及其周围组织也引起化脓性炎症。严重者可形成多量小脓肿，肾小管发生变性，甚至坏死。脓肿向肾小管腔破溃，致使腔内充满脓细胞和细菌，形成脓尿和菌尿。

3. 淋巴性感染　当与肾相邻近的肠管发生病变时，病原微生物或其毒素可沿淋巴途径侵入肾盂。据记载，病原微生物有可能经输尿管周围淋巴管而侵入肾盂。

肾盂肾炎初期，由于炎症刺激肾盂黏膜和邻近的输尿管，黏膜发生肿胀、增厚，因而输尿管管腔变窄，导致排尿困难，引起肾内压升高，压迫感觉神经，引起疼痛；当尿液和炎性产物蓄积，炎症进一步发展，肾盂黏膜下组织因此发生脓性浸润；积滞的尿液发酵，产生游离的氨、三价磷酸盐，于是尿液中出现大量的黏液、肾盂上皮细胞、病原微生物、磷酸铵镁及尿酸盐等，使尿液浓稠混浊。

肾盂肾炎后期，因尿液长期不能排出，肾盂发生肌层肥厚，进而弛缓，造成尿液排出更加困难，致使混有炎性产物的尿液大量蓄积于肾盂内，肾盂组织受到压迫而遭受破坏，久之，肾盂内可形成一个充满液体的大脓腔，出现化脓性肾盂肾炎。

由于病原微生物及其毒素和炎性产物不断被吸收而进入血液，则可引起机体全身性反应，出现体温升高、精神沉郁、食欲减退和消化紊乱等症状。

（三）症状

肾盂肾炎是严重的化脓性炎症，且炎症经常波及输尿管和膀胱，引起上述器官的化脓性炎症，故全身症状较为明显。病畜表现为精神沉郁，食欲减退，消化不良，呈进行性消瘦，经常发生腹痛。急性病例，体温升高，可高达41℃，多呈弛张热或间歇热型。

由于肾区疼痛，病畜多拱背站立，行走时背腰僵硬。牛、马等大动物，直肠检查可触摸到肿大的肾脏，按压时病畜疼痛不安。当肾盂内有尿液、脓液蓄积时，输尿管膨胀、扩张、有波动感。中小动物，腹部触诊，肾脏体积增大，敏感性升高。

多数病畜频频排尿，拱背，努责。病初尿量减少，排尿次数增多，后期尿量增多，尿中有病理性产物，尿液浑浊，可见多量黏液和浓汁并有大量蛋白质。尿沉渣中有大量红细胞、白细胞、脓细胞、肾盂上皮细胞及肾上皮细胞、少量的透明管型和颗粒管型，以及磷酸铵镁和尿酸盐结晶。作尿沉渣直接涂片或作尿细菌培养，可发现肾盂肾炎棒状杆菌。

除上述基本症状外，肾盂肾炎还表现出动物的种间差异。

母牛：体温一般不升高，反刍减少。由于肾盂疼痛，病牛表现为不安，排尿频繁，后肢踢腹，摇尾和努责。当慢性肾盂肾炎急性发作时，可见到血尿，甚至混有血丝或脓块。

母犬：急性肾盂肾炎患犬全身症状明显，体温升高，沉郁，呕吐，腹泻和腹痛。慢性患犬有间歇热，肾组织严重损伤时可导致尿毒症。尿液浓缩能力下降可引起饮水增多和多尿症。

（四）诊断

肾盂肾炎可根据病史、临床症状、直肠检查以及肾区触诊和尿液化验作出诊断。进一步确诊可采用放射和超声检查。急性肾盂肾炎时肾肿大，慢性者可见肾变小和不规则。尿路造影可将肾盂肾炎与输尿管炎进行鉴别。肾盂肾炎易与肾炎相混淆，必须进行鉴别。肾炎病例，尿中含有大量红细胞和红细胞管型，尿液培养多呈阴性，有大量肾上皮细胞，一般有全身性水肿的特征。而肾盂肾炎，尿中含有蛋白质，尿沉渣中多以白细胞及脓细胞为主，常有感染与尿路刺激症状，无水肿，尿液培养可见肾盂肾炎棒状杆菌。如尿中蛋白质增量，尿沉渣中除见有肾盂上皮细胞外，尚有肾上皮和管型时，则是肾盂肾炎的指征。

急性肾盂肾炎可能与膀胱炎相互影响，因此，必须与膀胱炎区别，后者有脓尿和大量膀胱上皮细胞，尿中无尿管型和蛋白质，也没有肾功能衰退的临床表现。如果病畜有脓尿、尿频、排尿有痛感、排尿终末出现血尿，可作为膀胱炎的诊断依据。

（五）治疗与护理

1. 治疗原则　　加强护理，采取抑制病原微生物繁殖并减弱其毒力的措施。其次是增强肾盂的活动机能，促进尿液和炎性产物的及时排出，以加速治愈过程。

2. 治疗措施 为了控制感染和消灭病原菌，可使用大剂量的青霉素和链霉素。青霉素按6000～12 000IU/kg体重，链霉素按 6～12mg/kg 体重，每天两次，肌内注射。较顽固的病例可选用氨苄西林、诺氟沙星、先锋霉素肌内注射或静脉注射。

以选择在尿中浓度高、乙酰化率低，且主要以原形从尿中排出的磺胺类药物为宜。临床常用增效磺胺片（复方新诺明——SMZ＋TMP），可提高治疗效果。但应注意，对肾机能不全的患畜，应慎重使用或禁忌应用。

尿路消毒可用呋喃坦啶，每日 12～15mg/kg 体重，分 2～3 次内服。还可使用 40% 乌洛托品溶液 10～50ml 作静脉注射。

中药治疗：中医称肾盂肾炎为湿热之邪内侵，结于下焦，属湿热淋，治疗宜清热，利湿，通淋。方用"八正散"加减：木通、滑石（布包）各 60g，车前子、扁蓄、瞿麦、甘草梢、金银花、连翘、栀子、黄柏各 30g，水煎服。

有学者推荐使用冬瓜子、赤小豆、赤茯苓各 62g，黄柏、车前草、通草各 36g，炒杜仲、炒泽泻各 25g，混合开水冲调，候温灌服，治疗牛肾盂肾炎有效。

（六）保健护理

由于肾盂肾炎的复发率较高，因此，治疗必须彻底，应注意观察疗效，当用药后肾盂肾炎症状完全消失，尿检查转阴性，可以认为已临床治愈；若仍能发现细菌或脓细胞，应再用药，切忌过早停药，导致感染复发或迁延不愈转入慢性。对患有肾盂肾炎，特别是细菌性肾盂肾炎的动物，应隔离饲养，并对畜舍进行消毒，以防止传播、蔓延。

二、膀胱炎

膀胱炎是膀胱黏膜及其黏膜下层的炎症。临床上以疼痛性频尿和尿中出现较多的膀胱上皮细胞、炎性细胞、血液和磷酸铵镁结晶为特征。按膀胱炎症的性质，可分为卡他性、纤维蛋白性、化脓性、出血性 4 种。该病多发于母畜，以卡他性膀胱炎多见。犬则常见化脓性、出血性膀胱炎。

（一）病因

胱膀炎主要由于病原微生物的感染、邻近器官炎症的蔓延和膀胱黏膜的机械性刺激或损伤所引起，如创伤、尿潴留、难产、导尿、膀胱结石等。常见病因有以下几点。

1. 病原微生物感染 除某些传染病的特异性细菌继发感染之外，多半是非特异性细菌，如化脓杆菌、大肠杆菌、葡萄球菌、链球菌、绿脓杆菌和变形杆菌等，其经过血液循环或尿路感染而致病。膀胱炎多是牛肾盂肾炎最常见的先兆，因此，肾棒状杆菌也是膀胱炎的病原菌。

2. 邻近器官炎症的蔓延 肾炎、输尿管炎、尿道炎，特别是母畜的阴道炎、子宫内膜炎等，可蔓延至膀胱而引起本病。

3. 机械性刺激或损伤 主要是导尿管损伤膀胱黏膜。膀胱结石、膀胱内赘生物、尿潴留时的分解产物，以及各种有毒物质或带刺激性药物，如松节油、乙醇、斑蝥等的强烈刺激。

4. 毒物影响或某种矿物质元素缺乏 缺碘可引起动物的膀胱炎；牛蕨中毒时因毛细血管的通透性升高，也发生出血性膀胱炎。Adama 等（1969）报道过，马采食苏丹草后出现了膀胱炎。还有人认为，霉菌毒素也是猪膀胱炎的病因。

（二）症状

（1）急性膀胱炎 特征性症状是排尿频繁和疼痛。由于膀胱黏膜敏感性增高，病畜频频排尿或呈排尿姿势，但每次排出尿量较少或呈点滴状流出。排尿时病畜疼痛不安。严重者由于膀胱（颈部）黏膜肿胀或膀胱括约肌痉挛收缩，引起尿闭。此时，表现极度疼痛不安（肾性腹痛），病畜呻吟，公畜阴茎频频勃起，母畜摇摆后躯，阴门频频开张。由直肠触诊膀胱时，病畜表现疼痛不安，膀胱体积缩小呈空虚感。但当膀胱颈组织增厚或括约肌痉挛时，由于尿液积留致使膀胱高度充盈。

（2）尿液成分变化 卡他性膀胱炎时，尿液混浊，尿中含有大量黏液和少量蛋白；化脓性膀胱炎时，尿中混有脓液；出血性膀胱炎时，尿中含有大量血液或血凝块；纤维蛋白性膀胱炎时，尿中混有纤维蛋白膜或坏死组织碎片，并具氨臭味。尿沉渣中见有大量白细胞、脓细胞、红细胞、膀胱上皮、组织碎片及病原菌。在碱性尿中，可发现有磷酸铵镁及尿酸铵结晶。全身症状通常不明显，若炎症波及深部组织，可有体温升高，精神沉郁，食欲减退。严重的出血性膀胱炎，也可有贫血现象。

（3）慢性膀胱炎 症状与急性膀胱炎基本相似，唯程度较轻，亦无排尿困难现象，但病程较长。

（三）诊断

急性膀胱炎可根据疼痛性频尿、排尿姿势变化等临床特征，以及尿液检查有大量的膀胱上皮细胞和磷酸铵镁结晶作出判断。在临床鉴别诊断中，膀胱炎与肾盂肾炎、尿道炎有相似之处。肾盂肾炎表现为肾区疼痛，肾脏肿大，尿液中有大量肾盂上皮细胞。尿道炎镜检尿液无膀胱上皮细胞。另外，要注意与膀胱麻痹、膀胱痉挛和尿石症相区别。

（四）治疗与护理

1. 治疗原则 加强饲养管理，抑菌消炎，防腐消毒及对症治疗。
2. 治疗措施 改善饲养管理，首先应使病畜适当休息，饲喂无刺激性、富含营养且易消化的优质饲料，并给予清洁的饮水。对高蛋白质饲料及酸性饲料，应适当地加以限制。为了缓解尿液对黏膜的刺激作用，可增加饮水或输液。

抑菌消炎与肾炎的治疗基本相同。对重症病例，可先用 0.1% 高锰酸钾、1%～3% 硼酸、0.1% 的雷佛奴尔液、0.02% 呋喃西林、0.01% 新吉尔灭液或 1% 亚甲蓝作膀胱冲洗，在反复冲洗后，膀胱内注射青霉素 80 万～120 万 IU，每日 1～2 次，效果较好。同时，肌内注射抗生素配合治疗。

尿路消毒可口服呋喃坦啶、磺胺类或 40% 乌洛托品，马、牛 50～100ml，静脉注射。
3. 中药治疗 中兽医称膀胱炎为气淋。主证为排尿艰涩，不断努责，尿少淋滴。治宜行气通淋，治疗方剂可用沉香，石苇，滑石（布包），当归，陈皮，白芍，冬葵子，知母，黄柏，杞子，甘草，王不留行，水煎服。对于出血性膀胱炎，可服用秦艽散：秦芫 50g，瞿麦 40g，车前子 40g，当归、赤芍各 35g，炒蒲黄、焦山楂各 40g，阿胶 25g，研末，水调灌服。

给病畜肌内注射安钠咖，配合"八正散"煎水灌服，治疗猪膀胱炎效果好。

4. 验方　单胃动物膀胱炎或尿路感染时，用鲜鱼腥草打浆灌服，效果好。

三、膀胱麻痹

膀胱麻痹是膀胱肌肉的收缩力减弱或丧失，致使尿液不能随意排出而积滞的一种非炎症性的膀胱疾病。临床上以不随意排尿、膀胱充满且无明显疼痛反应为主要特征。本病多数是暂时性的不完全麻痹，常发生于牛、马和犬。

（一）病因

1. 神经源性　主要由于中枢神经系统（脑、脊髓）的损伤，以及支配膀胱肌肉的神经机能障碍所引起。较常见的是由于脊髓（主要是腰荐部脊髓）的疾患，如炎症（脊神经炎）、损伤（腰椎脊索压伤、挫伤、刨伤）、出血及肿瘤等所引起的脊髓性麻痹。此时，因支配膀胱的神经机能障碍，致膀胱缺乏自主的感觉和运动能力，妨碍其正常收缩，导致尿液积留。也有在腰麻手术之后而继发膀胱麻痹者。

2. 肌源性　因严重膀胱炎或邻近器官组织炎症波及膀胱深层组织，导致膀胱肌层收缩减弱，或因膀胱充满尿液而得不到排尿的机会（如马、牛长时间的连续使役），或因尿路阻塞、大量尿液积滞在膀胱内，以致膀胱肌过度伸张而弛缓，降低了收缩力，导致暂时性膀胱麻痹。

膀胱麻痹后，一方面大量尿液积滞于膀胱内，膀胱尿液充满，病畜屡作排尿姿势，但无尿液排出，或呈现尿淋漓。另一方面，由于尿的潴留造成细菌大量繁殖，尿液发酵产氨，导致膀胱炎。

（二）症状

临床症状视病因不同而有差异。

1）脊髓性麻痹时，病畜排尿反射减弱或消失，排尿间隔时间延长，膀胱充满时才被动地排出少量尿液，直肠内触压膀胱，尿液充满。当膀胱括约肌发生麻痹时，则尿失禁，尿液不断的或间隙的呈滴状或线状排出，触摸膀胱空虚。

2）脑性麻痹时，由于脑的抑制而丧失对排尿的调节作用，只有膀胱内压超过括约肌紧张度时，才排出少量尿液。直肠内触诊膀胱，尿液高度充满，按压时尿液呈细流状喷射而出。

3）肌源性麻痹时，出现暂时性排尿障碍，膀胱内尿液充盈，频频作排尿姿势，但每次却排尿量不大。按压膀胱时有尿液排出。各种原因所引起的膀胱麻痹，尿液中均无尿管型。

（三）诊断

膀胱麻痹主要根据病史，结合特征性临床症状，如不随意排尿、膀胱尿液充满等，以及直肠内触压膀胱及导尿管探诊结果，不难作出诊断。

（四）治疗与护理

1. 治疗原则 消除病因，治疗原发病和对症治疗。

2. 治疗措施 首先针对原发病病因采取相应的治疗措施。对症治疗可先实施导尿，防止膀胱破裂。大型家畜可通过直肠内刺穿肠壁，再刺入膀胱内；小动物可通过腹下壁骨盆底的耻骨前缘部位施行穿刺以排出尿液。膀胱穿刺排尿不宜多次实施，否则易引起膀胱出血、膀胱炎、腹膜炎或直肠膀胱粘连等继发症。

膀胱积尿不是特别严重的病例，可实施膀胱按摩，以排出积尿。对大型家畜可采用直肠内按摩，每日 2～3 次，每次 5～10min。

选用神经兴奋剂和提高膀胱肌肉收缩力的药物，有助于膀胱排尿。可皮下注射硝酸士的宁，剂量：牛、马 15～30mg，猪、羊 2～4mg，犬 0.5～0.8mg。每日或隔日一次。亦可采用电针治疗，两电极分别插入百会穴和后海穴，调整到合适频率，每日 1～2 次，每次 20min。

临床治疗表明，应用氯化钡治疗牛的膀胱麻痹效果良好。剂量为 0.1g/kg 体重，配成 1% 灭菌水溶液，静脉注射。据报道，犬患膀胱麻痹时，可口服氯化氨基甲酰甲基胆碱 5～15mg，每日 3 次，对提高膀胱肌肉的收缩力有一定的作用。

为防止感染，可使用抗生素和尿路消毒药。

3. 中药治疗 中兽医称之为胞虚。肾气虚型主证为膀胱失于约束，小便淋漓，甚者失禁。治则补肾固涩缩尿。方剂可用"肾气丸"加减：熟地、山药各 60g，山萸肉、菟丝子、桑螵蛸、益智仁、泽泻各 45g，肉桂、附子、黄柏各 30g，牡蛎 90g，水煎服。脾肺气虚型主证为尿液停滞，膀胱胀满，时作排尿姿势，有时尿液被动淋漓而下，其量不多。应益气升陷，固涩缩尿。方用"补中益气汤"加减：党参、黄芪各 60g，甘草、当归、陈皮、升麻、柴胡、益智仁、五味子、桑螵蛸、金樱子各 30g，水煎服。

四、尿道炎

尿道黏膜的炎症称为尿道炎、临床以频频尿意和尿频为特征。各种家畜均可发生，多见于牛、犬和猫。

（一）病因

多因导尿时导尿管消毒不彻底、无菌操作不严或操作粗暴，引起细菌感染或黏膜损伤。还见于尿道结石的机械刺激及刺激性药物与化学刺激，损伤尿道黏膜，再继发细菌感染。此外，膀胱炎、包皮炎、子宫内膜炎症等邻近器官炎症的蔓延，也可导致尿道炎。

（二）症状

病畜频频排尿，尿呈断续状排出，有疼痛表现，公畜阴茎勃起，母畜阴唇不断开张，严重时可见黏液性或脓性分泌物和血液不时自尿道口流出。尿液浑浊，混有黏液、血液或脓液，甚至混有坏死和脱落的尿道黏膜。作导尿管探诊时，手感紧张，甚至导尿管难以插入。病畜表现疼痛不安，并抗拒或躲避检查。有的患畜尿道黏膜糜烂、溃疡、坏死或形成瘢痕组织而引起尿道狭窄或阻塞，导致尿道破裂，尿液渗流到周围组织，使腹部下方积尿而中毒。

尿道炎一般预后良好，但当发生尿路阻塞造成尿闭或尿道狭窄导致膀胱破裂时，则预后不良。

（三）诊断

根据临床特征，如疼痛性排尿，尿道肿胀、敏感，以及导尿管插入受阻，动物疼痛不安，尿液中存在炎性产物，但无管型和肾、膀胱上皮细胞即可确诊。可也进行 X 线检查或尿道逆行造影以诊断。尿道炎的排尿姿势很像膀胱炎，但采集尿液检查，尿液中无膀胱上皮细胞。

（四）治疗与护理

1. 治疗原则　消除病因，控制感染和冲洗尿道。

2. 治疗措施　可用 0.1% 雷佛奴尔溶液或 0.1% 洗必泰溶液冲洗尿道。口服呋喃坦啶每千克体重 10mg，每天分 2 次口服。静脉注射 40% 乌洛托品溶液。也可全身应用抗生素，如氨苄西林、喹诺酮类药物等。

当严重尿闭，膀胱高度充盈时，可考虑施行手术治疗或膀胱穿刺。猪发生尿道炎时可用夏枯草 90～180g，煎水、候温内服，早晚各一剂，连用 5～7d。其他疗法可参考膀胱炎。

五、尿结石

尿结石又称尿石病，是指尿路中盐类结晶的凝结物，刺激尿路黏膜而引起出血、炎症和阻塞的一种泌尿器官疾病。临床上以腹痛、排尿不畅、排尿障碍、尿闭和血尿为特征。该病根据其结石部位有不同名称，如尿道结石、膀胱结石和肾结石等。

本病各种动物均可发生，但多发于公畜。林祥梅（1996）报道，新疆奎屯地区牛、羊尿石症的发病率可达 33.4%。1980～1993 年，在北美兽医教学医院，676 668 例病犬中有 3628 例被确诊为尿石症（占 0.54%）。本病多见于老年犬、小型犬，巴哥犬、拉萨犬、贵宾犬、北京犬、约克夏、比格犬、巴塞特猎犬等易患此病。临床上，膀胱和尿道结石最常见，肾结石只占 2%～8%，输尿管结石少见。国外报道，猫的尿路结石大约 44% 为鸟粪石即磷酸铵镁，49.8% 为草酸钙；国内学者报道南京地区犬尿结石磷酸铵镁占 60.71%，其次为草酸钙占 26.19%。小于 1 岁的雄犬中 97% 和所有雌犬尿结石，几乎都是磷酸铵镁（鸟粪石）。成年雄犬只有 23%～60% 的尿结石是磷酸铵镁，其他还有尿酸盐、胱氨酸、草酸盐和硅酸盐（多见于大型犬）等。多数尿结石是以某一成分为主，还有不等的其他成分。尿结石常伴有尿路感染。

（一）病因

尿石的成因不十分清楚，目前普遍认为尿石的形成是多种因素的综合，但主要与饲料及饮水的数量和质量、机体矿物质代谢状态，以及泌尿器官，特别是肾脏的机能活动有密切关系。

1. 饲料营养的不平衡　长期饲喂高钙、低磷和富含硅磷的饲料和饮水，可促进尿石形成。饲喂高蛋白、高镁离子的日粮时，易促进磷酸铵镁结石的形成，特别是猫下泌尿道结石主要是由于饲喂含镁过高的食物造成的。

2. 饮水不足 长期饮水不足，引起尿液浓缩，致使盐类浓度过高而促进尿石的形成。饮水不足是尿石形成的重要因素，如天气炎热、农忙季节过度使役、饮水不足导致机体出现不同程度的脱水，使尿中盐类浓度增高，促使尿石的形成。

3. 肝机能降低 如有些品种犬（如大麦町犬）因肝脏缺乏氨和尿酸转化酶发生尿酸盐结石（图4-1）。

图4-1 大麦町犬肝脏因缺乏尿酸转化酶需要排泄大量的尿酸，形成尿酸盐结石

4. 某些代谢、遗传缺陷 甲状旁腺机能亢进，甲状旁腺激素分泌过多等代谢紊乱性疾病，使体内矿物质代谢紊乱，出现尿钙过高现象；英国斗牛犬、约克夏的尿酸遗传代谢缺陷易形成尿酸铵结石，或机体代谢紊乱易形成胱氨酸结石（图4-2）。

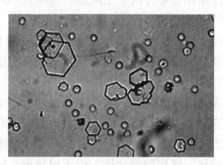

图4-2 腊肠犬（一种短腿长身的德国种猎犬）易患胱氨酸结石
该结石软，像蜡样，暴露在太阳光下呈现绿色。矮腿猎犬和威尔士矮脚犬也具有较高的胱氨酸结石发病率

5. 维生素A缺乏或雌激素过剩 可使上皮细胞脱落，进而促进尿石的形成。

6. 尿路病变 尿路病变是结石形成的重要条件。当尿路感染时，多见于葡萄球菌和变形杆菌感染，直接损伤尿路上皮，尿路炎症可引起组织坏死，使其脱落，促使结石核心的形成，感染菌能使尿素分解为氨，使尿液变为碱性，有利于磷酸铵镁尿结石的形成；当尿路梗阻时，可引起肾盂积水，使尿液滞留，易于发生感染和晶体沉淀，有利于尿路结石的形成；当尿路内有异物（缝线、导管、血块等）存在时，可成为结石的核心，尿中晶体盐类沉着于其表面而形成结石。

7. 慢性疾病 慢性原发性高钙血症、周期性尿液潴留、磺胺药物（某些乙酰化率高的磺胺制剂）及某些重金属的中毒，食入过多维生素D、高降钙素等作用，损伤近端肾小管，影响其再吸收，都能增加尿液中钙和草酸分泌，从而促进了草酸钙尿结石的形成。

8. 其他因素 由于尿液中尿素酶的活性升高及柠檬酸浓度降低引起尿液 pH 的变化也促进尿结石的形成。尿液的 pH 偏好于不同类型结石的凝结。例如,酸性尿偏好于草酸盐类,碱性尿(如反刍动物)偏好于鸟粪石和碳酸盐。

(二)症状

尿结石病畜主要表现为以下症状。

刺激症状:病畜排尿困难,频频作排尿姿势,叉腿,拱背,缩腹,举尾,阴户抽动,努责,嘶鸣,线状或点滴状排出混有脓汁和血凝决的红色尿液。

阻塞症状:当结石阻塞尿路时,病畜排出的尿流变细或无尿排出而发生尿潴留。因阻塞部位和阻塞程度不同,其临床症状也有一定差异。

肾结石临床比较少见。结石一般在肾盂部分,多呈肾盂肾炎症状,有血尿。结石小时,常无明显症状;结石大时,往往并发肾炎、肾盂肾炎、膀胱炎等。阻塞严重时,有肾盂积水,病畜肾区疼痛,运步强拘,步态紧张。肾盂肾炎则出现肾后性氨血症,表现剧烈呕吐,口腔溃疡,体温降至 38℃以下。

当结石移行至输尿管而刺激黏膜并发生阻塞时,病畜表现为剧烈腹痛。后转为精神沉郁,发热,腹触诊有压痛,行走时弓背,有痛苦表情。完全阻塞时,无尿进入膀胱。单侧输尿管阻塞时,不见有尿闭现象。输尿管不全阻塞时,常见血尿、脓尿和蛋白尿。若两侧输尿管部分或完全阻塞,将导致不同程度的肾盂积水。直肠触诊,可触摸到其阻塞部的近肾端的输尿管显著紧张而且膨胀,远端呈正常柔软的感觉。

膀胱结石时,大多数动物表现有可出现尿频和血尿,排尿疼痛,排尿时病畜呻吟,腹壁抽缩,膀胱敏感性增高。小动物当膀胱不太充满时,且结石较大时,膀胱触诊可触到结石。

尿道结石,公马多阻塞于尿道的骨盆中部,公牛多发生于乙状弯曲或会阴部。当尿道不完全阻塞时,病畜排尿痛苦且排尿时间延长,尿液呈滴状或线状流出,有时排出血尿。当尿道完全被阻塞时,则出现尿闭或肾性腹痛现象,病畜后肢曲屈叉开,拱背缩腹,频频举尾,屡作排尿动作,但无尿排出。尿路探诊可触及尿石所在部位,尿道外部触诊时病畜有疼痛感。直肠内触诊时,膀胱内尿液充满,体积增大。按压膀胱也不能使尿排出。若长期尿闭,可引起尿毒症或发生膀胱破裂。

膀胱破裂时,因尿闭引起的努责、疼痛、不安等肾性腹痛现象突然消失,病畜转为安静。由于尿液大量流入腹腔,可出现下腹部腹围迅速膨大,以拳触压时,可听到液体振动的击水音。此时若施行腹腔穿刺,则有大量腹液自穿刺针孔涌出。液体一般呈棕黄色,透明,有尿的气味。尿液进入腹腔后,可继发腹膜炎。

在结石未引起刺激和阻塞作用时,常不显现任何临床症状。

(三)诊断

诊断根据临床上出现的频尿、排尿困难、血尿、膀胱敏感、疼痛、膀胱硬实、膨胀等临床症状结合腹壁触诊可以怀疑本病。非完全阻塞性尿结石可能与肾盂肾炎或膀胱炎相混淆,只有通过直肠触诊进行鉴别。尿道结石也可触诊或插入导尿管诊断是否有结石,并可确定其阻塞位置。犬、猫等小动物可借助 X 线影像确诊。尿结石患畜,在尿路,尤其尿道或膀胱，见有大小不等的结石颗粒。还应注重饲料构成成分的调查，综合判断作出确诊。

X 线检查时，将犬侧卧，两后腿向后拉，选择大小合适的底片，进行骨盆和尿道摄影。若看到膀胱充盈，肾盂、膀胱或尿道内有密度较大的异物时，则可以确诊。对于细砂样的小结石，要小心观察才能确定。有时有些可透性结石，如胱氨酸盐结石和炎性渗出物在 X 线片上不能看出，可通过 B 超检查。

（四）治疗与护理

1. 治疗原则　　消除结石，控制感染，对症治疗。当有尿石症可疑时，可通过改善饲养，即给予患畜以流体饲料和大量饮水。必要时可投予利尿剂，以期形成大量稀释尿，借以冲淡尿液晶体浓度，减少析出并防止沉淀。同时，尚可以冲洗尿路以使体积细小的尿石随尿排出。

2. 治疗措施　　用利尿剂，如利尿素、醋酸钾等。利尿疗法对磷酸铵镁结石尤为有效。乙酰羟氨酸，每天 25mg/kg 体重，可成功抑制犬由脲酶细菌引起的磷酸铵镁结石的形成和复发。

用水冲洗。将导尿管消毒后涂擦润滑剂，缓慢插入尿道或膀胱，注入消毒液体，反复冲洗。适用于粉末状或沙粒状尿石。

尿道肌肉松弛剂。当尿结石严重时可使用 2.5% 的氯丙嗪溶液肌内注射，牛、马 10～20ml，猪、羊 2～4ml，猫、犬 1～2ml。

手术治疗。尿石阻塞在膀胱或尿道的病例，可实施手术切开，将尿石取出。肾盂结石临床上相对少见，且临床特征不明显，易误诊导致犬的病情恶化。通过手术办法取出肾盂结石时，若两侧肾盂结石严重，则预后不良，单侧结石，将其肾脏摘除来完成；尿道结石首先疏通尿道，用适当的导尿管插入尿道，导尿管口接生理盐水，使尿道扩张，然后迅速拔出导尿管，使结石与生理盐水一同涌出，反复冲洗几次，直到感觉导尿管能顺利插入。若反复冲洗后，虽然导尿管能顺利插入，但结石没有排出，此时作膀胱切开，取出结石。

控制尿路感染。长期尿结石常因细菌感染而继发严重的尿道或膀胱炎症，甚至引起肾盂肾炎、肾衰竭和败血症。故在治疗尿结石的同时，必须配合局部和全身抗生素治疗，另外，酸化尿液，增加尿量，有助于缓解感染。氯化铵是一种很有效的尿酸化剂，犬、猫每天 600mg/kg 体重，但它能增加铵离子的浓度。

据报道，对草酸盐尿石的病畜，应用硫酸阿托品或硫酸镁内服。对有磷酸盐尿结石的病畜，应用稀盐酸进行冲洗治疗获得良好的治疗效果。另外，也可采取碎石技术进行治疗。

3. 中药治疗　　中医称尿路结石为"砂石淋"、"石淋症"。根据清热利湿，通淋排石，病久者肾虚并兼顾扶正的原则，一般多用排石汤（石苇汤）加减：海金沙、鸡内金、石苇、海浮石、滑石、瞿麦、扁蓄、车前子、泽泻、生白术等。

（五）保健护理

手术后患畜的护理，前 3d 静脉滴注抗生素及营养剂，并根据具体情况使用强心、利尿等药物支持。3d 后如状况基本正常可口服消炎药，直至伤口愈合。期间应使用伊丽莎白圈防止狗舔咬伤口，同时每天消毒尿道口并涂以消炎软膏直至拆线。

平时应查清动物的饲料、饮水和尿石成分，找出尿石形成的原因，合理调配饲料，防止长期单调的喂饲家畜以某种富含矿物性的饲料（长期单一饲喂高蛋白质、高磷、高钙）和饮水。饲料中的钙磷比例保持在 1.2：1 或者 1.5：1 的水平。并注意饲喂维生素 A 丰富的饲料，以防止泌尿器官的上皮形成不全或脱落，造成尿石的核心物质增多。

对家畜泌尿器官炎症性疾病应及时治疗，以免出现尿潴留。

平时应适当增喂多汁饲料或增加饮水，以稀释尿液，减少对泌尿器官的刺激，并保持尿中胶体与晶体的平衡。

在肥育犊牛和羔羊的日粮中加入 4% 的氯化钠，以增加饮水量，对尿石的发病有一定的预防作用。同样，在饲料中补充氯化铵，以延缓镁、磷盐类在尿石外周的沉积，对预防磷酸盐结石有令人满意的效果。

采取均衡的饮食结构，少食或不食动物内脏，饲喂钙磷镁钠含量较低的日粮，建议饲喂动物专用日粮。

第四节　其他泌尿器官疾病

尿毒症

尿毒症是由于肾功能不全或肾衰竭，导致代谢产物和毒性物质不能随尿排出，在体内蓄积所引起的一种自体中毒综合征。临床上可出现神经、消化、血液、循环、呼吸、泌尿和骨骼等系统的一系列症状和特征。各种动物均可发生。

（一）病因

尿毒症为继发综合征，它不是一种独立的疾病，而是泌尿器官疾病晚期发生的临床综合征。主要是各种原因引起的急性或慢性肾衰竭，或者是由慢性肾炎、慢性肾盂肾炎等各种慢性肾脏疾患所引起。

（二）症状

兽医临床上将尿毒症分为真性尿毒症和假性尿毒症两种类型。

真性尿毒症：是因含氮物质如胍类毒性物质在血液和组织内大量蓄积（氮质血症）而引起，故又称为氮血症性尿毒症。氮血症性尿毒症是肾功能高度衰竭的一种标志，多呈死亡转归。

本型尿毒症的症状发展缓慢，病畜表现精神沉郁，厌食，呕吐，意识障碍，嗜睡，昏迷，腹泻，胃肠炎，呼吸困难，严重时呈现陈 - 施二氏呼吸，呼出气体混有尿味。此外，还可见到出血性素质，贫血和皮肤瘙痒现象。血液非蛋白氮显著升高。

假性尿毒症：又称抽搐性尿毒症或肾性惊厥，是由其他（如胺类、酚类等）毒性物质在血液内大量蓄积，致使脑血管痉挛和由此引起的脑贫血所致。临床上主要表现为突发性癫痫样抽搐及昏迷。病畜精神委顿（偶有兴奋者），呕吐，流涎，厌食，瞳孔散大，反射增强，呼吸困难，并呈阵发性喘息，卧地不起，衰弱而死亡。

（三）诊断

除临床症状外，可根据病史调查、血液和尿液的实验室生化检验结果，进行综合诊断。进一步确诊可进行肾功能检查、肾 X 线造影检查或放射性核素肾图检查，均有助于诊断。

（四）治疗与护理

及时治疗原发病，加强饲养管理，改善饲养（减少日粮蛋白质、氨基酸的含量，并补充维生素）是防止尿毒症进一步发展的重要措施。

为缓解酸中毒，纠正酸碱失衡，可静脉注射5%碳酸氢钠，一次注射量，牛、马5～30g，猪、羊2～6g，猫0.5～1.5g。或11.2%乳酸钠注射液，静脉注射。为纠正水与电解质紊乱应及时静脉输液。为促进蛋白质合成，减轻氮质血症，可采用苯丙酸诺龙、丙酸睾丸素或透析疗法，以清除体内毒性物质。此外，还可采用对症治疗。

（梁有志　杨东兴　付志新）

第五章 神经系统疾病

第一节 总 论

一、与神经系统疾病有关的解剖生理

哺乳动物的神经系统的发育主要集中在从胚胎发生早期到出生后一段时间之内。在这个过程中，细胞经历了快速分裂和分化期，并且受到大量物理性的、化学性的和感染性的因素的影响。物理性因素包括温度的极冷极热、特别是母体极热、直接和间接的外伤。化学因素包括有机的、无机的和植物的中毒，母源的或外源的营养不平衡，微生物活动的毒性产物。微生物直接侵入胎儿会导致胎儿死亡和遗传缺陷或核酸模板的自发性错误，这些都对发育过程中的胎儿的神经系统造成一定的影响。

高等脊椎动物的神经系统主要包括神经元细胞和神经胶（质）细胞。神经元细胞形成了神经冲动的传导系统。神经胶（质）细胞也分为两种类型：少突神经胶质细胞主要形成和维持轴突的髓磷脂鞘，而星形胶质细胞提供中枢神经系统的骨架，同时形成血 - 脑屏障。在外周神经系统，施旺细胞与少突神经胶质细胞是同一种细胞。

神经系统主要依赖于葡萄糖和氧气来维持功能活动的正常，因此脑部就有丰富的毛细血管网，特别在神经元密集区网络更密。即使短暂的血流供应中断，也会干扰细胞膜的功能。因为细胞膜可以积累有毒的代谢物如脂质过氧化物，这会导致细胞肿胀和死亡。当一个神经细胞死亡后，它就不能再生，它所包含的神经通路就随着消失。如果大量的神经细胞死亡后，就会出现脑神经功能缺陷。

感染性物质、中毒和创伤不仅损坏了神经元，而且损坏了胶质组成成分。当损伤发生后，星形胶质细胞会增殖形成星形胶质疤痕，这种疤痕本质上扭曲了神经组织，进而干扰了神经功能的正常活动。少突神经胶质细胞可以从干细胞中再生，但是成熟的中枢神经系统（CNS）髓磷脂的再生能力在很大程度上取决于神经元的可变性。

二、神经系统疾病的病因

代谢性疾病如生产和管理系统应激，乳热、低镁血症抽搐（青草抽搐）和酮血症等内源性生化因素；外源性生化因素，如有机磷化合物、有机氯化合物和氨基甲酸盐是特异的神经毒素，它们的作用机制现在已经清楚。然而，尽管大量的有毒物质其主要的靶器官为肠道、肝脏和心血管系统，但也能够引起一些神经症状；一些微生物入侵神经系统，通常引起脑组织发炎（脑炎）、脊髓炎和脑膜炎；其他存在于消化道或外部环境中的微生物会产生一些神经毒素或抗代谢物，这些物质可以使脑炎和脊髓炎恶化。另外，遗传因素、病毒病（如牛病毒性腹泻/黏膜病）、细菌病（如李斯特菌病）、寄生虫（龚地弓形虫、肉孢子虫、犬缘虫）等也是神经系统疾病的诱因。

大脑综合征：在反刍动物中，弥漫性的大脑疾病常见，主要见于成年动物的代谢性疾病和新生犊牛的细菌性脑膜炎。大脑是意识、行为和视觉形象之所。视觉形象通过眼睛和视神经连接。大脑功能不良的临床症状包括失明（但却有正常的瞳孔光反应）、冲动性行

走、转圈、持续的咀嚼运动、严重的精神沉郁、痴呆、不断嗳气、头部僵硬、听觉和视觉刺激感觉过敏、角弓反张。我们必须注意到随着病情的进展，临床症状也随着改变。

小脑综合征：小脑主要协调自发性运动。小脑功能不良时，四肢运动痉挛（僵硬）、笨拙和急拉。开始运动时出现迟滞，同时伴随强烈的震颤。小脑疾病的特征是姿态异常和共济失调（不协调），特别是后肢更会出现上述情况，但能够保持正常的肌肉张力。除了共济失调外，在小脑疾病中人们可以经常见到辨距不良和运动范围过度这两种症状。在小脑蚓部严重损伤的动物，角弓反张常见。

前庭综合征：人们经常可以见到生长中的单侧前庭外周损伤的牛。其主要的临床症状有同侧头倾斜，在走路时向旁边倾斜和飘动，也会看到转圈。前庭损伤的动物很少或不能看到定位的眼球震颤。快速期有自发的水平眼球震颤会直接远离损伤区域。当头抬高后，会有同侧向下斜视的情况。外周前庭疾病会引起面神经瘫痪，因为面神经和交感神经纤维都经过中耳。前庭中部疾病会引起水平、垂直或旋转的眼球震颤。

脑桥延髓（脑干）综合征：因为大多数颅神经核都在脑干上，所以脑干功能不良的特征就是多发性的颅神经缺陷。精神沉郁是脑干疾病的核心症状，因为脑干涉及网状激活系统。转圈、同侧脑瘫和本体感受缺陷，这些经常可以见到。当前庭-耳蜗神经核受到损伤时，就会看到转圈。同理，当面神经核受到损伤时，就会导致同侧面神经瘫痪。面部瘫痪非常明显，可以看到一侧耳朵低垂、上眼睑低垂、嘴唇松弛。三叉神经或三叉运动神经核受损时，两颊肌肉瘫痪和面部皮肤感觉降低。李斯特菌病（李氏杆菌病）就是典型的脑干损伤的疾病。

三、神经系统疾病的诊断

神经系统检查可以确定中枢神经系统损伤的部位（Braund，1985）。兽医将能够影响脑部某一区域的普通疾病列出来，然后作进一步诊断和检查。最有用和最实惠的辅助试验就是腰部脑脊髓液分析（Scott，1992，1995，1996）。例如，犊牛的临床表现为精神沉郁、无精打采、大脑皮层性失明和斜视，斜视表明大脑皮层弥漫性功能不良；脑脊髓液（CSF）分析显示，蛋白质浓度明显升高和脑脊液中嗜中性的淋巴细胞异常增多。临床症状与细菌性脑膜炎的诊断一致，细菌性脑膜炎可以通过全身 CSF 检查和实验室检测来确定。

四、神经系统疾病的治疗与护理

治疗中枢神经系统感染应该考虑的原则：细菌性病原；疾病的病程和程度；挑选能够渗透到血-脑屏障的抗生素。为了杀灭细菌，CSF 中必须给予 10~30 倍的最低杀菌浓度（Prescott and Baggot，1988）。44 000IU/kg 体重普鲁卡因青霉素 G，b.i.d.[①]，治疗绵羊李斯特菌病时，治愈率为 24%；青霉素 G 治疗急性 CNS 感染的可能的最佳剂量为 300 000IU/kg 体重，是正常剂量的 15 倍；庆大霉素可以快速治愈革兰氏阴性微生物引起的新生犊牛脑膜炎；脑脓肿通常是厌氧菌和需氧菌混合感染的结果，在这种情况下，甲硝哒唑与青霉素联合使用，或与氟苯尼考联合使用；头孢噻呋治疗细菌性脑膜炎；人们推荐使用磺胺甲氧苄氨嘧啶来治疗细菌性脑膜炎和李斯特菌病，但目前没有相关的田间试验数据；在某些神经系统疾病中，特别是骨髓灰白质炎和细菌性脑膜炎，控制脑水肿是影响预后的重要

① bi.d.表示每天两次

因素（McGuirk，1987）。细菌性脑膜炎时引起的脑水肿可以导致颅内压的升高，这是导致动物死亡、脑梗塞和 CSF 流体力学改变的一个因素。随着颅内压的逐渐升高，动物出现昏迷、癫痫发作、展神经瘫痪、持续性的心搏徐缓和呼吸抑止。控制脑水肿的推荐治疗办法有两种：一种是静脉注射 1～2mg/kg 体重地塞米松，静脉注射 1～2mg/kg 体重二甲基亚砜，用时配成 10% 的溶液，另一种就是静脉注射 1～2mg/kg 体重速尿（McGuirk，1987）。支持疗法包括皮质类固醇、利尿剂、二甲基亚砜和非类固醇抗炎药物（NASID），如氟尼辛的甲基葡胺盐、卡洛芬、美洛昔康和酮洛芬。此外，某些情况下，人们需要合适的静脉注射液和口服液作为替代治疗，这样来纠正轻微的酸碱不平衡和体液紊乱。

第二节　脑及脑膜疾病

一、脑充血

脑及脑膜的血管发生充血或淤血情况，引起兴奋不安和意识障碍现象，通常称为脑及脑膜充血。临床上以兴奋不安和意识障碍为特征。本病可发生于各种家畜，幼畜较为常见。

（一）病因及发病机制

本病按其病性有主动性（动脉性）与被动性（静脉性）两种。主动性脑及脑膜充血的原因是由于过度紧张、重剧使役或驱逐上山、剧烈地奔驰、粗暴管理和调教、过度兴奋，或在车船运输中过于拥挤、受热；或因畜舍通风不良，过于闷热；或因发情、受惊以及烈日照射头部；或心脏肥大，均可引起脑动脉发生充血现象。还有由于乙醇、亚硝酸戊酯、水合氯醛、阿托品等药物中毒，以及某些有毒植物中毒或自体中毒而引起。当然，也有因突然饲喂大量饲料，特别是精料，以致肚腹膨胀而发生。

此外，瘤胃臌胀、肠鼓气、腹腔肿瘤、大动脉血液循环障碍和大叶性肺炎等，也能引起主动性脑充血。脑膜炎、脑出血、脑肿瘤、囊肿、寄生虫以及头骨创伤与震荡等则可引起局限性脑充血。

被动性脑充血常见于心脏瓣膜病、心包炎、心肌炎、心脏肥大以及心脏衰弱等，静脉回流障碍可导致脑静脉淤血。慢性肺气肿、间质性肺气肿和胸膜肺炎以及急性胃扩张等经过中，由于血液循环障碍，也会引起脑静脉淤血。颈静脉受到机械性压迫也常常引起被动性脑充血的发生。

（二）症状

主动性脑充血，病畜狂躁兴奋或精神沉郁、意识不清。一般而言，兴奋发作前，精神抑郁，不注意周围事物。兴奋发作时，表现为摇头，啃咬物品，磨牙，嘶鸣，无目的的前冲或后退，头抵饲槽，冲撞墙壁，有的病畜挣脱缰绳，不顾障碍物向前奔跑。病畜结膜充血，头盖部灼热，瞳孔散大或缩小，呼吸急促，脉搏增数，光惊恐，体温有时升高，食欲下降。后期，病畜转入抑制，出现精神沉郁，目光呆滞，不注意周围事物，行走摇晃，呼吸、脉搏减慢。

反刍动物发病时，哞叫、啃饲槽、行为粗暴、狂奔、皮肤过敏、战栗、眼球转动、姿态不自然、惊恐胆怯、运动拙劣。有时转圈运动，或倒地抽搐。

病犬则表现为狂吠、嚎叫、咬物、狂奔、肌肉痉挛性收缩，并有呕吐现象。

被动性充血，病畜主要表现精神沉郁，感觉迟钝，垂头站立，有时抵靠墙壁或饲槽，不愿采食，强制牵行则步态踉跄。体温不高，呼吸困难，结膜发绀，脉搏细弱。有时癫痫样发作、抽搐和痉挛。

（三）诊断

根据病史调查结合临床症状分析，对本病可作出诊断，但在脑充血的病程中，呈现兴奋狂躁与意识障碍，故除与脑贫血鉴别外，还应与脑脊髓膜炎、流行性脑炎、结核性脑炎、中毒性脑炎、牛恶性卡他热、炭疽和狂犬病等予以鉴别，以免误诊。

（四）治疗与护理

1. 治疗原则　镇静安神，防止脑水肿，恢复大脑皮层功能。

2. 治疗措施

（1）主动性脑充血　首先除去致病原因，可将病畜置于安静、凉爽通风处，头部施行冷敷或装置冰袋，直肠灌注冷盐水。在病畜兴奋发作期间，防止冲撞物体，以免造成损伤。严重病例，可根据体况进行静脉泻血，必要时可快速静脉注射20%甘露醇或高渗葡萄糖等药物，以降低颅内压，防止急性脑水肿或脑内出血。病畜狂躁不安时，可用安溴液，大型家畜50~100ml，小动物5~10ml，一次静脉注射，或硫酸镁注射液（一次剂量，大型家畜100~200ml，小动物10~20ml）或水合氯醛（大家畜20~30g，猪、羊5~10g，配成1%~3%的溶液）深部灌肠。

（2）被动性脑充血　应先治疗原发病，增强心脏功能，改善脑循环。可肌内注射安钠咖或内服番木鳖酊等中枢神经兴奋药。番木鳖酊剂量为大型家畜5~10ml；小型家畜1~3ml，但不宜泻血。

3. 中药治疗　中兽医称主动性脑充血为急心黄，治以清热涤痰，调和气血，镇心安神，治方为"镇心散"加减：黄芩、黄连、龙胆紫、夏枯草各30~45g，天竺黄、郁金、丹参、党参、川芎、甘草各30g，防风、茯神、远志各25g，朱砂（另包后入）水煎服。被动性脑充血属慢性心黄，治以行淤通窍，养心安神为主，治方为"血府逐淤汤"合"通窍活血汤"加减：当归、石菖蒲、桃仁、红花各30~45g，枳壳、赤芍、郁金各30g，川芎、桔梗、远志、茯神各25g，大枣20枚，老葱10根为引，水煎服。

二、脑膜脑炎

脑膜脑炎主要是受到传染性或中毒性因素的侵害，首先软脑膜及整个蛛网膜下腔发生炎性变化，继而通过血液和淋巴途径侵害到脑，引起脑实质的炎性反应；或者脑膜与脑实质同时发炎。一般通称脑膜脑炎，临床上以高热、脑膜刺激症状、一般脑症状和局部脑症状为特征，是一种伴发严重的脑机能障碍的疾病。牛、马多发，也发生于猪和其他家畜。

（一）病因

原发性脑膜脑炎，主要由于内源性或外源性的传染性因素引起的，亦有由中毒性因素所致。其中病毒感染是主要的，如家畜的疱疹病毒、牛恶性卡他热病毒、猪的肠病毒、犬瘟热病毒、犬虫媒病毒、犬细小病毒、猫传染性腹膜炎病毒、猫免疫缺陷病毒以及绵羊的慢病毒等。其次是细菌感染，如链球菌、葡萄球菌、肺炎球菌、双球菌、溶血性及多杀性巴氏杆菌、化脓杆菌、坏死杆菌、变形杆菌、化脓性棒杆菌、猪流感嗜血杆菌、马放线杆菌，以及单核细胞增多性李氏杆菌等。另外，原虫感染（弓形虫和新孢子虫）和霉菌感染（新型隐球菌和荚膜组织胞浆菌等）也可引发该病。中毒性因素主要见于猪食盐中毒、马霉玉米中毒、铅中毒及各种原因引起的严重自体中毒等过程中，都具有脑膜及脑炎的病理现象。

继发性脑膜脑炎多见于脑部及邻近器官炎症的蔓延，如颅骨外伤、角坏死、龋齿、额窦炎、中耳炎、内耳炎、化脓性鼻炎、腮腺炎、眼球炎、脊髓炎等。亦有由于受到马蝇蛆、马圆虫的幼虫、脑脊髓丝虫病、脑包虫、猪与羊囊虫、普通圆线虫病以及血液原虫病等的侵袭，导致脑膜及脑炎的发生和发展。免疫性疾病也可引发脑膜脑炎。

凡能降低机体抵抗力的不良因素，如饲养管理不当、受寒感冒、中暑、过劳、长途运输均可促使本病的发生。

（二）发病机制

不论是病毒与病原微生物，还是有毒物质，可以通过各种不同的途径，侵入到脑膜及脑组织，引起炎性病理变化。病原微生物或有毒物质沿血液循环或淋巴途径侵入，或因外伤或邻近组织炎症的直接蔓延扩散进入脑膜及脑实质，引起软脑膜及大脑皮层表在血管充血、渗出、蛛网膜下腔炎性渗出物积聚。炎症进入脑实质，引发脑实质出血、水肿，炎症蔓延至脑室时，炎性渗出物增多，发生脑室积水。由于蛛网膜下腔炎性渗出物聚积，脑水肿及脑室积液，造成颅内压升高，脑血液循环障碍，致使脑细胞缺血、缺氧和能量代谢障碍，产生脑机能障碍，加之炎性产物和毒素对脑实质的刺激，因而临床上产生一系列的症状。

病畜意识障碍，精神沉郁，或极度兴奋，狂躁不安，痉挛、震颤、运动异常，以及视觉障碍，呼吸与脉搏节律发生变化。并因病原微生物及其毒素的影响，同时伴发毒血症，体温升高。由于炎性病理变化及其病变部位的不同，导致各种不同的灶性症状。

（三）症状

由于炎症的部位、性质、持续时间、动物种类以及严重程度不同，临床表现也有较大差异，但大体上可分为脑膜刺激症状、一般脑症状和灶性脑症状。

1. 脑膜刺激症状　　是以脑膜炎为主的脑膜脑炎，常伴发前数段脊髓膜同时发炎，背侧脊神经根受到刺激，病畜颈部及背部感觉敏感，轻微刺激或触摸该处皮肤，则有强烈的疼痛反应，并反射性地引起颈部背侧肌肉强直性痉挛，头向后仰。膝腱反射检查，可见膝腱反射亢进。随着病程的发展，脑膜刺激症状逐渐减弱或消失。

2. 一般脑症状　　病情发展急剧，病畜先兴奋后抑制或交替出现。病初，呈现高度兴奋，体温升高，感觉过敏，反射机能亢进，瞳孔缩小，视觉紊乱，易于惊恐，呼吸急促，脉搏增数。行为异常，不易控制，狂躁不安，攀登饲槽，或冲撞墙壁或挣断缰绳，不顾障碍向前冲，或转圈运动。兴奋哞叫，频频从鼻喷气，口流泡沫，头部摇动，攻击人畜。有时举扬头颈，抵角甩尾，跳跃，狂奔，其后站立不稳，倒地，眼球向上翻转呈惊厥状。在数十分钟兴奋发作后，病畜转入抑制则呈嗜眠、昏睡状态，瞳孔散大，视觉障碍，反射机能减退及消失，呼吸缓慢而深长。后期，常卧地不起，意识丧失，昏睡，出现陈-施二氏呼吸，有的四肢作游泳动作。

3. 灶性脑症状　与炎性病变在脑组织中的位置有密切的关系，主要是由于脑实质或脑神经核受到炎性刺激或损伤所引起的，临床多表现为痉挛和麻痹。大脑受损时表现行为和性情的改变，步态不稳，转圈，甚至口吐白沫，癫痫样痉挛；脑干受损时，表现精神沉郁，头偏斜，共济失调，四肢无力，眼球震颤；炎症侵害小脑时，出现共济失调，肌肉颤抖，眼球震颤，姿势异常。炎症波及呼吸中枢时，出现呼吸困难。

血液学变化：初期血沉正常或稍快，嗜中性粒细胞增多，核左移，嗜酸性粒细胞消失，淋巴细胞减少。康复期嗜酸性粒细胞与淋巴细胞恢复正常，血沉缓慢或趋于正常。

脑脊髓穿刺：由于颅内压升高，穿刺时，流出混浊的脑脊液，其中蛋白质和细胞含量增多。

（四）诊断

根据脑膜刺激症状、一般脑症状和局部脑临床症状，结合病史调查及病情发展过程，一般可作出诊断。若病情的病程发展，临床特征不十分明显时，可进行脑脊液检查。脑膜脑炎病例，其脑脊液中嗜中性粒细胞数和蛋白含量增加。必要时可进行脑组织切片检查。但在临床实践中，有些病例，往往由于脑功能紊乱，特别是某些传染病或中毒性疾病所引起的脑功能障碍，则与本病容易误诊，故须注意鉴别。

（五）治疗与护理

1. 治疗原则　应按照加强护理、降低颅内压、保护大脑、消炎解毒，采取综合性的治疗措施，扭转病情，促进康复过程。

2. 治疗措施　先将病畜放置在安静、通风的地方和避免光、声刺激。若病畜有体温升高，头部灼热时可采用冷敷头部的方法，消炎降温。

对细菌感染患畜，应早期选用易通过血-脑屏障的抗菌药物，如头孢菌素、磺胺、氨苄西林等。如青霉素 4 万 IU/kg 和庆大霉素 2～4mg/kg，静脉注射，每天 3 次。亦可静脉注射氯霉素（20～40mg/kg）或林可霉素（10～15mg/kg），每天 3 次。新生幼畜对氯霉素的代谢和排泄功能较差，用量应减少，以免发生蓄积性中毒。对病毒性感染没有直接有效的药物。对免疫反应引起的脑膜脑炎，皮质类固醇类药物有较好的疗效。

由于本病多伴有急性脑水肿，颅内压升高，脑循环障碍。可先视体质状况泻血。大型家畜泻血 1000～2000ml，再用 10%～25% 葡萄糖溶液 1000～2000ml 并加入 40% 的乌洛托品 50～100ml，静脉注射。如果血液浓稠，同时尚可用 10% 氯化钠溶液 200～300ml，静脉注射。但最好用脱水剂，通常用 20% 甘露醇溶液，或 25% 山梨醇溶液，按 1～2g/kg 体重，静脉注射，应在 30min 内注射完毕，降低颅内压，改善脑循环。若于注射后 2～4h 内大量排尿，中枢神经系统紊乱现象即可好转。良种家畜，必要时，也可以考虑应用 ATP 和辅酶 A 等药物，促进新陈代谢，改善脑循环，进行急救。

当病畜高度兴奋，狂躁不安时，可用镇静剂，如 2.5% 盐酸氯丙嗪 10～20ml 肌内注射，或安溴注射液 50~100ml，静脉注射，也可使用苯巴比妥每千克体重 1mg，以调节中枢神经机能紊乱，增强大脑皮层保护性抑制作用。心脏衰弱时，可应用安钠咖和氧化樟脑等强心剂。

3. 中药治疗 中兽医称脑膜脑炎为脑黄，是由热毒扰心所致实热症。应采取清热解毒，解痉息风和镇心安神治疗方式，治疗方剂为"镇心散"合"白虎汤"加减：生石膏（先入）150g，知母、黄芩、栀子、贝母各 60g，藁本、草决明、菊花各 45g，远志、当归、茯神、川芎、黄芪各 30g，朱砂 10g，水煎服。

4. 针治 中药治疗可配合针刺鹘脉、太阳、舌底、耳尖、山根、胸膛、蹄头等穴位效果更好。

5. 验方 应用鲜地龙 250g，洗净捣烂和水灌服治疗脑膜脑炎有效。

（六）保健护理

成功治疗的关键在于饲养员对犊牛行为异常的及时发现，以及兽医对腰部脑脊液进行检查后迅速作出临床诊断。在兽医诊断和实施治疗的过程中，任何延迟都可能导致预后不良，但是应用氯霉素进行迅速治疗，可以达到 30% 的治愈率（Scott and Penny, 1993）。虽然很少的广谱杀菌抗生素能够穿透完整的血 - 脑屏障，但人们普遍认为，在细菌性脑膜脑炎疾病中血 - 脑屏障受到了破坏，从而增大了抗生素渗透的浓度。细胞膜渗透性升高可以允许足量的抗生素进入脑脊液，达到最小杀菌浓度（MBC）。脑脊液中抗生素浓度峰值能达到有效的最小杀菌浓度的 10~30 倍是十分重要的（Prescott and Baggot, 1988）；值得强调的是，在细菌性脑脊液感染刚刚出现临床症状时，应该尽快应用高剂量的抗生素进行治疗。

人医上有人报道，治疗革兰氏阴性杆菌引起的脑膜炎时最好的药物是第三代头孢菌素，特别是头孢噻肟钠（Cherubin and Eng, 1986；Feldstein et al., 1987），但是在兽医文献中，没有关于牛传染性神经疾病应用头孢噻呋治疗的田间实验数据。

由于现在有许多国家禁止对食品生产动物应用氯霉素，所以没有田间研究报道与它相近的替代品——氟苯尼考的临床应用效果。可以用来治疗细菌性脑膜脑炎的其他抗生素有：联合应用磺胺 - 三甲氧苄氨嘧啶或头孢噻呋。

三、日射病及热射病

日射病是家畜在炎热季节中，头部受到强烈的日光持续直射时，引起脑及脑膜充血和脑实质的急性病变，导致中枢神经系统机能严重障碍现象，通常称为日射病。在炎热季节潮湿闷热的环境中，新陈代谢旺盛，产热多，散热少，体内积热，引起严重的中枢神经系统功能紊乱现象，通常称为热射病。又因大量出汗、水盐损失过多，可引起肌肉痉挛性收缩，故又称为热痉挛。

临床上日射病、热射病及热痉挛，都是由于外界环境中的光、热、湿度等物理因素对动物体的侵害，导致体温调节功能障碍的一系列病理现象，故统称为中暑。本病在炎热的夏季多见，病情发展急剧，甚至迅速死亡。各种动物均可发病，牛、马、犬及家禽多发。

（一）病因

在高温天气和强烈阳光下使役和奔跑时常常引发该病。厩舍拥挤，通风不良或在闷热（温度高、湿度大）的环境中使役繁重，用密闭而闷热的车、船运输等也都是引起本病的常见原因。另外，饲养管理不当，长期休闲，缺乏运动，体质衰弱，心脏功能、呼吸功能不全，代谢机能紊乱，家畜皮肤卫生不良，出汗过多，饮水不足，缺乏食盐，以及在炎热天气从北方运往南方的家畜，适应性差、耐热能力低，都易促使本病的发生。

（二）发病机制

在理解本病发病机制前，首先必须了解机体的体温调节功能。正常情况，在体温调节中枢的控制下，动物体产热与散热处于平衡状态。这是由于体内物质代谢和肌肉活动过程中不断地产热，通过皮肤表面的辐射、传导、对流和蒸发等方式不断地散热，以维持正常体温。但在炎热季节中，气温超过35℃时，由于强烈日光和高温的作用，导致辐射、传导及对流散热困难，只能通过汗液蒸发途径散热。由于蒸发散热常常受到大气中的湿度和机体健康情况等有关因素的影响，以致散热困难，体内积热，发生中暑现象。

从发病学上分析，无论是热射病还是日射病，最终都会出现中枢神经系统紊乱，但是，其中发病机制方面还是有一定差异的。以日射病而言，因家畜头部持续受到强烈日光照射，日光中紫外线穿过颅骨直接作用于脑膜及脑组织即引起头部血管扩张，脑及脑膜充血，头部温度和体温急剧升高，导致神智异常。又因日光中紫外线的光化反应，引起脑神经细胞炎性反应和组织蛋白分解，从而导致脑脊液增多，颅内压增高，引起中枢神经调节功能障碍，新陈代谢异常，导致自体中毒、心力衰竭、病畜卧地不起、痉挛、昏迷。

至于热射病，主要是由于外界环境温度过高、湿度大，家畜体温调节中枢的机能降低，出汗少，散热障碍，产热与散热不能保持相对平衡，产热大于散热，以致造成家畜机体过热，引起中枢神经机能紊乱，血液循环和呼吸机能障碍而发生本病。

热射病发生后，机体温度高达41～42℃，体内物质代谢加强，氧化产物大量蓄积，导致酸中毒；同时因热刺激，反射性地引起大量出汗，致使病畜脱水。由于脱水和水盐代谢失调，组织缺氧，碱贮下降，脑脊髓与体液间的渗透压急剧变化，影响中枢神经系统对内脏的调节作用，心、肺等脏器代谢机能衰竭，静脉淤血，黏膜发绀，皮肤干燥，无汗，体温下降，最终导致窒息和心脏停搏。

热痉挛是因大量出汗、氯化钠损失过多，引起严重的肌肉痉挛性收缩，剧烈疼痛。但病畜体温正常，意识清醒，仍有渴感。

由于中暑，脑及脑膜充血，并因脑实质受到损害，产生急性病变，体温、呼吸与循环等重要的生命中枢陷于麻痹。所以，有一些病例，病畜犹如电击一般，突然晕倒，甚至在数分钟内死亡。

（三）症状

在临床本病的发生发展过程中，日射病和热射病常常同时存在，因而很难精确区分。

1. 日射病　　常突然发生，病的初期，病畜精神沉郁，有时眩晕，四肢无力，步态不稳，共济失调，突然倒地，四肢作游泳样运动。目光狰恶，眼球突出，神情恐惧，有时全身出汗。随着病情发展急剧，体温略有升高，呈现呼吸中枢、血管运动中枢机能紊乱，甚至麻痹症状。心力衰竭，静脉怒张，脉微弱，呼吸急促而节律失调，结膜发绀，瞳孔散大，皮肤干燥。皮肤、角膜、肛门反射减退或消失，腱反射亢进，常发生剧烈的痉挛或抽搐而迅速死亡，或因呼吸麻痹而死亡。

2. 热射病 突然发病，体温急剧上升，甚至高达 42～44℃以上，皮温增高，甚至皮温烫手，全身出汗，白毛动物全身通红。病畜站立不动或倒地张口喘气，两鼻孔流出粉红色、带小泡沫的鼻液。心悸，脉搏疾速，每分钟可达百次以上。眼结膜充血，瞳孔扩大或缩小。后期病畜呈昏迷状态，意识丧失，四肢划动，呼吸浅而疾速，节律不齐，第一心音微弱，第二心音消失，血压下降，血压为：收缩血压 10.66～13.33kPa，舒张压为 8.0～10.66kPa。濒死前，多有体温下降，常因呼吸中枢麻痹而死亡。检查病畜血液，见有红细胞压积升高，高达 60%；血清 K^+、Na^+、Cl^- 含量降低。猪，病初不食，喜饮水，口吐泡沫，有的呕吐。继而卧地不起，头颈贴地，意识昏迷，或痉挛、战栗。绵羊神情恐惧，惊厥不安。鸭，虚弱无力，步态跛跄。

3. 热痉挛 病畜体温正常，意识清醒，但引人注目的是全身出汗、烦渴、喜饮水、肌肉痉挛，导致阵发性剧烈疼痛的现象。

（四）诊断

家畜的日射病、热射病及热痉挛，发生于炎热的夏季，多因劳役过度，饮水不足，受到日光直射；或因通风不良，潮湿闷热，使体质虚弱的家畜，往往受热中暑，呈现一般脑症状及一定程度的灶性症状，甚至发生猝死。可根据发病季节、病史资料，以及体温急剧升高、心肺机能障碍和倒地昏迷等临床特征进行确诊。但应与肺水肿和充血、心力衰竭和脑充血等疾病相区别。

（五）治疗与护理

1. 治疗原则 消除病因，加强护理，防暑降温、镇静安神、强心利尿、缓解酸中毒，促进机体散热和缓解心肺机能障碍。

2. 治疗措施 应立即停止使役，将病畜放置于荫凉通风处，若病畜卧地不起，可就地搭起荫棚，保持安静。

不断用冷水浇洒全身，或用冷水灌肠，口服 1% 冷盐水，可于头部放置冰袋，亦可用乙醇擦拭体表。体质较好者可泻血 1000～2000ml（大动物），同时静脉注射等量生理盐水，以促进机体散热。为了促进体温下降，可以用 2.5% 盐酸氯丙嗪溶液，牛、马 10～20ml；猪、羊（体重50kg以上）4～5ml，肌内注射。保护丘脑下部体温调节中枢，防止产热，扩张外周血管，促进散热，缓解肌肉痉挛，扭转病情，具有较好的作用。根据临床实践，牛、马发生本病，先颈静脉泻血 1000～2000ml，再用 2.5% 盐酸氯丙嗪溶液 10～20ml，5% 葡萄糖生理盐水 1000～2000ml，20% 安钠咖溶液 10ml，静脉注射，效果显著。

对心功能不全者，可皮下注射 20% 安钠咖等强心剂 10～20ml。病畜心力衰竭，循环虚脱时，宜用 25% 尼可刹米溶液，牛、马 10～20ml，皮下或静脉注射。或用 0.1% 肾上腺素溶液，牛、马 3～5ml，10%～25% 葡萄糖溶液，牛、马 500～1000ml；猪、羊 50～200ml，静脉注射，增进血压，增强心脏机能，改善循环。为防止肺水肿，静脉注射地塞米松 1～2mg/kg 体重。当病畜烦躁不安和出现痉挛时，可口服或直肠灌注水合氯醛黏浆剂或肌内注射 2.5% 氯丙嗪 10～20ml。若确诊病畜已出现酸中毒，可静脉注射 5% 碳酸氢钠 500～1000ml。

3. 中药治疗　　中兽医称牛中暑为发痧，并与马的黑汗风相当。中兽医辩证中暑有轻重之分，轻者为伤暑，以清热解暑为治则，方用"清暑香薷汤"加减：香薷 25g，藿香、青蒿、佩兰叶、炙杏仁、知母、陈皮各 30g，滑石（布包先煎）90g，石膏（先煎）150g，水煎服。重者为中暑，病初治宜清热解暑，开窍、镇静，方用"白虎汤"合"清营汤"加减：生石膏（先煎）300g，知母、青蒿、生地、玄参、竹叶、金银花、黄芩各 30~45g，生甘草 25~30g，西瓜皮 1kg，水煎服。当气阴双脱时，宜益气养阴，敛汗固涩。方用"生脉散"加减：党参、五味子、麦冬各 100g，煅龙骨、煅牡蛎各 150g，水煎服。

4. 针治　　若能配合针刺鹘脉、耳尖、尾尖、舌底、太阳等穴效果更佳。

5. 验方　　鲜芦根 1.5kg，鲜荷叶 5 张，水煎，冷后灌服有效。

四、慢性脑室积水

慢性脑室积水通常称为神乏症或眩晕症，是因脑脊液排除受阻或吸收障碍，使侧脑室蓄积大量的脑脊液，导致脑室扩张、颅内压升高的一种慢性脑病，可影响脑循环和脑的新陈代谢。其临床特征是意识障碍明显，知觉和运动机能异常，且后期植物性神经机能紊乱。本病主要发生于马，特别是 6~14 岁的去势挽马和母马，并且多为闭塞性的慢性脑室积水。其他动物也有发生。

（一）病因

1. 脑脊液排出障碍　　通常出现在大脑导水管因存在畸形、狭窄等病理改变而发生完全或不完全阻塞，致使脑脊液排出受阻。此种大脑导水管闭塞性病变多为先天性，主要由遗传因素所致。可能是胚胎期受到母畜体内各种传染性因素的侵害，患过脑膜炎的结果。在胚胎发育期间，母畜缺乏营养，特别是缺乏维生素 A 的饲料，往往引起先天性脑室积水。另据报道，黑白花牛、爱尔夏和娟姗牛等品种发生的脑室积水可能具有染色体隐性遗传性状。患有脑室积水的短角牛，主要是大脑导水管先天性狭窄所致。大脑导水管闭塞还可以继发于脑炎、脑膜脑炎等颅内炎症性疾病，也可由脑干等部位肿瘤的压迫而发生导水管的狭窄和闭塞。此外，长期的紧张重剧劳役、过度兴奋，以及气候剧烈变化，可持续地增强心脏收缩性，或者呼吸性脑搏动，颅内压持续升高，大脑的枕叶和脑的四叠体受到压迫，第三脑室及第四脑室之间的导水管发生狭窄或闭塞，脑脊液循环障碍，也可引起脑室积水。

2. 脑脊液吸收障碍　　脑脊液吸收减少可引起脑室积水，见于犬瘟热等传染性脑炎、脑膜脑炎、蛛网膜下出血和维生素缺乏。脉络膜乳头瘤时，脑脊液分泌增多，也导致脑室积水。

（二）症状

后天性慢性脑室积水多发于成年动物。初期神情痴呆，目光凝滞，瞳孔有时缩小或散大，站立不动，头低耳聋，故称乏神症。有时姿态反常，突然狂躁不安，甚至头撞墙壁，或抵于饲槽以及墙壁，有时无目的前进或奔跑。有时头高举，步伐不自然。随着病情进一步发展，病畜出现神情淡漠，目光无神，眼睑半闭，似睡非睡，垂头站立，犹似嗜眠。听觉扰乱，耳不随意转动，常常转向声音来源相反的方向，或两耳分别转向不同的方向。虽然微弱音响不致引起任何反应，但有较强打响时，如突然拍掌关门，往往引起病畜高度惊恐和战栗。

意识障碍：常见病畜中断采食，有时采食缓慢，或作急促采食动作；咀嚼无力，时而停止或饲草含在口中而不知咀嚼，常将饲料挂在口角；饮水时吸吮徐缓或将口鼻深浸在水中，呈嚼水动作。又因呼吸受阻，突然将头举起，进行呼吸。

感觉迟钝：病畜表现为皮肤敏感性降低，轻微刺激全无反应；用指弹其前额、鼻端、上唇，或将手指插入其耳，或用力压迫其蹄冠，或搔抓其腹壁，甚至针刺、捏挟、拔毛等，都不能引起反应。听觉障碍，对较强的声音刺激可发生惊恐不安，视觉障碍，瞳孔缩小或扩大，眼球震颤，眼底检查视乳头水肿。

运动机能障碍：病畜做圆圈运动或无目的地向前冲撞，举止笨拙，运动反常，性情执拗，不服从驱使；在运动中，头低垂，抬肢过高，着地不稳，动作笨拙，容易跌倒。

病后期，心动徐缓，脉搏数减少到 20～30 次 /min，呼吸缓慢，呼吸次数减少至 7～9 次 /min，节律不齐，脑脊液压力升高。马由正常 1.19～2.4kPa 增加到 4.7kPa。脑电图描记，呈现高电压，慢波（25～200μV，1～6Hz），快波（10～20Hz），常与慢波重叠，严重病例以大慢波（1～4Hz）为主。肠蠕动弛缓，常常发生便秘。

重剧病例，有时呈现灶性症状，上眼睑下垂，眼球震颤，甚至有时发生癫痫样惊厥。每当运动或使役后，病情更加加重。

（三）诊断

本病的诊断应根据病史及其病情发展过程所呈现的综合征为基础，不能单凭某些症状，即作出诊断结论。先天性慢性脑室积水，可根据幼畜的头大小、额骨隆起、行为异常或癫痫样发作及脑电图高慢波等特征，一般可作出诊断。进一步可进行头部 X 线检查，可见开放的骨缝，头骨变薄，颅穹窿呈毛玻璃样外观，蝶骨环向前移位、变薄。后天性脑室积水的诊断只有根据病史及特征性乏神症状。但须与慢性脑膜脑炎、亚急性病毒性脑炎及某些霉菌毒素中毒等疾病相鉴别，以免误诊。

（四）治疗与护理

1. 治疗原则　　本病尚无有效治疗方法。一般采取加强饲养和护理，降低颅内压，促进脑脊液吸收，缓解病情，清肠消导，调整胃肠机能，防止便秘与消化不良的治疗原则。

2. 治疗措施　　降低颅内压，促进脑脊液吸收，可静脉注射 20% 甘露醇或 25% 山梨醇，每 6～12h 重复注射，但用量不宜过大。

据报道，慢性脑室积水，可采用小剂量的肾上腺皮质激素治疗，疗效可达 60%，每天服用地塞米松 0.25mg/kg 体重，一般服药 3d 后，症状缓解，一周后药量减半，第三周起，每隔 2d 服药一次。

在治疗中，同时应用盐类泻剂或油类泻剂，降低颅内压，调整胃肠机能，防止便秘，减少肠道腐解产物的吸收，缓和病情。此外，可以考虑应用细胞色素 c，或辅酶 A 治疗，激活脑组织的生理功能，防止与减轻意识障碍，改善脑循环。

3. 中药治疗　　中兽医采用健脾燥湿，平肝息风为治疗原则，获得令人满意的疗效。治方为"天麻散"（经验方）加减：天麻、菖蒲、车前子、泽泻、怀牛膝、川乌、草乌各 15g，木通 18g，白术、苍术各 21g，党参、僵蚕、石决明、龙胆草各 30g，甘草 9g，水煎服。也可采用"镇心散"加减，或"桔菊防晕汤"加减。

五、脑震荡及脑挫伤

脑震荡及脑挫伤是因颅脑受到钝性的外力作用所引起的一种急性脑机能障碍或脑组织损伤。一般脑组织病理变化不明显的称为脑震荡。临床上可见患畜昏迷，反射机能减退或消失等脑机能障碍。将脑组织损伤病理变化明显的称为脑挫伤。本病各种动物均可发病。

（一）病因

引起本病的原因，主要是粗暴的外力作用，例如，冲撞、蹴踢、角斗、跌落、摔倒、打击或在运输途中从车上摔下，以及撞车或翻车时的冲撞，或从山上滚至山下。在战时，由于炸弹、炮弹、地雷及原子弹爆炸冲击波强力的冲击作用等均可导致脑损伤或脑震荡。

（二）症状

本病的症状，视脑组织损伤严重程度而定。由于脑震荡轻微重剧的程度与脑损伤部位和病变的不同，临床症状及其特征也不一样。一般而言，若组织受到严重损伤，可在短时间内死亡。若发生脑震荡，且病情轻者，病畜跟跄倒地，短时间内又可从地上站起恢复到正常状态，或呈现一般脑症状。若病情严重，病情重剧的，一瞬间倒地，立即死亡，或者于短时间内死亡。一般病例，不太重剧，动物可长时间内倒地不起，陷于昏迷，意识丧失，知觉和反射减退或消失，瞳孔散大，呼吸变慢，脉搏细数，节律不齐，粪尿失禁。

若颅脑挫伤，除神智昏迷、呼吸、脉搏、感觉、运动及反射机能障碍外，因脑组织受到不同程度的损伤，脑循环障碍，脑组织水肿，甚至出血，从而呈现某些局部脑症状。通常在意识障碍恢复后，病畜可能发生痉挛，抽搐，麻痹，瘫痪，视力丧失，口唇歪斜，吞咽障碍及舌脱出，间或呈癫痫发作，多呈交叉性偏瘫。

（三）诊断

根据颅脑部有受暴力作用的病史，体温不高和程度不同的昏迷为主的中枢性休克症状，一般可作出诊断。脑震荡，一般根据一时性意识丧失，昏迷时间短、程度轻，多不伴有局部脑症状等临床特征作出诊断。对昏迷时间长，程度重，多呈现局部脑症状，死后剖检，脑组织有形态变化等，可诊断为脑挫伤。

（四）治疗与护理

1. 治疗原则　　首先是注意护理，保持安静，给病畜充分休息；必要时可应用兴奋强心剂，促进康复过程。其次则应根据病情发展，着重镇静安神，保护大脑皮层，防止脑出血，降低颅内压，激活脑组织功能，促使病情好转。

2. 治疗措施　　对陷于昏迷的病畜，多铺垫草，头部垫高，保持安静；经常翻转，防止褥疮，注意维持其营养，给予麸皮粥或大麦粥，同时用 25% 葡萄糖溶液，牛、马 500～1000ml，静脉注射，及时强心输液。

应加强护理，防止褥疮出现。为预防因舌根部麻痹闭塞后鼻孔而引起窒息死亡，可将舌稍向外牵出，但要防止舌被咬伤。轻症病例或病初，可注射止血剂，如维生素 K_3、止血敏、安络血、凝血质和 6 - 氨基己酸。0.5% 安络血溶液剂量，牛、马 10～20ml，猪、羊 2～4ml，肌内注射。同时可进行头部冷敷。

控制感染，可应用抗生素或磺胺类药物。消除水肿，可用 25% 山梨醇和 20% 甘露醇，按 50～100ml/kg 体重，静脉注射，每天 2～ 3 次，配合使用地塞米松 1mg/kg 体重，效果更佳。

若病畜长时间处于昏迷状态，可肌内注射咖啡因（牛、马 2～5g，猪、羊 0.5～2g，小家畜 0.1～0.3g）和樟脑磺酸钠（牛、马 1 ～2g，猪、羊 0.2～1g，犬 0.05～0.1g）等兴奋中枢神经机能活动的药物。必要时，也可静脉注射高渗葡萄糖 500ml 和 ATP（牛、马 0.05～0.1g）激活脑组织功能，防止循环虚脱。

当病畜发生痉挛、抽搐或兴奋不安时，参照日射病及热射病的疗法，应用盐酸氯丙嗪、安溴注射液、安乃近等。良种家畜必要时也可以应用细胞色素 c，牛、马 0.06～0.1g，25% 葡萄糖溶液 500ml，静脉注射；或用腺苷三磷酸，牛、马 0.05～0.1g，肌内注射，激活脑组织功能，防止循环虚脱。

第三节　脊 髓 疾 病

一、脊髓炎及脊髓膜炎

脊髓炎即脊髓实质发炎、软化和变性，为具有局限性、弥漫性或散布性的炎性病变。而脊髓膜炎则是脊髓的硬膜、蛛网膜和软膜的炎性变化。两者有时同时发生，有的以脊髓实质炎性变化为主，蔓延至脊髓膜；有的以脊髓膜炎为主，蔓延至脊髓实质，引起感觉过敏和运动机能障碍。所以，通常称为脊髓及脊髓膜炎。临床上以感觉、运动机能障碍、肌肉萎缩为特征。多发于马、羊和犬，其他动物也有发生。

（一）病因

本病的病因与脑膜脑炎基本相同，主要继发于某些传染性疾病、细菌毒素以及有毒植物或霉菌毒素中毒。例如，马传染性脑脊髓炎、中毒性脑炎、流行性感冒、胸疫、腺疫、媾疫、伪狂犬病、脑脊髓线虫病等。萱草根、山藜豆等有毒植物中毒，以及镰刀霉菌毒素、赤霉菌毒素、曲霉素、某些青霉菌毒素中毒都可以继发本病。

此外，椎骨骨折、脊髓震荡、挫伤及出血、颈部或纵膈脓肿或肿瘤均可引起脊髓及脊髓膜炎，猪、羊因断尾感染，猪咬尾病可致本病。

（二）症状

本病的临床症状较为复杂，炎性部位、病灶的大小及其病理演变过程的不同，症状也不一样。病畜食欲减退，以脊髓膜炎症为主的脊髓及脊髓膜炎，主要表现脊髓膜刺激症状。当脊髓背根受到刺激时，呈现体躯某一部位感觉过敏，用手触摸被毛，即表现骚动不安、呻吟及拱背等疼痛性反应。当脊髓腹根受刺激时，病畜则出现腰、背和四肢姿势改变，如头向后仰，曲背，四肢强直，运步强拘，步态紧张，步幅短缩，当沿脊柱叩诊或触摸四肢时，可引起肌肉痉挛性收缩，如纤维性震颤、肌肉颤动等。随着病情的进一步发展，脊髓膜刺激症状逐渐减弱，表现感觉减弱或消失、麻痹等脊髓症状。

以脊髓实质炎症为主的脊髓及脊髓膜炎，病初病畜多表现感觉过敏，疼痛不安，肌肉震颤，脊柱僵硬，运步强拘，易于疲劳和出汗，呈现抽搐和痉挛症状。

由于病变性质及部位不同，临床表现有一定差异。

（1）弥漫性脊髓炎　　常先于脊髓一定部位发炎，其后迅速向前或向后蔓延，向前蔓延，即上行性脊髓炎，向后蔓延，即下行性脊髓炎。临床上，多数炎症发生在脊髓的后段并迅速向前蔓延，因而病畜的后肢、臀部及尾的运动与感觉麻痹，反射机能消失，还常表现直肠括约肌麻痹，以致排粪排尿失常，如直肠蓄粪和膀胱积尿等现象。随着病情发展，则腹部、胸部，以及前肢的肌肉，逐渐麻痹，因而病畜卧地，不能起立。如果蔓延至延脑，即发生咽下障碍，心律不齐，呼吸机能紊乱。侵害到呼吸中枢时，即引起突然窒息死亡。

（2）局灶性脊髓炎　　一般只表现炎症脊髓节段所支配的相应部位的皮肤感觉减退及局部肌肉发生营养性萎缩，对感觉刺激的反应消失。

（3）分散性脊髓炎　　炎症主要发生在脊髓的灰质或白质。临床上见到的是个别脊髓传导受损伤，因此呈现相应部位的感觉消失，相应肌群的运动性麻痹。

（4）横断性脊髓炎　　病初出现不完全麻痹，并逐渐呈现完全麻痹，麻痹部肌肉随之萎缩。病畜站立困难，双侧性轻瘫，皮肤和腱反射亢进，臀部拖曳，尚能勉强运动。因炎症发生部位及范围不同，临床表现也有差异。

（5）颈部脊髓发炎　　引起前、后肢麻痹，后肢皮肤和腱反射亢进，膀胱与直肠括约肌障碍，瞳孔大小不等，多伴发呼吸困难，发生喘息。

（6）胸部脊髓发炎　　引起后肢麻痹，膀胱与直肠括约肌麻痹，直肠蓄粪，膀胱积尿，腱反射亢进。

（7）腰部脊髓发炎　　引起坐骨神经麻痹，膀胱与直肠括约肌障碍，病畜常呈排尿姿势。

（三）诊断

根据病畜感觉和运动机能障碍、肌肉萎缩，以及排粪排尿障碍等临床特征，结合病因分析，可作出诊断。但须与下列疾病进行鉴别。

（1）脑膜脑炎　　具有明显的兴奋、沉郁、意识障碍等一般脑症状和有眼球震颤和瞳孔大小不等等灶性脑病症状，但排粪排尿障碍不明显。

（2）脑脊髓丝虫病　　多发生于盛夏至深秋季节，其特征是腰痿，后肢运动障碍，时好时坏。脊髓液检查，可检出微丝蚴，则与本病极易区别。

（3）脊髓受压迫　　主要特征是不全麻痹和痉挛性麻痹，四肢或部分肢体感觉减退和麻痹。所以与本病可以鉴别。

（4）多发性神经炎　　病畜的敏感性虽然增高，但无痉挛现象。至于急性风湿症，即使肌肉或关节疼痛，但皮肤感觉和反射机能无变化。显然与本病不同。

（四）治疗与护理

1. 治疗原则　　加强护理，防止褥疮，控制感染。

2. 治疗措施　　防止褥疮，畜舍多铺褥草，使病畜保持安静，定时导尿、掏粪，经常翻转病畜；注意皮肤清洁卫生；改善饲养，给予易消化富有营养饲料，增强体质。

消炎止痛，兴奋中枢，促进反射，缓和病情，利于康复。可肌内注射安乃近（牛、马，一次用量 3～10g，猪、羊 1～3g，犬、猫 0.3～0.6g）配合巴比妥钠，镇痛效果更好。同时静脉注射地塞米松（牛、马 2.5～20mg/d，猪、羊 4～12mg/d，犬、猫 0.125～1mg/d），40%乌洛托品溶液 20～40ml，具有抑制炎症，减少渗出，缓解疼痛作用。为了预防感染，应及时使用青霉素和磺胺类药物。根据病情发展，可以皮下注射 0.2% 硝酸士的宁溶液，牛、马 10～20ml，猪、羊 1～2ml，兴奋中枢神经系统，增强脊髓反射机能。

麻痹部位，可进行按摩，针灸，或用感应电针穴位刺激治疗，并可用樟脑酒精涂擦皮肤，必要时交替肌内注射士的宁与藜芦碱液，促进局部血液循环，恢复神经机能。

对慢性脊髓及脊髓膜炎，可用碘化钾或碘化钠，牛、马 10～15g，猪、羊 1～2g，犬、猫 0.2～1g，内服，每天一次，5～6d 为一疗程。有利于病变组织溶解，促进炎性渗出物吸收。为了改善神经营养，恢复神经机能，宜用维生素 B_1，牛、马 0.25～0.5g，肌内注射；也可以用 10% 葡萄糖酸钙溶液 300～500ml，静脉注射。

二、脊髓挫伤及震荡

脊髓挫伤及震荡是因脊柱骨折，或脊髓组织受到外伤所引起的脊髓损伤。临床上以呈现损伤脊髓节段支配运动的相应部位及感觉障碍和排粪排尿障碍为特征。一般把脊髓具有明显病理组织变化的损伤称为脊髓挫伤，病变不明显的损伤称为脊髓震荡。临床上多见的是腰脊髓损伤，使后躯瘫痪，所以称为截瘫。本病多发于役用家畜和幼畜。

（一）病因

机械力的作用是本病的主要原因。临床上常见下列情况。

1. 外部因素　　多为跌倒，打击受伤，跳跃闪伤，被车撞击，用绳索套马使力过猛，折伤颈部；山区及丘陵区，家畜放牧时突然滑跌；或鞭赶跨越沟渠时跳跃闪伤；或超负荷使役、因急转弯使腰部扭伤；或因直接暴力作用，如配种时公牛个体过大或笨重物体击伤；家畜之间相互踢蹴引起椎骨脱臼、碎裂或骨折等。

2. 内在因素　　家畜软骨病、骨质疏松症、骨营养不良、布氏杆菌性脊椎炎、椎间内软骨瘤，以及氟骨病时易发生椎骨骨折，因而在正常情况也可导致脊髓损伤。

脊髓震荡的原因，通常是由于遭到笨重物体击伤，或在丘陵崎岖的山区行进时滑倒，以及受到其他外力的影响，脊柱未受到损害，而脊髓发生严重的震荡和出血。

（二）症状

本病的临床症状由于脊髓受损害的部位与严重程度不同，所表现的症状也不一样。

脊髓锥体束受到损害时，由中枢神经系统（大脑皮层运动区）发出的运动性和抑制性冲动被中断，所以，受损害部位以下的脊髓所支配的效应区，运动麻痹，腱反射亢进，肌肉紧张性增强，发生痉挛性收缩。

脊髓腹角受到损害时，其中有运动神经细胞核，发生运动障碍、弛缓性麻痹及其所支配的肌肉萎缩。若传导径受到破坏，感觉机能消失，肌肉反射性收缩障碍，协调作用丧失。

脊髓背角受到损害时，则相应的肌群感觉机能完全消失。如果仅背角受损害，初期感觉过敏，相应的效应区，发生反射性痉挛收缩；其后因传导机能被中断，则感觉和运动完全麻痹，反射机能消失。

脊髓背根传导障碍，其损害部位以下的部分运动机能紊乱，发生脊髓性失调。即使一侧背根受损害，亦能引起失调，但感觉仍然存在。脊髓小脑径受损害时，后肢呈开张姿势，躯干呈矢状摆动。

脊髓节全半侧受到损害时，则对侧的知觉麻痹，同侧的运动性及血管运动神经麻痹，皮肤感觉过敏。

颈部脊髓全横径受到损害时，四肢麻痹，呈现瘫痪，膈神经与呼吸中枢联系中断，呼吸停止，立即死亡。如果部分受损害，前肢反射机能消失，全身肌肉抽搐或痉挛，大小便失禁，或便秘和尿闭。有时可能引起延脑麻痹，咽下障碍，脉搏徐缓，呼吸困难，以及体温升高现象。

胸部脊髓全横径受到损害时，则引起损害部位的后方麻痹和感觉消失，腱反射亢进，有时后肢发生痉挛性收缩。

腰部脊髓全横径受到损害时，如在前部，则臀、后肢、尾的感觉和运动麻痹。在中部，股神经运动核受到损害，膝与腱反射消失，股四头肌麻痹，后肢关节不能保持站立。若在后部，则坐骨神经所支配的区域（尾和后肢）感觉和运动麻痹，大小便失禁。

此外，在机械作用力损伤脊髓膜时，受损部位的后方发生一时性的肌肉痉挛，如果脊髓膜发生广泛性出血，其损害部位附近呈现持续或阵发性肌肉收缩，感觉过敏。若脊髓径受到损害，则躯干大部分和四肢的肌肉发生痉挛。椎骨骨折时，被动性运动增高，还可听到哗啪音，直肠检查可触摸到骨折部位。小动物 X 线透视和造影，其病变部位更为明显。

（三）诊断

本病应根据病史、病因、脊柱损伤情况及相应的临床症状，进行确诊。有的病例初期特征不明显，是否脊髓损害或脊髓膜出血，必须进行认真观察，方能获得诊断印象。同时还须注意与下列疾病进行鉴别。

（1）麻痹性肌红蛋白尿　　是糖代谢紊乱的一种疾病，多发生于休闲的马在剧烈使役中突然发病。其特征是后躯运动障碍，尿中含有褐红色肌红蛋白，所以和该病不同。

（2）骨盆骨折　　病畜皮肤感觉机能无变化，直肠与膀胱括约肌机能也无异常，通过直肠检查或 X 线透视可诊断受损害部位，易于鉴别。

（3）马脑脊髓丝状虫病　　绵羊与山羊亦发生，多于每年夏季感染和流行，通过 X 线透视其临床特征，呈后躯运动麻痹（腰麻痹）和脑症状，与本病很相似。但只要注意流行病学调查和病原体检查，进行分析，也易与本病鉴别。

（4）肌肉风湿　　病畜皮肤感觉机能无变化，运动之后症状有所缓和。

（四）治疗与保健

1. 治疗原则　　加强护理，防止椎骨及其碎片脱位或移位，防止褥疮，消炎止痛，兴奋脊髓。

2. 治疗措施 病畜疼痛明显时可应用镇静剂和止痛药，如水合氯醛、溴剂等。

对脊柱损伤部位，初期可冷敷，其后热敷。可用松节油、樟脑酒精等涂擦，促进消炎。麻痹部位可施行按摩、直流电或感应电针疗法，或碘离子透入疗法，也可皮下注射硝酸士的宁，牛、马15～30mg，猪、羊2～4mg，犬、猫0.5～0.8mg（一次量）。及时应用抗生素或磺胺类药物，以防止感染。

当心脏衰弱时，可以用安钠咖皮下注射。脊髓受到损伤时，由于肌肉痉挛，四肢疼痛，运动失调，头颈僵硬，神经症状明显，可以用维生素B_1，牛、马0.1～0.5g，猪、羊0.025～0.05g，肌肉或皮下注射。脊柱损伤部位，必要时可以施行外科手术。

实践表明，10%戊四氮，按0.3ml/kg，配合安乃近、青霉素治疗脊髓挫伤，效果好。

护理：应多铺褥草，经常翻转。若已发生褥疮，应防止感染。注意定时导尿、掏粪。病情好转时，仍须按摩、牵遛，加强饲养，补充矿物质饲料，促进康复。

3. 中药治疗 中兽医称脊髓挫伤为"腰伤"，淤血阻络，治宜活血去淤、强筋骨、补肝肾，可用"疗伤散"加减：泽兰叶100g、白芷35g、防风30g、自然铜（醋淬）50g、当归80g、续断50g、牛膝50g、乳香30g、没药30g、血竭30g、红花30g，白酒100ml、童便250ml为引。如体虚加党参、黄芪、熟地。食欲减退加山楂、神曲、麦芽、白术、陈皮等。

针灸：可电针百会、肾俞、腰中、大胯、小胯、黄金等穴。

第四节 机能性神经病

一、癫痫

癫痫是一种暂时性大脑皮层机能异常的神经机能性疾病。临床上以短暂反复发作、暂时性意识丧失、感觉障碍、肢体抽搐、意识丧失、行为障碍或植物性神经机能异常等为特征，俗称"羊癫风"。各种动物均有本病发生，但多见于猪、羊、犬和犊牛。在临床诊断中，该病主要以先天性癫痫为主。

（一）病因

本病病因分原发性和继发性两种，临床上多见于继发性因素。

1. 原发性癫痫 又称真性癫痫或称自发性癫痫。是由先天性或遗传性因素造成的，其发生原因，一般认为是因病畜脑机能不稳定，脑组织代谢障碍，大脑皮层及皮层下中枢受到过度的刺激，以致兴奋与抑制相互关系紊乱，加之体内外的环境改变而诱发。已证实，瑞典红牛和瑞士褐牛的癫痫由常染色体控制，呈隐性或显性遗传；德国牧羊犬、英国史宾那猎犬和荷兰卷尾狮毛狗的癫痫由常染色体隐性遗传决定的；此外，易患该病犬的品种有爱尔兰雪达犬、比利时特武伦牧羊犬、柯利牧羊犬、圣伯纳犬、猎兔犬、卷毛比雄犬、英国史宾那猎犬、荷兰卷尾狮毛狗、腊肠犬、哈巴犬、拳师犬、贵妇犬、长须牧羊犬、威尔士犬、爱斯基摩犬等，也与遗传因素有关。

2. 继发性癫痫 又称症候性癫痫。多见于脑部疾病和引起脑组织代谢障碍的一些全身性疾病。常继发于以下疾病。

（1）颅脑疾病　　如脑膜脑炎、颅脑损伤、脑血管疾病、脑水肿、脑肿瘤或结核性赘生物。

（2）传染性和寄生虫疾病　　如传染性牛鼻气管炎、伪狂犬病、犬瘟热、狂犬病、猫传染性腹膜炎、脑囊虫病及脑包虫病等。

（3）某些营养缺乏病　　如维生素 A 缺乏、维生素 B 缺乏、低血钙、低血糖、缺磷和缺硒等。据报道，土壤硒含量低于 0.1056mg/kg，饲料硒低于 0.057mg/kg，动物易患腹泻，影响维生素 A 的吸收，导致癫痫的发生。

（4）中毒　　如铅、汞等重金属中毒及有机磷、有机氯等农药中毒。

此外，惊吓、过劳、超强刺激、恐惧、甲状腺机能减退、应激和肝肾衰竭等都是癫痫发作的诱因。

（二）症状

癫痫按病程可分为四个时期，即癫痫先兆期、前驱症状期、发作期和发作后期。癫痫先兆期即行为和情绪异常期，可见于癫痫发作前数天或数小时，患畜不安，焦虑，表情或行为改变，畜主可能注意或忽略。前驱症状期：患畜开始出现癫痫，表现神经症状异常，知觉丧失，肌肉震颤，流涎，精神恍惚，烦躁不安。发作期即癫痫期：患畜表现癫痫特有的症状，出现严重的行为异常，一般可持续 45s 到 3min。可见全身肌肉紧张度增加，突然倒地，角弓反张，全身阵挛性惊厥，四肢乱蹬，呈游泳状，粪尿失禁，多涎，瞳孔散大，眼球外突，呼吸急促等。发作后期：知觉恢复，但由于神经系统功能不健全，患畜出现共济失调，步态不稳，意识模糊，失明，耳聋，过度采食和饮水，极度疲劳，抑郁或其他症状。此期可持续数分钟、数小时甚至数天。

癫痫的发作类型常见以下几种。

（1）全身性发作　　可能是癫痫大发作或轻度发作。癫痫大发作，可见患畜突然倒地，意识丧失，四肢伸展僵硬，呼吸暂停，这一阶段一般持续 10～30s，随后患畜转为阵挛期，四肢乱动，瞳孔散大，流涎，牙关紧咬，粪尿失禁。如果癫痫发作超过 30min，容易导致患畜大脑永久性损伤，患畜性情发生变化，记忆力消退。轻度发作患畜有时出现四肢僵直，胡乱划动，但意识一般不丧失。全身性癫痫一般是由原发性的癫痫引起的。

（2）癫痫小发作　　其特征为频繁短暂的意识丧失，临床上少见患畜痉挛或跌倒，如出现则多表现在面部。患畜目光呆滞，眼睛上翻，呆立不动，反应迟钝。

（3）局限性发作　　可表现为头部或局部肌肉群震颤，面部抽搐，头部盲目转动，躯干弯曲，局限性发作可发展到全身性发作，一般是由继发性因素引起的，如犬瘟热后遗症。患畜每次发作时可见行为改变，富有攻击性，狂奔，畏缩，呕吐，腹泻，流涎，失明，烦渴，患畜行为异常一般会持续数分钟或数小时。

（4）簇状癫痫发作　　患畜出现持续阵发性癫痫，每次发作的短暂间隙患犬恢复意识，但稍纵即逝。

（5）持续性癫痫　　癫痫会持续 30min 或更长时间。有的患畜也会出现一系列阵发性癫痫，发作间隙患畜无意识或短暂恢复意识。临床上很难区分持续性癫痫和簇状癫痫。

原发性和继发性癫痫都可以导致持续性癫痫。

（三）诊断

应详细询问患畜癫痫发作的时间、特征、饮食和运动等情况，有助于确定癫痫的类型。全身检查应特别注意心肺功能和齿龈颜色，初步判定患畜癫痫是否是继发因素引起的。神经检查包括评估患畜行为，全身运动的协调性，反射以及神经功能，判定是否神经系统功能异常。实验室检查包括全血细胞计数、血清肝肾功能检查以及尿液分析，排除代谢性因素引起的癫痫。另外，还应进行粪便寄生虫检查、甲状腺机能测试，以及血钙、血铅含量和空腹血糖测定。计算机 X 线断层摄影术和核磁共振成像可快速诊断脑肿瘤或脑积水。如需进一步确诊，则需要进行脑脊液和脑电图分析。

有的动物在深睡时会出现抽搐和四肢乱蹬，甚至会在睡梦中尖叫，以幼年动物多见，但有的老年动物也有相似症状，多为正常表现，表明动物在深睡状态。癫痫发作最常见于其全身放松和安静状态下。如果只在运动和兴奋时发作，一般提示患畜有心肺问题或低血糖。另外，严重中耳炎以及前庭神经或前庭神经核异常患畜可见头部姿势异常，平衡感丧失，容易出现头晕等症状，防止与癫痫混淆。

（四）治疗与护理

1. 治疗原则　主要先查清病因，纠正和处理原发病，此外可对症治疗，减少癫痫发作的次数，缩短发作时间，降低发作的严重性。

2. 治疗措施　苯巴比妥，除轻度发作以外，该药对所有其他类型的癫痫都有防治作用，可按 30～50mg/kg 体重，每天 3 次。也可单独或联合用扑癫酮和苯妥因钠治疗，效果较好。多数患畜可以使用苯巴比妥或苯巴比妥和溴化钾结合控制病情，只有在癫痫难以控制的情况下使用溴化钾。由于长期服用苯巴比妥可损伤患畜肝脏，可单独使用溴化钾。因此，服用苯巴比妥的患畜每隔数月应检测肝功能指标。朴痫酮可在肝脏中代谢为苯巴比妥，长期使用也可造成肝损伤，按 55mg/kg 体重口服，每天一次。安定无论是注射还是口服给药对治疗持续癫痫和簇状癫痫效果良好，可按 2.5～10mg/kg 体重口服，每天 2～3 次，癫痫发作时按 0.5～1mg/kg 体重静脉注射，一次无效可重复注射。口服丙戊酸钠片，每天 2 次，每次 1～2 片，维持服药 2～3d，对犊牛癫痫或局限性发作的控制有效。苯妥因钠 2～6mg/kg 体重，谷维素每只 10～30mg，维生素 B_1 每只 10～20mg，混合灌服，治疗犬癫痫，疗效满意。

长期使用抗癫痫药物，患畜容易形成药物依赖性，如果突然停药，会出现严重的癫痫复发，应逐渐降低药物剂量。另外，抗癫痫药物的不良反应是食欲增加、烦渴、尿频。应严格控制饮食，防止体重增加，增加心肺负担。

3. 中药治疗　中兽医采用开窍熄风、宁心安神、理气化痰、定惊止痛、镇癫定痉为治则，治方为"定癫散"，全蝎、胆南星、白僵蚕、天麻、朱砂、川芎、当归、钩藤，水煎灌服。

4. 验方　生明矾 60g，鸡蛋清 5 个，温水调灌，隔日一次，连灌 3～4 次，有控制癫痫的作用。

二、膈痉挛

膈痉挛是膈神经受到刺激，兴奋性增高，致使膈肌发生痉挛性收缩的一种疾病。中兽医称"跳肷"。临床上以腹部及躯干呈现有节律的振动，腹胁部一起一伏有节律的跳动，俯身于鼻孔附近可听到一种呃逆音为特征。

根据膈痉挛与心脏活动的关系，可分为同步性膈痉挛和非同步性膈痉挛，前者与心脏活动一致，而后者与心脏活动不相一致。临床上马、骡多见，也常发生于犬和猫。有统计表明，1000例以上的犬病中，膈痉挛约占7%。

（一）病因

本病的原因，通常是由于胃肠疾病、食管扩张、肿瘤、主动脉瘤，以及急性呼吸器官疾病，如纤维素性肺炎、胸膜炎等引起。脑和脊髓的疾病，尤其是膈神经起始处的脊髓病，以及靠近胸腔入口部的神经，特别是上颈部脊髓神经（脊髓膈神经中枢）受到刺激和压迫，或通过迷走神经反射性地刺激膈神经，引起膈痉挛的发生。

某些炎性产物、肠道内腐解产物，以及植物性毒素（蓖麻子素等）的中毒，或因过劳，异常代谢产物被吸收，通过血液，膈神经受到刺激，兴奋性增高，引起膈有节律地痉挛性收缩。

其他方面，如运输、电解质紊乱、过劳等代谢性疾病，也都可引起膈痉挛的发生。此外，膈神经与心脏位置的关系存在先天性异常，也是发生膈痉挛的一个原因。膈神经及其髓鞘病变，可引起慢性继发性膈痉挛。低血容量和低氯血症的病马，大量服用碳酸氢钠，可发生同步性膈痉挛。

（二）症状

本病的主要特征是，病畜腹部及躯干发生独特的节律性振动，尤其是腹胁部一起一伏有节律地跳动，所以俗称"跳肷"。与此同时，伴发急促的吸气，俯身鼻孔附近，可听到呃逆音。同步膈痉挛，腹部振动次数与心跳动相一致；非同步性膈痉挛，腹部振动次数少于心跳动。

有的病例，膈收缩力较弱，只有用手掌贴于肋骨弓上，方能感到膈的痉挛性收缩。有的病例，由于植物性毒素中毒引起的，膈的收缩力很强，在数步外，即能看到肷部跳动。

在膈痉挛时，病畜不食不饮，神情不安，头颈伸张，流涎。膈痉挛典型的电解质紊乱和酸碱平衡失调是低氯性代谢性碱中毒，并伴有低血钙、低血钾和低镁血症。

（三）诊断

本病常为阵发性的，可根据病畜腹部与躯干有节律的振动，同时伴发短促的吸气与呃逆音，一般可作出诊断。但应注意与阵发性心悸相区别。

（四）治疗与护理

1. **治疗原则**　　消除病因，解痉镇静。
2. **治疗措施**　　查明病原，实施病因治疗。对低血钙或低血钾病畜，可静脉注射

10% 葡萄糖酸钙 200～400ml(牛、马)，或 10% 氯化钾溶液 30～50ml(牛、马)，或 0.25% 普鲁卡因溶液 100～200ml，缓慢静脉注射。

解痉镇静：可采用 25% 硫酸镁溶液 50～100ml（牛、马），犬（10ml）作缓慢静脉注射。溴化钠 30g，水 300ml，一次灌服；也可用水合氯醛 20～30g，淀粉 50g，水 500～1000ml（牛、马），混合灌服，或灌肠。

3. 中药治疗 中兽医将"跳欣"分为肺气壅塞型、寒中胃腑型和淤血内阻型。

（1）肺气壅塞型 主症为口色微红，脉象沉实。治法为理气散滞，代表方剂"橘皮散"加减：橘皮、桔梗、当归、枳壳、紫苏、前胡、厚朴、黄芪各 30g，茯苓、甘草、半夏各 25g，共研末，开水冲服。

（2）寒中胃腑型 主症为口色淡白，脉象迟缓。治法为温中降逆，代表方剂为"丁香柿蒂汤"和"理中汤"加减，丁香、柿蒂、橘皮、干姜、党参各 60g，甘草、白术各 30g，共研末，开水冲服。

（3）淤血内阻型 主症为口色紫红，脉象紧数。治法为活血散淤，理气消滞，代表方剂为"血竭散"加减：血竭、制没药、当归。骨碎补、刘寄奴各 30g，川芎、乌药、木香、香附、白芷、陈皮各 20g，甘草 10g，共研末，开水冲服。

（杨东兴 申江莲 付志新）

第六章 营养代谢性疾病

第一节 总 论

一、营养代谢性疾病的概念

营养代谢性疾病包括营养性疾病、代谢性疾病和原因不确定性营养代谢病。营养性疾病指动物所需的蛋白质、碳水化合物、脂肪、维生素、矿物质、微量元素等营养物质缺乏或过多（包括绝对性的和相对性的）所致的疾病，代谢性疾病是指因机体内的三大营养物质、矿物质和水、盐代谢紊乱，维生素缺乏病，微量元素缺乏或过多等一个或多个代谢过程异常，导致机体内环境紊乱而引起的疾病。

二、蛋白质代谢调控

动物摄入足够蛋白质对正常代谢、维持生长、繁殖和泌乳等各种生命活动的意义很重要。Broderick（2003）报道日粮粗蛋白质水平达到16.5%时，摄入氮后的代谢转化最佳（表6-1）。单胃动物摄取饲料中的蛋白质在胃酸作用下蛋白质变性、立体结构变成单股，在胃蛋白酶、十二指肠胰蛋白酶和糜蛋白酶等内切酶的作用下降解为含氨基酸数不等的各种多肽，之后在胰腺分泌外切酶作用下多肽降解为游离氨基酸和寡肽，寡肽能被吸收进入肠黏膜，经二肽酶水解为氨基酸，氨基酸经肠壁吸收，进入血液，运送到全身各个器官及各种组织中，合成体蛋白。摄取饲料中的蛋白质60%以上变成寡肽。日粮中蛋白质经过咀嚼进入反刍动物瘤胃后，在瘤胃微生物相关的酶的作用下，与内源蛋白（动物唾液、脱落上皮细胞和瘤胃微生物残留物所含蛋白）混合在一起进行发酵，在瘤胃微生物（细菌、原虫和真菌）蛋白降解酶的作用下，降解释放出寡肽、氨基酸和氨。

表 6-1　不同日粮粗蛋白水平下的最佳氮利用值

日粮粗蛋白水平 /%	13.5	15	16.5	17.9	19.4
摄入氮 / (g/d)	483	531	605	641	711
乳氮 / (g/d)	173	180	185	177	180
总排泄氮 / (g/d)	309	316	376	410	467
粪氮 / (g/d)	196	176	186	197	210
尿氮 / (g/d)	113	140	180	213	257
尿氮占总排泄氮比例 /%	36.4	44.3	47.8	52.0	55.0
乳氮占摄入氮比例 /%	36.5	34.0	30.8	27.5	25.4

资料来源：Broderick，2003

三、碳水化合物代谢调控

碳水化合物是动物日粮的主要成分，占50%～80%的日粮比例。主要来源是植物细胞内部的非结构碳水化合物（糖、淀粉、有机酸、果聚糖）和细胞壁中的结构碳水化合物（纤维素、半纤维素、木质素、果胶），功能是提供能量、机体重要的碳源、机体组织结构的重要成分。

四、脂肪代谢调控

饲料中的脂肪主要在小肠中被消化和吸收。脂肪进入小肠后，在胰脂酶和胆汁的作用下，大部分生成甘油三酯和游离脂肪酸，甘油三酯和长链脂肪酸在胆酸盐的作用下通过肠黏膜的静水层后扩散到小肠黏膜细胞内，在肠黏膜细胞内质网中大部分被重新酯化成甘油三酯，然后与载脂蛋白合成乳糜微粒后通过肠淋巴管进入血液。进入血液中的乳糜微粒一部分直接被脂肪组织摄取而沉积，大多数被肝摄取改造后以 VLDL 的形式运输到脂肪组织贮存。

五、畜禽营养代谢性疾病的病因

引发畜禽营养代谢性疾病的病因是复杂的，既有营养因素（营养供给不能与积累和产出之间保持平衡），也有饲养管理因素（饲养管理未能满足动物内在生理要求）。即使是营养因素本身也很复杂，它不仅直接涉及某种或某些特定营养物质的缺乏或不足问题，还常间接涉及某种或某些其他营养物质的缺乏、不足甚至过剩问题。例如，在铜缺乏与钼过剩，锌缺乏与钙过剩或日粮不饱和脂肪酸缺乏，硒缺乏与汞、镉、铜、锌、砷过剩等之间，都存在着一定的内部联系。有原发性或绝对的缺乏症，还有条件性或相对的缺乏症。例如，奶牛原发性骨软病是由于饲料中磷的绝对缺乏所致，而继发性骨软病则是由于摄入过量的钙引起条件性的磷缺乏所致。马属动物原发性纤维性骨营养不良的病因刚好与奶牛相反，磷过剩为原发性，而钙缺乏为条件性。防治钙磷代谢障碍，钙磷比例适当（2：1）是关键，保证充足维生素 D 也是重要因素。又如，马的蕨中毒和木贼中毒，都可导致硫胺素缺乏症，究其原因，并非由于饲料中维生素 B_1 缺乏或盲肠微生物维生素 B_1 合成障碍，而是由于蕨和木贼都含有较多的硫胺素酶，能破坏维生素 B_1。再如，牛的维生素 B_{12} 缺乏症，常见的原因并非由于瘤胃微生物合成维生素 B_{12} 障碍，而是缺乏合成维生素 B_{12} 的原料钴。饲养管理因素在发病过程中也起很重要的作用。例如，酮病在降雨量低的地区和不良牧场多发，泌乳搐搦多发于天然避寒条件差的寒冷地区。某些代谢疾病的易感性还与遗传因素有关，品种间、个体间易感性也不相同。

六、营养代谢性疾病的临床症状

虽然营养代谢病种类繁多，病因复杂，但在它们的发生、发展和临床经过等方面也有其自身的特点。第一，发病缓慢，病程一般较长。体内各种生理和病理变化是逐渐发生的，由量变到质变，当遇到应激等突发因子作用，可呈急性暴发。有些亚临床疾病没有临床症状，但生产性能降低。第二，多为群发，发病率高，经济损失严重。第三，有些营养代谢病的发生呈地方流行性。因为动物营养的来源主要是从当地的植物性饲料和部分动物性饲料中获得的，而植物性饲料中微量元素的含量与其所生长的土壤和水源中的含量有密切的关系。例如，动物的硒缺乏症、碘缺乏症、慢性氟中毒等都具有地方流行性，这类疾病也称为生物地球化学性疾病。但也应该注意到，随着工厂化饲养的发展和交通运输的发达，畜禽的饲料来源有了很大的变化。第四，发病动物体温一般变化不大，有继发和并发其他疾病的例外。第五，对于缺乏症和过多症来说，补充或减少某一特定营养物质的供给，对本病有显著的预防和治疗作用。第六，有些营养代谢病具有特定的临床症状和病理变化，如禽痛风发生尿酸血症，在关节囊、关节软骨周围和内脏器官中有尿酸盐沉积。

七、营养代谢性疾病的诊断

营养代谢病的早期诊断比较困难。首先要排除传染病、寄生虫病和中毒病，因营养代谢病大多数具有群发、人畜共患和地方流行的特点，很容易与上述疾病相混淆。营养代谢病的诊断与其他疾病的诊断一样，应从临床症状和病理变化着手，在有了大致的印象以后，进行流行病学调查尤其是饲养管理情况的调查，在必要的时候根据上述结果对患病动物有选择地进行血液和组织中有关生物化学方面内容的检查，对饲料和牧草中的营养成分进行分析，测定土壤和水源中的矿物质含量，综合分析，作出初步诊断。此外，还可根据初步诊断结果，进行动物性试验和治疗性诊断。

第二节　糖、脂肪及蛋白质代谢障碍疾病

一、奶牛酮病

奶牛酮病又称为醋酮血病、母牛热、产后消化不良及低糖血性酮病等，是高产奶牛产后因碳水化合物和挥发性脂肪酸代谢紊乱，而引起的一种全身性功能失调的代谢病。临床上以消化功能障碍、血酮、尿酮及乳酮含量增高，体重减轻、产奶量下降为特征。主要发生于经产而营养良好的高产乳牛，尤以3～6胎母牛发病为甚，通常发生于产后2～6周。产前也可能发病，以产后10～30d发病率最高，一年四季均可发生，但冬、春两季发病较多。

根据发病原因，奶牛酮病可分为原发性酮病和继发性酮病两种类型；依据有无临床症状又将其分为临床型酮病和亚临床型酮病。一般将母牛血清中酮体含量在17.2～34.4mmol/L（100～200mg/L），而无明显肉眼可见临床症状，只是血、乳以及尿中酮体含量超标，血糖水平也会下降的病例归为亚临床型酮病；将母牛血清中酮体含量在34.4mmol/L（200mg/L）以上，食欲减退，奶产量减少，体况消瘦，血酮、乳酮以及尿酮含量异常升高，严重时连呼出的气体都含有丙酮气味，少部分牛还会出现神经症状，血糖水平下降等有明显临床症状的发病病例归为临床型酮病。

本病由Lander于1849年首次报道。此后，该病在世界许多国家乳牛生产中广泛发生，造成了相当大的经济损失。近年来，我国奶牛业发展迅猛，奶牛酮病尤其是亚临床型酮病的发病率也呈现出明显的上升趋势。据报道，我国奶牛酮病的发病率为15%～30%，美国5%，印度17.3%，日本43.1%。一头酮病的奶牛仅药物治疗费用及奶产量下降造成的经济损失为151～312美元。不仅如此，酮病奶牛还会增加出现乳房炎、子宫内膜炎、皱胃变位等的可能性。

（一）病因

1. 由高产引起　临床观察发现，母牛产后泌乳高峰期（产后4～6周出现）往往

早于其食欲恢复和采食高峰期（产后 8～10 周出现），造成母牛在产后较长时间内（10周）体内能量和葡萄糖来源不能满足其泌乳消耗的需要，如母牛产乳量高，这种泌乳代谢平衡会受到严重破坏，进而发生酮病。研究资料证实，要使母牛通过摄取碳水化合物合成的糖类与泌乳排出的糖类保持平衡，母牛每天适合的产奶量为 22kg，如果母牛产奶量过高，则极易发生该病。

2. 饲料不足或营养不平衡　母牛产后饲料不足或缺乏、品种单一、饲料霉败或品质低劣，或者精料补充过多，钴、磷等矿物质缺乏，多汁的饲料、青草及谷物等碳水化合物供给不足，使机体的生糖物质缺乏，引起脂肪代谢紊乱，造成大量酮体在体内蓄积而发生酮病。

3. 乳牛分娩前过度肥胖　由于牛场饲养管理制度不健全，干乳牛和泌乳牛混群饲养，使干乳牛采食较多的精料，引起乳牛分娩前过度肥胖。肥胖乳牛分娩后，食欲较差，采食量恢复期延长，同样会使机体的生糖物质缺乏，引起脂肪代谢紊乱，发生酮病。

4. 应激因素　寒冷、饥饿和过度的挤奶等因素均会促进奶牛发病。

5. 继发因素　皱胃变位、创伤性网胃炎、子宫炎、乳房炎及其他围产期疾病，常导致母牛食欲减退，最后继发酮病。母牛难产、肝脏疾病及脑下垂体 - 肾上腺皮质系统功能障碍等也可继发酮病。

（二）发病机制

目前，奶牛酮病的发病机制公认为糖缺乏理论。该理论认为奶牛吃入各类碳水化合物饲料后，作为葡萄糖而被吸收的较少，能量来源主要取自瘤胃微生物发酵所产生的乙酸、丙酸和丁酸。其中丙酸用于生糖，乙酸和丁酸在转变到乙酰辅酶 A 后进入三羧酸循环供能，少部分转变为乙酰乙酸和 β- 羟丁酸，即为酮体。奶牛瘤胃中乙酸、丙酸和丁酸的产生比例与草料的精粗比例有关。一般情况下，奶牛瘤胃中产生的乙酸、丙酸和丁酸的比例为 70：20：10。若奶牛使用精料过多时，则精料在瘤胃中产生三种酸的比例为59.6：16.6：23.8，使用于生糖的丙酸含量减少；若为多汁饲料，则瘤胃中三种酸的产生比例可为 58.9：24.9：16.2；而饲喂干草，则三种酸比例为 66.6：28：5.4。

当奶牛产后饲料中生糖的物质不足或缺乏、各种疾病引起母牛消化障碍或奶牛产乳量过高时，均造成糖供应与消耗的不平衡，使血糖浓度下降。当血糖浓度下降时，脂肪组织中脂肪的分解作用大于合成作用。脂肪分解后生成甘油和脂肪酸，甘油通过糖异生途径生成葡萄糖以补充血糖不足，脂肪酸通过血液循环到达肝脏，经 β- 氧化生成乙酰辅酶 A，而此时机体草酸乙酸不足，生成的乙酰辅酶 A 只能沿着合成乙酰乙酰辅酶 A 的途径，最终形成大量的酮体而蓄积于体内。与此同时，病牛体蛋白也加速分解，生成的生糖氨基酸通过三羧酸循环供能或经糖异生途径形成葡萄糖补充血糖，生成的生酮氨基酸因没有足量的草酸乙酸，只能经丙酮酸脱羧作用，生成大量的乙酰辅酶 A 和乙酰乙酰辅酶 A，最终生成乙酰乙酸、β- 羟丁酸和丙酮，使酮体增多。若病牛发病日久或病情急剧，可使其体内蓄积高浓度的酮体。高浓度的酮体可抑制中枢神经系统，加上脑组织缺糖而使病牛呈现嗜睡，甚至昏迷。当丙酮还原或 β- 羟丁酸脱羧后，可生成异丙醇，使病牛兴奋不安。过量的酮体可显现利尿作用，引起病牛机体脱水，粪便干燥，迅速消瘦。

此外，激素调节在这一过程中也起了重要作用。酮病发生过程中，一方面病牛体内胰高血糖素、肾上腺素分泌增加，使机体糖原分解、脂肪水解、肌蛋白分解活动加强，最终可使酮体生成增多；另一方面在催乳激素的作用下，乳腺把外源和内源性产生的糖源源不断地转换为乳糖，经乳腺排出体外。由此可见，激素调节的结果，加速了体内脂肪、蛋白质的分解作用，酮体生成的速度增加，加重了病情。

（三）症状

1. 临床型酮病　常在产后几天至几周内出现，以消化紊乱和神经症状为主。患畜突然不愿吃精料和青贮，喜食垫草或污物，最终拒食。粪便初期干硬，表面被覆黏液，后多转为腹泻，腹围收缩、明显消瘦。在左肋部听诊，多数情况下可听到与心音音调一致的血管音，叩诊肝脏浊音区扩大。精神沉郁，凝视，步态不稳，伴有轻瘫。有的病牛嗜睡，常处于半昏迷状态，但也有少数病牛狂躁和激动（图 6-1），无目的地吼叫、咬牙、狂躁、兴奋、空口虚嚼、步态蹒跚、眼球震颤、颈背部肌肉痉挛。呼出气体、乳汁、尿液有酮味，加热后更明显。泌乳量下降，乳脂含量升高，乳汁易形成泡沫，类似初乳状。尿呈浅黄色，易形成泡沫。

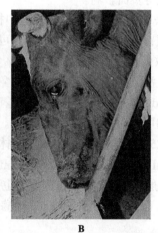

图 6-1　酮病病牛的惊恐神态（A）和酮病病牛啃咬饲槽（B）

2. 亚临床型酮病　病牛无明显上述症状，但呼出气体有酮味，且临床中多见，应予以注意。

（四）诊断

酮病诊断主要是根据饲养条件、发病时间（多发生在产后 4～6 周）、减食、产奶量低、神经过敏症状和呼吸气体有丙酮气味等，并结合发病史可以作出初步诊断。血酮、乳酮及尿酮含量变化有可靠诊断意义。当血清中酮体含量在 17.2～34.4mmol/L 时为亚临床型酮病的指标，在 34.4mmol/L 以上，为临床型酮病指标。乳酮超过 0.516mmol/L，血酮超过 34.4mmol/L，即为临床酮病的指标。

酮病诊断需要和前胃弛缓及生产瘫痪相区别。前胃弛缓没有神经症状，无酮味，尿、乳检查无大量酮体；生产瘫痪多发生于产后 1～3d，体温下降，病初多呈现抑制状态，呼出气、乳及尿中无酮体，通过补钙治疗有效，而酮病通过补钙疗效不显著。

（五）治疗与护理

1. 治疗原则　　为补糖抗酮、解除酸中毒及调整瘤胃机能。对于继发性酮病应以治疗原发病为主。

2. 治疗措施

（1）替代疗法　　静脉滴注 50% 的葡萄糖 500ml，每天 1～2 次，须重复注射，3～5d 为一个疗程。也可用腹腔注射 20% 的葡萄糖、静脉注射果糖溶液（每千克体重 0.5g，配成 50% 的溶液）等办法来补糖，并延长作用时间。但要注意果糖制剂会引起呼吸急促、肌肉震颤、衰弱和虚脱等特异性反应。饲料中拌喂丙二醇或甘油，每日 2 次，每日 225g，连用 2d，随后每天饲喂 110g，连用 2d，效果很好。乳酸钠或乳酸钙口服，首日 1kg，随后为 0.5kg/d，连用 7d，乳酸氨每天 200g，连用 5d，也有显著疗效。

（2）激素疗法　　体质较好的病牛，可用促肾上腺皮质激素 200～600IU 一次性肌内注射，并配合使用胰岛素，有较好的疗效。糖皮质激素可促进三羧酸循环、刺激糖异生、提高血糖浓度，抑制泌乳作用，减少糖消耗，改善体内糖平衡点。但它却有增加体脂分解、加速酮体生成等负面影响。

（3）其他疗法　　水合氯醛具有抑制中枢兴奋、破坏瘤胃中淀粉及刺激葡萄糖的产生和吸收，提高瘤胃丙酸的生产量等作用。可用加水口服方式投喂水合氯醛，首次 30g/d，随后 7g/d，连用数天。生产中不少人用 12% 的氯酸钾水溶液 500ml/d 口服治疗酮病，认为疗效可靠，但应注意由此所引起的腹泻现象。有资料报道，用 0.15% 的半胱氨酸 500ml 静脉注射，1 次 /3d，效果较好。5% 的碳酸氢钠静脉注射，可用于该病的辅助治疗。健胃剂、氯丙嗪等药物可作为对症治疗药物选用。

3. 验方　　25% 葡萄糖 250ml×6 瓶，林格氏 500ml×1 瓶，5% 维生素 B_1 2ml×4 支，10% 维生素 C 10ml×4 支，氟美松（5mg）1ml×10 支。氟美松肌内注射，其余混合静脉注射。每天一次，一般连注 2～3d 即可痊愈。也可以用 50% 葡萄糖注射液 500ml、1% 地塞米松注射液 4ml、5% 碳酸氢钠注射 500ml、辅酶 A 500IU，混合一次静脉注射，连用 3d。

（六）保健护理

1）加强饲养管理，保证充足的能量摄入。奶牛产犊前，应保证草料中能量水平为中等，增加碎玉米、大麦片等的使用量，保持日粮中蛋白质水平为 16%。饲草中优质青干草用量应达到 1/3 以上。产犊后，在保证不减少能量、蛋白质供应的前提下，尽量多提供给母牛优质的青干草、甜菜、胡萝卜等富含糖和维生素的饲料，精料的补加应为易于消化的碳水化合物如玉米为主，同时适当补充维生素、钴及磷等矿物质。尽可能避免突然更换日粮类型，减少 pH<3.8 的青饲料、青贮料的饲喂量，减少饲喂豆饼、胡麻饼、葵花饼等富含脂肪类饲料。

2）搞好酮病的监测工作。在酮病高发牛群，尤其是泌乳早期奶量增速过快或产奶量过高的母牛，应早期检测产奶量变化，进行尿液、乳汁中酮体检测，做到早发现、早治疗，减少生成损失。

3）对于易感牛可在产犊后每日口服丙二醇 350ml，连续 10d；或口服丙酸钠 120g，每天 2 次，连服 10d。可有效预防酮病的发生。同时还应积极防治奶牛前胃疾病、子宫疾病等。

4）让奶牛经常运动、晒太阳，保持栏舍清洁干燥。

5）保持干奶期奶牛理想的体况评分 3.5～3.75。

二、仔猪低糖血症

仔猪低糖血症是初生仔猪因饥饿致体内贮备的糖原耗竭，引起血糖急剧降低的一种代谢性疾病。生产中又称为"乳猪病"或"憔悴病"。临床以虚弱、体温下降、明显的神经症状为特征。主要发生于出生后 1 周内的仔猪，以 3 日龄内仔猪多见。从发病季节看，以冬、春等气候寒冷季节发病较多。

本病最早发现于美国和英国，我国广东、江苏、湖南、四川等省均有报道，在有些猪场本病的发病率可高达 30%～70%，甚至 100%，死亡率高达 50%～100%，是 1 周龄以内仔猪死亡的主要原因之一。

（一）病因

吃乳不足是本病发生的主要原因，而导致吃乳不足的常见原因有以下几个方面。

1. 母猪方面　因妊娠后期饲养管理失宜，饲料配合不当，日粮中蛋白质不足或缺乏，或母猪发生乳房炎、子宫内膜炎、母猪子宫炎 - 乳房炎 - 无乳综合征、麦角毒素中毒等，引起母猪少乳或无乳，或母猪母性较差、带仔无经验不能进行很好进行哺乳，致使仔猪长时间处于饥饿状态，导致血糖降低而发病。

2. 仔猪方面　若仔猪本身患有大肠杆菌、链球菌病、传染性胃肠炎、仔猪溶血病及仔猪先天性震颤综合征等疾病而吮乳不足，或患有严重舌周围炎而不能吮乳，或仔猪消化乳汁所需的乳酸杆菌缺乏而导致糖吸收障碍，都可引起本病的发生。

3. 外界气温　气候异常寒冷，猪舍温度过低，又无保温措施，为维持体温，仔猪代谢率增加，耗糖量增多，血糖急剧下降，最终引发本病。

4. 遗传性　母猪妊娠期过长，胎儿过大，仔猪肾上腺发育不良等可引起遗传性低糖血症。

仔猪出生后 1 周内，肝脏中缺乏糖异生的酶，机体不能进行糖的异生作用。因此，仔猪耐饥饿的能力较差，一旦饥饿时间延长即容易发生低糖血症。这也是仔猪容易发生低糖血症的原因。

（二）症状

仔猪多在出生后第二天开始发病。病初精神沉郁，吮乳或采食停止，四肢无力，步态不稳，运动失调，很快卧地不起。个别呈犬坐姿势，皮肤冷湿，苍白，呈虚弱状。呼吸加快，心跳次数减少至 80 次 /min，体温降低到 37℃左右，严重者降到 36℃以下，可视黏膜苍白或变暗。后期，病猪嘶叫，肌肉震颤，痉挛抽搐，严重时出现强直性痉挛，角弓反张，空口咀嚼，流涎，眼球震颤，对外界刺激反应迟钝或消失。最后昏迷、瞳孔散大，多在 2h 内死亡，也有拖到 24～36h 才死亡的。

病猪血糖水平由正常的 4.995～7.215mmol/L 下降到 0.278～0.883mmol/L。血液中非蛋白氮、尿素浓度升高。病死猪颈下、胸腹下等皮下有不同程度水肿，切开后流出透明无色的液体。血液凝固不良。少数仔猪胃内缺乏凝乳块。有研究报道，该病死猪肝脏呈土黄或橘黄色，质地脆弱，胆囊膨大、充盈，肾呈淡土黄色，有散在出血点，膀胱黏膜及心外膜也有少量出血点。

（三）诊断

一般情况下，依据出生后吮乳不足的发病史，结合发病仔猪的日龄（1周内）、临床表现（体温降低、虚弱、神经症状）及临床葡萄糖治疗的肯定疗效，可以作出诊断。若能结合血糖水平测定，则可作出确诊。

在诊断本病时，还应与新生仔猪细菌性败血症、细菌性脑炎、病毒性脑炎等引起明显的惊厥等疾病相区别。

（四）治疗与护理

1. 治疗原则　补糖、保温。

2. 治疗措施　5%～10% 葡萄糖液 20～40ml，腹腔或分点皮下注射，每 3～4h 一次，连用 2～3d；若同时配合运用维生素 B_1、维生素 B_2、维生素 B_{12} 和维生素 C，效果更好。也可口服 20%～25% 葡萄糖溶液 5～10ml，1 次 /2h，连用数天。喂饮白糖水也用一定效果。

同时，对于发病仔猪应进行保温处理。可采用红外线电灯照射、电暖器及暖水瓶等提高病猪舍温度，并维持在 27～32℃，以延长其生命，提高疗效。

（五）保健护理

预防本病主要在于加强妊娠母猪的饲养管理，合理调配饲料，注意提供给富含蛋白质的饲料，以保证母猪产后乳汁充足。母猪产前 15～30d 及哺乳期期间，可在饲料中添加维生素 A 400IU、维生素 D 300～1500IU、维生素 E 100～120IU、维生素 C 100～200mg 和适量的葡萄糖、蛋氨酸及铁剂等，能有效减少本病的发生。母猪分娩后，应做好仔猪定乳头、保育舍的防寒保暖等工作，同时要积极防治母猪围产期的各种疾病、仔猪的大肠杆菌病等。

三、黄脂病

黄脂病是动物机体内脂肪组织发生炎症并为蜡样物质所沉积，使脂肪组织外观呈黄色外观的一种代谢病。本病主要发生于猪，俗称"黄膘猪"。此外山羊、猫、鸡、食鱼鸟及人工饲养的水貂、狐狸和鼬鼠等也可发生此病。

我国是较早记载"黄膘猪"的国家，100 多年前的《猪经大全》中就对该病有详细的描述和记载，世界许多国家如欧美、日本等均有所报道。据资料介绍，我国猪黄脂病的发病率达到 0.3%～0.6%，人工饲养的水貂发生黄脂病也较为普遍，尤其是 8～11 月间发病最多，急性病例常取死亡转归，应引起高度重视。

（一）病因

1. 动物采食含有过量不饱和脂肪酸甘油酯的饲料或饲料中生育酚含量不足　若动物日粮中油渣、蚕蛹、鱼粉及比目鱼和鲑鱼的副产品含量超过 20%，就会引起黄脂病的发生。猪饲喂鱼脂、鱼的零头碎块、鱼罐头的废弃品也会发生本病。鸡、鼠及人工饲养的水貂饲料中不饱和脂肪酸含量过高、维生素 E 缺乏常引起明显的黄脂病。猫常吃人类的油浸吞拿鱼，加上维生素 E 缺乏，导致猫的黄脂病。日本编著的《养猪大全》中明确指出，猪饲料中添加50%的蚕蛹，3个月后饲喂猪可以出现典型的黄脂病；而饲料中加入10%的鱼油，40d即可使饲喂猪发生黄脂病。

2. 动物饲喂天然含黄色素饲料过多　有资料记载，动物长时间采食黄玉米、南瓜、紫云英、棉籽饼、胡萝卜等含有黄色素的饲料可发生本病。研究发现黄脂中的色素同黄玉米、棉籽饼、胡萝卜中的色素相似，二者的红外光谱特征也极为类似，证实黄脂中的色素即为胡萝卜素。

3. 遗传因素及中毒　有人经过调查，发现父本或母本在屠宰时发生黄脂的猪、水貂，其后代中黄脂病发生也多。因而认为本病的发生与遗传也有关。有报道称，我国广西发生的猪黄脂病与黄曲霉毒素中毒有关。

（二）症状

黄脂病病猪通常有被毛粗乱、倦怠、衰弱和黏膜苍白症状，多数病猪食欲减退，生长缓慢，眼分泌物较多，有时发生跛行。严重病例血红蛋白含量降低，出现低色素贫血倾向，但临床一般较难确诊。

发病水貂精神委顿，不爱活动，食欲降低，有时便秘或腹泻，排白色、黄色或褐色粪便。严重时发生共济失调，后肢瘫痪。急性病例，在症状表现不明显的情况下，前一天发病，第2天即死亡。

（三）诊断

临床中依据剖检皮下和腹腔脂肪呈典型的黄色（图6-2）、黄褐色，肝脏呈土黄色，个别发生脂肪坏死等可以作出诊断。

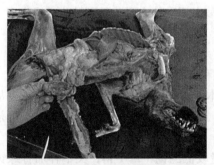
狐狸皮下脂肪、内脏脂肪黄色

肾脏脂肪黄色

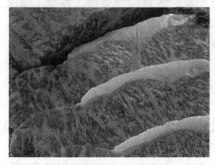
正常猪肉的颜色、脂肪白色

黄脂病的猪脂肪黄色

图6-2　动物患黄脂病后剖检发现脂肪呈典型的黄色

诊断本病时应与黄脂、黄疸相区别。黄脂仅皮下、网膜、肠系膜、腹部脂肪呈黄色，遇冷后褪色，水煮后恢复为淡黄色，一般无异味。黄疸不仅脂肪显黄色，而且可视黏膜、多种组织、关节液等均呈黄色，加热后颜色减退，由橙褐色变为淡黄色，接触空气 24h 后黄色变浅或消失。如取脂肪少许用 50% 的乙醇振荡抽提后，在滤液中加 0.5～1ml 浓硫酸，显绿色者为黄疸，继续加酸和加热还可显蓝色。

（四）治疗与护理

防治本病的原则是增加日粮中维生素 E 的供给量，减少饲料中不饱和脂肪酸甘油酯和其他高油脂性的成分。有条件的猪场建议在饲料中添加维生素 E，11 000IU/t 饲料；水貂的饲料中按每只每天 15mg 的剂量补加维生素 E，连续补饲 3 个月，可有效预防黄脂病的发生，提高繁殖率。发病猫可按每只每天 30mg 剂量补饲维生素 E。

第三节　维生素缺乏症

一、维生素 A 缺乏症

维生素 A 缺乏症是由于畜禽机体内维生素 A 或胡萝卜素缺乏或不足所引起的一种营养代谢性疾病。临床上以上皮角化障碍、视觉异常、生长迟缓、骨形成缺陷、繁殖机能障碍以及机体免疫力低下为特征。本病各种畜禽均可发生，以幼畜和雏禽最为常见，极少发生于马。

维生素 A 仅存在于动物源性饲料中，动物肝脏，尤其是鱼肝和鱼油是其丰富来源。植物性饲料中维生素 A 则主要以维生素 A 原（胡萝卜素）的形式存在，如青绿饲草、胡萝卜、黄玉米、南瓜等都是其丰富来源，胡萝卜素在体内吸收后可转化成维生素 A。

（一）病因

畜禽维生素 A 缺乏通常可以分为原发性和继发性两种。

1. 原发性维生素 A 缺乏　畜禽机体本身不能够合成维生素 A，完全依靠从外源供给，即从饲料中摄取。饲料日粮中维生素 A 或胡萝卜素的长期缺乏或吸收不足是其原发性病因。

畜禽长期饲喂胡萝卜素或维生素 A 含量较低的饲（草）料，又不补加青绿饲料或维生素 A 时，极易引起发病。例如，一般劣质干草、棉籽、甜菜根、谷类（黄玉米除外）及其加工副产品（麦麸、米糠、粕饼等）中胡萝卜素含量较少；某些豆科牧草，如苜蓿和大豆，含有的活性脂肪氧合酶会破坏牧草中大部分的胡萝卜素。

饲料收割、加工、贮存不当以及存放过久，会造成胡萝卜素受到破坏，长期饲用可致病。例如，青草长时间日光照晒、高温高湿的存放环境、粒料加工的湿热度等都可以影响胡萝卜素的含量与活性。

畜禽生理需要增加时，如妊娠、哺乳期的母畜及生长发育快的幼畜，对维生素 A 的需要量都有增加，可引起相对性维生素 A 缺乏症。

2. 继发性维生素 A 缺乏　饲料中维生素 A 或胡萝卜素充足，但畜禽限饲或消化、吸收、储存、代谢受到干扰，也可引起维生素 A 不足或缺乏。

畜禽在限制饲养时，不能接触草地，或通过食粪获取维生素，容易发生包括维生素A在内的多种维生素缺乏症。

患胃肠道或肝脏疾病，会使胡萝卜素的转化受阻，维生素A吸收障碍，肝脏丧失其贮存能力。

饲料中磷酸盐、硝酸盐、亚硝酸盐及其他脂溶性维生素含量过高，中性脂肪、蛋白质、无机磷、微量元素（钴、锰）等不足，都能影响体内维生素A的吸收与贮存，从而发生维生素A缺乏。

此外，饲养管理条件不良，畜舍寒冷、潮湿、通风不良、污秽不洁、过度拥挤、缺乏运动，以及阳光照射不足等应激因素亦可促进本病的发生。

（二）发病机制

维生素A对于维持上皮细胞的完整性，维持正常视觉、骨骼生长、蛋白质合成、动物繁殖和免疫功能都是必不可少的。因此，维生素A的缺乏可引起上述机能的扰乱，出现一系列病理损害。

1）视网膜中的维生素A是合成视觉细胞内感光物质——视色素（牛是视紫红质，禽是视紫蓝质）的必需物质。视紫红质经光照射以后，分解为视黄醛和视蛋白，在黑暗时，呈逆反应，再合成视色素。如维生素A缺乏或不足，则视黄醛生成减少，视紫红质合成受阻，畜禽对暗光适应能力减弱，即形成夜盲症，严重时可完全丧失视力。

2）维生素A是维持呼吸道、消化道、泌尿生殖道、皮肤、泪腺、汗腺、皮脂腺等上皮组织完整性的重要物质，它通过促进体内的氧化还原过程和结缔组织中黏多糖的合成，维持细胞膜和细胞器（线粒体、溶酶体）膜结构的完整性和正常通透性。当其缺乏时，上皮变得干燥和角化，机体的防御功能降低，易通过黏膜（主要是呼吸道黏膜）途径感染疾病。同时，还可引起泪腺受损，泪腺分泌减少，发生干眼症；损伤性器官，发生生殖机能障碍，公畜还出现尿结石症。

3）维生素A维持成骨细胞和破骨细胞的正常功能，保障骨细胞正常代谢的必需物质。当维生素A缺乏时，成骨细胞活性增高，成骨细胞及破骨细胞正常位置发生改变，软骨的生成和骨骼的精细造型受到影响，最终可导致骨的钙化不全和畸形，骨骼变形，骨管腔和孔隙变得狭小。进而引发颅内压增高，脑受挤压，引起中枢及外周神经障碍。

此外，维生素A缺乏还可造成蛋白质合成减少、矿物质利用受阻、内分泌功能紊乱、肝合成代谢机能降低、维生素C及叶酸的合成障碍等，导致动物生长发育障碍，生产性能下降。

（三）症状

各种畜禽发病，均有生长发育缓慢、视力障碍、皮肤干燥脱屑、幼畜骨骼成形不全、繁殖力下降、神经症状、免疫功能下降等共同的临床表现。但因动物种类不同，在表现程度上各有其独特之处。

牛、羊：早期眼病突出，特别是犊牛。病初呈夜盲症，以后继发干眼病，角膜炎、结膜炎，严重的甚至失明。发育不均，脑脊液压力增高，出现共济失调、惊厥或痉挛。皮肤脱屑，蹄角质生长不良。母牛受胎率下降，产后多发生胎衣不下，所产犊牛体质衰弱，生长迟滞，且有各种缺陷（脑水肿、眼损害）或畸形，生活力低下，有的出现死亡。

猪：早期主要以共济失调、麻痹和惊厥等神经症状为主，尤其共济失调比其他家畜出现早而明显。往往头偏向一侧，步态不稳，多有异食癖。骨骼肌麻痹，四肢衰弱无力至瘫痪。皮肤角化脱落，常发皮炎、皮疹，鬃毛缺乏光泽，被毛脱落。免疫能力下降，易继发肺炎、胃肠炎、佝偻病。妊娠母猪，早产、胚胎被吸收或木乃伊化，所产仔猪多有先天性缺陷，畸形，易死亡。即使存活的仔猪，其生活力也较弱。很少发生干眼病。

犬：早期性机能障碍，母犬胎盘变性，公犬睾丸萎缩，精子活力下降。最早出现明显的神经症状为抽搐、头后仰，倒地。幼畜生长慢，换牙延迟，水样腹泻，粪便中混有黏液和血液。

禽：发病多与种蛋维生素 A 缺乏有关。表现生长停滞，消瘦衰弱，毛羽蓬乱，冠髯苍白。流水样或黏液状鼻液，有时被黄色黏稠分泌物阻塞至呼吸困难。羞明流泪，严重时角膜软化甚至穿孔。运动障碍，有时出现痉挛。母鸡产蛋量下降，蛋黄中维生素 A 含量低下，血液中尿酸增加。低维生素 A 种蛋孵出的雏鸡一般经 5～7d 开始发病，多出现神经症状，如头颈扭转、转圈运动，严重时出现共济失调。小腿及喙部黄色消退，颜色苍白。流眼泪，发生干眼病或眼炎。

（四）诊断

通常根据长期缺乏青绿饲料及未补充维生素 A 的病史，结合夜盲、眼睛干燥、皮肤角化和鳞屑、共济失调、繁殖受损等临床表现可初步作出诊断。确诊需要进一步参考病理变化特征、结膜涂片检查、眼底检查、血浆和肝脏中的维生素 A 及胡萝卜素含量。

结膜涂片检查，采取黏膜上皮作涂片，检查脱落的角化上皮细胞数。健康牛每个视眼只有 2～3 个，而缺乏症牛多达 11～16 个。

眼底检查，检眼镜观察犊牛视网膜绿毯部由正常的绿色或橙黄色变为苍白色。

测定血浆和肝脏中维生素 A 和胡萝卜素的含量。血浆中维生素 A 的含量，一般正常动物含量为 100μg/L 以上，如低于 50μg/L 则可能出现症状。胡萝卜素含量随日粮种类不同而有较大差异。牛以 1500μg/L 为最佳水平，降至 90μg/L 时，则出现症状。羊含量极微。

肝脏中维生素 A 和胡萝卜素的正常含量，分别为 60μg/g 和 4μg/g，当降至 2μg/g 和 0.5μg/g 时，则出现缺乏症状。

在临床上，维生素 A 缺乏症应注意与其他疾病进行鉴别。鸡应与白喉型鸡痘、传染性支气管炎、传染性鼻炎等进行鉴别；猪主要与伪狂犬病、病毒性脑脊髓炎、食盐中毒、有机砷和有机汞中毒相鉴别。

（五）治疗与护理

1. 治疗原则　补充维生素 A、改善饲养管理条件。

2. 治疗措施　可用维生素 A 制剂和鱼肝油补充维生素 A。维生素 A 的治疗剂量一般为 440IU/kg 体重，可以根据动物品种和病情适当增加或减少。鸡的治疗量可达 1200IU/kg 体重。对于急性病例，疗效迅速，对于慢性病例，视病情而定；不可能完全恢复者，建议尽早淘汰。维生素 A 用量过大或应用时间过长会引起中毒，应引起注意。

（六）保健护理

预防维生素 A 缺乏的有效途径是供给青绿饲料或胡萝卜。配合日粮应满足畜禽最低需要量，维生素 A 和胡萝卜素一般最低需求量每日 30～75IU/kg 体重，最适摄入量 65～155IU/kg 体重。在家畜妊娠、泌乳和生长发育期间，日粮中维生素 A 含量一般比最低需要量高 50%。此外，要减少饲料加工损耗，放置时间不宜过长，尽量减少维生素 A 与矿物质接触的时间。

二、维生素 B_1 缺乏症

维生素 B_1（即硫胺素）缺乏症是由于畜禽体内硫胺素缺乏或不足，所引起的大量丙酮酸蓄积，以神经机能障碍为主要特征的一种营养代谢病，也称多发性神经炎或硫胺素缺乏症。本病多见于犊牛、羔羊以及雏禽等幼畜禽，偶尔见于牛、羊、猪马和兔等。

维生素 B_1 广泛存在于各种植物性饲料中，米糠，麸皮中含量较高，饲料酵母中含量最高。反刍动物瘤胃及马属动物盲肠内微生物可合成维生素 B_1；因此晒干的牛粪、马粪中维生素 B_1 含量丰富。动物性食物如乳、肉类、肝、肾中维生素 B_1 含量也很高。通常情况下不会出现维生素 B_1 缺乏症，但禽类及其他非草食动物或幼年动物饲料中缺维生素 B_1 或因维生素 B_1 拮抗成分太多，可引起缺乏症。

（一）病因

1. 原发性维生素 B_1 缺乏　主要是由于长期饲喂缺乏维生素 B_1 的饲料。

1）饲料中青绿饲料、酵母、麸皮、米糠及发芽的种子缺乏，也未添加维生素 B_1，或单一地饲喂大米等谷类精料易引起发病。

2）维生素 B_1 属水溶性且不耐高温，因此饲料用水浸泡、高温蒸煮、碱化处理，均会造成维生素 B_1 被破坏或丢失。

3）畜禽妊娠后期、泌乳期间和发病高热时，对维生素 B_1 的需要量增多，也易发本病。此外，幼畜尤其是犊牛于 16 周龄前，瘤胃还不具备合成维生素 B_1 的能力，仍需从母乳或饲料中摄取，因此其维生素 B_1 缺乏主要是由于母乳以及代乳品中维生素 B_1 含量不足所致。

2. 继发性维生素 B_1 缺乏　引发该病主要有以下三种原因。

1）畜禽采食了含有吡啶硫胺素、羟基硫胺、硫胺素酶等硫胺素拮抗因子的动植物源性饲料、药物。在新鲜鱼、虾、蚌肉、软体动物的内脏、蕨类植物以及硫胺分解杆菌中含有硫胺素酶。如果动物大量食入上述物质，则会造成维生素 B_1 缺乏。

2）发酵饲料，其中蛋白质含量不足，糖类过剩时，可使大肠微生物菌群紊乱，硫胺素合成障碍，易引起维生素 B_1 缺乏。

3）动物胃肠机能紊乱，微生物菌系破坏，长期慢性腹泻，长期大量使用抗生素使共生正常菌生长受到抑制等均可引发维生素 B_1 缺乏症。

（二）症状

维生素 B_1 缺乏的主要症状为食欲降低、发育不良、多发性神经炎等。

草食动物：通常病畜以神经症状为主，起初表现兴奋，呈转圈，无目的地奔跑，惊厥，四肢抽搐，坐地，共济失调，严重的呈角弓反张姿势，倒地抽搐，昏迷死亡。个别发病犊牛还出现脑灰质软化、腹泻、厌食及脱水等症状。

猪：表现为采食减少，呕吐、腹泻，生长不良。严重病例出现呼吸困难、心力衰竭、黏膜发绀，后肢跛行、四肢肌肉萎缩、步态不稳。最终出现痉挛、抽搐甚至瘫痪，陷于麻痹状态直至死亡。

犬：犬的维生素 B_1 缺乏可引起对称性脑灰质软化症，小脑桥和大脑皮质损伤。出现厌食，平衡失调，头向腹侧弯，惊厥，知觉过敏，瞳孔扩大，运动神经麻痹，四肢呈进行性瘫痪，最后呈半昏迷，四肢强直死亡。

禽类：常发于3周左右日龄的鸡，特征是外周神经麻痹、痉挛。开始为趾的屈肌发生麻痹，以后向上蔓延到翅、腿、颈的伸肌出现明显地麻痹，呈现典型的"观星姿势"，头向背后极度弯曲呈角弓反张状，最后倒地不起。有些病鸡出现贫血和拉稀。体温下降至35.5℃，呼吸频率呈进行性减少，衰竭死亡。

（三）诊断

根据饲料成分分析、多发性神经炎及角弓反张等主要临床症状可作出诊断。应用诊断性的治疗，即给予足够量的维生素 B_1 后，可见到明显的疗效；测定血液中丙酮酸、乳酸和硫胺素的浓度、脑脊液中细胞数等也有助于确诊。动物血液丙酮酸浓度从 $20\sim30\mu g/L$，升高至 $60\sim80\mu g/L$；血浆硫胺素浓度从正常时 $80\sim100\mu g/L$ 降至 $25\sim30\mu g/L$；脑脊液中细胞数量由正常时 $0\sim3$ 个/ml 增加到 $25\sim100$ 个/ml 时，临床可表现典型的缺乏症状。

本病的诊断应注意与雏鸡传染性脑脊髓炎相区别，一般鸡传染性脑脊髓炎有头颈、晶状体震颤；仅发生于雏鸡，成年鸡不发生是其特点。

（四）治疗与护理

1. 治疗原则 补充维生素 B_1，改善饲养管理。

2. 治疗措施 一般常采用维生素 B_1 制剂，进行口服或静脉注射，症状可以较快好转。维生素 B_1 注射液的用量与动物种类、大小及年龄有关，犊牛为50mg，成年牛、马为 $200\sim500mg$，猪、羊 $25\sim50mg$，犬 $10\sim25mg$，鸡 $2\sim5mg$，5d 为一个疗程。

（五）保健护理

保持日粮组成的全价性，供给富含维生素 B_1 的饲料。牛、羊增加富含维生素 B_1 的优质青草、麸皮、米糠和饲料酵母；犬应增加肝、肉、乳的供给，幼畜和雏鸡应补充维生素 B_1，按 $5\sim10mg/kg$ 饲料计算，或按 $30\sim60\mu g/kg$ 体重计算。当饲料中含有磺胺或抗球虫药安丙嘧啶时，应多供给维生素 B_1 以防止拮抗作用。目前普遍采用复合维生素 B 防治本病。

三、维生素 B_2 缺乏症

维生素 B_2（即核黄素）缺乏症是由于畜禽体内维生素 B_2 缺乏或不足所引起的黄素酶

形成减少，生物氧化功能障碍，临床上以生长缓慢、皮炎、胃肠道及眼损伤，禽类趾爪蜷缩、飞节着地而行为主要特征的一种营养代谢病。本病多发于禽类和猪，犊牛、羔羊偶尔也可发病，且常与其他 B 族维生素缺乏相伴发生。

（一）病因

维生素 B_2 又称核黄素，广泛存在于青绿植物和动物蛋白之中，许多动物消化道内微生物也能合成它。因此自然条件下，维生素 B_2 缺乏并不多见。但当饲料中长期饲喂缺乏维生素 B_2，或被热、碱、紫外线作用破坏了维生素 B_2 的日粮；或因胃肠、肝胰疾病，使维生素 B_2 消化吸收障碍，长期大量使用抗生素或其他抑菌药物，造成维生素 B_2 内源性生物合成受阻；应激、妊娠或哺乳母畜，生长发育过快的幼龄动物，均会增加核黄素的需要量，若未及时补充，容易造成缺乏。禽类由于几乎不能合成维生素 B_2，如仅以禾谷类饲料饲喂时，更易引起维生素 B_2 缺乏。

（二）症状

鸡：多发于育雏期和产蛋高峰期。雏鸡表现腹泻，生长缓慢，消瘦衰弱，特征为趾爪向内蜷缩，以飞节着地或卧地不起，两腿软弱瘫痪；机体极度消瘦，胃肠道空虚。成年鸡特征性病变为坐骨神经和臂神经显著肿大、变软，尤其是坐骨神经的变化更为显著，其直径比正常粗 4~5 倍，质地软、无弹性，神经髓鞘退化。母鸡会有肝肿大、柔软和脂肪变性，产蛋量下降，蛋白稀薄，孵化率低。即使幼雏孵出，多数都带有先天性麻痹症状，体小，水肿，出现"结节状绒毛"。

猪：生长缓慢，腹泻，皮肤粗糙脱屑或脂溢性皮炎，被毛粗乱无光，鬃毛脱落；眼结膜损伤，角膜混浊，甚至失明；步态不稳或强拘，多卧地不起，严重者四肢轻瘫；妊娠母猪流产、早产或不孕，所产仔猪孱弱，出生后易死亡。

犬：生长期犬发育受阻或生长停滞，贫血，腹泻，虚脱；口炎，皮肤红肿，皮屑增多，有鳞屑性皮炎，脱毛；结膜炎以及角膜浑浊，眼有脓性分泌物；后肢肌肉萎缩无力，有的发生痉挛和严重者导致死亡。如母犬妊娠期维生素 B_2 缺乏，所产胎儿易出现先天性畸形。

犊牛、羔羊：厌食，生长迟缓，腹泻，口唇、口角炎症，流涎，流泪，并伴有脱毛。

马：表现急性卡他性结膜炎，畏光，流泪，视网膜和晶状体混浊，视力障碍。

（三）诊断

根据饲养管理情况及特征性临床症状可作初步诊断，结合血尿指标检查有助于本病的确诊，也采用治疗性试验进行验证诊断。动物维生素 B_2 缺乏时，红细胞内维生素 B_2 含量下降，全血中维生素 B_2 含量低于 0.0399μmol/L。

本病的诊断应与狂犬病、禽类神经型马立克氏病相区别，同时还应与畜禽的其他维生素缺乏症相区别。

（四）治疗与护理

查明并清除病因，调整日粮配方，增加富含维生素 B_2 的饲料，必要时可补充复合维生素 B 制剂。严重的病例，肌内注射维生素 B_2 注射液，0.1～0.2mg/kg 体重，连用 1 周。核黄素拌料或内服，犊牛 30～50mg/d，猪 50～70mg/d，仔猪 5～6mg/d，犬 10～20mg/d，雏禽 1～2mg/d，连用 8～15d。亦可给予饲喂酵母和复合维生素 B 制剂。

（五）保健护理

健康草食动物一般不会缺乏维生素 B_2，为预防维生素 B_2 缺乏主要应保持饲喂富含维生素 B_2 的全价性饲料，对妊娠、泌乳的母畜和生长较快的幼畜应根据需要及时增量，控制抗生素的大剂量长期使用。

四、泛酸缺乏症

泛酸缺乏症是由于动物体内泛酸缺乏或不足所致的以生长缓慢、皮肤损伤、神经功能紊乱、消化机能障碍和肾上腺功能减退为特征的疾病。各种动物均可发生，主要见于猪和家禽。

泛酸主要分布于动植物体内，苜蓿干草、花生饼、酵母、米糠、绿叶植物、麦糠等是动物良好的泛酸来源。正常情况下，反刍动物瘤胃可以合成足够的泛酸，但瘤胃的生物合成作用受日粮组成的影响，日粮中纤维素含量高时合成减少，可溶性碳水化合物含量高时合成增加。

（一）病因

长期饲喂缺乏泛酸的饲料，如饲喂纯玉米日粮，缺乏青绿饲料时可引起泛酸缺乏；猪发生该病则多见于长期以甜菜渣作饲料的情况下。泛酸对酸、碱、热不稳定，在饲料加工不合理时易被破坏，另外，动物体内微生物可以合成泛酸，但是水杨酸等与泛酸是拮抗的，当动物饲料中含拮抗物过多时可引起继发性泛酸缺乏症。

（二）症状

猪：食欲降低，生长缓慢，眼周围有黄色分泌物，咳嗽，流鼻涕，被毛粗乱，脱毛，皮肤干燥有鳞屑，呈暗红色的皮炎；运动失调，后腿踏步动作或成正步走，高抬腿，出现所谓的"鹅步"；腹泻，直肠出血，有的发生溃疡性结肠炎。母猪卵巢萎缩，子宫发育不良，妊娠后胎儿发育异常。病理学变化为脂肪肝、肾上腺及心脏肿大并伴有心肌松弛和肌内出血、神经节脱髓鞘。

家禽：病鸡头部羽毛脱落，头部，趾间和脚底皮肤发炎，表层皮肤有脱落现象，并发生裂隙，以致行走困难，有时可见脚部皮肤增生角化。幼鸡生长受阻，消瘦，眼睑常被黏液渗出物黏着，口角、泄殖腔周围有痂皮，口腔内有脓样物质。母鸡喂以泛酸含量低的饲料时，所产蛋多数在孵化第 12～14 天死亡，死亡鸡胚短小，皮下出血或严重水肿，肝脏有脂肪变性。

反刍动物：犊牛表现食欲降低，生长缓慢，皮毛粗糙，皮炎，腹泻。成年牛的典型症状为眼睛和口鼻周围发生鳞状皮炎。

（三）诊断

根据病史及临床症状，结合饲料分析可对本病作出诊断。但在诊断中应与烟酸缺乏、生物素缺乏及维生素 B_2 缺乏相区别。维生素 B_2 缺乏也可引起皮炎，但维生素 B_2 缺乏有脚趾挛缩现象。

（四）治疗与护理

病畜可用泛酸钙注射液进行治疗，剂量为鸡 20mg，其他动物每千克体重 0.1mg，肌内注射，每天 1 次。病猪还可用辅酶 A 4～6 单位 /kg 体重肌内注射，1～2 次 /d，连用 5～7d。或饲料中添加酵母片，30～60g/d，连喂 2～3 周。饲料中按每天 10～20mg/kg 体重添加泛酸钙，连用 10～15d 也有很好疗效。

（五）保健护理

日粮中保证足够的泛酸，以满足动物不同生理阶段的需要，需要量为：1～6 日龄雏鸡 6～10mg/kg 体重，产蛋鸡 15mg/kg 体重，生长猪 11～13.2mg/kg 体重，繁殖及泌乳阶段 13.2～16.5mg/kg 体重。可在饲料中按上述剂量直接添加泛酸来预防该病，也可在饲料中添加富含泛酸的食物，如酵母、甘草粉、饴糖浆、花生粉等积极预防本病。

五、生物素缺乏症

生物素缺乏症又称为维生素 H 缺乏症，是由于动物体内生物素缺乏或不足而引起的以皮炎、脱毛和蹄壳开裂等为特征的疾病。临床上生物素缺乏主要发生于家禽、猪、犊牛、羔羊、犬和猫。成年反刍动物的瘤胃、马和家兔的盲肠均可合成大量生物素，满足机体的需要，因此成年牛、羊、马及兔几乎不会发病。

（一）病因

1. 饲料中生物素的利用率低 一般说来，饲料中均含有一定量的生物素，但这些生物素利用率却不同，如鱼粉、油饼粕、豆粉、玉米等饲料中的生物素利用率较高，大麦、麸皮、燕麦等饲料中的生物素可利用率很低，仅 10%～30%，有的甚至完全不能利用。如果动物长期以大麦、麸皮等植物性饲料为主进行饲养，则较易发生生物素缺乏病。

2. 某些拮抗剂的影响 据记载，生蛋清中含有抗生物素蛋白——卵白素，如育雏过程中采用过多的生鸡蛋清拌料，或猪饲料中生鸡蛋清含量达到 20% 时，极易引起生物素缺乏病的发生。磺胺及抗生素等也有拮抗生物素的作用。有资料报道，畜禽长期饲喂磺胺或抗生素类药物，可引起生物素缺乏。

（二）症状

禽：嘴和眼周围皮肤发炎，生长缓慢，食欲下降，羽毛干燥变脆。跖骨歪斜，长骨粗而短。产蛋鸡生物素缺乏所生蛋的孵化率下降，胚胎发育缺陷，呈先天性骨粗短，共济失调和骨变形。

猪：表现为生长缓慢，耳、颈、肩部、尾部皮肤炎症，脱毛，蹄底壳出现裂缝，口腔黏膜炎症、溃疡。母猪繁殖能力和仔猪成活能力均降低。

犬：犬用生鸡蛋饲喂犬时可引起生物素缺乏症，表现神情紧张，无目的的行走。后肢痉挛和进行性瘫痪，皮肤炎症和骨骼变化与其他动物类似。

反刍动物：主要表现溢脂性皮炎，皮肤出血，脱毛，后肢麻痹。

毛皮兽：出现皮肤湿疹，脱毛，貂类和狐表现明显的瘙痒症。严重缺乏时，毛皮质量降低，皮肤增厚，产生鳞屑并脱落。颜面部发生炎症和渗出，眼周围皮肤和被毛颜色变淡，产生"眼镜眼"现象。雄性毛皮兽可表现"湿腹"症状。母兽生殖力降低和不孕，生下的仔兽脚爪水肿，毛色淡呈灰色。

（三）诊断

目前尚缺乏早期诊断方法。根据病史、临床症状，并结合测定血液中和饲料中的生物素含量可作出准确的诊断。必要时还可作治疗性诊断。

（四）治疗与护理

病畜可口服或肌内注射生物素，剂量为鸡 3～5mg，犬为 0.5～1mg/kg 体重，母猪为 1.5～2.5mg/kg 体重，断奶仔猪为 2～4mg/kg 体重。

（五）保健护理

保持日粮组成的全价性，保证日粮中含足量的与可利用性较高的生物素，如黄豆、玉米粉、鱼粉、酵母等。家禽和猪，尤其是畜禽和仔猪，禁用生蛋清饲喂，可经加热后拌料喂给。饲料中添加适当的生物素有较好的预防作用，其添加剂量为鸡 150μg/kg 饲料，母猪 160～200μg/kg 饲料，仔猪 250μg/kg 饲料，水貂 2～6μg/kg 饲料。

六、叶酸缺乏症

叶酸缺乏症是由于动物体内叶酸缺乏或不足而引起的以生长缓慢、皮肤病变、造血机能障碍和繁殖性能降低为主要症状的疾病。多发于猪、禽，其他家畜少见。

叶酸又称维生素 M，属于抗贫血因子，广泛存在于植物叶片、豆类及动物产品中，反刍动物的瘤胃和马属动物的肠道微生物可合成足够的叶酸。猪和禽类的胃肠中也能够合成一部分叶酸，一般自然情况下，动物不易发生叶酸缺乏。

（一）病因

1. 饲料中叶酸缺乏　　玉米和其他谷物类饲料中叶酸含量较低，青绿饲料在强烈的阳光下曝晒过久、过度煮熟及饲料经高温处理（如仔猪膨化料）等可使其中所富含的叶酸破坏殆尽，若畜禽长期采食上述饲料，又不进行叶酸的添加，极易发生叶酸缺乏病。

2. 畜禽机体叶酸吸收或合成障碍　　长期使用磺胺类药物或广谱抗生素，可影响叶酸的体内生物合成；长期饲喂低蛋白性的饲料（蛋氨酸、赖氨酸缺乏），或长期患有消化道疾病，均影响叶酸的吸收和利用，最终引起缺乏症的发生。

此外，妊娠、哺乳母畜及处于产蛋高峰期的家禽，机体对叶酸的需求量往往增加，若生成中不注意补加叶酸，也可导致缺乏症。

（二）症状

患病动物主要呈现食欲减退，消化不良，腹泻，贫血，生长缓慢，繁殖力下降。

猪：食欲下降，生长迟滞，衰弱乏力，腹泻，皮肤粗糙，秃毛，皮肤黏膜苍白，巨幼红细胞性贫血，并伴有白细胞和血小板减少，易患肺炎和胃肠炎。母猪受胎率和泌乳量下降。

禽：雏鸡食欲减退，生长缓慢，羽毛生长不良，易折断，有色羽毛褪色，出现典型巨幼红细胞性贫血和白细胞减少症，腿衰弱无力，胫骨短粗。雏火鸡有头颈直伸，双翅下垂，不断抖动等特征性颈麻痹症状。母鸡产蛋量下降，孵化率低下，胚胎畸形，死亡率高。

（三）诊断

一般可根据饲养状况的分析，结合畜禽临床症状，参考病理剖解变化（皮肤黏膜苍白、贫血、皮肤发疹，胃肠炎）进行诊断。

（四）治疗与护理

本病以准确诊断、及时补充叶酸为治疗原则。临床多使用叶酸制剂，猪每千克体重0.1～0.2mg，每日2次口服或1次肌内注射，连用5～10d；禽每只10～150μg，内服或肌内注射，每日1次。还可给维生素B_{12}制剂，以减少叶酸消耗，提高疗效。

（五）保健护理

保证畜禽日粮中含有足够的叶酸，保持全价饲养。生产中，畜禽使用磺胺药或抗生素药物期间，或日粮中蛋白质不足时，或发生胃肠疾病时，适当增加叶酸或复合维生素B的给予量。也可以增加富含叶酸的饲料，如酵母、青绿饲料、豆类、苜蓿等的使用量。对于妊娠及哺乳母畜，还可以采取在饲料中添加动物肝脏等方法来确保叶酸的供应。

七、维生素 B_{12} 缺乏症

维生素B_{12}（即钴胺素）缺乏症是指由于畜禽体内维生素B_{12}缺乏或不足所引起的物质代谢紊乱、生长发育受阻、造血功能及繁殖功能障碍，以巨幼红细胞性贫血为主要临床特征的一种营养代谢性疾病。本病多呈地区流行性，缺钴地区发病率较高，以猪、禽和犊牛较多发，其他畜禽极为少见。

维生素B_{12}是促红细胞生成因子，具有抗贫血作用。广泛存在于动物性饲料中，其中肝脏含量最丰富，其次是肾脏、心脏和鱼粉中，但植物性饲料中除豆科植物的根外，几乎不含有维生素B_{12}。牛羊的瘤胃微生物、马属动物的盲肠和其他动物大肠内的微生物都可利用钴合成维生素B_{12}。家禽体内合成维生素B_{12}的能力很小。

（一）病因

畜禽维生素B_{12}缺乏的病因通常可以分为外源性因素和内源性因素两种。

1. 外源性因素　　主要见于畜禽长期采食植物性饲料，而动物性饲料缺乏，或幼畜长期饲喂维生素B_{12}含量低下的代用乳。此外，地方性缺钴或饲料中钴拮抗物过多，以及蛋氨酸、可消化蛋白质缺乏时，也可产生维生素B_{12}缺乏症。

2. 内源性因素　　长期大量使用广谱抗生素类药物，引起胃肠道中微生物区系紊乱

或破坏，必然影响维生素 B_{12} 合成；胰腺机能不全，慢性胃肠炎等会造成胃黏蛋白分泌减少，影响机体对维生素 B_{12} 的吸收和利用；当肝脏损伤，肝功能障碍时，维生素 B_{12} 不能转化为甲基钴胺，影响氨基酸、胆碱、核酸的生物合成，亦可产生维生素 B_{12} 缺乏样症状。

（二）症状

患病畜禽可出现食欲减退或异嗜，生长缓慢，发育不良，可视黏膜苍白，皮肤湿疹，神经兴奋性增高，共济失调，脂肪肝等共同症状。但畜禽种类不同，临床表现常有一定差异。

牛：异嗜，贫血，衰弱乏力，母牛产奶量明显下降。犊牛生长缓慢或停滞，皮肤、被毛粗糙，肌肉弛缓无力，共济失调。

猪：厌食，神经性障碍，应激增加，皮肤粗糙，背部皮炎；运动障碍，后躯麻痹，卧地不起；胸腺、脾脏以及肾上腺萎缩，肝脏和舌头常呈现肉芽瘤组织的增殖和肿大，逐渐出现消瘦、黏膜苍白等贫血症状，红细胞数及血红蛋白含量降低。成年猪繁殖机能障碍，易发生流产，死胎，畸形，产仔数减少，仔猪存活率低，幼猪中偶有腹泻和呕吐。

犬：厌食，生长停滞，贫血，在外周血液中可同时看到红细胞母细胞和髓母细胞。幼仔易发生脑水肿。

禽：一般以笼养鸡发病较多。雏鸡表现生长发育缓慢，饲料利用率降低，贫血，脂肪肝，死亡率增加。生长中的小鸡和成年鸡单纯性缺维生素 B_{12} 时，不表现有特征症状。若饲料中同时缺少胆碱、蛋氨酸则可出现脱腱症。成年鸡肌胃糜烂，肾上腺扩大，产蛋量下降，孵化率降低。鸡胚发育不良，体小且畸形，皮肤水肿，肌肉萎缩，心脏和肺脏等胚胎内脏均有广泛出血，多在孵化后期（17d）出现胚胎死亡。

（三）诊断

根据病史，饲料分析结果、临床症状，与病理解剖变化及生化检测（血液与肝脏中钴、维生素 B_{12} 含量降低，尿中甲基丙二酸浓度升高，巨细胞性贫血）结果，可作出诊断。本病应与钴、泛酸、叶酸缺乏及幼畜营养不良相区别。

（四）治疗与护理

发病后在查明原因的基础上，调整日粮组成，给予富含维生素 B_{12} 的饲料，如全乳、鱼粉、肉粉，大豆副产品，必要时添加药物。药物治疗通常用维生素 B_{12} 肌内注射，猪、羊 0.3～0.4mg/kg 体重，犬 100μg，鸡 2～4μg，反刍动物不需补加维生素 B_{12}，只要口服硫酸钴即可。实践证明硫酸钴经口服效果优于注射。

（五）保健护理

加强饲养管理，合理搭配饲料，保证日粮中含有充足的维生素 B_{12} 和钴。同时根据机体不同阶段的需要及时补充或增加。土壤缺钴地区，可通过土壤改良，给土壤施钴肥（硫酸钴，1～5kg/hm²）或在饲料中添加维生素 B_{12}（如种鸡，日粮中添加维生素 B_{12} 4mg/t）等方法以预防疾病的发生。此外，还应积极治疗畜禽胃肠疾病。

八、胆碱缺乏症

胆碱缺乏症是由于体内胆碱缺乏或含量不足所引起的一种脂类代谢障碍性疾病。临床以生长发育受阻，肝、肾脂肪变性，消化不良，运动障碍，禽类骨骼粗短为特征。主要发生于仔猪和雏禽，其他动物发病比较少见。

胆碱，又称为维生素 B_4、抗脂肪肝因子，广泛存在于动物性饲料（蛋黄、鱼粉、肉粉、骨粉等）和青绿植物以及饼粕等中。多数动物体内能够合成足够数量的胆碱，所以一般情况不会引起胆碱缺乏症。

（一）病因

1. 日粮中胆碱缺乏或含量不足　畜禽饲料中动物性饲料不足，植物性饲料霉败变质，长期缺乏青绿饲料等均可引起畜禽发生胆碱缺乏症。

2. 其他因素的影响　日粮中烟酸含量过多，使机体合成胆碱所必需的甲基族缺少，导致胆碱缺乏。日粮中锰参与胆碱运送脂肪的过程，起着类似胆碱的生物学作用，锰缺乏可导致与胆碱缺乏同样的症状。日粮中蛋白质过量，叶酸或维生素 B_{12} 缺乏时，胆碱的需要量明显增加，如未及时补充可导致胆碱缺乏。幼龄动物体内合成胆碱的速度不能满足机体的需要，必须从日粮中摄取胆碱，若不及时补充胆碱，则易造成缺乏症。

（二）症状

共同症状：胆碱缺乏时，病畜精神不振，食欲减退，生长发育缓慢，衰弱无力，关节肿胀，屈伸不全，共计失调，皮肤黏膜苍白，消化不良。

猪：主要有消化不良、衰弱无力，共济失调，跗关节肿胀并有压痛感，肩部轮廓异常等特殊表现。死亡率较高。仔猪生长发育缓慢，衰弱，被毛粗乱，跗关节屈伸不全，运动不协调，个别出现八字腿。母猪采食量减少，受胎率和产仔率降低，仔猪生长发育不良。

禽：生长受阻，胫骨粗短，膝关节点状出血，胫跗关节肿胀，跗骨扭曲、弯曲，关节软骨移位，行走困难。发生皮炎，骨变短粗，生长停滞，脂肪肝。一般认为，8周龄以上的鸡不可能发生胆碱缺乏。

犊牛：实验性胆碱缺乏主要表现食欲降低，生长发育不良，衰弱无力，呼吸急促，不能站立，消化不良。

（三）诊断

通常根据饲养管理情况调查，日粮胆碱含量检测，结合临床症状及病理解剖变化（脂肪肝、胫骨、跗骨发育不全等）进行确诊。

（四）治疗与护理

查出病因，改善饲养管理，并调整日粮组成，给予丰富的全价饲料，如全乳、脱脂乳、骨粉、肉粉、鱼粉、麦麸、油料饼粕、豆类以及酵母等。

药物治疗通常应用氯化胆碱拌饲料混饲，添加量一般为 $1\sim1.5kg/t$ 饲料。

（五）保健护理

保持日粮组成的全价性，保证日粮中含足量的胆碱。为防止鸡发生脂肪肝，可向每千克饲料中添加氯化胆碱 1g、肌醇 1g、维生素 E 10IU，预防效果良好。

九、维生素 C 缺乏症

维生素 C 缺乏症是由于动物体内维生素 C（抗坏血酸）缺乏或不足而致的胶原蛋白合成障碍、毛细血管的通透性和脆性增加，引起皮肤、内脏器官出血、贫血、齿龈溃疡、坏死和关节肿胀为特征的一种营养代谢性疾病，也称为坏血病。可发于家禽、猪、犬和毛皮兽狐、貉等。毛皮母兽维生素 C 缺乏引起新生仔兽患病者，又称为新生仔兽"红爪病"。

本病是人类认识最早的维生素缺乏症之一，早在 13 世纪就有记载，1753 年，Lind 还出版了关于坏血病的名著。由于维生素 C 广泛存在于青饲料、胡萝卜和新鲜乳汁中，并且大多数动物可以自己体内合成，因此兽医临床畜禽较少发生维生素 C 缺乏症。但猪内源性合成的维生素 C 并不能满足机体需要，幼年的畜禽因生长快速对维生素 C 的需求也很高，如果饲料中维生素 C 含量不足，则可能发生维生素 C 缺乏症，影响畜禽健康。

（一）病因

1. 饲料中维生素 C 缺乏 一般情况下，阳光过度暴晒的干草，高温蒸煮加工的饲料，储存过久发霉变质的饲料等，其中维生素 C 含量较低或者遭受破坏，若动物长期采食，即可发病。动物性饲料中维生素 C 含量较少，对于食肉动物如不注意补充维生素 C 则更容易发生缺乏症。

2. 幼畜母乳中维生素 C 含量不足或缺乏 由于幼畜一方面对维生素 C 的需求量较大，母乳又为其营养物质的主要来源，加上幼畜机体出生后一段时间内不能合成维生素 C，因此一旦母乳中维生素 C 含量不足或缺乏，则较易引起发病。尤其是仔猪、犊牛。

3. 机体对维生素 C 的吸收障碍或过度消耗 动物发生腹泻、胃酸缺乏、肝脏疾病等时，可使机体发生维生素 C 的吸收、合成和利用障碍；发生肺炎、慢性传染病或中毒病及动物处于气温过高的环境时，又会造成体内维生素 C 的大量消耗，最终引起相对缺乏症的发生。

（二）症状

共同症状：发病畜禽精神不振，食欲减退，颈、背部毛囊周围逐渐出现点状出血，口腔、齿龈出血，齿龈黏膜肿胀、疼痛、出血，后期出现溃疡。严重病例颊、舌可发生溃疡和坏死，牙齿松动或脱落。大量流涎且口腔有异味。排血便、血尿，鼻液带血。贫血，白细胞减少。关节肿胀、疼痛，运动困难，喜躺卧恶站立。幼畜生长发育缓慢，成畜生产性能降低。多有继发病，如继发肺炎、胃肠炎及一些传染病等。

猪：表现重剧性出血素质，皮肤黏膜出血、坏死，口腔、齿龈及舌尤为明显。皮肤出血部位被毛软化、易于脱落。严重时，有关节肿胀、骨端渗出、胸部变形和运动障碍。病猪极度衰弱。不治或误治，可因失血和继发感染而死亡。妊娠母猪维生素 C 缺乏，可引起仔猪先天性维生素 C 缺乏症，仔猪脐部出血，关节肿胀、疼痛。发病仔猪血液维生素 C 低于 1ml/L。

犬：表现贫血，有吃食、咀嚼、吞咽困难及拒吃热食等口炎症状。多数出现齿龈损伤。有的发生鼻出血、胃肠出血和血尿。关节疼痛，运动受阻。严重病例，病犬侧卧，四肢伸展，个别可发生后肢麻痹。

狐：妊娠时维生素 C 缺乏，则所产幼崽四肢关节、爪垫肿胀，皮肤发红，俗称为"红爪病"。严重病例，爪垫可形成溃疡和裂纹，多于生后第二天就发生于跗关节，生后 2～3d 死亡。

家禽：表现生长缓慢，产蛋量下降，蛋壳极薄。但因家禽嗉囊能合成维生素 C，生产中较少发生缺乏症。

牛：表现皮炎或结痂性皮肤病，齿龈发生化脓 - 腐败性炎症，泌乳量下降，犊牛还出现毛囊角化过度，表皮脱落形成结痂，被毛脱落，四肢关节肿胀、疼痛，运动困难。

（三）诊断

根据病史，饲养管理状况，结合临床表现的出血素质，病理剖检变化（皮肤、黏膜、器官出血，齿龈肿胀、溃烂、坏死等），血、尿、乳中维生素 C 含量的测定等可以作出准确诊断。

（四）治疗与护理

对发病畜禽应加强饲养管理，饲料中补充富含维生素 C 的新鲜青绿饲料，犬、狐等肉食动物应提供鲜肉、肝脏或牛奶。也可以用维生素 C 注射液，猪 0.2～0.5g，犬 0.1～0.2g，狐 0.04g，牛 1～3g，皮下或静脉注射，每天 1 次，连用 3～5d。维生素 C 片，猪 0.5～1g，仔猪 0.1～0.2g，犬 0.5～0.8g，口服或混饲，持续一周。

对口腔溃疡或坏死病畜，可用 0.1% 高锰酸钾液或 0.02% 呋喃西林液或其他抗生素冲洗口腔，如同时涂抹碘甘油或抗生素药膏，效果更好。

（五）保健护理

一是要加强饲养管理，保证日粮全价营养，供给富含维生素 C 的饲料；二是饲料加工的方法要合理，加工调制时间不宜过久或用碱处理饲料，避免青料储存过久；三是搞好妊娠母猪饲养管理，防治维生素 C 缺乏症的发生，仔猪要适时断奶；四是要积极防治对维生素 C 有消耗影响的应激、热性疾病等。

第四节　矿物质代谢障碍性疾病

一、佝偻病

佝偻病是生长期的幼畜或幼禽由于维生素 D 缺乏及饲料中钙、磷缺乏或饲料中钙磷比例失调所致的骨营养不良性代谢病。临床上以消化紊乱、异嗜癖、跛行及骨骼变形等为特征。病理学特征是生长骨的钙化作用不足，并伴有持久性软骨肥大与骨骺增大。本病常见于犊牛、羔羊、仔猪和幼犬。

（一）病因

引起幼龄动物佝偻病发生的病因常见于以下几种情况，但维生素D缺乏是其主要病因。

1）日粮中维生素D供给不足。

2）光照不足。动物皮肤中的7-脱氢胆固醇可在日光中紫外线的作用下转化成维生素D_3，如母畜和幼畜长期在太阳光照不足的圈舍内饲养，皮肤中的7-脱氢胆固醇不能转变成维生素D_3，造成内源性维生素D不足，母畜乳汁中维生素D缺乏，而导致哺乳幼畜发病。

3）动物患有慢性肝脏疾病和肾脏疾病，可影响维生素D的活化，从而使钙磷的吸收、成骨作用发生障碍而导致本病，此种情况奶牛多见。

4）日粮中钙磷缺乏或钙磷比例不当。幼畜日粮中的钙磷比例应为2∶1，如日粮中磷绝对缺乏或钙磷比例不当，可发生本病。快速生长的犊牛，发病原因主要是原发性磷缺乏。

5）维生素A、C缺乏。维生素A参与骨骼里黏多糖的合成，尤其是对胚胎和幼畜骨骼的生长发育所必需；维生素C是羟化酶的辅助因子，促进有机母质的合成，因此缺乏维生素A、维生素C时动物会发生骨骼畸形。

6）另外佝偻病的发生，还与微量元素铁、铜、锌、锰、硒等缺乏有关。

（二）发病机制

佝偻病是以骨组织钙化不全为病理学基础的，骨骼中的钙含量明显降低（牛由66.3%降到18.2%）和骨样组织占优势（由30%升高到70%），这是钙代谢障碍的结果。在钙代谢过程中，必须有维生素D的参与，无论是经小肠吸收还是经皮肤合成的维生素D，本身并无生物活性，它必须在肝细胞线粒体内的羟化酶的作用下，生成25-$(OH)_2$-D_3，再到肾脏中经肾脏线粒体羟化酶的作用，生成1,25-$(OH)_2$-D_3，才具有活性，才能发挥生理功能。1,25-$(OH)_2$-D_3是目前已知的维生素D及其衍生物中活性最强的一种，在正常情况下，1,25-$(OH)_2$-D_3、甲状旁腺激素、降钙素三者相互配合，通过对骨组织、肾脏和小肠的作用，来调节血钙浓度，使其保持相对恒定。1,25-$(OH)_2$-D_3主要通过以下几个方面调节钙磷代谢。

1）促进小肠对钙、磷的吸收。1,25-$(OH)_2$-D_3在肾脏生成后，经过血液循环到达小肠黏膜，促进小肠黏膜细胞合成钙结合蛋白，它是一种载体蛋白，可与钙离子结合而起到转运钙的作用，促进钙的吸收。同时还能促进小肠对磷的吸收，从而提高血钙、血磷的含量，在血钙较高时，可促进骨骼、牙齿的钙化作用。

2）增强肾小管对磷的重吸收，减少尿磷的排出，提高血磷含量。

3）当血钙降低时，可协助甲状旁腺素增强破骨细胞对骨盐的溶解作用，使骨组织释放出骨盐，维持血钙的相对稳定，保证机体生理功能的正常进行。

由此可见维生素D可促进钙、磷的吸收，有利于骨骼的钙化，促进成骨作用，其溶骨作用可使骨质不断更新，但总的趋势是促进钙磷吸收和成骨作用。

饲料中钙、磷和维生素D缺乏，可引起发育骨中的骨样组织钙化不全，成骨细胞钙化延迟，骨骺软骨增生，骨骺板增宽，骨干和骨骺软骨钙化不全。在正常负重情况下长骨弯曲，骨骺膨大，关节明显增大，同时反射性地引起甲状旁腺分泌增强，大量动员骨钙，导致骨基质不能完全钙化，骨样组织增多。

（三）症状

各种动物佝偻病的临床症状基本相似，早期主要表现为精神轻度沉郁、食欲减退、消化不良、异嗜、消瘦、生长发育缓慢。中期动物经常卧地，不愿站立，被毛粗糙，无光泽、换毛延迟，出牙期延长，牙齿形状不规则，齿质钙化不足，排列不规则，容易磨损。后期动物关节肿胀易变形，快速生长骨的骨端增大，弓背，负重的长骨出现畸形而表现跛行。

严重的步态僵硬，甚至卧地不起，四肢骨骼发生变形呈现 O 形和 X 形（图 6-3），骨质松软、易发生骨折、肋骨与肋软骨结合处有串株状凸起。育肥猪有后肢麻痹，由于牙齿病变，出现采食、咀嚼障碍，有的病例有贫血和腹泻，病程较长的易发生呼吸道和消化道感染。当血钙降低到一定程度时则出现神经过敏，痉挛和抽搐等神经症状。

图 6-3　犬、骆驼、兔的佝偻病，两前肢呈现 O 形或 X 形

X 线检查呈普遍性骨质疏松，骨质密度降低，骨皮质变薄，骨小梁稀疏粗糙，甚至消失，长骨末端呈现出"羊毛状"或"蛾蚀状"外观；负重骨骼弯曲变形，骨干骺端膨大，外形上可见骨的末端凹而扁，即呈"喇叭状"。

实验室检查，血清钙和磷水平因病因的不同而有差异。维生素 D 缺乏性佝偻病动物，血钙或血磷含量减少或两者同时减少；饲喂低钙饲料时，虽然骨骼中钙含量减少且出现临床症状，但血钙含量多在正常范围内；饲喂低磷饲料时，血磷明显降低，小于 30ml/L。血清碱性磷酸酶活性明显升高。

（四）诊断

根据发病动物的年龄、饲养管理条件，以及骨骼变形、异嗜、生长发育障碍等特征性临床症状，再结合血清钙磷含量测定结果、碱性磷酸酶活性变化以及 X 线检查等综合分析，可作出诊断。

（五）治疗与护理

1. 治疗原则　　加强饲养管理，补充维生素 D 和应用钙磷制剂。

2. 治疗措施　　补充维生素 D 常用鱼肝油、维生素 AD 注射液，内服或注射。犊牛、羔羊、仔猪、幼犬、猫、驹等可注射，禽类主要是通过拌料饲喂。同时每天应保证有充足的阳光或紫外线的照射。补充钙磷可选用维丁胶钙、葡萄糖酸钙、磷酸二氢钠等，或在饲料中添加乳酸钙、磷酸钙、氧化钙、磷酸钠、骨粉、鱼粉等。

（六）保健护理

1）供给全价营养。

2）饲料中钙磷比例要适宜。

3）补充维生素 D 和增加光照。

二、骨软症

骨软症是成年动物软骨内骨化完成后由于钙磷代谢紊乱而发生的以骨质脱钙、骨质疏松和骨骼变形为特征的一种骨营养不良性疾病。病理学特征性是骨质进行性脱钙，呈现骨质软化及形成过量未钙化的骨基质。临床上以消化紊乱、异嗜癖、跛行、骨软化及骨变形为特征。本病各种动物都可发生，最常见的是妊娠期或处于泌乳期的高产奶牛，其次是绵羊、猪等动物。

（一）病因

饲料和饮水中的钙、磷和维生素 D 缺乏，或钙磷比例不当是引起本病的主要原因，但不同种类的动物，致病因素也有一定的差异。

猪的骨软症主要是由于钙缺乏引起，多见于长期哺乳而断奶不久的母猪。

牛的骨软症通常是由于饲料、饮水中磷含量不足或钙含量过多，导致钙、磷比例不当而发病。磷含量不足或钙含量过多和以下因素有关：发病地区土壤严重缺磷；日粮中补充过量的钙，泌乳和妊娠后期的母牛发病率最高；干旱季节使植物根部能从土壤中吸收的磷很低；乳牛骨粉或含磷饲料补充不足，特别在大量应用石粉（含碳酸钙 99.05%）或贝壳粉代替骨粉时，高产母牛的骨软症发病率显著增高。绵羊在与牛相同的缺磷区，发病不严重，但有记载，绵羊骨软症与低磷酸盐血症有关。

日粮中钙磷缺乏、比例失调或维生素 D 缺乏等均可导致钙磷吸收不良。在成年动物，骨骼灰分中的钙占 38%，磷占 17%，其钙磷比例为 2：1。根据骨骼组织中钙磷比例和饲料中钙磷比例基本上相适应的理论，要求饲料中的钙磷比例也应为 1.5～2：1，但不同动物对日粮中钙磷比例要求不完全一致，如黄牛饲料中的钙磷比例以 2.5：1 最为适合，乳牛为 1.3：1，猪约为 1：1。

动物患有慢性肝胆疾病和肾脏疾病，可影响维生素 D 的活化，引起钙磷的吸收和成骨作用障碍而发生骨骼钙化不全，此种病因在奶牛多见。日粮中锌、铜、锰等不足也影响骨的形成和代谢。另外，饲料和饮水中含有钙的拮抗因子可影响钙的吸收和骨骼的代谢。

犬、猫是由于长期饲喂动物肝脏或肉（肝脏和肉中含钙少而磷多），且在室内饲养，缺乏阳光照射而发生骨软症。

（二）症状

骨软症在临床上呈慢性经过，各种动物骨软症的症状基本相似。首先表现为消化机能紊乱、异嗜，以后出现运动障碍和骨骼变形、牙齿磨损较快等特征，大体上与佝偻病相似。

1. 消化紊乱，呈现明显的异嗜癖　病牛舔食泥土、墙壁、铁器，在野外啃嚼石块，在牛舍吃食污秽的垫草。病猪除啃骨头，嚼瓦砾外，有时还吃食胎衣。

2. 跛行　异嗜癖出现一段时间后，动物表现运步不灵活，呈现跛行。主要表现为四肢僵直，走路后躯摇摆，或呈现四肢轮跛。拱背站立，常卧地不愿起立，乳牛腿颤抖，后肢伸展，呈拉弓姿势。母猪喜欢躺卧，做匍匐姿势，跛行，产后跛行往往加剧，后肢瘫痪，严重者发生骨折。

3. 骨骼外形异常　由于负重的骨骼都伴有严重脱钙，因而脊柱、肋弓和四肢关节疼痛，外形异常。牛尾椎骨排列移位、变形，重者尾椎骨变软，椎体萎缩，最后几个椎体消失。人工可使尾椎卷曲，而病牛不感痛苦。盆骨变形，严重者可发生难产。长骨 X 线检查，骨影像显示骨质密度降低，皮质变薄，最后 1～2 尾椎骨愈着或椎体被吸收而消失。

（三）诊断

本病在后期临床症状明显很容易诊断，所以关键是进行早期诊断。一般根据饲料分析结果，动物表现困乏无力，四肢负重能力降低，无外科原因的跛行，骨骼变形，牙齿磨损，X 线检查结果，血液碱性磷酸酶活性升高等可作出诊断。血清中游离羟脯氨酸浓度升高，可作为敏感性高、特异性强、操作简便的早期诊断指标。

（四）治疗与护理

1. 治疗原则　改善饲养管理，在全价饲养的基础上，补充钙磷和维生素 D，可根据病因灵活选用适当的治疗方法。

2. 治疗措施　是高钙低磷饲料引起，则可给予磷酸二氢钠；如是低钙高磷饲料引起，则在补给骨粉的同时适当静脉注射氯化钙或葡萄糖酸钙。为促进钙磷的吸收和成骨作用，可肌内注射维生素 D_2 或维生素 D_3，也可内服鱼肝油。

（五）保健护理

主要的是定期检测动物血液中钙磷的含量、羟脯氨酸的含量，因为这些变化均出现在临床症状出现之前。平时按照饲养标准及所在地区的情况合理配置日粮，满足动物对钙磷的需求，特别是特殊生理时期，要应用维生素 D 制剂，增加户外运动。

三、纤维性骨营养不良

纤维性骨营养不良是由于日粮中磷过剩而继发钙缺乏或原发性钙缺乏而发生的一种以马属动物为主的骨骼疾病。特征性病变是骨组织呈现进行性脱钙及软骨组织纤维性增生，进而骨体积增大而重量减轻，尤以面骨和长骨骨端显著。临床特征是消化紊乱，异嗜癖，跛行，拱背，面骨和四肢关节增大，尿澄清、透明等。

原发性甲状旁腺机能亢进引起的纤维性骨营养不良常见于犬，而继发性甲状旁腺机能亢进（如营养性、肾性）引起的纤维性骨营养不良在马、牛、猪、犬、猫等动物极为常见。

（一）病因

马属动物和猪常见于日粮中磷过剩而继发钙缺乏。

1）用钙、磷比例为 1：2.9 或磷更多的饲料，不管摄入钙的总量如何，均可引起马发病。试验表明，如果马日粮主要是稻草、麸皮和米糠，虽然稻草是一种钙、磷比例较为适当的粗饲料（钙、磷比为 0.37：0.17），但麸皮（钙、磷比为 0.22：1.09）和米糠（钙、磷比为 0.08：1.42）都是含磷特别高的精饲料。这种以麸皮或以米糠为主，或以二者混合为主引起的马纤维性骨营养不良，一旦补充石粉，则症状减轻直至消失。这种情况进一步证明马的纤维性骨营养不良是由于日粮中磷过剩而继发钙缺乏所致。理想的钙、磷比例，马维持在（1：0.9）～（1：1.4）以内，猪维持在 0.62：1.2 以内，即有防治本病的作用。

2）磷的饲喂量并不多，但钙喂量不足，或钙、磷喂量均不足也是纤维性骨营养不良的一种原因。

3）对钙的吸收受到干扰。许多因素可干扰马对钙的吸收，例如，植物中含有过多的草酸、植酸或饲料中存在过量的脂肪，在机体内均可与钙结合成不溶性钙而影响钙的吸收。

4）长期过劳或长期休闲过饲也可促进本病的发生。

（二）症状

马首先表现消化紊乱，异嗜（如舔墙吃土、咬啃饲槽和木桩），粪便干稀交替，常因牙齿磨灭不整、咀嚼不佳、吐草团等求医。随后出现不明原因的跛行，喜卧，站立时四肢频频交替踏地，或集于腹下，小心着地。常见跗关节、腕关节、肩关节、蹄部关节肿痛。随病程进展，出现典型的骨骼病变。引人注意的是头骨变形，如下颌骨肿胀增厚，下颌间隙变窄，上颌骨、鼻骨隆起，严重的引起呼吸困难。骨质脱钙软化，严重病例卧地不能站立，久之造成病理性肋骨骨折，或肋骨弓变小，胸部变扁。

猪纤维性骨营养不良症状与马相似，重症的呈现跛行、骨折、关节肿大、面部隆起等。

（三）诊断

根据摄入饲料中磷过多、钙磷比例不当或钙磷缺乏，再结合临床特征，通常不难诊断。早期诊断可据 X 线影像分析特点，如长骨端、扁骨处形成膨大的囊肿。

（四）治疗与护理

1. 治疗原则　　加强饲养管理，调整日粮中的钙磷比例。

2. 治疗措施　　对病马应采用钙剂治疗，减免日粮中的麸皮和米糠，补充石粉（约占精饲料的 10%），静脉注射 10% 水杨酸钠溶液和 5% 氯化钙溶液（二者交替进行，即第一天为水杨酸钠，第二天为氯化钙，每日一次，每次 100ml）。也可 2 种药各半，疗程为 7～10d。同时也可配合补充维生素 D_2 400 万单位肌内注射。当发现马尿液由原来的透明茶黄色转变成浑浊的黄白色，表明药物（包括补充石粉）治疗有效。对猪，通常用钙剂而不用无机磷酸盐。

（五）保健护理

调整马日粮中钙、磷比例，使其接近 1∶1，而以 1.2∶1 最理想，总之其宽度须在 2∶1 范围内。石粉用于预防有很显著的效果，在本病的流行区，可在全年的各个季节中按 5% 的比例与精饲料混合，始终保持马尿液为浑浊的黄白色。贝壳粉、蛋壳粉也有效，但不应补充骨粉。

四、牛血红蛋白尿病

牛血红蛋白尿病是发生于牛的一种营养代谢病，通常包括母牛产后血红蛋白尿病和水牛血红蛋白尿病，临床上以磷酸盐血症、急性溶血性贫血和血红蛋白尿为特征。母牛产后血红蛋白尿病通常发生于产后 4d 至 4 周的 3～6 胎的高产母牛。

（一）病因

研究表明，母牛产后血红蛋白尿病的发生与以下 3 种因素有密切关系：①饲料中磷缺乏。②某些植物引起红细胞溶血，如甜菜块根和叶、青绿燕麦、多年生的黑麦草、埃及三叶草、苜蓿以及十字花科植物等。③铜缺乏促进本病的发生。母牛产后大量泌乳，体内铜大量丢失，当肝脏铜贮备空虚时，即发生巨细胞性低色素性贫血。水牛血红蛋白尿病的发病原因主要是由于饲料中磷缺乏造成低磷酸盐血症，寒冷是发病的诱因。秋季长期干旱导致饲用植物磷的吸收减少，在冬季常引起发病。

（二）症状

红尿是本病的突出特征，甚至是初期阶段的唯一症状。病牛尿液在最初 1～3d 内逐渐地加深，由淡红、红色、暗红色，直至变为紫红色和棕褐色，然后随症状减轻至病畜痊愈，又逐渐地由深而变淡，直至无色。由于血红蛋白对肾脏和膀胱产生刺激作用，使排尿次数增加，但每次排尿量相对减少。尿的潜血试验呈阳性反应，而尿沉渣中通常没有红细胞。随着疾病的发展，贫血症状加剧，可视黏膜及皮肤（乳房、乳头、股内侧和腋间下）变为淡红色或苍白色，血液稀薄，凝固性降低，血清呈樱红色。呼吸加快。

临床病理学：主要表现贫血、血红蛋白尿症、低磷酸盐血症。红细胞压积、红细胞数、血红蛋白等红细胞参数值下降，黄疸指数升高，血红蛋白尿症以及低磷酸盐症。血红蛋白值由正常的 50%～70% 降至 20%～40%，红细胞数由正常的 $5×10^{12}～6×10^{12}/L$ 降低至 $1×10^{12}～2×10^{12}/L$。血清无机磷水平降低至 4～15mg/L。病牛的红细胞中能发现海恩茨氏小体。尿呈深棕红色，中度浑浊。尿中不存在红细胞。

（三）诊断

红尿是本病重要特征之一，在尿中有血凝块且尿沉渣中存在红细胞，但应注意与其他血尿性疾病的区别。牛的血红蛋白尿还可由其他溶血疾病所致，例如，细菌性血红蛋白尿、巴贝斯焦虫病、钩端螺旋体病、慢性铜中毒、某些药物性红尿（酚噻嗪、大黄等）、洋葱中毒等，应注意鉴别诊断。补磷后病情好转也可作为辅助诊断方法。

（四）治疗与护理

1. 治疗原则　　及时补磷。

2. 治疗措施　　应用磷制剂具有良好效果，同时应补充含磷丰富的饲料，如豆饼、花生饼、麸皮、米糠和骨粉。磷制剂主要是 20% 磷酸二氢钠溶液，每头牛 300～500ml，静脉注射，12h 后重复使用一次。一般在注射 1～2 次后红尿消失。重症可连续治疗 2～3 次。也可静脉输入全血，口服骨粉（产后血红蛋白尿用 120g/ 次，每天 2 次，水牛血红蛋白尿用 250g/ 次，每天 1～2 次）。也可静脉注射 3% 次磷酸钙溶液 1000ml，效果良好。但切勿用磷酸氢二钠、磷酸二氢钾和磷酸氢二钾等。

（五）保健护理

限制过多饲喂十字花科植物如甜菜、油菜、甘蓝等含磷少食物。有条件的可将这些食物青贮以减少其中皂苷的含量，同时补给含磷高的饲料，如麸皮、米糠、骨粉等，特别是在泌乳和产犊前后。

五、异食癖

异食癖是指由于环境、营养、内分泌、心理和遗传等多种因素引起的以舔食、啃咬通常认为无营养价值而不应该采食的异物为特征的一种复杂的多种疾病综合征。

各种家畜（禽）都可发生，常发生在冬季和早春，且舍饲的动物多发。广义地说，像羔羊的食毛癖、猪的咬尾症、禽的啄羽癖和啄肛癖、毛皮兽的自咬症等都属于异食癖的范畴。

（一）病因

本病发生的原因是多种多样的，可因地区和动物的种类而异。一般认为有以下因素。

1. 环境　　饲养密度过大，动物之间相互接触和冲突频繁，为争夺饲料和饮水位置，互相攻击撕咬，常诱发恶癖。光照过强，光色不适，易导致禽的啄癖。高温、高湿、通风不良，再加上空气中氨、硫化氢和二氧化碳等有害气体的刺激易使动物烦躁不安而引起啄癖。

2. 营养　　许多营养因素已被认为是引起异食癖的重要原因。硫、钠、铜、钴、锰、钙、铁、磷、镁等矿物质不足，特别是钠盐的不足是常见原因。绵羊和鸡的食毛癖、猪吃胎衣和胎儿、鸡的啄肛癖与硫及某些蛋白质和氨基酸的缺乏有关。某些维生素的缺乏，特别是 B 族维生素的缺乏，可导致体内代谢紊乱而诱发异食癖。另外，当日粮中能量太高和粗纤维太少，可造成鸡过度的活动和好斗。

3. 疾病　　一些临床和亚临床疾病已被证明是异食癖的一个原因。体内外寄生虫可通过直接刺激或产生毒素引起异食癖。有些疾病本身不引起异食癖，但可产生应激作用，如猪尾尖的坏死已被证明可引起咬尾症。

（二）症状

异食癖一般多以消化不良开始，接着出现味觉异常和异食症状。患畜舔食、啃咬、吞咽被粪便污染的饲草或垫草，舐食墙壁、食槽，啃吃墙土、砖、瓦块、煤渣、破布等。患畜易惊恐，对外界刺激的敏感性增高，以后则迟钝。皮肤干燥，弹力减退，被毛松乱无光泽。拱腰、磨牙，天冷时畏寒战栗。口腔干燥，开始多便秘，其后下痢，或便秘与下痢交替出现。贫血，发生渐进性消瘦，食欲进一步恶化，甚至发生衰竭而死亡。

母猪有食胎衣，仔猪间有互相啃咬尾巴、耳朵和腹侧的恶癖。断奶后仔猪、架子猪相互啃咬对方耳朵、尾巴和鬃毛时，常可引起相互攻击和外伤。

鸡有食毛（羽）癖（可能是由于缺硫）、啄趾癖、食卵癖（缺钙和蛋白质）、啄肛癖等。一旦发生，在鸡群中传播很快，可互相攻击和啄食，甚至对某只鸡可群起而攻之，造成伤亡。

幼驹特别是初生驹有采食母马粪的恶癖，特别是母马刚拉下的有热气的新鲜粪便。采食马粪的幼驹，常引起肠阻塞，若不及时治疗，多数死亡。

异食癖多呈慢性经过，对早期和轻型的患畜，若能及时改善饲养管理，采取适当的治疗措施很快就会好转；否则病程拖得很长，可达数月，甚至1~2年，最后衰竭而死亡；也有以破布、毛发、马粪等阻塞消化道，或尖锐异物使胃肠道穿孔而引起死亡的。

（三）诊断

将异食作为症状诊断不困难，但要作出病原学诊断，则须从病史、临床特征等方面具体分析，进行综合诊断。

（四）治疗与护理

1. 在查明病因的基础上，改善饲养管理 应根据动物不同生长阶段的营养需要，喂给全价配合饲料，当发现有异食癖时，可适当增加矿物质和复合维生素的添加量。此外，喂料要做到定时、定量，不喂发霉变质的饲料。有条件时，可根据饲料和土壤情况，缺什么补什么，对土壤中缺乏某种矿物质的牧场，要增施含该物质的肥料，并采取轮换放牧。有青草茂盛的季节多喂青草；无青草的季节要喂质量好的青干草、青贮料，补饲麦芽、酵母等富含维生素的饲料。

2. 合理组群 应把来源、体重、体质、性情和采食习惯等方面近似的动物组群饲养，每一动物群的多少，应以圈舍设备、饲养密度以及饲养方式等因素而定。

3. 饲养密度要适宜 饲养密度要以不影响动物的正常生长、发育、繁殖，又能合理利用栏舍面积为原则。猪一般3~4月龄每头需要栏舍面积以 $0.5~0.6m^2$ 为宜，4~6月龄以 $0.6~0.8m^2$ 为宜，7~8月龄和9~10月龄则分别为 $1m^2$ 和 $1.2m^2$。

4. 圈舍应有良好的通风、温度调控及粪水处理系统 圈舍良好的通风、温度调控及粪水处理系统有利于防暑降温、防寒保温、防雨防潮，从而保证栏舍干燥卫生，通风良好。此外，要避免强光照射。鸡可适当利用红光，有利于抑制过度兴奋的中枢神经系统。

5. 防止寄生虫等疾病的发生 根据当地的外界气温、寄生虫种类及发病规律，进行定期驱虫，以防止寄生虫诱发的恶癖。

六、母牛卧倒不起综合征

母牛卧倒不起综合征又称"爬行母牛综合征"，它不是一种独立的疾病，而是某些疾病的一种临床综合征。广义地认为，凡是经一次或两次钙剂治疗无反应或反应不完全的倒地不起母牛，都可归属在这一综合征范畴内。

（一）病因

矿物质代谢紊乱，尤其是低磷酸盐血症、低钾血症和低镁血症等代谢紊乱与该综合征有密切的关系。有些母牛作为生产瘫痪治疗，看起来对精神抑制和昏迷状态的情况有所改善，但依然爬不起来，这样的病例有人怀疑为低磷酸盐血症，否则就是钙疗的剂量和浓度不足。有些母牛经钙疗以后，精神抑制和昏迷状态不仅消失，且变得比较机敏，甚至开始有食欲，但依然爬不起来，这种爬不起来似乎由于肌肉无力，因此怀疑为伴有低钾血症。若爬不起来还伴有搐搦、感觉过敏、心搏动过速和冲击性心音，则可能伴有低镁血症，在钙疗中加入镁剂，可以证实诊断。

肾脏血浆流动率和灌注率降低而同时存在心脏扩张和低血压，是分娩时出现的一种循环危象，会促使瘫痪发生。高产乳牛的乳房血流大增，会给循环系统带来威胁。有些卧倒爬不起来的母牛，伴有肾脏疾病并呈现蛋白尿或尿毒症。除上述原因外，酮病、脓毒性子宫炎、乳房炎、胎盘滞留、闭孔神经麻痹都可能与本病的发生有关。

此外，压力损伤与创伤性损伤也是引起该综合征的主要原因之一。例如，本来并无并发症的低钙血性生产瘫痪，由于未及时治疗，长时间躺卧（一般指超过 4～6h），尤其是在体重大的母牛长时间压迫一条腿时，可因局部血液循环障碍引起坏死。母牛在分娩前后由于站立不稳和起卧很容易引起创伤性损伤，如骨盆、椎体、四肢等的骨折，最后引起发病。

（二）症状

病牛在发病前，往往不见到症状。卧倒不起常发生于产犊过程或产犊后 48h 内。病牛表现机敏。饮食欲基本正常，食量有时有所减少，体温正常或稍有升高，心率增加到 80～100 次 /min，脉搏细弱，但呼吸一般无变化。排粪和排尿正常。以上是典型病例的临床病征。

在其他病例，病征可能更加明显，特别是头弯向后方，呈侧卧姿势，如果将其头部抬起并给予扶持，则与正常牛无异。更为严重的病例，则呈现感觉过敏，并且在卧倒不起时呈现四肢搐搦、食欲消失。"母牛卧倒不起"综合征既可单独发生，也可发生于生产瘫痪治疗明显恢复之后而仍然继续卧地不起，这种情况一旦出现，就表明属于综合征。亚急性的病程为 1～2 周，常常不能痊愈。更急性的病例，在 48～72h 内死亡。

由于大多数是生产瘫痪综合征，或是非生产瘫痪，故血浆钙水平不正常；血浆磷和血浆镁水平有时可在正常范围以内，但有时出现低磷酸盐血症、高镁或低镁血症、高糖血症及低钾血症。有时有中度的酮尿症。许多病例有明显的蛋白尿，也可在尿中出现一些透明圆柱和颗粒圆柱。有些病牛见有低血压和心电图异常。

（三）诊断

根据钙疗无效，或治疗后精神状态好转，但依然爬不起来，以及病牛机敏，没有精神沉郁与昏迷的症状，可以作出初步诊断。对这一综合征的诊断关键是要从病因上去分析，但在临床上真正做起来比较困难。

（四）治疗与护理

治疗应根据诊断分析的结果作为依据来定，否则任意用药不仅无效，且可导致不良后果（如对心率高达 80～100 次 /min 的病例应用过量钙剂，显然会产生不良后果；钾的过量应用且注射速度过快时，可导致心跳停止）。

当怀疑伴有低磷酸盐血症时，可用 20% 磷酸二氢钠溶液 300～500ml 静脉或皮下注射，即使在病性未定的情况下，用之也不致产生不良影响。应注意只给予磷酸钠盐，而不应给予磷酸钾盐。对疑为因低钾血症而引起的本综合征（母牛机敏、爬行和挣扎，但又不能站立起来），即称为"爬行的母牛"，应用含钾 5～10g 的溶液（氯化钾）治疗而有明显效果。在应用钾剂时，尤其是静脉注射时要注意控制剂量和速度。镁盐的应用要慎重，除非临床上确认伴有搐搦及感觉过敏。

由于母牛体大过重，对卧地不起者，应防止肌肉损伤和褥疮形成，可适当给予垫草及定期翻身，或在可能情况下人工辅助站起，经常投予饲料和饮水，静脉补液并对症治疗，有助病牛的康复。

第五节　微量元素缺乏症

一、硒和维生素 E 缺乏症

硒和维生素 E 缺乏症是由于体内微量元素硒和维生素 E 缺乏或不足，使机体的抗氧化机能障碍，从而引起的以骨骼肌、心肌和肝脏等组织变性、坏死为特征的营养障碍性疾病。临床常见于各种畜禽的营养性肌营养不良、仔猪营养性肝病、雏鸡渗出性素质病、脑软化等，其中营养性肌营养不良也称白肌病。本病属于多种动物共患病。羔羊、仔猪、雏禽较为多发，犊牛次之，幼驹较少。

维生素 E 和硒缺乏，通常合并发生，不仅在临床症状、病理变化上有许多共同之处，而且在病因、发病机制、防治效应以及生产实践中难以区分，因而统称为硒和维生素 E 缺乏症。

（一）病因

本病的发生与动物体的硒和维生素 E 缺乏有直接关系，主要与以下因素有关。

1）饲料（草）中硒和维生素 E 含量不足。当饲料硒含量低于 0.05mg/kg 以下，或因饲料加工贮存不当，氧化酶破坏了维生素 E，则出现硒和维生素 E 缺乏症。饲料中的硒来源于土壤硒，所以土壤缺硒是硒缺乏症的根本原因，当土壤硒低于 0.5mg/kg 时即认为是贫硒土壤。

2）饲料中含有大量不饱和脂肪酸，可促进维生素 E 的氧化。鱼粉、猪油、亚麻油、豆油等含有不饱和脂肪酸，当这些不饱和脂肪酸酸败时，可产生过氧化物，促进饲料中维生素 E 的氧化。

3）生长动物、妊娠母畜对维生素 E 的需要量增加，也可导致维生素 E 相对不足而发生本病。

（二）发病机制

现代研究表明，硒具有以下主要生理功能：硒具有抗氧化作用；硒具有抗衰老作用；硒具有防癌症的作用；硒能增强机体的免疫功能；硒具有促生长的作用。当缺乏时，则相应的生理功能不能完成而引起发病。目前认为本病的发病机制主要在于硒和维生素E缺乏时，机体的抗氧化作用遭到破坏。

（1）正常生理情况下，硒和维生素E协同发挥抗氧化作用　　正常生理情况下，动物机体在代谢过程中能产生一些使细胞和亚细胞结构（线粒体、溶酶体等）脂质膜破坏的过氧化物和自由基，主要包括超氧阴离子、羟自由基、有机过氧化物、和无机过氧化物。这些物质可通过硒和维生素E抗氧化作用及时将它们在体内清除。

维生素E抑制"脂质过氧化反"应。维生素E的抗氧化作用是抑制多价不饱和脂肪酸产生的过氧化物对细胞膜的脂质过氧化，从而保护了细胞膜的完整性不受过氧化物的破坏。

硒能催化过氧化物的分解。硒的抗氧化作用是通过谷胱甘肽过氧化物酶和清除不饱和脂肪酸来实现的，谷胱甘肽过氧化物酶能清除体内产生的过氧化物和自由基，保护细胞膜免受损害。

硒和维生素在抗氧化作用方面，具有协同作用。硒能催化过氧化物的分解，维生素E可抑制过氧化脂质的生成。两者相互补偿，使组织细胞免受过氧化物的损害，保护细胞的完整性。但两者相比，硒的抗氧化效应更强。

（2）硒和维生素E缺乏时，细胞的完整性遭到破坏，组织器官发生病理性损害　　机体硒缺乏且维生素E不足时，过氧化物在体内大积聚，对细胞膜产生毒性作用，使细胞完整性遭到破坏，引起组织细胞变质。常发的器官有骨骼肌、肝脏、心脏等。骨骼肌营养不良、变性，即发生白肌病，导致姿势异常和运动障碍；心肌变性、坏死及出血，也会发生白肌病，导致心率加快、节律不齐、心功能不全，猪则表现桑葚心；胃肠道平滑肌变性，引起消化机能障碍；毛细血管变性、坏死，血管损伤，通透性增强，引起雏鸡渗出性素质，体腔积液；胰腺发育受阻、体积小及其严重的急性变性、坏死，可直接引起胰酶的分泌紊乱，胰消化酶活性减退，是临床出现消化不良、腹泻的主要原因之一；胰酶活性减低的另一个后果是脂肪消化、吸收障碍，可继发维生素E缺乏，使渗出性素质加重或出现脑软化，并可影响繁殖功能；肝实质营养不良，影响胆汁分泌，引起消化不良；肝功能不全，代谢紊乱及解毒机能下降，造成机体中毒肝、胰、胃肠病变共同引起消化障碍和顽固性腹泻；淋巴器官的发育受阻及其变质性病变，能直接引起免疫功能障碍，这为机体带来了抗病力降低，易于继发感染的严重后果与潜在性危害。合并继发感染，从而使病情复杂化。这就是在低硒地带常常容易引起低硒营养，畜群发生大批传染、疾病流行和死亡的一个不容忽视的原因。

根据以上论点，设计并绘制了畜禽硒缺乏症发病机制示意图，用以简要地说明其基本过程和相互关系（图6-4）。

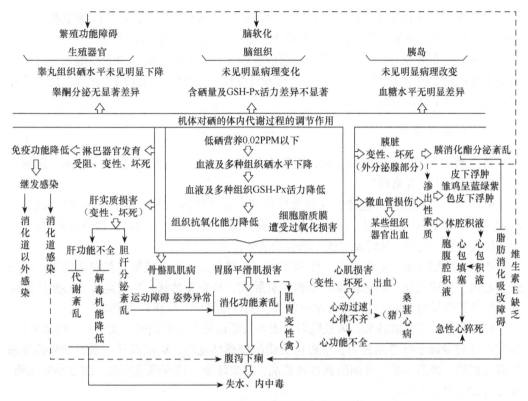

图 6-4 畜禽硒缺乏症发病机制示意图

（三）症状

硒缺乏症病型的不同，临床症状也不完全一致，但患病畜禽一般均呈现程度不同的基本症候群（共同症状）。

1）运动机能障碍：骨骼肌疾病引起姿势异常及运动功能障碍。

2）消化机能障碍：以顽固性腹泻或下痢为主的消化功能紊乱。

3）心脏功能障碍：心肌病造成心率加快、心律不齐及心功能不全。

4）神经机能紊乱：雏禽多见，尤其当伴发维生素E缺乏时，由于脑软化所致的兴奋、痉挛、抽搐、抑郁、昏迷等神经症状明显。

5）繁殖机能障碍：公畜精液品质不良，母畜受胎率低下甚至不孕，妊畜流产、早产、死胎，产后胎衣不下，泌乳母畜产乳量减少，禽类产蛋量下降，蛋的孵化率低下。

6）全身状态变化：全身虚弱，发育不良，可视黏膜苍白、黄染，雏鸡见有出血性素质。

另外不同的动物也有不同的临床症状。

反刍动物：犊牛、羔羊表现为典型的白肌病症状群。发育受阻，步态强拘，喜卧，站立困难，臀背部肌肉僵硬。消化紊乱，伴有顽固性腹泻，心率加快，心律不齐。成年母牛胎衣不下，泌乳量下降。母羊妊娠率降低或不孕。

猪：仔猪表现为消化紊乱，伴有顽固性腹泻，喜卧，站立困难，步态强拘，后躯摇摆，甚至轻瘫或常呈犬坐姿势；心率加快，心律不齐，肝组织严重变性、坏死，常因心力衰竭而死亡。成年猪在运动、兴奋、追逐过程中突然发生猝死；慢性病例呈明显的繁殖功能障碍，母猪屡配不孕，妊娠母猪早产、流产、死胎、产仔多孱弱。

家禽：主要表现为渗出性素质（毛细血管壁变性、坏死、血管通透性增强，血浆蛋白渗出并积聚于皮下）、肌肉营养不良、胰腺纤维化、肌胃变性以及脑软化等。蛋鸡营养不良、产蛋量下降、蛋孵化率低下。

（四）病理变化

畜禽硒缺乏症的病理解剖变化，表现为骨骼肌、心肌、肝脏等变性、坏死；胰腺变性、纤维化及渗出性素质等。

骨骼肌：苍白色淡，呈煮肉或鱼肉样外观，并有灰白或黄白色条纹或斑块状变性、坏死区，即典型白肌病表现。一般以背腰、臀、腿、膈肌变化最明显，且呈双侧对称性，病变肌肉水肿、脆弱。肌纤维肿胀、断裂或溶解，横纹消失。

心肌：心脏变形，心腔扩张，体积增大。心肌弛缓、出血或见有灰白色变性、坏死灶。心内、外膜出血，心包积液。猪则心脏肿大、外观桑葚状，称桑葚心。心肌纤维膨胀，肌纹消失呈均质化，核固缩或溶解消失，肌纤维钙化、间质轻度增生。

肝脏：急性型肝脏肿大，质地脆弱，表面及切面见有红黄相间、大小不一的坏死灶，病变小叶与健康小叶界限分明，呈彩色交错的槟榔样花纹，称槟榔肝。慢性型肝脏萎缩且表面粗糙、凹凸不平。肝细胞索排列紊乱、泡浆浓染、核固缩或崩解，部分小叶坏死，小叶间结缔组织增生。

渗出性素质：雏鸡在体躯特别是胸腹部皮下有紫红色或蓝绿色的水肿液。切开皮肤，皮下组织呈浆液性乃至胶冻样浸润。其他病畜见有胸、腹腔和心包积液。

猪、鸡可见脑膜有出血点和脑软化。

（五）诊断

根据基本症状群（幼龄，群发性），结合临床症状（运动障碍，心脏衰竭，渗出性素质，神经机能紊乱），特征性病理变化（骨骼肌、心肌、肝脏、胃肠道、生殖器官见有典型的营养不良病变，雏禽脑膜水肿，脑软化），参考病史及流行病学特点可以作出诊断。

对幼龄畜禽不明原因的群发性、顽固性、反复发作的腹泻，应进行补硒治疗性诊断。当临床诊断不明确时，可通过对病畜血液及组织含硒量、谷胱甘肽过氧化物酶活性、血液和肝脏维生素 E 含量进行测定，同时测定土壤、饲料硒含量等，进行综合诊断。

目前酶活力检测广泛用于实验室诊断。

谷草转氨酶：肌营养不良、肝坏死时，该酶活性增高。

肌酸磷酸激酶：适用于肌营养不良的诊断。健康幼畜肌酸磷酸激酶通常在 100 单位 /L 以内，而患病动物此酶活性明显增高：牛、羊可达 1000 单位 /L；猪高达 13 000 单位 /L。

乳酸脱氢酶：骨骼肌、心肌、肝脏受损时，该酶及其同工酶活性均明显增高。

谷胱甘肽过氧化物酶：动物缺硒时，血硒水平与谷胱甘肽过氧化物酶活力呈正相关，临床多用该酶活力评价动物硒营养状况。机体硒营养缺乏时，该酶活力明显下降，是诊断动物硒缺乏症的一项敏感指标。

组织硒含量检测：动物组织、血液和乳汁中硒含量水平是机体硒营养状况的有效标志。患病动物器官组织硒水平均低于健康畜禽。一般认为，肝、肾硒含量（湿重）在 0.1mg/kg 以上是硒适量的标志；0.05mg/kg 为临界水平；低于 0.02mg/kg，则硒缺乏。临床上均以血硒水平作为衡量机体硒营养状态的可信指标。血硒浓度低于 0.05mg/kg 时，可诊断为硒缺乏症。饲料含量低于 0.05mg/kg；土壤含量低于 0.05mg/kg 也可作为缺硒诊断的辅助指标。

（六）治疗与护理

1. 治疗原则 加强饲养管理和及时补硒和维生素 E。

2. 治疗措施 0.1% 亚硒酸钠溶液肌内注射，配合乙酸生育酚，效果确实。成年牛亚硒酸钠 15～20ml，羊 5ml，乙酸生育酚成年牛、羊 5～20mg/kg 体重；犊牛亚硒酸钠 5ml，羔羊 2～3ml，乙酸生育酚犊牛 0.5～1.5g/ 头，羔羊 0.1～0.5g/ 头，肌内注射。成年猪亚硒酸钠 10～20ml，乙酸生育酚 1.0g/ 头，仔猪亚硒酸钠 1～2ml，乙酸生育酚 0.1～0.5g/ 头。成年鸡、鸭亚硒酸钠 1ml，雏鸡、鸭 0.3～0.5ml，隔日一次，连用 10d。禽类主张用亚硒酸钠维生素 E 拌料。

（七）保健护理

在低硒地带饲养的畜禽或饲用由低硒地区运入的饲粮、饲料时，必须补硒。补硒的办法：目前简便易行的方法是应用饲料硒添加剂，硒的添加剂量为 0.1～0.3mg/kg。在牧区，可应用硒金属颗粒（由铁粉 9g 与元素硒 1g 压制而成），投入瘤胃中缓释而补硒。试验证明，牛投给 1 粒，可保证 6～12 个月的硒营养需要。对羊，可将硒颗粒植入皮下。用亚硒酸钠 20mg 与硬脂酸或硅胶结合制成的小颗粒，给妊娠中后期母羊植入耳根后皮下，对预防羔羊硒缺乏病效果很好。

二、铜缺乏症

铜缺乏症主要是由于体内微量元素铜缺乏或不足，引起的以贫血、腹泻、被毛褪色、皮肤角化不全、供给失调、骨关节异常、生长受阻和繁殖障碍为特征的营养代谢病。铜缺乏症各种动物均可发生，临床上牛、羊、鹿、骆驼等动物多见，且放牧多发。

（一）病因

铜缺乏症的原因包括原发性和继发性两种。

原发性缺铜是因长期饲喂低铜土壤上生长的饲草。一般土壤中含铜 18～22mg/kg，植物中含铜 11mg/kg。但在高度风化的沙土地、贫瘠的土壤中铜含量仅 0.1～2mg/kg，植物中含铜仅 3～5mg/kg。土壤铜含量低引起饲料铜含量太少，导致动物铜摄入不足，称为单纯性缺铜症，一般认为，饲料（干物质）含铜量低于 5mg/kg 可引起发病。

继发性缺铜症是由于动物对铜的吸收受到干扰，主要是由于饲料中含有过多的钼、硫等而干扰铜的吸收和利用。

土壤和日粮中虽含有充足的铜，但是如果动物采食高钼土壤上生长的植物（或牧草），或采食钼污染的饲草，或饲喂硫酸钠、硫酸铵、蛋氨酸、胱氨酸等含硫过多的物质，可在瘤胃微生物作用形成一种难溶解的铜硫钼酸盐复合物，降低铜的利用，钼浓度在 10~100mg/kg（干物质计）以上，Cu：Mo<5：1 时，易产生继发性缺铜。无机硫含量大于 0.4%，即使钼含量正常，也可产生继发性低铜症。

本病除冬天发生较少（因所饲精料中补充了铜）外，其他季节都可发生。春季，尤其是多雨、潮湿，施氮肥或掺入一定量钼肥的草场，发病率最高。

（二）症状

原发性缺铜症：患畜表现精神不振，产奶量下降，贫血，被毛无光泽、粗乱，红毛变为淡锈红色，以至黄色，黑毛变为淡灰色。犊牛生长缓慢，腹泻，易骨折，特别是骨盆骨与四肢骨。驱赶运动时行动不稳，甚至呈犬坐姿势。稍作休息后，则恢复"正常"，有些牛有痒感和舔毛，间歇性腹泻，部分犊牛表现关节肿大，步态强拘，屈肌腱挛缩，行走时指尖着地。

继发性缺铜症：其主要症状与原发性缺铜类似，但贫血少见，腹泻明显，腹泻严重程度与钼摄入量成正比。

不同动物铜缺乏病还有各自特点。

牛的摔倒症以突然伸颈、吼叫、跌倒，并迅速死亡为特征。病程多为 24h。死因是心肌贫血、缺氧和传导阻滞所致。泥炭样拉稀是在含高钼的泥炭地草场放牧数天后，粪便呈水样，无臭味，常不自主外排，久之出现后躯污秽，被毛粗乱，褪色，铜制剂治疗效果明显。

消瘦病呈慢性经过，开始表现步态强拘，关节硬性肿大，屈腱挛缩、消瘦、虚弱，多于 4~5 个月后死亡。被毛粗乱，褪色，仅少数病例表现拉稀。

原发性缺铜羊的被毛干燥、无弹性、绒化，卷曲消失，形成直毛或钢丝毛，毛纤维易断。但各品种羊对缺铜的敏感性不一样，如羔羊摇背症，见于 3~4 周龄，属先天性营养性缺铜症。患羔表现为生后即死，或不能站立，不能吮乳，运动不协调，或运动时后躯摇晃，故称为摇背症。

羊继发性缺铜的特征性表现是地方性运动失调，仅影响未断乳的羔羊，多发于 1~2 月龄，主要是行走不稳，尤其是驱赶时，后躯倒地。持续 3~4d 后，多数患羔可以存活，但易骨折，少数病例可表现下泻，如波及前肢，则动物卧地不起。食欲往往正常。

（三）诊断

根据临床上出现的贫血、拉稀、消瘦、关节肿大、关节滑液囊增厚等特征，补铜后疗效显著等，可作出初步诊断。确诊需对饲料、血液、肝脏等铜含量和某些含铜酶活性的测定。如怀疑为继发性缺铜症，应测定钼和硫含量。

（四）治疗与护理

1. 治疗原则　　加强饲养管理和及时补铜。

2. 治疗措施　　犊牛从 2~6 月龄开始，每周补铜 4g，成年牛每周补 8g 硫酸铜，连续 3~5 周，间隔 3 个月后再重复一次。动物饲料中应补充铜，或者直接加到矿物质补充剂中。牛、羊对铜的最小需要量是 15~20mg/kg（干物质）；猪 4~8mg/kg；鸡 5mg/kg，食用全植物性饲料时为 10~20mg/kg。矿物质补充剂中应含 3%~5% 的硫酸铜。

（五）保健护理

1）在低铜的酸性草地上，可施用含铜肥料，对低铜牧草喷洒硫酸铜，可提高牛、羊血清肝脏中的铜浓度。碱性土壤不宜用此法补铜。

2）直接给动物补充铜。可在精料中按牛、羊对铜的需要量补给，或投放含铜盐砖，让牛自由舔食。口服硫酸铜溶液，按 1% 浓度，牛 400ml，羊 150ml，每周一次。妊娠母羊于妊娠期持续进行，可防止羔羊地方性运动失调和摇摆症。羔羊出生后每两周一次，每次 3～5ml。预防性盐砖中含铜量：牛为 2%，羊为 0.25%～0.5%。另外，日粮添加蛋氨酸铜 10mg/kg，亦可预防铜缺乏症。

三、锌缺乏症

锌缺乏症是由于饲料中锌含量绝对或相对不足所引纪的一种营养缺乏病。其基本特征是生长缓慢、皮肤皲裂、皮屑增多、角化不全、蹄壳变形、繁殖机能紊乱、骨骼发育异常。各种动物均可发生，牛、猪、鸡、羊较多见。

（一）病因

原发性锌缺乏：主要是饲料中锌含量不足。家畜对锌的需要量为 40mg/kg，生长期幼畜、种公畜和繁殖母畜为 60～80mg/kg，鸡对锌的需要重为 45～55mg/kg。饲料锌水平和土壤锌水平密切相关，当土壤锌低于 10mg/kg 时，极易引起动物发病。

继发性锌缺乏：主要是饲料中存在干扰锌吸收利用的因素。已发现钙、磷、铜、铁、铬、碘、镉、钼等元素过多，可干扰锌的吸收。高钙日粮可降低锌的吸收，增加粪尿中锌的排泄量，减少锌在体内的沉积。饲料中植酸、维生素、矿物质、微量元素含量过高时，易和锌形成难溶的复盐或络合物，干扰锌的吸收。

另外，消化系统机能障碍、慢性腹泻，可影响由胰腺分泌的"锌结合因子"在肠腔内停留，也会继发引起锌摄入不足。

（二）症状

锌缺乏可出现食欲减退，生长发育缓慢，生产性能减退，生殖机能下降，骨骼发育障碍，骨短、粗，长骨弯曲，关节僵硬，皮肤角化不全，皮肤增厚，皮屑增多、掉毛、擦痒，被毛、羽毛异常，免疫功能缺陷及胚胎畸形等。

猪：以皮肤角化、鳞屑状为典型特征。病初，腹部、大腿及背部等处皮肤出现红斑，然后转为丘疹，最后出现结痂、裂隙，形成薄片和鳞屑状。蹄壳变薄，甚至磨穿，裂隙处有黏稠分泌物，在行走过程中留下血印。

牛、羊：皮肤粗糙、增厚、起皱，乃至出现裂隙。母牛健康不佳，生殖机能低下，产乳量减少，乳房皮肤角化不全，易发生感染性蹄真皮炎。绵羊羊毛弯曲度丧失、变细、乏色、易脱落。蹄变软，发生扭曲。羔羊生长缓慢，流泪，眼周皮肤起皱、皲裂。母羊生殖机能降低，公羊睾丸萎缩，精子生成障碍。

家禽：鸡、火鸡最易缺锌。表现生长停滞，羽毛稀疏，脚爪软弱，关节肿胀；皮炎，皮肤鳞屑生成；皮肤角化，表皮增厚，以翅、腿、趾部最明显；长骨粗短，跗关节肿大；产蛋少，蛋壳薄，易碎，蛋孵化率下降，胚胎畸形（主要表现躯干和肢体发育不全，有的脊柱弯曲缩短，肋骨发育不全或易产生胚胎死亡）。

（三）诊断

根据日粮低锌、高钙，临床症状，如皮屑增多，掉毛、皮肤开裂，经久不愈，骨短粗等而作初步诊断。也可进行诊断性治疗，补锌后经 1～3 周，病情迅速好转。测定血清、组织锌含量有助于确定诊断。必要时可分析饲料中锌、钙等相关元素的含量。

（四）治疗与护理

1. 治疗原则　　及时补锌。

2. 治疗措施　　一旦出现本病，应迅速调整饲料锌含量。如增加饲料 0.02% 的碳酸锌的量，肌内注射剂量按 2～4mg/kg 体重，连续用 10d，补锌后食欲迅速恢复，1～2 周内体重增加，3～5 周内皮肤症状消失。

（五）保健护理

应保证日粮中含有足够的锌，并适当限制钙的水平，使 Ca：Zn=100：1，各种动物对锌的需要量一般在 35～45mg/kg，但因饲料中干扰因素的影响，常在此基础上再增加50% 的量可预防锌缺乏症。如增加一倍量还可提高机体抵抗力，加快增重。

四、铁缺乏症

饲料中缺乏铁、铁摄入不足或铁从体内丢失过多，引起幼畜贫血、易疲劳、活力下降的现象，称为铁缺乏症。主要发生于单纯依靠吮乳或代乳品的幼畜，多见于仔猪，其次为犊牛、羔羊和幼犬。本病对仔猪又称缺铁性贫血。

（一）病因

铁缺乏症的病因包括原发性和继发性病因。

原发性铁缺乏，主要是因为铁源不足、幼畜对铁的需要量大、铁储存量低，导致供铁不足。犊牛、羔羊以及 3～6 周龄仔猪，常由于完全关禁饲养，仅依靠喂给乳汁和代乳品，因乳中铁含量很少，每天仅获得 2～4mg 铁。4 月龄内的犊牛每天需铁约 50mg，仔猪每天需铁 7～11mg，如在乳中不加入可溶性铁强化，长期动用贮存铁，可出现贫血。

在出生后头几个星期内死亡的仔猪，有 30% 属于缺铁性贫血。初生仔猪并不贫血，但因体内贮存铁较少（约 50mg），仔猪每增重 1kg 需 21mg 铁，每天需 7～11mg 铁，但仔猪每天从乳汁中仅能获得 1～2mg 铁。每天要动用 6～10mg 贮存铁，只需 1～2 周贮铁即耗尽。因此，长得越快，贮铁消耗越快，发病也越快。在水泥地面上饲养的仔猪更易患病。

继发性铁缺乏病因有：吸血性寄生虫病和传染病引起失血而使铁损耗大；铜、钴、蛋白质、叶酸及维生素 B_{12} 缺乏，使铁的利用受阻，可引起缺铁性贫血；用棉籽饼或尿素作蛋白质补充饲料，又未给动物补充铁；完全关禁式集约饲养，无法从食物以外的途径获得铁。

（二）症状

幼畜缺铁的共同症状是贫血。临床表现为：生长缓慢、昏睡、可视黏膜变白、呼吸频率加快、抗病力弱，严重时死亡率高。最明显的症状有以下几方面。

1）贫血。常表现为淡染性小红细胞性贫血，并伴有成红细胞性骨髓增生。血红蛋白降低，肝、脾、肾几乎没有血铁黄蛋白。血清铁、血清铁蛋白浓度低于正常，血清铁结合力增加，铁饱和度降低。

2）血脂浓度升高。血清甘油三酯、脂质浓度升高，血清和组织中脂蛋白酶活性下降。

3）肌红蛋白浓度下降。实验性铁缺乏时，幼犬、小猪、鸡和大鼠可表现为肌红蛋白浓度下降，骨骼肌比心肌、膈肌更敏感。

4）含铁酶活性下降。过氧化物酶、细胞色素氧化酶活性下降。

5）仔猪铁缺乏。多发生在3～6周龄，3周龄为发病高峰期。表现为采食量下降，腹泻，生长缓慢，呼吸困难，可视黏膜苍白，心搏加剧。感染大肠杆菌发生白痢。血液检查单位容积内红细胞数和血红蛋白质的含量低于正常。

6）犊牛、羔羊铁缺乏症。见于大量血吸虫感染，引起铁过多丢失，得不到及时补充时。血液检查单位容积内红细胞数和血红蛋白质的含量降低。呈淡染性小红细胞性贫血。

（三）诊断

根据饲养条件、贫血症状可作出初步诊断。测定血液红细胞、血红蛋白、血细胞压积及用铁治疗有效可进行确诊。

（四）治疗与护理

1. 治疗原则 改善饲养管理、补充铁制剂、对症治疗。

2. 治疗措施 让仔猪接触泥土、灰尘。口服或肌内注射铁制剂。生后2～4d补充一次，10～14d再补充一次，用1～2ml葡聚糖铁，含100～200mg铁，或葡萄糖酸铁、山梨醇铁、柠檬酸复合物等每周一次。每天口服1.8%的硫酸亚铁4ml，连用7d或于生后12h一次口服葡聚糖铁或乳糖铁，以后每周一次。每次0.5～1.0g可预防贫血。生后3d深部肌内注射右旋糖苷铁200mg，不仅可预防贫血且可促进生长。

五、锰缺乏症

锰缺乏症是由于日粮中锰供给不足引起的一种以生长停滞、骨骼畸形、繁殖机能障碍，以及新生畜运动失调为特征的营养代谢性疾病。家禽对锰缺乏最敏感，表现为骨骼短粗，称为骨短粗病、滑腱症。其次是猪、羊、牛等。

（一）病因

原发性锰缺乏症，呈地方流行性，因饲料中锰含量不足。饲料锰与土壤锰水平密切相关，砂土和泥炭土含锰不足，当土壤锰含量低于3mg/kg，活性锰低于0.1mg/kg，可认为锰缺乏。日粮含锰10～15mg/kg，足以维持犊牛正常生长，但在繁殖和泌乳时，日粮中锰含量应在30mg/kg以上。小麦、燕麦、麸皮、米糠等锰含量能满足动物生长需要。而玉米、大麦、大豆含锰很低，分别为 5mg/kg、25mg/kg 和 29.8mg/kg，畜禽若以其作为基础日粮可引起锰缺乏或锰不足。另外，饲料中胆碱、烟酸、生物素及维生素 B_{12}、维生素 D 等不足，机体对锰的需要量增多。

继发性锰缺乏：饲料中钙、磷、铁、钴等元素可影响锰的吸收利用，饲料磷酸钙含量过高，可影响肠道对锰的吸收，用含钙 3%～6% 的日粮饲喂蛋鸡，可明显降低组织器官、蛋及子代雏鸡体内的锰含量。锰与铁、钴在肠道内有共同的吸收部位，饲料中铁和钴含量过高，可竞争性地抑制锰的吸收。

（二）症状

动物锰缺乏共同症状表现为生长受阻，骨骼短、粗，骨重量失常。腱容易从骨沟内滑脱，形成"滑腱症"；动物缺锰常引起繁殖机能障碍，母畜不发情、不排卵，公畜精子密度下降，精子活力减退。母鸡产蛋量减少、鸡胚易死亡等特征。

各种动物的临床表现如下。

禽缺锰：主要特征为骨短粗症和滑腱症。可见单侧或双侧跗关节以下肢体扭转，向外屈曲，跗关节肿大、变形，胫骨变粗短和腓肠肌位脱出而偏斜。两肢同时患病者，站立时呈 O 形或 X 形，一肢患病者，病肢因变短而悬起，健肢着地，严重者附关节着地移动或麻痹卧地不起，最后因无法采食而饿死。刚出壳鸡还显神经症状，如共济失调，呈观星姿势。成年母鸡缺锰时，产蛋减少，蛋受精率下降，鸡胚常于孵化至第 20～21 天死亡，死胚呈现软骨发育不良。

反刍兽缺锰：新生犊牛表现为生长不良，腿部骨、关节先天性肿大和变形，运动障碍。成年牛则表现性周期紊乱，发情缓慢或不发情，不易受胎，早期发生原因不明的隐性流产、弱胎或死胎。

（三）诊断

可根据病史、临床症状和实验室检验进行确诊，如新生仔畜常有关节肿大、骨骼变形；母畜繁殖机能下降，骨骼变形、短粗有滑腱表现。但骨骼灰分重量不变。有时有平衡失调。饲料锰常低于 40mg/kg。血液、毛发的锰含量可作参考。

（四）治疗与护理

1. 治疗原则　　补锰。

2. 治疗措施　　可把锰盐或锰的氧化物掺入到矿物质补充剂中，或掺入粉碎的日粮内。所补充的锰很易进入鸡蛋内，改善鸡胚的发育，增加出壳率。同时添加适量的胆碱和多种维生素，效果更好。锰的氧化物、过氧化物、氯化物、碳酸盐、硫酸盐等有同样的补锰效果。日粮锰的浓度至少为 40～50mg/kg。试验认为浓度在 100～120mg/kg，饲料报酬高，腿病发病率最低（仅 2.5%～10%）。雏鸡可用 110g 高锰酸钾溶于 20L 常水中，每天 2 次饮用，连用 2d，间隔 2d，再饮 1～2d，可防治雏鸡后天性缺锰.

牛、羊在低锰草地放牧时，小母牛每天给 2g，大牛每天给 4g 硫酸锰，可防止牛的锰缺乏症。每公顷草地用 7.5kg 硫酸锰，与其他肥料混施，可有效地防止锰缺乏症。

（胡俊杰　路　浩　付志新）

第七章 中毒性疾病

第一节 总 论

一、毒物与中毒

（1）毒物 在一定条件下，一定量的某种物质进入机体后，由于其本身的固有特性，在组织器官内发生化学或物理化学的作用，从而破坏机体的正常生理功能，引起机体的机能性或器质性病理变化，表现出相应的临床症状，甚至导致机体死亡，这种物质称为毒物。

某种物质是否有毒主要取决于动物接受这种物质的剂量、途径、次数及动物的种类和敏感性等因素，因此，所谓的"毒物"是相对的，而不是绝对的。

（2）毒物的分类 根据毒物的来源，可分为内源性毒物和外源性毒物。前者主要是机体内的代谢产物，通过自体解毒和排泄作用，一般不引起明显病理变化。而后者，可能促进内源性毒物的形成，导致自体中毒的病理过程。在临床兽医实践中，外源性毒物对于家畜中毒的发生具有特别重要的意义，主要有饲料毒物、植物毒素、霉菌毒素、细菌毒素、农药、药物与饲料添加剂、环境污染毒物、动物毒素、有毒气体、辐射物质以及军用毒素等。

（3）中毒 由毒物引起的相应病理过程，称为中毒。由毒物引起的疾病称中毒病。

二、中毒的常见病因

可大体划分为动物暴露在自然条件下的中毒和人为的中毒。

1. 自然因素 包括有毒矿物、有毒植物和有毒昆虫引起的动物中毒病。

1）有毒矿物（包括工业污染）：含氟的岩石和土壤以及工业氟污染的水草是家畜氟病的重要来源。井水含有过量的硝酸盐可引起动物致死性中毒。土壤中存在对家畜无法利用的矿物有时被植物吸收并蓄积，如"蓄硒植物"可引起多种类型的硒中毒；牛放牧在含钼高的草地发生钼中毒或"腹泻病"。这些中毒病有明显的地区性。

2）有毒植物：植物中毒具有明显的地方性。多数有毒植物具有一种令人厌恶的臭味或含有刺激性液汁，正常家畜往往拒食这些植物，仅当其他牧草缺乏的时候，才被迫采食。许多动物对有毒植物可以产生嗜好，而且植物中毒的动物恢复健康后，必须限制它们回到有毒植物生长的土地上，以防再次中毒。

2. 人为因素 根据毒物的来源划分为工业污染、农药、房舍和农场使用的其他物质，不适当的使用药物或饲料添加剂，以及劣质饲料和饮水。

1）工业污染：在工业生产发达的地区，其附近的水源和牧草最容易被工厂排出物所污染。例如，砷、铅、汞、氟、钼等工业污染物常引起人畜中毒。此外，由于放射性物质污染环境，来自煤气厂的酚类、制革厂的铬酸盐、啤酒厂的乙醇和电镀作业的氰化物等废物也能使家畜发生中毒，甚至死亡。

2）农药：农药的种类繁多，应用非常广泛，常因污染饮水或饲料而引起动物中毒。

近年来，一些剧毒农药逐渐被安全的化合物所取代，如杀虫剂对硫磷被低毒性的马拉硫磷和乐果所取代，杀鼠剂磷化锌被灭鼠灵所取代。然而由于溶剂使用不当，容器的处理不当或污染饲草等，致使畜禽发生中毒性疾病。

3）药物：大多数药物是选择性毒物，如果给予的量太大、太快或太频繁，就会发生毒性反应，如正常剂量的硼酸葡萄糖钙，如果注射速度太快，就能致牛中毒死亡。

4）饲料添加剂：饲料添加剂的种类迅速增加，若不按规定使用，用量过大或应用时间过长，或混合不当等，对动物可能引起某些毒副作用，甚至导致动物大批死亡。

5）家庭用品：含铅的涂料是引起家畜中毒最常见的原因。油灰、油毡、铅弹、高尔夫球和旧的蓄电池等都含有铅，而且容易与家畜接触，常常引起动物中毒。

6）饲料和饮水：饲料中毒大多数是由于不适当的收获或贮藏所引起，如腐败草木樨引起的双香豆素中毒，发芽马铃薯的茄碱中毒，发霉干草和谷物中毒等；许多有毒植物在干燥或加工以后仍保留其毒性；杀鼠剂毒死的鼠类能引起肉食兽继发性中毒等。工矿排出的废物对水体的污染是家畜中毒的常见原因，某些地区井水中富含硝酸盐和氟，亦可引起家畜的中毒。

7）霉菌毒素：有些霉菌在寄生过程中可产生毒性很强的代谢产物，引起人畜中毒。

8）恶意投毒：恶意投毒引起家畜的中毒的事件并不常见，但必须加强安全措施，严厉制止任何破坏事故。

三、中毒的诊断

动物中毒病的快速、准确诊断是研究畜禽中毒病的重要内容，一旦作出诊断就能进行必要的治疗和预防；在未确诊之前，对病畜只能进行对症治疗。中毒的准确诊断主要依据病史、症状、病理变化、动物试验和毒物检验等进行综合分析。

1．病史调查　　调查中毒的有关环境条件，详细询问病畜接触毒物的可能性，如灭鼠剂、杀虫剂、油漆、化肥、石油产品以及其他化学药剂等，接触该种毒物的可能数量或程度。饲料和饮水是否含有毒植物、霉菌、藻类或其他毒物。涉及大群畜禽时，则应注意发病数、死亡数（最后一头动物死亡的时间）、中毒过程、管理情况、饲喂程序和免疫记录等。对放牧家畜应注意牧场种类、有无垃圾堆和破旧农业机具以及牧场附近有无工厂和矿井等。与诊断有关的其他项目，如采食最后一批饲料的持续时间、用过的药物和效果以及驱除寄生虫的情况等。饲料中毒常发生在同一畜群或同一污染区内，其中采食量大、采食时间长的幼畜和母畜，或成年体壮的家畜首先发生中毒，且临床症状表现严重。根据病程的发展速度又可把中毒分为急性型、亚急性型和慢性型。

2．临床症状　　观察临床症状要特别仔细，轻微的临床表现，可能就是中毒的特征。由于所有毒物都可能对机体各系统产生影响，但临床症状的观察和收集往往非常有限，临床医师看到中毒动物时，只能观察到某个阶段的症状，不可能看到全部发展过程的临床症状及其表现；同一毒物所引起的症状，在不同的个体有很大差别，每个场合不是各种症状都能表现出来，因而症状仅作诊断的参考依据。特殊症状出现顺序和症状的严重性，可能是诊断的关键，故症状对中毒的诊断，又是不容忽视的。

除急性中毒的初期，有狂躁不安和继发感染时有体温变化之外，一般体温不高。

有的中毒病可表现出特有的示病症状，常常作为鉴别诊断时的主要指标。例如，亚硝酸盐中毒时，表现可视黏膜发绀，血液颜色暗黑；氢氰酸中毒者则血液呈鲜红色，呼出气体及胃肠内容物有苦杏仁味；草木樨中毒病例具有血凝缓慢和出血特征；光敏因子中毒时，患畜的无色素皮肤在阳光的照射下发生过敏性疹块和瘙痒；黑斑病甘薯中毒时，患畜表现喘气、发吭；有机磷农药中毒时表现大量流涎、拉稀、瞳孔缩小、肌肉颤抖等临床特征。

3. 病理变化 尸体剖检常能为中毒的诊断提供有价值的依据。一些毒物可产生广泛的损害，或仅产生轻微的组织学变化，但有的没有形态变化，这些在中毒诊断上常常同样重要，如皮肤、天然孔和可视黏膜，可能有一种特殊颜色变化。例如，小动物磷中毒，出现黄疸是肝损害的常见症状，一氧化碳和氰化物中毒以呈现樱桃红色和淡粉红色为特征，亚硝酸盐或氯酸盐中毒引起高铁血红蛋白症则可能显现棕褐色。

剖开腹腔时应注意特殊气味，如氰化物中毒的苦杏仁气味，当胃被打开时可能更为明显，又如有机磷中毒的大蒜气味和酚中毒的石炭酸味等。胃内容物的性质对中毒的诊断有重要意义，仔细检查有助于识别或查出有毒物的痕迹，如在胃中发现叶片或嫩枝等，可能是有毒植物中毒的诊断依据。老鼠的尸体，则使人联想到杀鼠剂（如有机氟化合物）的继发性中毒。三氧化二砷的灰白色微粒或油漆片等均可能成为诊断的依据。胃内容物的颜色可能是特殊的，铜盐显淡蓝绿色，铬酸盐化合物显黄色到橙黄或绿色；苦味酸和硝酸显黄色，而腐蚀性酸（如硫酸）能使胃内容物变成黑色等。

急性中毒，最常见的是胃肠道炎症，极重的病例可见胃肠道被腐蚀。砷中毒突然死亡常伴发胃肠炎。

肝、肾的损害常为毒物作用的结果，例如，肝损害可在锑、砷、硼酸、铁、铝、磷、硒、铊、氯仿及同源的化合物、单宁酸、含氯萘（萘的氯化物）、煤焦油、沥青、棉籽中毒时见到。每当刺激毒物被吸收和从尿中排出时则发生肾脏损害，也见于食盐中毒及磺胺类药物疗法之后。草酸钙结晶在草酸和乙二醇中毒的病例中可以见到。

肌肉组织可能具有特殊的颜色（如黄疸）或出血症状（蕨中毒或草木樨中毒病）。

4. 动物试验 动物试验不仅可以缩小毒物范围，而且具有毒理学研究的价值。动物试验包括给敏感动物饲喂可疑物质和观察其作用，通常用原患病地方的同种正常动物饲喂可疑物质效果最好。

动物试验是一个很重要的手段，尤其当某种物质，如霉菌毒素、细菌毒素或植物毒素混入饲料时，为了证实在饲料中的特种化学物质是一种有毒物质，必须对可疑饲料进行各种成分的分离提取，用各组分进行动物实验，最后取得毒物的纯品，并在试验动物中得到复制。

5. 毒物分析 某些毒物分析方法简便、迅速、可靠，现场就可以进行，对中毒性疾病的治疗和预防具有现实的指导意义。毒物分析的价值有一定的限度，在进行诊断时，只有把毒物分析和临床表现、尸体剖检等结合起来综合分析才能作出准确的诊断。对毒物分析结果的解释必须考虑到与本病有关的其他证据。

6. 治疗性诊断 畜禽中毒性疾病往往发病急剧，发展迅速，在临床实践中不可能允许对上述各项方法全面采用，可根据临床经验和可疑毒物的特性进行试验性治疗，通过治疗效果进行诊断和验证诊断。

四、中毒性疾病的治疗

中毒的治疗一般分为阻止毒物进一步被吸收、应用特效解毒剂、进行支持和对症疗法三个步骤。

1. 阻止毒物的吸收　首先除去可疑含毒的饲料，以免畜禽继续摄入，同时采取有效措施排除已摄入的毒物。例如，用催吐法、洗胃法清除胃内食物；用吸附法把毒物分子自然地结合到一种不能被动物吸收的载体上，再用轻泻法或灌肠法清除肠道的毒物。

除去毒源：立即严格控制可疑的毒源，不使畜禽继续接触或摄入毒物。可疑毒饵、呕吐物、垃圾或饲料应及时收集销毁，防止畜禽再接触或采食。如果毒物难以确定，应考虑更换场所、饮水、饲料和用具，直到确诊为止。

排除毒物：清除病畜体表毒物，应根据毒物的性质，选用肥皂水、食醋水或 3.5% 乙酸、石灰水上清液，洗刷体表，再用清水冲洗；清除眼部酸性毒物应用 2% 碳酸氢钠溶液冲洗，然后滴入 0.25% 氯霉素眼药水，再涂 2.5% 金霉素眼膏以防止感染。

清除消化道毒物通常采用催吐剂、洗胃、吸附沉淀剂、黏浆剂、收敛剂以及盐类泻剂等，防止吸收。

催吐法：一般只用于猪、狗、猫，兴奋呕吐中枢的药物最为有效。通常应用阿扑吗啡和吐根糖浆，阿扑吗啡 0.05～0.1ml/kg 体重，静脉注射或皮下注射，多用于狗，忌用于猫。吐根糖浆的催吐作用虽然比阿扑吗啡的效果差，呕吐作用发生较慢，但 10～20ml 给狗有效。狗也可用藜芦碱 0.01～0.03g、阿扑吗啡 5～10mg 皮下注射或 1% 硫酸铜溶液 50～100ml 内服。

部分病例禁用催吐剂，如摄入腐蚀性毒物，摄入挥发性碳氢化合物和石油蒸馏物，昏迷或半麻醉的病畜或者不具有呕吐反射机能的动物，以及惊厥病畜。

洗胃法：毒物进入消化道后，洗胃是一种有效排除毒物的方法。最常用的洗胃液体为普通清水，亦可根据毒物的种类和性质，选用不同的洗胃剂，通过吸附、沉淀、氧化、中和或化合等，使其失去毒性或阻止吸收，从而能够有效地排出。

毒物进入消化道 1～4h 以内者，洗胃效果较好（过食豆谷中毒从发病开始计算）。首先抽出胃内容物（取样品作毒物鉴定），继而反复冲洗（洗胃液的用量根据家畜种类来确定），最后用胃管灌入解毒剂、泻剂或保护剂。

要想把大型家畜的胃内容物冲洗完是不可能的。反刍兽瘤胃切开术使胃排空是唯一的有效方法。瘤胃内容物排空后，必须灌服适合的液体。可用切碎的干草、麸皮和碾碎的燕麦混合，开水烫熟，并保持与体温相同温度，作为一种正常瘤胃内容物的代用品。最好把健康牛反刍出的食物导入病牛的瘤胃内，以便重新建立其微生物群落。

吸附法：吸附法是把毒物分子，自然地黏合到一种不被吸收的载体上，通过消化道排出，所有吸附剂以万能解毒剂［活性炭 10g、轻质氧化镁 5g、高岭石（白陶土）5g 和鞣酸 5g 的混合物］效果最好。活性炭是植物有机质分解蒸馏的残留物，它是多孔的，含灰量少并具有很大的表面积（100m²/g）。它能吸附胃肠内各种有毒物质，如色素、有毒气体、细菌、发酵产物、细菌产物以及金属和生物碱等（但氰化物不能被吸附）。它的吸附功能因毒物的酸性或碱性而降低。被吸收的毒物一般都能经消化道排出。

活性炭可以降低药物的功效，同时减少本身的解毒作用，1g 活性炭能吸附各种药物

300~1800mg 之多，因此不能与药物同时应用。

轻泻剂可以加速毒物从消化道中排出。这在使用吸附剂后是很必要的，通常在家畜最适用的是矿物油或硫酸钠。

轻泻法：多数毒物可经小肠和大肠吸收或引起肠道的刺激性症状，故欲清除经口进入的毒物，除采用催吐和洗胃方法外，尚需应用轻泻剂，使已进入肠道的毒物迅速排出，以免或减少在肠内的吸收。盐类泻剂因其渗透压的作用，能阻止毒物吸收，排除毒物的效果较好，其中硫酸钠比硫酸镁效果好。某些抑制肠蠕动的药物也可增加镁的吸收。肾功能减退时，排泄障碍，更能增加镁的毒性，使中枢神经和呼吸抑制。油类泻剂有溶解某些毒物（如酚类、山道年、麝香草酚、磷、碘等）的作用，可促进毒物的吸收，故不宜采用。如毒物已引起严重的腹泻，即不必再用泻剂。

排出已吸收的毒物：毒物进入血液后，应及时放血并输入等量生理盐水，有条件者可以换血。此外，大多数毒物由肾脏排出，有些毒物经汗排出。利尿剂和发汗剂也可加速毒物的排出。对肾机能衰竭而且昂贵的患畜，进行腹膜透析，排除内源性毒物。

2. 特效解毒疗法　迅速准确地应用解毒剂是治疗毒物中毒的理想方法。针对具体病例，应根据毒物的结构、理化特性、毒理机制和病理变化，尽早施用特效解毒剂，从根本上解除毒物的毒性作用。解毒剂可以同毒物络合使之变为无毒。例如，重金属通过EDTA 或其盐类生成络合物，砷同二巯基丙醇结合形成更稳定的化合物，从而成为无毒或低毒物质，从肾脏排出。

解毒剂能加速毒物代谢作用或使之转变为无毒物质，如亚硝酸盐离子和硫代硫酸盐离子与氰化物结合依次形成氰化甲基血红蛋白和硫代氰酸盐，随尿排出。

解毒剂能加速毒物的排除，如硫酸盐离子可使反刍动物体内过量的铜迅速排除。

解毒剂能与毒物竞争同一受体，如维生素 K 与双香豆素竞争，使后者变为无毒。

解毒剂改变毒物的化学结构，使之变为无毒。例如，丙烯吗啡分子结构中的 *N*- 甲基被丙烯基取代后，吗啡的毒性作用降低。

解毒剂能恢复某些酶的活性而解除毒物的毒性。例如，有机磷酸酯类的毒性作用主要是与体内的胆碱酯酶结合，形成磷酰化胆碱酯酶。解磷定、氯磷定等能与磷酰化胆碱酯酶中的磷酰基结合，将其中的胆碱酯酶游离，恢复其水解乙酰胆碱的活性，从而解除有机磷酸酯类的毒性作用。

解毒剂可以阻滞感受器接受毒物的毒性作用，如阿托品能阻滞胆碱酯酶抑制剂中毒时的毒蕈碱样作用。

解毒剂可以发挥其还原作用以恢复正常机能。例如，由于亚硝酸盐的氧化作用所生成的高铁血红蛋白，可以用亚甲蓝还原为正常血红蛋白，使动物恢复健康。

解毒剂能与有毒物质竞争某些酶，使不产生毒性作用。例如，有机氟中毒时，使用乙酰胺（解氟灵），因其化学结构与氟乙酰胺相似，故能争夺某些酶（酰胺酶），使氟乙酰胺不能脱氨产生氟乙酸，从而消除氟乙酰胺对机体三羧酸循环的毒性作用。

另外，某些使有毒物质加速或减少代谢转变的因素，可能加强或减弱毒物的毒性。例如，某种代谢产物比同源的化合物（有机硫代磷酸盐转化为有机磷酸盐）更有毒性，于是这种代谢的抑制剂就能减轻这种毒物的毒性。但是，如果这种同源化合物（如灭鼠灵）比它的代谢产物有更大的毒性，那么代谢产物抑制剂就能增强其毒性。

3. 支持和对症疗法 目的在于维持机体生命活动和组织器官的机能，直到选用适当的解毒剂或机体发挥本身的解毒机能，同时针对治疗过程中出现的危症采取紧急措施。包括预防惊厥，维持呼吸机能，维持体温，抗休克，调整电解质和体液，增强心脏机能，减轻疼痛等。

通过用极短作用的巴比妥酸盐，如硫喷妥钠的轻度麻醉作用，可以很快控制惊厥症状。也可用戊巴比妥 10~30mg/kg，静脉注射，继之以腹腔内注射，直至症状被控制为止。如果静脉注射有困难时，应当尽早采取腹腔内注射。应注意巴比妥酸盐能抑制呼吸，因而能加重由于毒物产生的呼吸困难。对制止惊厥，比较新的产品有吸入麻醉剂、骨骼肌弛缓剂等。肌肉松弛剂和麻醉剂结合应用比单用巴比妥酸盐安全。

体温过低或过高都可能因某种毒物而产生。大多数中毒病的体温都偏低，体温过低如氯醛糖中毒需要羊毛毯子和热水袋保温，而体温过高需要用冷水或冰降温。降温往往影响毒物的敏感度，降低患畜代谢和脱水的速率。亦可用药物降温，药物如氯丙嗪、非那根等加入 50% 葡萄糖或生理盐水中静脉注射。使用冬眠药物要注意观察呼吸、脉搏、体温和血压下降等情况。

五、中毒性疾病的预防

"预防为主"是减少或消灭畜禽中毒性疾病发生的基本方针。

1）开展经常性调查研究。中毒性疾病的种类繁多，随着生产的发展，外界条件不断地变化，中毒性疾病更趋于复杂。因此必须从调查入手，切实掌握中毒性疾病的发生、发展动态及其规律，以便制订切实有效的防治方案并贯彻执行。

2）各有关部门的大力协作。中毒性疾病的发生及其防治，同动物饲养管理、农业生产、植物保护、医疗卫生、毒物检验、工矿企业以及粮食仓库和加工厂等都有广泛的直接联系，况且许多中毒也是人畜共患疾病，为了进行彻底的防治，必须统筹兼顾，分工协作，全面地采取有效措施。

3）饲料饲草的无毒处理。对某些已变质的饲料和饲草进行必要的无毒处理，是预防畜禽中毒性疾病的重要手段。事实上如霉稻草、黑斑病甘薯，以及霉烂谷物与糟粕类饲料、饲草等，如不利用，即造成经济上的浪费，必须设法研究切实可行的去毒处理方法。目前的方法有翻晒、拍打、切削、浸洗、漂洗、发酵、碱化、蒸煮、物理吸附，以及添加氧化剂、硫酸镁、生石灰或与其他饲料搭配使用等。

在安排饲料生产时，要注意敏感动物的饲料以及某些饲料作物的产毒季节。在利用新产品饲料、饲草时，要经过饲喂试验，确证无害后才能喂给成群畜禽。防止反刍动物过食大量谷物。根据不同的动物品种、年龄、生产性能和生产季节，饲喂全价日粮并配合均匀。科学地种植、收获、运输、调制、加工和贮存饲料，做到既保证产品质量和数量，又不让其发霉变质。加强农业新技术的研究，培育低毒高产的农作物和饲料作物，如培育无棉酚的棉花新品种等。

4）农药、杀鼠药和化肥的保管和使用。要加强农药、杀鼠药和化肥的组织管理，健全保管、运输、领取和使用制度，克服麻痹大意思想。对喷洒过农药的作物应作明显的标志，在有效期间严防畜禽偷食。装过农药的瓶子、污染农药的器械以及盛过农药的其他容器应收回统一处理，不可乱堆乱放。运输过农药和化肥的车、船，堆放过农药和化肥的房舍，必须彻底清扫，才能运输和贮存饲料。农药和化肥仓库应远离饲料仓库，避免污染。作为杀鼠的毒饵，应妥善放置，防止畜禽误食。

5）宣传和普及有关中毒性疾病及其防治知识。发动群众进行检毒防毒活动是大牧场或地区性防治中毒性疾病的有效措施。加强公共环境卫生的研究，贯彻执行环境保护法规，及时处理工业"三废"；加强高效低毒农药新产品的研制，限制或停止使用高毒性、残效期长的农药；防止滥用农药造成对饲料的污染。

6）提高警惕，加强安全措施，坚决制止任何破坏事件的发生。

第二节 饲料毒物中毒

一、硝酸盐和亚硝酸盐中毒

硝酸盐和亚硝酸盐中毒是动物摄入过量含有硝酸盐或亚硝酸盐的植物或水，引起高铁血红蛋白血症；临床上表现为皮肤、黏膜发绀及其他缺氧症状。本病可发生于各种家畜，以猪多见，依次为牛、羊、马，鸡也可发病。

（一）病因

在自然条件下，亚硝酸盐系硝酸盐在硝化细菌的作用下还原为氨过程的中间产物，故其发生和存在取决于硝酸盐的数量与硝化细菌的活跃程度。家畜饲料中，各种鲜嫩青草、作物秧苗，以及叶菜类等均富含硝酸盐。在重施氮肥或农药的情况下，如大量施用硝酸铵、硝酸钠等盐类，使用除莠剂或植物生长刺激剂后，可使菜叶中的硝酸盐含量增加。硝化细菌广泛分布于自然界，其活性受环境的湿度、温度等条件的直接影响。最适宜的生长温度为20～40℃。在生产实践中，如将幼嫩青饲料堆放过久，特别是经过雨淋或烈日暴晒者，极易产生亚硝酸盐。猪饲料采用文火焖煮或用锅灶余热、余烬使饲料保温，或让煮熟饲料长久焖置锅中，给硝化细菌提供了适宜条件，致使硝酸盐转化为亚硝酸盐。反刍动物采食的硝酸盐，可在瘤胃微生物的作用下形成亚硝酸盐。动物可因误饮含硝酸盐过多的田水或割草沤肥的坑水而引起中毒。

（二）发病机制

硝酸盐对消化道有强烈刺激作用。硝酸盐转化为亚硝酸盐后，对动物的毒性剧增。据测定，硝酸钠对牛的最低致死量为650～750mg/kg，而亚硝酸钠（$NaNO_2$）仅为150～170mg/kg。亚硝酸盐的毒性作用机制是：①具有氧化作用。使血中正常的氧合血红蛋白（二价铁血红蛋白）迅速地被氧化成高铁血红蛋白（变性血红蛋白），从而丧失了血红蛋白的正常携氧功能。亚硝酸盐所引起的血红蛋白变化为可逆性反应，正常血液中的辅酶Ⅰ、抗坏血酸以及谷胱甘肽等，都可促使高铁血红蛋白还原成正常的低铁血红蛋白，恢复其携氧功能；当少量的亚硝酸盐导致的高铁血红蛋白不多时，机体可自行解毒。但这种解毒能力或对毒物的耐受性，在个体之间有着巨大的差异。如饥饿、消瘦以及日粮的品质低劣等，可使动物对亚硝酸盐毒性的敏感性升高。通常约有30%的血红蛋白被氧化成高铁血红蛋白时，即呈现临床症状。由于病畜体内泛发组织缺氧和外周循环衰竭，而脑组织对此具有较高的敏感性，因而临床上表现出急剧的病理过程。②具有血管扩张剂的作用。可使病畜末梢血管扩张，而导致外周循环衰竭。③亚硝酸盐与某些胺形成亚硝胺，具有致癌性，长期接触可能发生肝癌。

（三）症状

中毒病猪常在采食后 15min 至数小时发病。最急性者可能仅稍显不安，站立不稳，即倒地而死，故有人称为"饱潲瘟"。多发生于精神良好、食欲旺盛者、发病急、病程短、救治困难的动物。急性型病例除显示不安外，呈现严重的呼吸困难，脉搏疾速细弱，全身发绀，体温正常或偏低，躯体末梢部位厥冷。耳尖、尾端的血管中血液量少而凝滞，呈黑褐红色。肌肉战栗或衰竭倒地，末期出现强直性痉挛。牛自采食后 1～5h 发病。除呈现如中毒病猪所表现的症状外，尚可能出现有流涎、疝痛、腹泻，甚至呕吐等症状。但仍以呼吸困难、肌肉震颤、步态摇晃、全身痉挛等为主要症状。

（四）诊断

根据病史，结合饲料状况和血液缺氧为特征的临床症状，可作为诊断的重要依据。亦可在现场作变性血红蛋白检查和亚硝酸盐简易检验，以确定诊断。

（五）治疗与护理

特效解毒剂是亚甲蓝（美蓝）。用于猪的标准剂量是 1～2mg/kg 体重，反刍兽为 8mg/kg 体重，制成 1% 溶液静脉注射。

亚甲蓝属氧化还原剂，低浓度小剂量时，经辅酶 I 的作用变成白色亚甲蓝，把高铁血红蛋白还原为低铁血红蛋白。但高浓度大剂量时，辅酶 I 不足以使之变为白色亚甲蓝，过多的亚甲蓝则发挥氧化作用，使氧合血红蛋白变为变性血红蛋白，可使病情恶化。

甲苯胺蓝（toluidine）治疗高铁血红蛋白症较亚甲蓝更好，还原变性血红蛋白的速度比亚甲蓝快 37%。按 5mg/kg 制成 5% 的溶液，静脉注射，也可作肌肉或腹腔注射。大剂量维生素 C，猪 0.5～1g，牛 3～5g，静脉注射，疗效确实，但奏效速度不及亚甲蓝。

（六）保健护理

1）确实改善青绿饲料的堆放和蒸煮过程。实践证明，无论生、熟青绿饲料，采用摊开敞放是一个预防亚硝酸盐中毒的有效措施。

2）接近收割的青饲料不能再施用硝酸盐或 2，4-D 等化肥农药，以避免增高其中硝酸盐或亚硝酸盐的含量。

3）对可疑饲料、饮水，实行临用前的简易化验，特别在某些集体猪场应列为常规的兽医保健措施之一。

简易化验可用芳香胺试纸法，其原理是根据亚硝酸盐可使芳香胺起重氮反应，再与相当的连锁剂化合成红色的偶氮染料，易于识别。

二、钠盐中毒

钠盐中毒是在动物饮水不足的情况下，过量摄入食盐或含盐饲料而引起以消化紊乱和神经症状为特征的中毒性疾病，主要的病理学变化为嗜酸性粒细胞（嗜伊红细胞）性脑膜炎。各种动物均可发病，主要见于猪和家禽，其次为牛、马、羊和犬等。

（一）病因

舍饲家畜中毒多见于配料疏忽，误投过量食盐或对大块结晶盐未经粉碎和充分拌匀，或饲喂含盐分高的泔水、酱渣、咸菜及腌菜水和卤咸鱼水等。

放牧家畜则多见于供盐时间间隔过长，或长期缺乏补饲食盐的情况下，突然加喂大量食盐，加上补饲方法不当，如在草地撒布食盐不匀或让家畜在饲槽中自由抢食。用食盐或其他钠盐治疗大家畜肠阻塞时，一次用量过大，或多次重复应用。

鸡在炎热的季节限制饮水，或寒冷的天气供给冰冷的饮水，容易发生钠离子中毒。鸡可耐受饮水中 0.25% 的食盐，湿料中含 2% 的食盐能引起雏鸭中毒。

各种动物的食盐内服急性致死量为：牛、猪及马约 2.2g/kg 体重，羊 6g/kg 体重，犬 4g/kg 体重，家禽 2～5g/kg 体重。动物缺盐程度和饮水的多少直接影响致死量。

（二）发病机制

大量高浓度的食盐进入消化道后，刺激胃肠黏膜而发生炎症过程，同时因渗透压的梯度关系吸收肠壁血液循环中的水分，引起严重的腹泻、脱水，进一步导致全身血液浓缩，机体血液循环障碍，组织相应缺氧，机体的正常代谢功能紊乱。

经肠道吸收入血的食盐，在血液中解离出钠离子，造成高钠血症，高浓度的钠进入组织细胞中积滞形成钠潴留。高钠血症既可提高血浆渗透压，引起细胞内液外溢而导致组织脱水，又可破坏血液中一价阳离子与二价阳离子的平衡，而使神经应激性升高，出现神经反射活动过强的症状。钠潴留于全身组织器官，尤其脑组织内，引起组织和脑组织水肿，颅内压升高，脑组织供氧不足，使葡萄糖氧化供能受阻。同时，钠离子促进腺苷三磷酸转为腺苷一磷酸，并通过磷酸化作用降低腺苷一磷酸的清除速度，引起腺苷一磷酸蓄积而又抑制葡萄糖的无氧酵解过程，使脑组织的能量来源中断。另外，钠离子可使脑膜和脑血管吸引嗜伊红细胞在其周围积聚浸润，形成特征性的嗜伊红细胞套袖现象，连接皮质与白质间的组织连续出现分解和空泡形成，发生脑皮质深层及相邻白质的水肿、坏死或软化损害，故又称为"嗜伊红细胞性脑膜炎"。

（三）症状

急性中毒主要表现神经症状和消化紊乱，因动物品种不同有一定差异。

病牛烦躁不安，食欲废绝，渴欲增加，流涎，呕吐，下泻，腹痛，粪便中混有黏液和血液。黏膜发绀，呼吸迫促，心跳加快，肌肉痉挛，牙关紧闭，视力减弱，甚至失明，步态不稳，关节屈曲无力，肢体麻痹，衰弱及卧地不起。体温正常或低于正常。孕牛可能流产，子宫脱出。

猪主要表现神经系统症状，消化紊乱不明显。病猪口黏膜潮红，磨牙，呼吸加快，流涎，从最初的过敏或兴奋很快转为对刺激反应迟钝，视觉和听觉障碍，盲目徘徊，不避障碍，转圈，体温正常。后期全身衰弱，肌肉震颤，严重时间歇性癫痫样痉挛发作，出现角弓反张，有时呈强迫性犬坐姿势，直至仰翻倒地不能起立，四肢侧向划动。最后在阵发性惊厥、昏迷中因呼吸衰竭而死亡。

禽表现口渴频饮，精神沉郁，垂羽蹲立，腹泻，痉挛，头颈扭曲，严重时腿和翅麻痹。小公鸡睾丸囊肿。

犬表现运动失调，失明，惊厥或死亡。

马表现口腔干燥，黏膜潮红，流涎，呼吸迫促，肌肉痉挛，步态蹒跚，严重者后躯麻痹。同时有胃肠炎症状。

动物慢性食盐中毒常见于猪，主要是长时间缺水造成慢性钠潴留，出现便秘、口渴和皮肤瘙痒，突然暴饮大量水后，引起脑组织和全身组织急性水肿，表现与急性中毒相似的神经症状，又称"水中毒"。牛和绵羊饮用咸水引起的慢性中毒，主要表现食欲减退，体重减轻，体温下降，衰弱，有时腹泻，多因衰竭而死亡。

（四）诊断

急性食盐中毒的病程一般为 1～2d，牛的病程较短，多在 24h 内死亡。猪的病程较长，从数小时至 3～4d。具体中毒病例的病程与治疗时机、饮水限制等因素有关。

诊断：根据病畜有摄入大量食盐或其他钠盐，同时饮水不足的病史，结合神经和消化机能紊乱的典型症状，病理组织学检查发现特征性的脑与脑膜血管嗜酸性粒细胞浸润，可作出初步诊断。

确诊需要测定体内氯离子、食物中氯化钠或钠盐的含量。尿液氯含量大于 1% 为中毒指标。血浆和脑脊髓液钠离子浓度大于 160mmol/L，尤其是脑脊液钠离子浓度超过血浆时，为食盐中毒的特征。大脑组织（湿重）钠含量超过 1800mg/kg 即可出现中毒症状。

借助微生物学检验、病理组织学检查可与伪狂犬病、病毒性非特异性脑脊髓炎、马属动物霉玉米中毒、中暑及其他损伤性脑炎鉴别。还应与有机磷中毒、重金属中毒、胃肠炎等疾病进行鉴别诊断。

（五）治疗与护理

尚无特效解毒剂。对初期和轻症中毒病畜，可采用排钠利尿、双价离子等渗溶液输液及对症治疗。

1）发现早期，立即供给足量饮水，以降低胃肠中的食盐浓度。猪可灌服催吐剂（硫酸铜 0.5～1g 或吐酒石 0.2～3g）。若已出现症状时则应控制为少量多次饮水。

2）应用钙制剂。牛、马可用 5% 葡萄糖酸钙溶液 200～500ml 或 10% 氯化钙溶液 200ml 静脉注射；猪、羊可用 5% 氯化钙明胶溶液（明胶 1%），0.2g/kg 体重分点皮下注射。

3）利尿排钠。可用双氢克尿噻，以 0.5mg/kg 体重内服。

4）解痉镇静。5% 溴化钾、25% 硫酸镁溶液静脉注射；或盐酸氯丙嗪肌内注射。

5）缓解脑水肿、降低颅内压。25% 山梨醇或甘露醇静脉注射；也可用 25%～50% 高渗葡萄糖溶液进行静脉或腹腔（猪）注射。

6）其他对症治疗。口服液体石蜡以排钠；灌服淀粉黏浆剂保护胃肠黏膜；鸡中毒初期可切开嗉囊后用清水冲洗。

（六）保健护理

畜禽日粮中应添加占总量 0.5% 的食盐，或以 0.3～0.5g/kg 体重补饲食盐，以防因盐饥饿引起对食盐的敏感性升高。限用咸菜水、面浆喂猪，在饲喂含盐分较高的饲料时，应严格控制用量的同时供以充足的饮水。食盐治疗肠阻塞时，在估计体重的同时要考虑家畜的体质，掌握好口服用量和水溶解浓度（1%～6%）。

三、氢氰酸中毒

氢氰酸中毒是动物采食富含氰苷的青饲料，经胃内酶和盐酸的作用水解，产生游离的氢氰酸，发生以呼吸困难、震颤、惊厥等组织性缺氧为特征的中毒病。

（一）病因

氢氰酸中毒主要由于采食或误食富含氰苷或可产生氰苷的饲料所致。

1）木薯。木薯的品种、部位和生长期不同，其中氰苷的含量也有差异，10月以后，木薯皮中氰苷含量逐渐增多。

2）高粱及玉米的新鲜幼苗均含有氰苷，特别是再生苗含氰苷更高。

3）亚麻子含有氰苷，榨油后的残渣（亚麻子饼）可作为饲料；土法榨油中亚麻子经过蒸煮，氰苷含量少，而机榨亚麻子饼内氰苷含量较高。

4）豆类。海南刀豆、狗爪豆等都含有氰苷。

5）蔷薇科植物。桃、李、梅、杏、枇杷、樱桃的叶和种子中含有氰苷，当喂饲过量时，均可引起中毒。马、牛内服桃仁、李仁、杏仁等中药过量可发生中毒。

（二）发病机制

氰苷本身是无毒的。当含有氰苷的植物在动物采食咀嚼时，有水分及适宜的温度条件，经植物的脂解酶作用，产生氢氰酸。进入机体的氰离子能抑制细胞内许多酶的活性，如细胞色素氧化酶、过氧化物酶、接触酶、脱羟酶、琥珀酸脱氢酶、乳酸脱氢酶等，其中最显著的是细胞色素氧化酶。氰离子能迅速与氧化型细胞色素氧化酶的三价铁结合，并阻碍其被细胞色素还原为还原型细胞色素酶（Fe^{2+}）。结果失去了传递电子、激活分子氧的作用。抑制了组织内的生物氧化过程，阻止组织对氧的吸收作用，导致机体缺氧症。由于组织细胞不能从血液中摄取氧，致使动脉血液和静脉血液的颜色都呈鲜红色。由于中枢神经系统对缺氧特别敏感，而且氢氰酸在类脂质内溶解度较大，所以中枢神经系统首先受害，尤以血管运动中枢和呼吸中枢为甚，临床上表现为先兴奋，后抑制，并表现出严重的呼吸麻痹现象。

（三）症状

家畜采食含有氰苷的饲料后15～20min，表现腹痛不安，呼吸加快，可视黏膜鲜红，流出白色泡沫状唾液；首先兴奋，很快转为抑制，呼出气有苦杏仁味，随之全身极度衰弱无力，行走不稳，很快倒地，体温下降，后肢麻痹，肌肉痉挛，瞳孔散大，反射减少或消失，心动徐缓，呼吸浅表，最后昏迷而死亡。

（四）诊断

饲料中毒时，动物吃得多者死亡也快。根据病史及发病原因，可初步判断为本病。

根据血液呈鲜红色可与亚硝酸盐中毒区别。毒物分析可作出最后确诊。

（五）治疗与护理

1）特效疗法。发病后立即用亚硝酸钠，牛、马 2g，猪、羊 0.1～0.2g，配成 5% 的溶液，静脉注射。随后再注射 5%～10% 硫代硫酸钠溶液，马、牛 100～200ml，猪、羊 20～60ml，或亚硝酸钠 3g，硫代硫酸钠 15g，蒸馏水 200ml，混合，牛一次静脉注射；猪、羊则为 1g 及 2.5g，溶于 50ml 蒸馏水，静脉注射。

2）根据病情可进行对症疗法。

（六）保健护理

含氰苷的饲料，最好放于流水中浸渍 24h，或漂洗后加工利用。此外，不要在含有氰苷植物的地区放牧家畜。

四、菜籽饼粕中毒

菜籽饼粕中毒是动物长期或大量摄入油菜籽榨油后的副产品，由于含有硫葡萄糖苷的分解产物，引起肺、肝、肾及甲状腺等器官损伤，临床上以急性胃肠炎、肺气肿、肺水肿和肾炎为特征的中毒病。常见于猪和禽类，其次为牛和羊。

（一）病因

1. 硫葡萄糖苷   硫葡萄糖苷（简称硫苷）广泛存在于十字花科、白花菜科、金莲花科、番木瓜科、大戟科等植物中。

油菜是我国的主要油料作物之一，其中白菜型油菜、芥菜型油菜（*B. juncea*）和甘蓝型油菜，均为高芥酸、高硫葡萄糖苷含量的"双高"品种。油菜植株的各部分都含有硫葡萄糖苷，以种子中的含量最高，其他部分较少，顺序为种子＞茎＞叶＞根。不同类型油菜种子中，硫葡萄糖苷的含量也不相同。

硫葡萄糖苷的种类已超过 100 种，绝大多数硫葡萄糖苷以钾盐的形式存在于植物中，但少数硫葡萄糖苷例外，如白芥籽苷中硫酸根的结合物是胆碱衍生物（即芥籽碱）。

2. 硫葡萄糖苷降解物   主要有异硫氰酸酯、硫氰酸酯、噁唑烷硫酮、腈等。

3. 芥籽碱   含量为 1%～1.5%，易被碱水解生成芥子酸和胆碱；芥籽碱有苦味，影响适口性。鸡采食菜籽饼后，芥籽碱转化为三甲胺，由于褐壳蛋系鸡缺乏三甲胺氧化酶而积聚，蛋中含量超过 1μg/g 时，产生鱼腥味。

4. 其他有害成分   菜籽外壳中的缩合单宁含量为 1.5%～3.5%，也影响菜籽饼的适口性。菜籽饼中还含有 2%～5% 的植酸，以植酸盐的形式存在，在消化道中能与二价和三价的金属离子结合，主要影响钙、磷的吸收和利用。

（二）毒理与症状

硫葡萄糖苷本身无毒，家畜长期食入菜籽饼之后，在胃内经芥籽酶水解，产生多种有毒物质，引起中毒症状。

异硫氰酸酯（ITC）的辛辣味严重影响菜籽饼的适口性。高浓度时对黏膜有强烈的刺激作用，长期或大量饲喂菜籽饼可引起胃肠炎、肾炎及支气管炎，甚至肺水肿。ITC 中的硫氰离子（SCN⁻）是与碘离子（I⁻）的形状和大小相似的单价阴离子，在血液中可与 I⁻ 竞争，浓集到甲状腺中去，抑制甲状腺滤泡细胞浓集碘的能力，从而导致甲状腺肿大，使动物生长速度降低。

硫氰酸酯的 SCN⁻ 能引起甲状腺肿大。其机制与异硫氰酸酯相同。

噁唑烷硫酮（OZT）的主要毒害作用是抑制甲状腺内过氧化物酶的活性，从而影响甲状腺中碘的活化、酪氨酸的碘化和碘化酪氨酸的偶联等过程，进而阻碍甲状腺素（T_4 和 T_3）的合成，引起垂体促甲状腺素的分泌增加，导致甲状腺肿大，故被称为甲状腺肿因子或致甲状腺肿素（goitrin）。同时，还可使动物生长缓慢。鸭对 OZT 的敏感性比鸡大，鸡比猪敏感。

腈（nitrile）进入体内后能迅速析出氰离子（CN⁻），因而对机体的毒性比 ITC 和 OZT 大得多。腈的 LD_{50} 为 159～240mg/kg，OZT 的 LD_{50} 为 1260～1415mg/kg。腈的毒性作用与 HCN 相似，可引起细胞内窒息，但症状发展缓慢，腈可抑制动物生长，被称为菜籽饼中的生长抑制剂。据报道，腈能引起动物的肝、肾肿大。

此外，菜籽饼中的有毒物质可引起毛细血管扩张，使血容量下降和心率减慢。临床表现心力衰竭或休克。中毒动物有感光过敏现象。

（三）治疗与护理

目前没有可靠的治疗方法，应注意采取预防措施，对菜籽饼进行去毒处理。

1. 限制饲喂量　菜籽饼中硫葡萄糖苷及其分解产物的含量，随油菜的品种和加工方法的不同有很大变化，我国的"双高"油菜饼粕中硫葡萄糖苷含量高达 12%～18%。在饲料中的安全限量为：蛋鸡、种鸡 5%，生长鸡、肉鸡 10%～15%，母猪、仔猪 5%，生长肥育猪 10%～15%。

2. 与其他饲料搭配使用　菜籽饼与棉籽饼、豆饼、葵花籽饼、亚麻饼、蓖麻饼等适当配合使用，能有效地控制饲料中的毒物含量并有利于营养互补。

菜籽饼中赖氨酸的含量和有效性低，在单独或配合使用时，应添加适量的合成赖氨酸（0.2%～0.3%），或添加适量的鱼粉、血粉等动物性蛋白质。

五、棉籽饼粕中毒

棉籽饼粕中毒是家畜长期或大量摄入榨油后的棉籽饼粕，引起以出血性胃肠炎、全身水肿、血红蛋白尿和实质器官变性为特征的中毒性疾病。本病主要见于犊牛、单胃动物和家禽，少见于成年牛和马属动物。

（一）病因

1. 棉酚　又名棉毒素或棉籽醇，是棉属植物内形成的一种黄色的酚型物质。在锦葵科棉属植物的种子色素腺体中，含有大量棉酚，根、茎、叶和花中含有少量棉酚。棉籽中的棉酚多以脂腺体或树胶状存在于子叶的腺体内，呈圆形或椭圆形，依发育期和环境条件不同，其颜色从淡黄、橙黄、红、紫到黑褐色，称为色素腺体或棉酚色素。

棉籽和棉籽饼粕中含有 15 种以上的棉酚类色素，其中主要是棉酚，可分为结合棉酚和游离棉酚两类，棉酚的毒性主要是由游离棉酚中的活性醛基和羟基引起。游离棉酚的分子结构中有多个活性基团，有三型互变异构体（酚醛型、半缩醛型和环状羰基型）；其他色素均为棉酚的衍生物，如棉紫酚、棉绿酚、棉蓝酚、二氨基棉酚、棉黄素等。

棉酚及其衍生物的含量因棉花的栽培环境条件、棉籽贮存期、含油量、蛋白质含量、棉花纤维品质、制油工艺过程等多种因素的变化而不同。

2. 环丙烯类脂肪酸 主要是苹婆酸和锦葵酸，棉籽油和棉籽饼残油中的含量较高。

在棉酚类色素中，游离棉酚、棉紫酚、棉绿酚、二氨基棉酚等对动物均有毒性，它们对大鼠的口服 LD_{50}（mg/kg）分别为 2570、6680、660 和 327。其中，棉酚的毒性虽然不是最强，但因其含量远比其他几种色素为高，所以棉籽及棉籽饼粕的毒性强弱主要取决于棉酚的含量。

（二）发病机制

棉酚对动物的毒性因种类、品种及饲料中蛋白质的水平不同而存在显著差异。对棉酚最敏感动物是猪、兔、豚鼠和小白鼠；其次是狗和猫；对棉酚耐受性最强的是羊和大白鼠。动物品种不同对棉酚的敏感性也有差别。

1. 直接损害作用 大量棉酚进入消化道后，可刺激胃肠黏膜，引起胃肠炎。吸收入血后，能损害心、肝、肾等实质器官。因心脏损害而致的心力衰竭又会引起肺水肿和全身缺氧性变化。棉酚能增强血管壁的通透性，促进血浆或血细胞渗入周围组织，使受害的组织发生浆液性浸润和出血性炎症，同时发生体腔积液。棉酚易溶于脂质，能在神经细胞积累而使神经系统的机能发生紊乱。

2. 与体内蛋白质、铁结合 棉酚可与许多功能蛋白质和一些重要的酶结合，使它们失去活性。棉酚与铁离子结合，从而干扰与血红蛋白的合成，引起缺铁性贫血。

3. 影响雄性动物的生殖机能 动物试验证明，棉酚能破坏动物的睾丸生精上皮，导致精子畸形、死亡，甚至无精子。造成繁殖能力降低或公畜不育。

4. 影响鸡蛋品质 环丙烯类脂肪酸能使卵黄膜的通透性增高，铁离子透过卵黄膜转移到蛋清中并与蛋清蛋白螯合，形成红色的复合物，使蛋清变为桃红色，称为"桃红蛋"。同时蛋清中的水分也可转移到蛋黄中，导致蛋黄膨大。

环丙烯类脂肪酸有抑制脂肪酸去饱和酶活性的作用，致使蛋黄中硬脂肪酸的含量增加，导致蛋黄的熔点升高，硬度增加，加热后可形成所谓的"海绵蛋"。鸡蛋品质的改变，可导致种蛋受精率和孵化率降低。

5. 致维生素A缺乏 棉酚能导致维生素A缺乏，引起犊牛夜盲症，并可使血钾降低，造成动物低血钾症。据实验表明，棉酚可引起小白鼠的凝血酶原缺乏。

（三）症状

家畜的棉籽饼粕急性中毒极为少见。生产实践中多因长期不间断地饲喂棉籽饼，致使棉酚在体内积累而发生慢性中毒。哺乳犊牛最敏感，常因吸食饲喂棉籽饼的母牛乳汁而发生中毒。

非反刍兽慢性中毒的临床症状主要表现为生长缓慢、腹痛、厌食、呼吸困难、昏迷、嗜睡、麻痹等。慢性中毒病畜表现消瘦，有慢性胃肠炎和肾炎等，食欲减退，体温一般正常，伴发炎症腹泻时体温稍高。重度中毒者，饮食废绝，反刍和泌乳停止，结膜充血、发绀、兴奋不安，弓背，肌肉震颤，尿频，有时粪尿带血，胃肠蠕动变慢，呼吸急促带鼾声，肺泡音减弱。后期四肢末端水肿，心力衰竭，卧地不起。

棉酚引起动物中毒死亡可分三种形式：急性致死的直接原因是血液循环衰竭；亚急性致死是因为继发性肺水肿；慢性中毒死亡多因恶病质和营养不良。

（四）诊断

根据临床症状和棉酚含量测定以及动物的敏感性，可以作出确诊。

（五）治疗与护理

目前尚无特效疗法，应停止饲喂含毒棉籽饼粕，加速毒物的排出。采取对症治疗方法，去除饼粕中毒物后合理利用。

1. 选育无色素腺体棉花新品种 通过选育棉花新品种，使棉籽中不含或含微量棉酚，提高棉籽饼的质量并防止家畜中毒。国外于 20 世纪 50 年代成功培育不含或含微量棉酚的棉花新品种，我国于 70 年代初引进，并选育出一些无色素腺体的棉花品种，棉仁中的棉酚含量由 1.04% 降到 0.02%。但无色素腺体的棉花对病虫害的抗性减弱。

2. 改进棉籽加工工艺与技术

（1）低水分蒸炒法 传统的压榨 - 浸出工艺中，高水分蒸炒能提高出油率和油脂质量。但由于湿热的作用，游离棉酚的活性醛基可与棉籽蛋白质结合，特别是与赖氨酸的 ε- 氨基结合，使棉籽蛋白质的消化率下降，必需氨基酸的有效性降低，从而大大降低了棉籽饼粕的营养价值。因此，将高水分蒸炒改为低水分蒸炒（即"干炒"），可减少色素腺体的破坏，减少游离棉酚与棉籽蛋白质的结合，保存部分赖氨酸。

（2）分离色素腺体法 这种工艺是根据棉酚主要集中于色素腺体的特点，采用旋液分离法（或称液体旋风分离法），将棉籽粉置入液体旋风分离器中，借高速旋转离心作用把色素腺体完整地分离出来，从而制得棉酚含量低的棉籽饼粕。此法的缺点是对技术设备和成本要求较高。

（3）溶剂浸出法（低温直接浸出法） 采用混合溶剂选择性浸出工艺，萃取油脂和棉酚，得到含棉酚浓度较高的混合油，同时制得棉酚含量低的棉籽饼粕作饲料。如丙酮 - 轻汽油（或正己烷）法、乙醇 - 轻汽油法等。也可采用不同溶剂分步浸出法，例如，先用己烷浸出棉仁片中的油脂，再用丁醇或 70% 的丙酮水溶液浸出其中的棉酚。本法避免了高温处理时赖氨酸丢失的现象，又能保证棉籽饼粕的营养质量和完全性。但在工艺上较为复杂，设备投资大。

3. 棉籽饼的去毒处理 棉酚含量超过 0.1% 时，需经去毒处理后使用。

（1）化学去毒 在一定条件下，把某种化学药剂加入棉籽饼中，使棉酚破坏或变成结合物。研究证明，铁、钙离子、碱、芳香胺、尿素等均有一定的去毒作用。

硫酸亚铁法：硫酸亚铁中的二价铁离子能与棉酚螯合，使棉酚中的活性醛基和羟基失去作用，形成难以消化吸收的棉酚 - 铁复合物。这种作用不仅可作为棉酚的去毒和解毒剂，而且能降低棉酚在肝脏中的蓄积量，起到预防中毒的作用，是目前最常用的方法。应根据棉籽饼粕中游离棉酚的含量，向饼粕中加入 5 倍量的硫酸亚铁，使铁元素与游离棉酚的比呈 1：1，如果棉籽饼中的棉酚含量为 0.07%，应按饼重的 0.35% 加入硫酸亚铁。

碱处理法：在棉籽饼粕中加入碱水溶液、石灰水等，并加热蒸炒，使饼粕中的游离棉酚破坏或形成结合物。本法去毒效果理想，但较费事，且成本高。在饲养场，可将饼粕用碱水浸泡后，经清水淘洗后饲喂。此法可使饼粕中的部分蛋白质和无氮浸出物流失，从而降低饼粕的营养价值。

（2）加热处理　棉籽饼粕经过蒸、煮、炒等加热处理，使棉酚与蛋白质结合而去毒。本法适用于农村和小型饲养场，其最大缺点是降低了饼粕中赖氨酸等营养价值。

（3）微生物去毒法　利用微生物及其酶的发酵作用破坏棉酚，达到去毒目的。该法的去毒效果和实用价值仍处于试验阶段。

4. 合理利用

（1）控制棉籽饼粕的饲喂量　目前我国生产的机榨或预压浸出的棉籽饼，一般含游离棉酚 0.06%～0.08%。在饲料中棉籽饼的安全用量为：肉猪、肉鸡可占饲料的 10%～20%；母猪及产蛋鸡可占 5%～10%；反刍动物的耐受性较强，用量可适当增大。农村生产的土榨饼中棉酚含量一般为 0.2% 以上，应经过去毒处理后利用，若直接利用时，其在饲料中的比例不得超过 5%。

用无色素腺体棉籽加工的饼粕，棉酚含量极少，其营养价值不亚于豆饼，可以直接地大量地饲喂家畜。至于去毒处理后的棉籽饼粕，也应根据其棉酚含量，小心使用。

（2）提高饲料的营养水平　增加饲料的蛋白质、维生素、矿物质和青绿饲料，可增强机体对棉酚的耐受性和解毒能力。所以，用棉籽饼作饲料时，其配方中蛋白质含量应略高于规定的饲养标准。如添加 0.2%～0.3% 的合成赖氨酸、等量豆饼或适量的鱼粉、血粉等动物性蛋白质。

六、马铃薯中毒

马铃薯中毒是动物采食富含龙葵素（也称茄碱）的马铃薯而引起的中毒病。其含量在马铃薯的花、块茎幼芽及其茎叶内差别甚大。

（一）病因

当贮存时间过长和保存不当，特别是引起发芽、变质或腐烂时，致龙葵素显著增量时，便能引起家畜中毒。马铃薯茎叶内尚含有硝酸盐或腐败毒，乃是引起马铃薯中毒的综合因素。马铃薯中毒主要发生于猪，其他家畜较少见。

（二）症状

马铃薯中毒的共同症状是神经系统及消化系统机能紊乱。根据中毒程度的不同，其临床症状也有差异。

重剧的中毒：多呈急性经过，病畜呈现明显的神经症状（神经型）。病初兴奋不安，表现狂暴，向前猛冲直撞。继则转为沉郁，后躯衰弱无力，运动障碍，步态摇晃，共济失调，甚至麻痹。可视黏膜发绀，呼吸无力，次数减少，心脏衰弱，瞳孔散大，全身痉挛，一般经 2～3d 死亡。

轻度的中毒：多呈慢性经过，病畜呈明显的胃肠炎症状（胃肠型）。病初，食欲减退或废绝、口腔黏膜肿胀、流涎、呕吐、便秘。当发生胃肠炎时，出现剧烈的腹泻，粪便中混有血液。患畜精神沉郁，肌肉弛缓，极度衰弱，体温有时升高，皮温不整。孕畜往往发生流产。此外，由于家畜种类的不同，除见有上述共同症状外，尚见有各自的特殊症状。

猪：多半是吃食生的发芽或腐烂的马铃薯所致，一般多于食后4～7d出现中毒症状。病猪神经症状较轻微，呈现明显胃肠炎症状（呕吐、腹泻、腹痛）。病猪垂头呆立或钻入垫草中，腹部皮下发生湿疹，头、颈和眼睑部发生水肿。牛、羊多于口唇周围、肛门、尾根、四肢的系凹部，以及母畜的阴道和乳房部位发生湿疹或水泡性皮炎（亦称马铃薯性斑疹）。有时四肢，特别是前肢皮肤发生深层组织的坏疽性病灶。绵羊则常呈现贫血和尿毒症的症状。

（三）诊断

根据临床症状和龙葵素含量测定以及动物的敏感性，可以作出确诊。

（四）治疗与护理

目前尚无特效疗法，应停止饲喂含龙葵素，加速毒物的排出。采取对症治疗方法，合理利用。

当发现病畜有马铃薯中毒的可疑时，应立即改换饲料，停止喂饲马铃薯并采取饥饿疗法。为排出胃肠内容物，牛、马等可应用0.5%高锰酸钾液或0.5%鞣酸液，进行洗胃；猪可应用催吐剂，1%硫酸铜液20～50ml，灌服。或应用阿扑吗啡0.01～0.02g，皮下注射；亦可应用盐类或油类泻剂。对狂暴不安的病畜，可应用镇静剂：溴化钠，马、牛15～50g，猪、羊5～15g，灌服；或应用其10%注射液，牛、马50～100ml，静脉注射，一日2次；亦可应用盐酸氯丙嗪，2.5%注射液，牛、马10～20ml，猪1～2ml，肌内注射；或马、牛5～10ml静脉注射；硫酸镁注射液，牛、马50～100ml，猪、羊10～20ml，静脉或肌内注射。

对胃肠炎患畜，可应用1%鞣酸液，剂量：牛、马500～2000ml；猪、羊100～400ml；或应用黏浆剂、吸附剂灌服以保护胃肠黏膜。其他治疗措施可参看胃肠炎的治疗。

对中毒严重的病畜，为解毒或补液可应用5%～10%葡萄糖溶液、5%葡萄糖盐水或复方氯化钠注射液。对皮肤湿疹，可采取对患部应用消毒药液洗涤或涂擦软膏。

应用马铃薯作饲料时，饲喂量应逐渐增加。不宜饲喂发芽或腐烂发霉的马铃薯，如必需饲喂时，应进行无害处理：充分煮熟后并与其他饲料搭配饲喂；发芽的马铃薯应去除幼芽；煮熟者应将水弃掉。用马铃薯茎叶喂饲时，用量不宜过多，腐烂发霉的茎叶不宜作饲料。应与其他青绿饲料混合进行青贮后，再行喂饲。

第三节 有毒植物中毒

一、栎树叶中毒

栎树叶中毒是动物大量采食栎树叶后，发生以前胃弛缓、便秘或下痢、胃肠炎、皮下水肿、体腔积水，以及血尿、以蛋白尿、管型尿等肾病综合征为特征的中毒病。栎树又叫青杠树，是壳斗科栎属植物的俗称，为多年生乔木或灌木。它广泛分布于世界各地，约有350种，我国约有140种，分布于华南、华中、西南、东北及陕甘宁的部分地区。其茎、叶、籽实均可引起家畜中毒，对牛、羊危害最为严重，其籽实引起的中毒，称为橡子中毒。

（一）病因

本病发生于生长栎树的林带，尤其是乔木被砍伐后，新生长的灌木林带。据报道，牛采食栎树叶数量占日粮的50%以上即可引起中毒，超过75%会中毒死亡。也有因采集栎树叶喂牛或垫圈而引起中毒者。尤其是前一年因旱涝灾害造成饲草，饲料缺乏或贮草不足。翌年春季干旱，其他牧草发芽生长较迟，而栎树返青早，这时常可大批发病死亡。

（二）症状

自然中毒病例多在采食栎树叶5～15d，出现早期症状。人工发病试验中有的于采食嫩叶后第三天出现症状。病初表现精神沉郁，食欲、反刍减少，常喜食干草，瘤胃蠕动减弱，肠音低沉。很快发展为腹痛综合征：磨牙、不安、后退、后坐、回头顾腹以及后肢踢腹等。排粪迟滞，粪球干燥，色深，外表有大量黏液或纤维性黏稠物，有时混有血液。粪球干小常串联成念珠状（黄牛较多见，有的长达数米）；严重者排出腥臭的焦黄色或黑红色糊状粪便。随着肠道病变的发展，除出现灰白腻滑的舌苔外，可见其深部黏膜发生黄豆大的浅溃疡灶。鼻镜多干燥，后期龟裂。

病初排尿频繁，量多，尿液稀薄而清亮，有的排血尿。随着病势加剧，饮欲逐渐减退以至消失，尿量减少，甚至无尿。可在会阴、股内、腹下、胸前、肉垂等躯体下垂部位出现水肿、腹腔积水，腹围膨大而均匀下垂。尿液检查，蛋白试验呈强阳性，尿沉渣镜检可发现大量肾上皮细胞、白细胞及各种管型。体温一般无变化，但后期由于盆腔器官水肿而导致肛门温度过低。也可见流产或胎儿死亡。病情进一步发展，病畜虚弱，卧地不起，出现黄疸、血尿、脱水等症状，最后因肾衰竭而死亡。

（三）诊断

可根据采食栎树叶或橡子的病史，发病的地区性和季节性，以及水肿，肝、肾功能障碍，排粪迟滞，血性腹泻等作出诊断。但是这些变化多数只能在发病中后期表现出来，而本病中后期治愈率较低。

（四）治疗与护理

本病无特效解毒药，治疗原则为排除毒物，解毒及对症治疗。

排除毒物：立即禁食栎树叶，促进胃肠内容物的排除，可用1%～3%盐水1000～2000ml，瓣胃注射，或用鸡蛋清10～20个，蜂蜜250～500g，混合一次灌服。解毒可用硫代硫酸钠5～15g，制成5%～10%溶液一次静脉注射，每天一次，连续2～3d，对初中期病例有效。碱化尿液，用5%碳酸氢钠300～500ml，一次静脉注射。

对症疗法：对机体衰弱，体温偏低，呼吸次数减少，心力衰竭及出现肾性水肿者，使用糖盐水1000ml，任氏液1000ml，安钠咖注射液20ml，一次静注。对出现水肿和腹腔积水的病牛，用利尿剂，出现尿毒症的还可采用透析疗法。对肠道有炎症的，可内服磺胺脒 30～50g。根据病情选用解毒、利胆、生津、通二便的中药。

（五）保健护理

1."三不"措施法 贮足冬春饲草，在发病季节里，不在栎树林放牧，不采集栎树叶喂牛，不采用栎树叶垫圈。

2. 日粮控制法 在发病季节，耕牛采取半日舍饲半日放牧的办法，控制牛采食栎树叶的量在日粮中占 40% 以下。在发病季节，牛每日缩短放牧时间，放牧前进行补饲或加喂夜草，补饲或加喂夜草的量应占日粮的一半以上。

3. 高锰酸钾法 发病季节，每日下午放牧后灌服一次高锰酸钾水。方法是称取高锰酸钾粉 2～3g 于容器中，加清洁水 4000ml，溶解后一次胃管灌服或饮用，坚持至发病季节终止，效果良好。

二、苦楝子中毒

苦楝属楝科植物，我国尚有其同属植物川楝，均为高大的乔木，在温暖地带的村宅旁多有栽培。其根、皮、果均可用作灭癣或驱虫药，茎、叶则可用做农业杀虫和灭钉螺药。每年 4～5 月开淡紫色花，10～11 月结成圆形的浆果或蒴果；成熟后果皮黄色有光泽，果肉多汁而带甜味。故散落地面后常被猪采食而引起中毒。在少数情况下，用苦楝子或根、皮驱虫时，也可能因用量过多引起中毒事故。

（一）病因

苦楝的浆果中含苦楝子酮、苦楝子醇、苦楝三醇，以及有毒生物碱苦楝毒碱等；另外在种子中尚含有脂肪油及楝脂苦素等多种苦味素。至于其根、皮是则含有川楝素及其水溶性川楝素、三萜类化合物川楝酮、生物碱苦楝碱，以及正三十烷、β-谷甾醇等许多成分；但对此等成分的毒性作用则仍未完全查清。目前仅知在采食后对消化道具有刺激性，有毒成分经吸收后则将损害肝脏，并使血液的凝固性降低，血管壁的通透性升高，进而由于内脏出血以及血压降低，导致循环衰竭而死亡。

（二）症状

开始时可见中毒病猪嘶叫、口吐泡沫或呕吐，有腹痛表现。很快就见全身发绀，体温降至常温以下，心动加速，呼吸困难，严重时即站立不稳，以至倒地不起。

（三）治疗与护理

无特效疗法，仅可对症进行紧急救治。常用的疗法是用安钠咖、肾上腺素、葡萄糖等以强心保肝，在此基础上可以试用鞣酸、稀碘液、高锰酸钾液等一般有解毒功能的药剂口服。如能早期发现时，则可采用催吐、泻下等措施。

（四）保健护理

1）注意采收苦楝子，避免其自然散落地面，诱使猪只采食。而在集体猪场周围不宜栽植苦楝。

2）凡医药或农业方面使用苦楝时，都应注意用量及其用法，以确保猪只安全（猪的口服剂量应控制在：苦楝子 5～10g，苦楝皮 5～15g）。

三、毒芹中毒

毒芹为伞形科毒芹属多年生草本植物。株高 1m 左右，具有圆形、粗厚、多肉的根茎及枝干。生有二重或三重羽状全裂复叶。夏秋季节由茎顶、叶腋处抽出花茎，开出白色小花，排列成伞形花序。根茎味甜，家畜（牛、羊）喜采食。毒芹多生长于低洼的潮湿草地以及沼泽，特别是沟渠、河流、湖泊的岸边。我国东北、西北、华北地区均有毒芹生长，但以东北地区为最多。

（一）病因

毒芹的有毒成分是生物碱——毒芹素，存在于植物的各个部分，但以根茎内含量最多（新鲜根茎的毒芹素含量仅为 0.2%，干燥根茎含量可达 3.5%）。在早春开始放牧时，家畜不仅能采食毒芹的幼苗，而且也能采食到在土壤中生长不甚牢固的毒芹根茎，引起中毒。毒芹中毒多发生于牛、羊，有时也见于猪和马。毒芹的致死量：牛为 200～250g，羊为 60～80g。

发病机制：毒芹素是一种类脂质样物质，在家畜体内吸收迅速并能扩散于整个机体。这种毒性甚强的毒素吸收后，首先作用于延脑和脊髓引起反射兴奋性增强；作用于脊髓时，引起强直性痉挛；作用于迷走中枢及血管运动中枢，可引起心脏活动和呼吸障碍。

（二）症状

牛、羊吃食毒芹后，一般在 2～3h 内，出现临床症状。中毒病牛、病羊呈现兴奋不安、流涎、食欲废绝、反刍停止、瘤胃臌气、腹泻、腹痛等症状。同时，由头颈部到全身肌肉出现阵发性或强直性痉挛。痉挛发作时，患畜突然倒地，头颈后仰，四肢伸直，牙关紧闭，心动强盛，脉搏加快，呼吸迫促，体温升高，瞳孔散大。病至后期，躺卧不动，反射消失，感觉减退，四肢末端冷厥，体温下降（下降 1～2℃），脉搏细弱，多由于呼吸中枢麻痹而死亡。

猪发生中毒时，呕吐，兴奋不安，全身搐搦，呼吸迫促，卧地不起呈麻痹状态。重症病猪多于数小时或于 1～2d 内死亡。

马中毒与牛相似，骚动不安，腹痛，很快陷入昏睡或呈昏迷状态，脉搏细弱，最后惊厥死亡。

（三）诊断

毒芹中毒可根据放牧地植被调查的结果（在放牧地发现有毒芹生长、分布），并结合临床症状以及尸体剖检（胃内容物中混有未嚼碎的毒芹根茎或是毒芹茎叶），进行综合诊断。如仍有怀疑而不能确诊时，可以用毒芹的新鲜植株或根茎进行动物饲喂试验，则不难确诊。

（四）治疗与护理

目前对毒芹中毒尚无特效疗法，一般均采取对症疗法。

首先应迅速排出含有毒芹的胃内容物。为此可应用 0.5%～1% 鞣酸溶液，或 5%～10% 药用炭水剂洗胃，每隔 3min 一次，连洗数次。洗胃后，为沉淀生物碱，可灌服碘剂（碘 1g，碘化钾 2g，水 1500ml），剂量：马、牛 200～500ml；羊、猪 100～200ml，间隔 2～3h，再灌服一次。亦可应用豆浆或牛乳灌服。对中毒严重的牛、羊，可施行瘤胃切开术，取出含有毒芹的胃内容物。

当清除胃内容物后，为防止残余毒素的继续吸收，可应用吸附剂、黏浆剂或缓泻剂。

为缓解兴奋与痉挛发作，可应用解痉、镇静剂、溴制剂、水合氯醛、硫酸镁、氯丙嗪等。为改善心脏机能，可选用强心剂。

据报道，有人应用 5%～10% 盐酸液，获得一定效果。剂量：成年牛 1000ml，犊牛（8～18 月龄）500ml；成年羊 5% 盐酸溶液 250ml，羔羊（3～8 月龄）100～200ml，必要时可重复应用。亦有应用食盐加白酒（牛，食盐 100g，白酒 250ml；羊，食盐 50g，白酒 50ml）灌服而获得疗效的报道。

（五）保健护理

对放牧草地应详细地进行调查，以掌握毒芹的分布和生长情况。应尽量避免在有毒芹生长的草地放牧。早春、晚秋季节放牧时，应于出牧前喂饲少量饲料，以免家畜由于饥不择食，而误食毒芹。改造有毒芹生长的放牧地，可深翻土壤，实行覆盖。

四、黄曲霉毒素中毒

黄曲霉毒素是黄曲霉菌、寄生曲霉菌和特曲霉菌等真菌产生的有毒代谢产物。主要侵害肝脏、胃肠、血液。临床特征为黄疸、出血、水肿和神经症状。常见于家禽、猪、奶牛、肉牛、犬和猫，属人畜共患病。

（一）病因

温度和湿度水平是影响霉菌生长和霉菌毒素产生的关键因素。

黄曲霉生长繁殖及其在天然基质中产生黄曲霉毒素的最适宜温度为 25～32℃，最低相对湿度为 80% 左右，相当于豆类和谷类含水量 16.5%～18.5%，花生及其他坚果为 9%～10%。

农作物播种、收割、风干和储藏、饲料厂、养殖场等每个环节都有可能产生黄曲霉。

（二）症状

在饲料和食物中最重要的自然污染物为黄曲霉毒素 B_1、B_2、G_1、G_2、M，其中以黄曲霉毒素 B_1 的毒性及致癌性最强，其毒性为氰化钾的 10 倍，砒霜的 68 倍。耐热（熔点 268～269℃）、耐酸，遇碱（次氯酸钠、过氧化氢）迅速分解。

黄曲霉毒素的靶器官是肝脏，因动物品种、性别、年龄、营养状况、个体耐受及毒素剂量等的不同，其中毒程度和临床表现各异。

家禽：在家禽品种中，鸭对黄曲霉毒素最敏感，其次是火鸡、肉鸡、蛋鸡和鹌鹑。

雏鸭多表现为急性型，病初精神不振，体温 41.5～41.9℃，食欲减退，饮欲增加，羽毛松乱，双翅下垂，两眼流泪，呼吸加快，喘气，步态不稳，跛行，常不愿走动，呆立一隅；继而精神沉郁，食欲废绝，眼结膜潮红，瞬膜增厚，眼分泌物黏稠、污秽，羽毛脱落，呻吟鸣叫，声音嘶哑，有明显神经质，腿肌麻痹，共济失调，严重跛行，腿部皮下出血，呈紫红色，腹泻，排出红褐色粪便，肛门周围羽毛沾有粪污；后期体温降至40.5～40.7℃，闭眼嗜眠，衰弱贫血，渐进消瘦，两腿瘫痪，两脚劈叉式卧伏，脚蹼出血，呈紫黑色，衰竭而死，有的伴有神经症状，颈肌痉挛，头颈震颤，颈部呈弓形弯曲，死前惊叫，在角弓反张发作中死亡。

雏鸡多发生于2～4周龄，表现为精神沉郁，嗜睡，生长发育缓慢，虚弱，翅膀下垂，食欲减退，衰弱，面部、眼睑和喙部苍白，下痢排血色稀便。严重时出现呼吸道症状，甚至因呼吸困难而致死。有的病雏鸡单侧眼结膜充血肿胀，有黏液性分泌物或干酪样凝块。蛋鸡中毒后蛋色变淡，产蛋量下降，一侧或全身瘫痪。

猪：主要病变在肝脏、血管和中枢神经，其中毒分为急性、亚急性和慢性三种类型。

急性型中毒多于食入毒素污染饲料1～2周发病，多发于2～4月龄的仔猪，尤其是食欲旺盛、体质健壮的发病率较高，多数在运动中发生死亡，或发病后2d内死亡。

亚急性型病猪体温正常，精神沉郁，采食量减少或不吃，后躯无力，走路摇摆，粪便干燥，表面被覆黏液和血液。黏膜苍白或黄染，皮肤出血和充血。后期出现间歇性抽搐，表现过度兴奋，角弓反张，消瘦。有的站立一隅或头抵墙下。

慢性型多发于育成猪和成年猪，表现被毛粗乱，生长缓慢或停止，消瘦，皮肤苍白，精神萎顿，走路僵硬，异嗜癖，喜吃稀食和青绿饲料，甚至啃食泥土、砖块、瓦砾，常离群独处，头低垂，弓背，卷腹，粪便干燥。亦有呈现兴奋不安，冲跳，狂躁。体温正常，可视黏膜黄染，有的病猪眼、鼻周围皮肤发红，以后变蓝色。

（三）病理剖检

雏鸭急性中毒时肝脏肿大，色苍白变淡，广泛性出血和坏死，胆囊扩张；肾脏苍白肿大，胰腺有出血点。慢性中毒肝脏质地坚硬，色棕黄或黑绿色，表面粗糙呈颗粒状或结节性肝硬化；肺部鲜红，不同程度的水肿或不同程度、数量不一的黄色结节，气囊混浊增厚，有干酪样渗出物；心包与胸壁粘连，附着黄白色分泌物。

雏鸡见肝脏肿大、硬化、脆弱、黄疸、斑点出血或灰白色斑点状坏死灶，腹水；心肝有出血，心包积液；胰脏萎缩（由均匀变成凸凹不平或网状）；肾肿大，肠黏膜出血。

猪剖检可见胸腹腔和心包积液色黄或棕红色，有的积液中带有少量纤维素；肝脏稍肿大，坚硬，边缘钝圆，呈土黄或苍白色，表面有米粒或绿豆大突出的灰黄色坏死灶；胆囊皱缩，胆汁浓稠，呈黄绿色或墨绿色胶状；严重腹水。急性死亡者，胃内充满食糜，胃黏膜尤其大弯底部充血，小肠全段充满血性食糜，颜色由红到黑呈煤焦油状，有的混有游离血块，肠黏膜脱落，肠壁变薄。全身淋巴结水肿，切面呈黄色多液体。肾淡黄色，膀胱内有浓茶样积尿。心冠脂肪呈胶冻状。肺表面凹凸不平，间质增宽，呈斑块状实质性病变。脑膜轻度水肿充血及少量出血点，有的脑血管明显怒张。

（四）诊断

根据病史调查（饲料原料来源，加工、贮藏、运输、饲喂等过程中是否有霉变的可能，通过现场观察饲料看是否有霉变）、临床症状和剖检变化可以作出初步诊断。实验室诊断可以通过饲料样品、血液、细菌检验、真菌分离鉴定、真菌毒素检验。

饲料样品：酶联免疫吸附试验（ELISA）法检测饲料黄曲霉毒素的总量。日粮中黄曲霉毒素的耐受量（μg/kg）为：幼禽≤50，成年家禽≤100，断奶仔猪≤50，肥育猪≤200，犊牛<100，成年牛<300。

血液学：早期红细胞数无明显变化，后期红细胞数减少30%～45%；白细胞数增多，嗜中性粒细胞比例增加，淋巴细胞比例减少；促凝时间（ACT）、凝血酶原时间（PT）、部分促凝血酶原激酶时间（PTT）延长。血清丙氨酸氨基转移酶（ALT）、天冬氨酸氨基转移酶（AST）、碱性磷酸酶（AKP）、鸟氨酸氨甲酰转移酶（OCT）、异柠檬酸脱氢酶等活性升高；血清总蛋白、白蛋白、α-球蛋白、β-球蛋白水平降低，γ-球蛋白水平正常或升高。白蛋白与球蛋白的比例（A/G）下降。

细菌检验：无菌取濒死动物心血涂片或肝组织触片，革兰氏染色和亚甲蓝染色，镜检，不能检出致病菌。无菌取心血、肝组织分别接种鲜血琼脂37℃培养24h，不能见细菌生长或少量细菌生长。

真菌分离鉴定：无菌取濒死动物胃内容物或捣碎的饲料，处理后真菌培养，长出菌丝状平坦菌落，且菌落由淡黄渐变为黄绿、深绿，镜检菌落见有分隔菌丝和分生孢子，将菌落接种于装有0.2ml蒸馏水和1g大米的试管内，28℃培养72h，取出米粒置于波长365nm的紫外光灯下观察，米粒发出蓝紫荧光，表明菌落为产毒菌株。

本病与鸭病毒性肝炎、肝片吸虫病、钩端螺旋体病、酚和煤焦油中毒、铜中毒、双吡咯烷类生物碱中毒醋氨酚（扑热息痛）中毒、木糖醇中毒、西米棕榈中毒、苯巴比妥、增效磺胺类药物、四环素、肝脓肿、肝叶扭转、重症胰腺炎、蛤蟆菌（毒蝇伞）中毒等引起肝脏损伤和黄疸，应进行鉴别。

（五）治疗与护理

治疗原则：无特效解毒药，采取立即更换饲料，排除毒物，解毒保肝，止血，强心等措施。

立即清除料槽内残余饲料、饮水器内剩余饮水，用0.05%硫酸铜彻底清洗料槽、饮水器；立即停喂现用的饲料，更换其他厂家的饲料，加喂红薯叶、白菜叶等青绿多汁饲料；加强通风透气，彻底清扫鸭舍、场地，并用0.1%菌毒净带鸭喷雾消毒，1次/d，连用3d。

药物的选择：维生素C、葡萄糖、抗生素、维生素B、硫酸钠等药物，禁用磺胺类药物。

禽：1L饮水加入葡萄糖100g、维生素C 1g、复合维生素B 30ml混饮，连用5d；1kg饲料加入制霉菌素100万IU混饲，连用7d。

猪：1000kg饲料加葡萄糖2000g、碳酸氢钠1000g，或1000kg饲料使用电解多维、解霉毒散、葡萄糖各1000g混饲，连用7d。

（六）健康护理

健康护理关键在于做好饲料的防霉和有毒饲料的去毒两个环节性工作。防霉和去毒以防霉为主。饲料防霉的根本措施是破坏霉败的因素，如温度和相对湿度等。

真菌大量繁殖、产毒与季节、气候密切相关。当气温在20℃以上，平均相对湿度达80%。黄曲霉、寄生曲霉等最适宜在这种高温高湿条件下旺盛繁殖，尤其是饲料原料含水量在 17% 以上时，饲料极易霉变产毒，所以，水分含量超标的要晒干后重新装袋或加工。

养殖场每日及时清除所有粪便及脱落羽毛，集中用 2% 火碱消毒处理；病死尸体用 2% 火碱浸泡 30min 后深埋。

严把饲料采购关，严禁霉变饲料入库，加强饲料保管，保持干燥，注意通风透气，严控饲料贮存温度，防止雨淋潮湿，严防饲料霉变。

玉米成熟后要及时收获，彻底晒干，通风贮藏，避免发霉。粉碎后不宜久放，应根据需要粉碎。

玉米轻微霉变时，应在饲料中与其他饲料搭配少量使用。最好添加脱霉剂。

玉米严重霉变时，可以采用物理方法、化学方法和生物方法去毒。即将霉变玉米在流水中冲洗，冲洗后及时晒干，去毒效果可达 90% 以上的水洗法；使用旋转烘干器以 260℃ 烘烤被毒素污染的玉米，可使黄曲霉毒素含量下降 85% 的烘烤法；用太阳光照射 14h 以上，去霉率可达 80% 以上或用高压泵灯紫外线大剂量照射，去霉率可达 95% 以上的紫外线法。

五、玉米赤霉烯酮中毒

玉米赤霉烯酮中毒，又称 F-2 毒素中毒。本病以阴户肿胀、流产、乳房肿大、过早发情等雌激素综合征为临床特征。本病以猪最为多发，尤其是 3～5 月龄仔猪。牛、羊等反刍兽也可发生。

（一）病因

病原为玉米赤霉烯酮，它是由禾谷镰刀菌、粉红镰刀菌、拟枝孢镰刀菌、三隔镰刀菌、串珠镰刀菌、木贼镰刀菌、黄色镰刀菌和茄病镰刀菌等霉菌产生。发病原因是家畜采食被上述产毒霉菌污染的玉米、大麦、高粱、水稻、豆类以及青贮饲料等。

玉米赤霉烯酮首先由赤霉病玉米中分离出来。玉米赤霉烯酮是一种酚的二羟基苯酸内酯，其衍生物至少有 15 种，统称为赤霉烯酮类毒素。玉米赤霉稀酮的纯品为白色结晶，不溶于水、二硫化碳和四氯化碳，易溶于碱性溶液、乙醚、苯、氯仿和乙醇等。

（二）症状

临床上最常见的是雌激素综合征或雌激素亢进症。

猪：猪中毒时首先表现拒食和呕吐。该毒素可使阴道黏膜呈现霉菌性炎症反应，出现阴道黏膜充血，肿胀，出血，外阴部异常肿大，阴户哆开，有时导致排尿困难。母猪乳腺肿大，乳头潮红，哺乳母猪乳汁减少，甚至无乳。严重病例，阴道脱垂率约为 40%，子宫脱垂率为 5%～10%。青春前期母猪多呈现发情征兆或周期延长。半数母猪第一次受精不易受胎，即使怀孕，也常发生早产、流产、胎儿吸收、死胎或弱胎等。公猪和去势公猪中毒时，也呈现雌性化，如乳腺肿大、睾丸萎缩、性欲减退等。

牛：发生中毒时，呈现雌激素亢进症，如兴奋不安、敏感、假发情等，可持续 1～2 个月之久。同时还表现生殖机能紊乱。

鸡：表现生殖道扩张，泄殖腔外翻和输卵管扩张等。

病理变化：F-2 毒素中毒的主要病理变化在生殖器官。阴唇、乳头肿大，乳腺间质性水肿。阴道黏膜水肿、坏死和上皮脱落。子宫颈上皮细胞增生，出现鳞状细胞变性，子宫壁肌层高度增厚，各层明显水肿和细胞浸润，子宫角增大和子宫内膜发炎。卵巢发育不全，常出现无黄体卵泡，卵母细胞变性，部分卵巢萎缩。公畜睾丸萎缩。

（三）诊断

根据病原、临床症状、病理变化及饲料中 F2 毒素检测进行综合诊断。确诊尚需对饲料样品进行产毒霉菌的培养、分离和鉴定以及生物学实验。

（四）治疗与护理

当怀疑玉米赤霉烯酮中毒时，应立即停喂霉变饲料，改喂多汁青绿饲料，一般在停喂发霉饲料 7～15d 后中毒症状可逐渐消失，不需药物治疗。

六、黑斑病甘薯毒素中毒

黑斑病甘薯毒素中毒又称黑斑病甘薯中毒或霉烂甘薯中毒，俗称牛"喘气病"或牛"喷气病"，是家畜，特别是牛采食一定量黑斑病甘薯后，发生以急性肺水肿与间质性肺气肿、严重呼吸困难以及皮下气肿为特征的中毒性疾病。主要发生于种植甘薯的地区，其中以牛、水牛、奶牛较为多见，绵羊、山羊次之，猪也有发生。

本病的发生有明显的季节性，每年从 10 月到翌年 4～5 月间，春耕前后为本病发生的高峰期，似与降水量、气候变化有一定关系。

（一）病因

黑斑病甘薯的病原是甘薯长喙壳菌（*Ceratocystic fimbriata*）和茄病（*Fusarium solani*）镰刀菌。这些霉菌寄生在甘薯的虫害部位和表皮裂口处。甘薯受侵害后表皮干枯、凹陷、坚实，有圆形或不规则的黑绿色斑块。贮藏一定时间后，病变部位表面密生菌丝，甘臭，味苦。家畜采食或误食病甘薯后可引起中毒。另外，甘薯在感染齐整小核菌、爪哇黑腐病菌，被小象皮虫咬伤、切伤或用化学药剂处理时，均可产生毒素。表皮完整的甘薯不易被上述霉菌感染，也不产生毒素，这说明黑斑病甘薯毒素不是霉菌的有毒代谢产物，而是甘薯在霉菌寄生过程中生成的有毒物质。

黑斑病甘薯毒素（苦味质）含有 8 种毒素，研究得较清楚的是甘薯酮（ipomeamarone）、甘薯醇（ipomeamaronol）、甘薯宁（ipomeamine）、4- 甘薯醇和 1- 甘薯醇。黑斑病甘薯毒素可耐高温，经煮、蒸、烤等处理均不能破坏其毒性，故用黑斑病甘薯作原料酿酒、制粉时，所得的酒糟、粉渣饲喂家畜仍可发生中毒。

（二）症状

临床症状因动物种类、个体大小及采食黑斑病甘薯的数量而有所不同。

牛：通常在采食后 24h 发病，病初表现精神不振、食欲大减、反刍减少和呼吸障碍。急性中毒时，食欲和反刍很快停止，全身肌肉震颤，体温一般无显著变化。

本病的特征是呼吸困难，呼吸次数可达 80～90 次 /min。随着病情的发展，呼吸动作加深而次数减少，呼吸用力，呼吸音增强，似"拉风箱"音。初期多由于支气管和肺泡出血及渗出液的蓄积，不时出现咳嗽。听诊时，有干湿啰音。继而由于肺泡弹性减弱，导致明显的呼气性呼吸困难。肺泡内残余气体相对增多，加之强大的腹肌收缩，终于使肺泡壁破裂，气体窜入肺间质，造成间质性肺泡气肿。后期可于肩胛、腰背部皮下（即于脊椎两侧）发生气肿，触诊呈捻发音。病牛鼻翼扇动，张口伸舌，头颈伸展，并取长期站立姿势增加呼吸量，但仍处于严重缺氧状态，表现可视黏膜发绀，眼球突出，瞳孔散大和全身性痉挛等，多因窒息死亡。在发生极度呼吸困难的同时，病牛鼻孔流出大量鼻液并混有血丝，口流泡沫性唾液。伴发前胃弛缓、瘤胃臌气和出血性胃肠炎，粪便干硬，有腥臭味，表面被覆血液和黏液。心脏衰弱，脉搏增数，可达 100 次 /min 以上。颈静脉怒张，四肢末梢冰凉。尿液中含有大量蛋白。乳牛中毒后，其泌乳量大为减少，妊娠母牛往往发生早产和流产。

羊：主要表现精神沉郁，结膜充血或发绀；食欲、反刍减少或停止，瘤胃蠕动减弱或废绝；脉搏增数达 90～150 次 /min，心脏机能衰弱，心音增强或减弱，脉搏节律不齐，呼吸困难。严重者还出现血便，最终发展为衰竭、窒息而死亡。

猪：表现精神不振，食欲大减，口流白沫，张口呼吸，可视黏膜发绀。心脏机能亢进，节律不齐。肚胀，便秘，粪便干硬发黑，后转为腹泻，粪便中有大量黏液和血液。阵发性痉挛，运动失调，步态不稳。约 1 周后，重剧病猪多发展为抽搐死亡。

急性严重中毒经 2～5d，多因窒息死亡。慢性中毒轻者由于能采食少量饲料，经及时治疗，可能康复。但有的在 9～10d 后突然体温升高，心力衰竭，预后不良。

（三）诊断

主要根据病史、发病季节，并结合呼吸困难和皮下气肿、水肿等临床症状，剖检特征等进行综合分析，作出诊断。本病以群发为特征，易误诊为牛出血性败血病（即牛巴氏杆菌病）或牛肺疫（即牛传染性胸膜肺炎）。但从病史调查，病因分析及本病体温不高，剖检时胃内见有黑斑病甘薯残渣等，即可予以鉴别。

（四）治疗与护理

治疗原则为迅速排出毒物和解毒，缓解呼吸困难以及对症疗法。

1）排出毒物及解毒。如果早期发现，毒物尚未完全被吸收，可用洗胃和内服氧化剂两种方法。洗胃：用生理盐水大量灌入瘤胃内，再用胶管吸出，反复进行，直至瘤胃内容物的酸味消失。用碳酸氢钠 300g、硫酸镁 500g、克辽林 20g，溶于水中灌服。内服氧化剂：1% 高锰酸钾溶液，牛 1500～2000ml，或 1% 过氧化氢溶液，500～1000ml，一次灌服。

2）缓解呼吸困难。5%～20% 硫代硫酸钠注射液，马、牛 100～200ml，猪、羊 20～50ml，静脉注射。亦可同时加入维生素 C，马、牛 1～3g，猪、羊 0.2～0.5g。此外尚可用输氧疗法，当肺水肿时可用 50% 葡萄糖溶液 500ml，10% 氯化钙溶液 100ml，20% 安钠咖溶液 10ml，混合，一次静脉注射。呈现酸中毒时应用 5% 碳酸氢钠溶液 250～500ml，一次静脉注射。胰岛素注射 150～300 单位，一次皮下注射。

3）中药疗法。可试用白矾散：白矾、贝母、白芷、郁金、黄芩、葶苈、甘草、石苇、黄连、龙胆各 50g，冬蜜 200g，煎水调蜜灌服。

（五）保健护理

首先防止甘薯黑斑病的传染，可用温汤浸种（50℃温水浸渍 10min）及温床育苗。在收获甘薯时尽量不伤表皮。贮藏时地窖应干燥密封，温度控制在11～15℃以内。对有病甘薯苗不能做种用，严防被牛误食。禁止用霉烂甘薯及其副产品喂家畜。

第四节　农药中毒

一、有机磷中毒

有机磷农药是磷和有机化合物合成的一类杀虫药。按其毒性强弱，可分为剧毒、强毒及弱毒等类别。有机磷农药中毒是家畜接触、吸入或采食某种有机磷制剂所引致的病理过程，以体内的胆碱酯酶活性受抑制，从而导致神经机能紊乱为特征。常用的制剂有以下几种。

剧毒类：对硫磷（1605）、内吸磷（1059）、甲基对硫磷（甲基1605）等。

强毒类：敌敌畏（DDVP）、乐果（Rogor）、甲基内吸磷（甲基1059）、杀螟松等。

弱毒类：敌百虫和马拉硫磷等。

（一）病因

引起有机磷农药中毒的常见原因，主要有以下几种。

1）违反保管和使用农药的安全操作规程。例如，保管、购销或运输中对包装破损未加安全处理，或对农药和饲料未加严格分隔贮存，致使毒物散落，或通过运输工具和农具间接沾染饲料；误用盛装过农药的容器盛装饲料或饮水，以致家畜中毒；或误饲撒布有机磷农药后，尚未超过危险期的田间杂草、牧草、农作物以及蔬菜等而发生中毒；或误用拌过有机磷农药的谷物种子造成中毒。

2）不按规定使用农药，做驱除内外寄生虫等医用目的而发生中毒。

3）人为的投毒破坏活动。

（二）发病机制

有机磷农药进入动物体内后，主要是抑制胆碱酯酶的活性。

正常情况下，胆碱能神经末梢所释放的乙酰胆碱，在胆碱酯酶的作用下被分解。胆碱酯酶在分解乙酰胆碱的过程中，先脱下胆碱并生成乙酰化胆碱酯酶的中间产物，继而水解，迅速分离出乙酸，使胆碱酯酶又恢复其正常生理活性。

有机磷化合物与胆碱酯酶结合，产生对位硝基酚和磷酰化胆碱酯酶。前者为除草剂，对机体具有毒性，但可转化成对氨基酚，并与葡萄糖醛酸相结合而经由泌尿道排除；而磷酰化胆碱酯酶则为较稳定的化合物，使胆碱酯酶失去分解乙酰胆碱的能力，导致体内大量乙酰胆碱积聚，引起神经传导功能紊乱，出现胆碱能神经的过度兴奋现象。但由于健康机体中一般都贮备有充足的胆碱酯酶，故少量摄入有机磷化合物时，尽管部分胆碱酯酶受抑制，但仍不显临床症状（如潜在性中毒的初期）。

（三）症状

有机磷农药中毒时，因制剂的化学特性、病畜种类，及造成中毒的具体情况等不同。其所表现的症状及程度差异极大，但都表现为胆碱能神经受乙酰胆碱的过度刺激而引起过度兴奋的现象,临床上将这些症状归纳为三类症候群。

1. 毒蕈碱样症状 当机体受毒蕈碱作用时,可引起副交感神经的节前和节后纤维,以及分布在汗腺的交感神经节后纤维等胆碱能神经发生兴奋,按其程度不同可具体表现为食欲减退,流涎,呕吐,腹泻,腹痛,多汗,尿失禁,瞳孔缩小,可视黏膜苍白,呼吸困难,支气管分泌增多,肺水肿等。

2. 烟碱样症状 当机体受烟碱作用时,可引起支配横纹肌的运动神经末梢和交感神经节前纤维(包括支配肾上腺髓质的交感神经)等胆碱能神经发生兴奋;但乙酰胆碱蓄积过多时,则将转为麻痹,具体表现为肌纤维性震颤,血压上升,肌紧张度减退(特别是呼吸肌)、脉搏频数等。

3. 中枢神经系统症状 这是病畜脑组织内的胆碱酯酶受抑制后,使中枢神经细胞之间的兴奋传递发生障碍,造成中枢神经系统的机能紊乱,表现为病畜兴奋不安;体温升高,搐搦,甚至陷于昏睡等。

当然,并非每一病例都表现所有上述症状,不同种畜,会有某些症状特别明显或缺如。临床根据病情程度可分为以下三种。

1)轻度中毒。病畜精神沉郁或不安,食欲减退或废绝,猪、狗等单胃动物恶心呕吐,牛、羊等反刍动物反刍停止,流涎,微出汗,肠音亢进,粪便稀薄。全血胆碱酯酶活力为正常的70%左右。

2)中度中毒。除上述症状更为严重外,瞳孔缩小,腹痛,腹泻,骨骼肌纤维震颤,严重时全身抽搐、痉挛,继而发展为肢体麻痹,最后因呼吸肌麻痹而窒息死亡。

3)重度中毒。以神经症状为主,表现体温升高,全身震颤、抽搐,大小便失禁,继而突然倒地、四肢作游泳状划动,随后瞳孔缩小,心动过速,很快死亡。

牛主要以毒蕈碱样症状为主,表现不安,流涎,甚至口吐白沫(图7-1),鼻液增多,反刍停止,粪便往往带血,并逐渐变稀,甚至出现水泻。肌肉痉挛,眼球震颤,结膜发绀,瞳孔缩小,不时磨牙,呻吟。呼吸困难,听诊肺部有广泛性湿啰音。心跳加快,脉搏增数,肢端发凉,体表出冷汗。最后因呼吸肌麻痹而窒息死亡(图7-2)。怀孕牛流产。红细胞数在生理值的低限,并出现红细胞大小不均和异型红细胞症,嗜酸性粒细胞减少,大淋巴细胞减少并含有嗜碱性颗粒。

图7-1 有机磷农药中毒牛口吐白沫　　　　图7-2 中毒牛呼吸肌麻痹死亡

羊病初表现神经兴奋,病羊奔腾跳跃,狂暴不安,其余症状与病牛基本一致。

猪烟碱样症状明显,如肌肉发抖,眼球震颤,流涎。进而行走不稳,身躯摇摆,不能站立，病猪侧卧或伏卧。呼吸困难或迫促，部分病例可遗留失明和麻痹后遗症。

鸡病初表现不安、流泪、流涎。继而食欲废绝，下痢带血，常发生嗉囊积食，全身痉挛逐渐加重。最后不能行走而卧地不起，麻痹，昏迷而死亡。

（四）诊断

根据流涎、瞳孔缩小、肌纤维震颤、呼吸困难、血压升高等症状进行诊断。在检查病畜存在有机磷农药接触史的同时，应采集病料测定其胆碱酯酶活性和毒物鉴定，以此确诊。同时还应根据本病的病史、症状、胆碱酯酶活性降低等变化同其他可疑病相区别。

（五）治疗与护理

立即停止使用含有机磷农药的饲料或饮水。因外用敌百虫等制剂过量所致的中毒，应充分水洗用药部位（勿用碱性药剂），以免继续吸收。同时，尽快用药物救治。常用阿托品结合解磷定解救。阿托品为乙酰胆碱的生理拮抗药，是速效药剂，可迅速使病情缓解。但由于仅能解除毒蕈碱样症状，而对烟碱样症状无作用，须有胆碱酯酶复活剂的协同作用。常用的胆碱酯酶复活剂有解磷定（α-PAM）、氯磷定（PAM-Cl）、双复磷（DMO4）等。

通用的阿托品治疗剂量为：牛、马 10～50mg，猪、羊 5～10mg。按上述剂量首次用药后，若经 1h 以上仍未见病情消减时，可适量重复用药。同时密切注意病畜反应，当出现瞳孔散大、停止流涎或出汗、脉数加速等现象时，即不再加药，而按正常的每隔 4～5h 给以维持量，持续 1～2d。

解磷定 20～50mg/kg 体重，溶于葡萄糖溶液或生理盐水 100ml 中，静脉注射或皮下注射或注入腹腔。对于严重的中毒病例，应适当加大剂量，给药次数同阿托品。

解磷定在碱性溶液中易水解成剧毒的氰化物，故忌与碱性药剂配伍使用。解磷定的作用快速，持续时间短，为 1.5～2h。对内吸磷、对硫磷、甲基内吸磷等大部分有机磷农药中毒的解毒效果确实，但对敌百虫、乐果、敌敌畏、马拉硫磷等小部分制剂的作用则较差。

氯磷定可作肌内注射或静脉注射，剂量同解磷定。氯磷定的毒性小于解磷定，对乐果中毒的疗效较差，且对敌百虫、敌敌畏、对硫磷、内吸磷等中毒经 48～72h 的病例无效。

双复磷的作用强而持久，能通过血脑屏障对中枢神经系统症状有明显的缓解作用（具有阿托品样作用）。对有机磷农药中毒引起的烟碱样症状、毒蕈碱样症状及中枢神经系统症状均有效。对急性内吸磷、对硫磷、甲拌磷、敌敌畏中毒的疗效良好；但对慢性中毒效果不佳。剂量为 40～60mg/kg 体重。因双复磷水溶性较高，可供皮下、肌肉或静脉注射用。

对症治疗，以消除肺水肿，兴奋呼吸中枢，输入高渗葡萄糖溶液等，提高疗效。

（六）保健护理

1）健全对农药的购销、保管和使用制度，落实专人负责，严防坏人破坏。

2）开展经常性的宣传工作，以普及和深化有关使用农药和预防家畜中毒的知识，推动群众性的预防工作。

3）由专人统一安排施用农药和收获饲料，避免互相影响。对于使用农药驱除家畜内外寄生虫，也可由兽医人员负责，定期组织进行，以防意外的中毒事故。

二、有机氟中毒

有机氟中毒是指误食农药氟乙酰胺（敌蚜安）、杀鼠剂氟乙酸钠、甲基氟乙酸和甘氟等有机氟杀鼠药引起的以神经兴奋为主的中毒性疾病。有机氟对动物及人有剧毒。有机氟中毒临床上以呼吸困难、口吐白沫、兴奋不安为特征。

（一）病因

在某些工厂附近由于受到氟化物的污染，引起家畜中毒。采食中毒动物的肉类和脏器能引起继发性有机氟中毒。生产实践中，误食氟乙酰胺中毒的老鼠发生中毒者较多。氟乙酰胺（商品名为灭鼠灵、三步倒或敌蚜胺）为农作物害虫及消灭鼠类的一种高效杀虫剂，现为我国禁止使用的剧毒有机氟类农药，但目前农村仍有使用，犬、猫误食这类制剂的毒饵或毒死的鼠类后引起急性中毒，占鼠药中毒的91.3%。

（二）发病机制

有机氟化合物在机体组织内脱去氨基转化为氟乙酸，经过一系列渗入作用使三羧酸循环中断，组织细胞失去能量供给而发生损害。各种有机氟化合物经过消化道、呼吸道或破损皮肤被机体吸收后，经由血液运送到全身，在组织液中各种有机氟化物先进行活化，形成具有毒性的氟乙酸，如氟乙酰胺脱胺、氟乙酸钠水解形成氟乙酸（CH_3FCO_2）。活化生成的氟乙酸进入细胞后，因其与乙酸结构相似，在脂肪酰辅酶A合成酶的作用下，代替乙酸与辅酶A缩合为氟乙酰辅酶A。而氟乙酰辅酶A又与乙酰辅酶A结构相似，在柠檬酸缩合酶的作用下，进一步与草酰乙酸反应，生成氟柠檬酸。氟柠檬酸的结构与柠檬酸相似，是柠檬酸的拮抗物，和柠檬酸竞争三羧酸循环中的顺乌头酸酶，从而抑制顺乌头酸酶的活性，阻止柠檬酸代谢，使三羧酸循环由此中断，造成柠檬酸在组织与血液中蓄积。

三羧酸循环是糖、脂肪和蛋白质在组织细胞内氧化供能的枢纽，由于有机氟化物代谢产物的上述渗入作用，所发生的一系列假合成——"致死性合成"，使三羧酸循环中断，柠檬酸不能进一步氧化、放能和形成高能键物质腺苷三磷酸（ATP），严重破坏细胞的呼吸和功能。这种作用发生于所有的细胞中，但以心血管系统、脑组织受害最为严重。而氟柠檬酸对中枢神经可能还有一定的直接刺激性毒害。有机氟化合物在机体内代谢、分解和排泄较慢，可引起蓄积中毒，并可在相当长的时间内引起其他肉食动物发生二次中毒。有机氟化合物对不同动物的毒性差异较大，易感顺序是：狗、猫、羊、牛、猪、兔、马和蛙；鸟类和灵长类易感性最低。

（三）症状

有机氟化物进入机体后，需经活化、渗透、假合成等过程，因此动物摄入毒物后经过一定的潜伏期才出现临床症状，一般马0.5~2h，牛、羊更长。动物一旦出现症状，病情发展很快。临床上主要表现中枢神经系统和心血管系统损害的症状，因动物品种不同，症状有一定的差异。

深度中毒的病畜，突然出现神经症状，兴奋不安，无目的奔跑、吠叫、乱窜、乱撞、乱跳，有的走路摇晃，似"醉酒"样，呕吐白沫，呼吸困难，心跳加快，节律不齐，瞳孔散大，体温稍低，频频排尿和排便，全身肌肉震颤，痉挛抽搐、癫痫，十几分钟后死亡，特别是冲撞时遇到障碍物即倒地死亡。轻度中毒病畜，初期精神沉郁，随后兴奋不安，心跳、呼吸加快，流涎增多，结膜发绀，感觉灵敏，吠叫，体温偏低。从发病到死亡在3h以内。倒地后四肢不停地划游，呈角弓反张姿势。舌伸出口腔外，多数被自己咬破而从口鼻腔流出带血色的泡沫，最后终因衰竭而死。

牛、羊主要表现心血管症状，有急性与慢性两种。急性型又称为突然发病型，无前驱症状，摄入农药后9～18h内，突然倒地，剧烈抽搐，惊厥或角弓反张，迅速死亡。有的病例虽可暂时恢复，但心动过速，心律不齐，卧地颤抖，迅速复发，口吐白沫死亡。慢性型又称潜伏发病型，一般在摄入毒物5～7d后发病，初期食欲减退，反刍停止，离群或单独倚墙而立或卧地，肘肌震颤，有时轻微腹痛，个别病畜排恶臭稀粪，心率加快（每分钟60～120次），节律不齐，心房纤颤。有些病例在中毒次日，表现精神沉郁，食欲、反刍减少，经3～5d，因外界刺激或无明显外因而突然发作惊恐，全身震颤，吼叫，狂奔，呼吸急促，头颈伸直或屈曲于胸部，持续3～6min后逐渐缓解，但又可重复发作，往往在抽搐中，因呼吸抑制、循环衰竭而死亡，死前四肢痉挛，角弓反张，口吐白沫，瞳孔散大，呻吟。在整个病程中，体温正常或偏低。

猪在摄入毒物后数小时发作，初期狂奔乱冲，不避障碍，或跳高转圈，继而卧地痉挛、抽搐，尖声吼叫，流涎，呕吐，呼吸急促，心动过速，瞳孔散大，很快死亡。

犬口服氟乙酸化合物的致死量为0.06～0.20mg/kg。犬、猫直接摄入有机氟化合物后30min出现症状，吞食鼠尸或其他动物尸体后4～10h发作，主要表现为中枢神经兴奋症状，躁动不安，呕吐，呼吸困难，心率失常，腹痛，排尿和排便次数增加，疯狂地直线奔跑，不躲避障碍，吠叫，肌肉呈阵发性和强直性痉挛，口吐泡沫，后期对外界刺激反应迟钝，呼吸困难，最后表现昏迷与喘息，在抽搐中因呼吸抑制和心力衰竭持续约1min，最后死亡。从出现神经症状到死亡2～12h，死后迅速出现尸僵，剖检可见黏膜发绀、血色淤黑、器官充血。

马主要表现精神沉郁，黏膜发绀，呼吸急促，心率加快（每分钟80～140次），心律失常，肢端发凉，肌肉震颤。有时表现轻度腹痛，最后惊恐，鸣叫，倒地抽搐，很快死亡。

取胃内容物60g，加甲醇浸泡5～6h，滤过，滤液置于水浴上蒸干。残渣加水溶解（稍加温），移入分液漏斗，加乙醚反复抽提除去油脂、色素等杂质，去掉醚层，把水层仍置水浴上蒸干，残渣加少量甲醇溶解后作检液，经硫靛蓝反应呈阳性。

（四）诊断

根据病畜体温偏低、发病急、症状和剖检变化等特点，以及市场有鼠药出售和使用鼠药灭鼠的事实。可初步诊断。确诊需测定血液柠檬酸含量和可疑样品的毒物分析。

1）血液生化测定。主要测定血液中氟、柠檬酸和血糖含量。有机氟化合物中毒时血糖、氟和柠檬酸含量明显升高。

2）毒物分析。取可疑饲料、饮水、呕吐物或胃内容物进行有机氟化合物的定性和定量分析，阳性结果为确诊提供依据。

本病与有机磷、有机氯、士的宁中毒及急性胃肠炎等相似，应进行鉴别诊断。

（五）治疗与护理

对病畜应及时采取清除毒物和应用特效解毒药相结合的治疗方法。

1）清除毒物。及时通过催吐、洗胃、缓泻以减少毒物的吸收。犬、猫和猪使用硫酸铜催吐，牛可用 0.05%～0.1% 高锰酸钾洗胃，再灌服蛋清，最后用硫酸镁导泻。其他动物则用硫酸钠、液体石蜡下泻治疗。经皮肤染毒者，尽快用温水彻底清洗。

2）特效解毒。解氟灵（50% 乙酰胺），按 0.1～0.3g/kg 体重的剂量，肌内注射，首次用量加倍，每隔 4h 注射 1 次。直到抽搐现象消失为止，可重复用药。

乙二醇乙酸酯又名醋精，100ml 溶于 500ml 水中口服，也可按 0.125ml/kg 体重肌内注射。95% 乙醇 100～200ml，加适量常水，1 次 /d 口服，或用 5% 乙醇和 5% 乙酸，按 2ml/kg 体重口服。

3）对症治疗。解除肌肉痉挛，有机氟中毒常出现血钙降低，故用葡萄糖酸钙或柠檬酸钙静脉注射。镇静用巴比妥、水合氯醛口服或氯丙嗪肌内注射。兴奋呼吸可用山梗菜碱（洛贝林）、尼可刹米、可拉明解除呼吸抑制。

所有中毒动物均给予静脉补液，以 10% 葡萄糖为主，另加维生素 B_1 0.025g，辅酶 A 200IU，ATP 40mg，维生素 C 3～5g，1 次静脉滴注。昏迷抽搐的患犬常规应用 20% 甘露醇以控制脑水肿。肌内注射地塞米松 2～10mg/ 只，以防感染。

较为严重的动物可适量肌注硫酸镁 0.5～1g，同时静注 50% 葡萄糖适量，以强心利尿，促进毒物排除。

（六）保健护理

1）严加管理剧毒有机氟农药的生产和经销、保管和使用。

2）喷洒过有机氟化合物的农作物，从施药到收割期必须经 60d 以上的残毒排除时间，方可作饲料用，禁止饲喂刚喷洒过农药的植物叶、瓜果以及被污染的饲草饲料。

3）正确地投放灭鼠药，对有机氟化合物中毒死亡的动物尸体应该深埋，以防被其他动物食入。

4）对可疑中毒的家畜，暂停使役，加强饲养管理，同时普遍内服绿豆浆解毒。

三、尿素中毒

尿素是动物体内蛋白质分解的终末产物，在农业上广泛用做肥料。自从用作反刍动物的蛋白质饲料来源以来，由于各种原因，引起尿素中毒所造成的事故不断发生。

（一）病因

1）将尿素堆放在饲料的近旁，导致发生误用（如误认为食盐）或被动物偷吃。

2）尿素饲料使用不当。如将尿素溶解成水溶液喂给时，易发生中毒。饲喂尿素的动物，若不经过逐渐增加用量，初次就按定量喂给，也易发生中毒。此外，不严格控制定量饲喂，或对添加的尿素未均匀搅拌等，都能造成中毒。尿素的饲用量，应控制在全部饲料总干物质量的 1% 以下，或精饲料的 3% 以下，成年牛每天以 200～300g，羊以 20～30g 为宜。

3）个别情况下，牛、羊因偷吃大量人尿而发生急性中毒的病例。人尿中含有尿素在 3% 左右，故可能与尿素的毒性作用有一定的关系。

（二）症状

牛采食尿素后 20～30min 即可发病。开始呈现不安，呻吟，反刍停止，瘤胃臌气，肌肉震颤和步态不稳等，继则反复发作痉挛，呼吸困难，口、鼻流出泡沫状液体，心搏动亢进，脉数增至 100 次 /min 以上。后期出汗，瞳孔散大，肛门松弛。急性中毒病例，1～2h 以内即因窒息死亡。如延长一天，可发生后躯不完全麻痹。羊尿素中毒出现类似症状，痉挛发作时眼球震颤，呈角弓反张姿势。

（三）诊断

采食尿素史、血氨值升高对本病有确诊意义。由于本病的病情急剧，对误饲或偷吃尿素等偶然因素所致的中毒病例，救治工作常措手不及，多遭死亡。而在饲用尿素饲料的畜群，如能早期发现中毒病例，及时救治，一般均可获得满意的疗效。

（四）治疗与护理

早期可灌服大量的食醋或稀乙酸等弱酸类，以抑制瘤胃中脲酶的活力，并中和尿素的分解产物氨。成年牛灌服 1% 乙酸溶液 1L，糖 0.5～1kg 和水 1L。此外，可用硫代硫酸钠溶液静脉注射，作为解毒剂，同时对症应用葡萄糖酸钙溶液、高渗葡萄糖溶液、水合氯醛以及瘤胃制酵剂等，可提高疗效。

（五）保健护理

必须严格饲料保管制度，不能将尿素肥料同饲料混杂堆放，以免误用。在畜舍内尤其应避免放置尿素肥料，以免家畜偷吃。

饲用尿素饲料的畜群，要控制尿素的用量及同其他饲料的配合比例。而且在饲用混合日粮前，必须先经仔细地搅拌均匀，以避免因采食不匀，引起中毒事故。为提高补饲尿素的效果，尤其要严禁溶在水中喂给。有条件的单位，可将尿素与过氯酸铵配合使用，或改用尿素的磷酸块供补饲用，以利安全。

四、氨中毒

氨肥是氮质肥料，有硝酸铵、硫酸铵等。氨水（即氢氧化铵溶液，含量约为 20%）为化肥生产的副产品，故氨水中毒见于全国各地农村，尤以水牛较为多见。

（一）病因

1）由于氨水桶放置田头，耕牛偷饮氨水，或因误饮刚经施用氨肥的田水，造成中毒事故，沙土地的沟水尤有危险性。

2）硝酸铵为白色或淡黄色晶体，硫酸铵（肥田粉）为白色晶体，在外观上易同硫酸钠、食盐等混淆，在化肥缺乏严密保管的情况下，易因误用引起畜禽中毒事故。

3）氨水散发的氨气具有强烈的刺激性，空气中的最大允许浓度为 30mg/m³，如达到 70mg/m³ 上时，就可接触致病。或较低浓度经过较长时间，也可发生毒害作用。故在氮肥厂或氨水池密闭不严时，其所散逸的氨气可使邻近畜禽受害。鸡舍用氨气作熏蒸杀菌剂，在熏蒸后，如舍内未经充分换气，过早地放入畜禽，易发生氨中毒。

（二）症状

饮入氨水或含氮肥的田水所致的中毒病例，首先出现严重的口炎，整个口唇周围都沾满唾液泡沫。病牛精神萎顿，步态蹒跚，肌肉震颤和呻吟，食欲废绝，口黏膜潮红、肿胀以至糜烂。胃肠蠕动几乎停止，瘤胃臌气。因咽喉也发生水肿和糜烂而有剧烈的咳嗽，并出现呼吸困难和肺水肿，有湿啰音。若继发支气管肺炎，体温也随之升高，脉数疾速，节律不齐，有时出现颈静脉搏动。濒死时则发生狂乱的挣扎和惨声吼叫。

氨气灼伤者多呈角膜、结膜炎或角膜浑浊，有呼吸道的刺激症状或上呼吸道感染。

（三）治疗与护理

与尿素中毒相同，即初期可灌服稀盐酸、稀乙酸等弱酸性药液，试用硫代硫酸钠、水合氯醛，以及瘤胃制酵剂等。如有继发感染者，则应加用抗生素药剂。对于眼部灼伤，可涂敷红霉素或素高捷疗软膏。

（四）保健护理

注意化肥的保管和使用，特别是氨水池的构筑必须符合密闭要求，确保人、畜安全，不致耗损肥效。必须用密闭的容器装运氨水，避免在有耕牛作业或牲畜放牧的田头、路边放置敞露的氨水桶。禁止饮用刚施氨肥的田水或下流沟水。

第五节　灭鼠药中毒

灭鼠药中毒系因误吃了灭鼠用的毒饵或吃了中毒而死亡的老鼠出现的中毒症状。常见的灭鼠药有有机氟化物、安妥、磷化锌、双香豆素类。有机氟化物中毒见前面叙述。

一、安妥中毒

安妥（$C_{11}H_{10}N_2S$），又称甲-萘硫脲，为白色无臭味结晶粉末，是一种强有力的灭鼠药。犬、猫较敏感，犬中毒致死量 60～150mg/kg 体重，猫为 100～200mg/kg 体重。

（一）病因

误食毒饵或吞食毒死鼠类而中毒。安妥经肠道吸收后分布于肺、肝、肾和神经组织，生成氨和硫化氢，呈局部刺激作用。但主要毒性作用是经交感神经系统，阻断缩血管神经，造成肺部微血管壁的通透性增加，大量血浆漏入肺组织和胸腔，从而引起严重的呼吸障碍。此外，安妥有抗维生素 K 的作用，使血液凝固性下降，引起组织器官出血。

（二）症状

安妥主要引起肺部毛细胞管的通透性加大、血浆大量进入肺组织，迅速导致肺水肿。其主要症状是呕吐、呼吸困难、口吐白沫、咳嗽、精神沉郁、虚弱，可视黏膜发绀、鼻孔流出泡沫血色黏液。有的腹泻、运动失调。后期，张口呼吸，骚动不安，常发生强直性痉挛，最后窒息死亡。

（三）诊断

根据病史、症状和剖检可见胃肠道、呼吸道充血，呼吸道内充满带血性泡沫，肺水肿和胸腔积液等变化，可作出初步诊断。胃内容物和残剩饲料中检出安妥，即可确诊。

（四）治疗与护理

无特效解毒药，中毒不久给予催吐剂，如硫酸铜；给予镇静剂（如巴比妥）以减少对氧的需要，有条件可以输氧；投予阿托品、地塞米松、维生素C等药，减少支气管分泌物，增强抗休克作用，给予渗透性利尿剂（如50%葡萄糖溶液和甘露醇溶液）以解除肺水肿和胸膜渗出，也可静脉注射10%硫代硫酸钠溶液。亦可采用强心、保肝等措施。

二、磷化锌中毒

磷化锌是一种强力、价廉的灭鼠药。犬、猫中毒致死量为20～40mg/kg体重。

（一）病因

猫、犬常由于误食毒饵或毒死的老鼠等引起中毒。误食的磷化锌在胃内遇酸能产生剧毒的磷化氢和氯化锌。磷化氢吸收后分布于肝、心、肾和骨骼肌等组织器官，抑制所在组织的细胞色素氧化酶，影响细胞内代谢过程，造成细胞内窒息，使组织细胞发生变性、坏死，肝脏和血管受到损害，引起全身泛发性出血。中枢神经系统受损害，出现痉挛、昏迷等表现。氯化锌具有剧烈的腐蚀性，能刺激胃黏膜，引起急性炎性充血、出血和溃疡。

（二）症状

磷化锌是一种胃毒剂，在胃中与胃酸反应，生成极毒的磷化氢直接刺激胃肠黏膜；被吸收进入血液后，分布于全身各组织，即可直接损害血管黏膜和红细胞，发生血栓和溶血，又能导致所在组织细胞变性、坏死，最终由于全身广泛性出血，组织缺氧以致昏迷而死。中毒后出现食欲减退，继而呕吐不止，呕吐物（在暗处可发出磷光）或呼出气体有蒜味或乙炔气味，腹痛不安。呼吸加快加深，发生肺水肿，初期过度兴奋甚至惊厥、后期昏迷嗜眠；此外，还伴有腹泻、粪便中混有血液等症状。

（三）诊断

根据病史、临床症状（流涎、呕吐、腹痛和腹泻症状，呕吐物带大蒜臭，在暗处呈现磷光等）、剖检变化（肺充血、水肿以及胸膜渗出）和胃肠内容物的蒜臭味可作出诊断。呕吐物、胃内容物中检出磷化锌，可以确诊。

（四）治疗与护理

本病无特效药，病初可用 5% 碳酸氢钠溶液洗胃，以延缓磷化锌分解为磷化氢。亦可灌服 0.2%～0.5% 硫酸铜，与磷化锌形成不溶性的磷化铜，阻滞磷化锌吸收而降低毒性，促使患病动物呕吐，排出一部分毒物。也可用 0.1% 高锰酸钾洗胃，使磷化锌变为毒性较低的磷酸盐。为防止酸中毒，可静脉注射葡萄糖酸钙或乳酸钠溶液。发生痉挛时给予镇静和解痉药对症治疗。

第六节 药物中毒

在养禽生产中，为预防或治疗各种疾病，需要对禽群进行投药，但若剂量过大、拌料不均、用药时间过长等投药不当，则会引起药物中毒，导致饲料报酬降低，生长缓慢或产蛋下降，严重引起死亡。这些都应引起养殖者的重视，下面介绍几种常见药物中毒病及其防治。

一、磺胺类药物中毒

磺胺类药是人工合成的一类广谱抗菌药物，有 20 多种。这类药物能抑制大多数革兰氏阳性菌和一些阴性菌。在临床上能够预防和治疗多种细菌感染病，集抗菌增效于一身的特点和磺胺类药物能通过饲料添加给药的途径等特点，为现代集约化畜禽生产中饲料添加创造了有利条件，被广泛应用。各种动物均可发生，常见于家禽、犬和猫。

（一）病因及中毒机制

超量或持续服用磺胺类药物所致。

禽类对磺胺药的吸收率比其他动物高。一般而言，肉食动物内服后 3～4h，达血药峰浓度；草食动物为 4～6h；反刍动物为 12～24h。药物被机体吸收后，一部分在肝脏内经过乙酰化变为无抗菌作用但有毒性的乙酰磺胺。乙酰磺胺溶解度小，若用量过大，则大量乙酰磺胺常在肾小管内析出结晶，造成肾小管阻塞和肾损害。磺胺药的溶解性在酸性尿中比碱性尿中低，因此肉食动物的尿比草食动物更容易形成结晶。磺胺药干扰碘代谢，可引起甲状腺肿大。过量的磺胺还可导致粒细胞缺乏，血小板减少，高铁血红蛋白形成，胚胎发育停止，甚至出现急性药物性休克。家禽和牛可引起周围神经炎。磺胺药局部应用可抑制伤口愈合。反刍动物口服磺胺药可干扰瘤胃微生物合成 B 族维生素或肠道合成维生素 K。有些磺胺药可在肝脏直接对抗维生素 K 的活性，家禽和犬可改变凝血功能，凝血时间，凝血酶原时间，激活凝血酶时间以反激活的部分凝血活酶时间，都显著异常，分别延长为正常的 2～10 倍。

所有的磺胺药都可与血浆蛋白有不同程度的结合。用量过大，则血液中游离胆红质增高，会引起黄疸和过敏反应。由过敏还可引起造血系统功能失调和免疫器官的损害，使机体抵抗力下降，是继发混合感染和死亡的主要原因。此外，磺胺药还是碳酸酐酶的抑制剂，过量的磺胺可引起多尿和酸中毒。最近研究发现，磺胺二甲嘧啶对实验动物致甲状腺肿大的同时具有致癌性，因此动物性食品中这类药物的残留受到极大的关注。

（二）症状

发生急性中毒时主要表现为痉挛和神经症状。慢性中毒时精神沉郁，食欲减退或消失，饮水增加，拉稀，粪黄色或带血丝，鸡冠和肉髯萎缩苍白，贫血，黄疸，生长缓慢。产蛋鸡表现为产蛋明显下降，产软壳蛋和薄壳蛋。剖检主要表现血液凝固不良，皮肤、肌肉、内部脏器广泛出血。胸部和腿部皮肤、冠、髯、颜面和眼睑均有出血斑。胸部和腿部肌肉有点状出血或条状出血。心外膜和心肌有出血点。肝肾肿大，有散在出血点，肝脏黄染，脾脏肿大出血、梗死或坏死。肠胃浆膜和黏膜出血。肌胃角质膜下出血。肠道浆膜和黏膜可见出血点或出血斑。骨髓呈淡红色或黄色。肾脏苍白，输尿管增粗，内积有大量白色尿酸盐。

（三）诊断

可根据渐进性贫血的临床症状，结合长期性饲喂磺胺类药物的病史，参考剖检时以广泛性出血、肾及输尿管大量尿酸盐沉积等基本可作出初步诊断。有条件时可作血液的重氮反应试验或显微结晶对应而获得确诊。

（四）治疗与护理

发现中毒应立即停药，供给充足的饮水、在饮水中加入 0.5%～1% 的碳酸氢钠或 5% 葡萄糖。也可在饲料中加 0.05% 的维生素 K，或将日粮中维生素含量提高 1 倍。中毒严重的病鸡心肌内注射维生素 B_{12} 1～2µg 或叶酸 50～100µg。

（五）保健护理

谨慎使用磺胺类药物。如必须使用时，饲料和药物要充分混匀，要严格掌握用药剂量和疗程，连续用药时间不超过一周。在使用此药时，应使禽群充分饮水，促进药物排出，避免蓄积中毒，同时适当补充维生素 K、维生素 B。采用 2～3 种磺胺类药联合使用的方法，可提高治疗效果，减慢细菌耐药性的形成，并且用药量相对减少，药物毒性反应也较轻。

二、呋喃类药物中毒

呋喃类药物是一类人工合成的抗菌药物，应用广泛，有呋喃唑酮、呋喃西林、呋喃妥因和呋吗唑酮等。用药剂量过大或连续用药时间过长、药物在饲料中搅拌不均匀等均可引起中毒。其中呋喃唑酮又称痢特灵，是常用的肠道抗菌药。该药的安全系数低，家禽特别敏感，其治疗量与中毒量特别接近。

（一）病因

连续用药时间长，或用药剂量过大或拌药不匀。如鹅常用痢特灵预防量为每千克饲料 100～200mg，治疗量为每千克饲料 300～400mg。若每公斤饲料加入 1g 就能引起鹅痢特灵中毒。

（二）症状

痢特灵中毒多是急性。中毒的鸡由精神沉郁很快过渡为兴奋，运动失调，爪抽搐，在地上绕圈，并在 3h 以内死亡。病程短的鸡剖检时往往不呈病理变化，病程稍长的鸡剖检时可见消化道内容物为黄色，肝脏充血肿大，心脏、肠有点状出血。

中毒的鹅，步态不稳，运动失调，扭颈，不断鸣叫，严重的数分钟内抽搐死亡，轻的生长不良。中毒后剖检，口腔、食管、胃及十二指肠黏膜有淡黄色黏液，小肠黏膜充血、出血，肝肿大、淤血，心外膜有出血点。

病鸭表现精神萎顿或兴奋不安，站立不稳、乱跑、鸣叫；食欲废绝，嗉囊积食和充气；口渴而抢水喝，呕吐，吐出黄色液体；眼结膜发绀。有的鸭弓背、缩颈、垂头、闭眼、两翅下垂，常常挤在一起。严重的病鸭痉挛、抽搐、倒地死亡。病程快的从出现症状到死亡仅 10 多分钟，有的可拖延到 10 多小时才死亡。剖检病死鸭尸僵不全；口腔、嗉囊有黄色黏液或饲料充塞；肺淤血、稍肿；腺胃和肌胃的内容物呈黄色，小肠及大肠部分肠段充血出血，整个肠管浆膜呈黄褐色；心肌变性，肝充血肿大，胆囊肿大、胆汁充盈。

（三）治疗与护理

1）严格掌握用药剂量和用药时间，一般每千克饲料不能超过 400mg，前后用药时间不能超过 4d。

2）对已中毒的家禽可饮服 5% 葡萄糖溶液和维生素 B，或服用电解多维溶液。

3）可试饮 10mg/kg 高锰酸钾溶液或 5% 葡萄糖溶液。

4）口服维生素 B_1 片剂进行治疗。在投药的同时，供给大量饮水，水中最好加入少量葡萄糖或红糖。中毒轻微的家禽，在用药后 5～10h 内可恢复正常；中毒较重的则需 10h 后才能恢复正常。一般解救率可达 90% 以上。

三、喹乙醇中毒

喹乙醇（olaquindox）又名倍育诺、快育灵、喹酰胺醇，本品为浅黄色结晶粉末，无臭、味苦，溶于热水，微溶于冷水，在乙醇中几乎不溶。具有生长作用和良好的抗菌作用。但其安全范围小，若使用不当会引起中毒。

（一）病因

本病由于用药量过大或大剂量连续应用所致。喹乙醇作为家禽生长促进剂，一般在饲料中加入 25～30mg/kg。预防细菌性传染病，一般在饲料中添加喹乙醇 100mg/kg，连用 7d，停药 7～10d。治疗量一般在饲料中添加喹乙醇 200mg/kg，连用 3～5d，停药 7～10d。据报道，饲料中添加喹乙醇 300mg/kg，饲喂 6d，鸡就呈现中毒症状。饲料中添加喹乙醇 1000mg/kg 饲喂 240 日龄蛋鸡，第三天即出现中毒症状。喹乙醇在鸡体内有较强的蓄积作用，小剂量连续应用，也会蓄积中毒。

（二）症状

病鸡精神沉郁，缩头嗜睡，羽毛松乱，减食或不食，排黄色水样稀粪。鸡喙、冠、颜面及鸡趾变紫黑，卧地不动，很快死亡。轻度中毒时，发病较迟缓，大剂量中毒时，可在数小时内发病。产蛋鸡产蛋急剧下降，甚至绝产。对喹乙醇中毒，雏禽比成禽敏感，雄性比雌性敏感。剖检变化发现，皮肤、肌肉发黑，血液凝固不良。消化道出血，尤以十二指肠、泄殖腔严重，腺胃乳头和（或）乳头间出血，肌胃角质层下有出血斑、出血点，腺胃与肌胃交界处有黑色的坏死区。心冠状脂肪和心肌表面有散在出血点，心肌柔软。肝肿大有出血斑，色暗红，质脆，切面糜烂多汁，脾、肾肿大，质脆。成年母鸡卵泡萎缩、变形、出血，输卵管变细。

（三）诊断

根据有大剂量或连续应用喹乙醇的病史、临床特征及剖检变化可诊断。应注意与典型新城疫鉴别，新城疫有呼吸道症状、口流黏液、黄绿色稀便、抗体水平高低差距大。

（四）治疗与护理

严格掌握添加量，家禽拌料量为 25～35mg/kg。发现中毒时，立即停药，并以 5% 葡萄糖溶液和电解多维饮水；或用 5% 硫酸钠溶液给患鸡连饮 3d，并补充适量葡萄糖水和维生素 C。

（吴培福　胡俊杰　付志新）

参 考 文 献

陈可毅. 1994. 实用水牛疾病学 [M]. 长沙：湖南科学技术出版社

陈玉库，周新民. 2006. 犬猫内科学 [M]. 北京：中国农业出版社

陈振旅. 1980. 实用家畜内科学 [M]. 上海：上海科学技术出版社

程安春，汪铭书，江开毓，等. 1997. 现代禽病诊断和防治全书 [M]. 成都：四川大学出版社

邓华学. 2007. 中兽医学 [M]. 重庆：重庆大学出版社

冯军科，刘闯，李学武，等. 2010. 自制开瓶器在犊牛瘤胃鼓气治疗中的应用 [J]. 中国奶牛，(4)：63-64

弗雷萨. 1997. 默克兽医手册 [M]. 7 版. 韩谦，郑四军等，译. 北京：中国农业大学出版社

甘孟候. 1999. 中国禽病学 [M]. 北京：中国农业出版社

高得仪. 2001. 犬猫疾病学 [M]. 2 版. 北京：中国农业大学出版社

何得肆. 2007. 动物临床诊疗与内科病 [M]. 重庆：重庆大学出版社

贺普霄. 1999. 家畜营养代谢病 [M]. 北京：中国农业出版社

黄有德，刘宗平. 2001. 动物中毒与营养代谢病学 [M]. 兰州：甘肃科学技术出版社

姜聪文，陈玉库. 2006. 中兽医学 [M]. 北京：中国农业出版社

姜国均. 2008. 家畜内科病 [M]. 北京：中国农业科学技术出版社

金惠铭. 2000. 病理生理学 [M]. 5 版. 北京：人民卫生出版社

李国江. 2001. 动物普通病 [M]. 北京：中国农业出版社

李毓义，王哲，张乃生. 2002. 食草动物胃肠弛缓 [M]. 长春：吉林大学出版社

李毓义，王哲，赵旭昌，等. 1998. 醋酸盐缓冲合剂对碱过多性胃肠弛缓的疗效 [J]. 中国兽医学报，18 (2)：179-181

李毓义，杨宜林. 1994. 动物普通病学 [M]. 长春：吉林科学技术出版社

李祚煌. 1994. 家畜中毒及毒物检验 [M]. 北京：中国农业出版社

林祥梅. 1996. 动物尿石症的病因及控制 [J]. 畜牧与兽医，1:37-39

倪有煌，李毓义. 1996. 兽医内科学 [M]. 北京：中国农业出版社

谈建明，吴祖立，顾耀志，等. 1994. 实用禽病学 [M]. 上海：同济大学出版社

王建华. 1993. 动物中毒病及毒理学 [M]. 西安：天则出版社

王建华. 2003. 家畜内科学 [M]. 3 版. 北京：中国农业出版社

王俊东，董希德. 2001. 畜禽营养代谢与中毒病 [M]. 北京：中国林业出版社

王小龙. 2004. 兽医内科学 [M]. 北京：中国农业大学出版社

王宗元. 1997. 动物营养代谢病和中毒病学 [M]. 北京：中国农业出版社

文传良. 1990. 兽医验方新编 [M]. 成都：四川科学技术出版社

西北农学院. 1980. 家畜内科学 [M]. 北京：农业出版社

西北农业大学. 1985. 家畜内科学 [M]. 2 版. 北京：农业出版社

肖定汉. 2002. 奶牛病学 [M]. 北京：中国农业大学出版

胥洪灿，郑小波，聂奎，等. 2006. 犬猫疾病诊疗学 [M]. 重庆：西南师范大学出版社

许以平，郑捷. 1999. 现代免疫学检验与临床实践 [M]. 上海：上海科学技术文献出版社

颜世铭. 1999. 实用元素医学 [M]. 郑州：河南医科大学出版社

杨凤. 2001. 动物营养学 [M]. 2 版. 北京：中国农业出版社

杨若. 1979. 新编中兽医学 [M]. 甘肃：甘肃人民出版社

于船. 1979. 中兽医学 [M]. 北京：农业出版社

于船. 2000. 现代中兽医大全 [M]. 南宁：广西科学技术出版社

于匈. 1976. 实用兽医诊疗学 [M]. 哈尔滨：黑龙江人民出版社

张乃生. 2005. 畜禽营养代谢病防治 [M]. 北京：金盾出版社

Andrews A H, Blowe R W, Boyd H, et al. 2006. 牛病学——疾病与管理 [M]. 2 版. 韩博，苏敬良，吴培福等，译. 北京：中国农业大学出版社

Aspinall V. 2003. Clinical Procedures in Veterinary Nursing[M]. Elsevier Limited

Blood D C, Radostits O M. 1989. Veterinary Medicine. 7th ed. Bailliere-Tindall: Philadelphia

Braund K G. 1985. Granulomatous meningoencephalomyelitis [J]. Journal of The American Veterinary Medicine Association, 186(2): 138-141

Broderick G A. 2003. Effects of varying dietary protein and energy levels on the production of lactating dairy cows[J]. Journal of Dairy Science, 86(4): 1370-1381

Calnek B W. 1999. 禽病学 [M]. 10 版. 高福，苏敬良，译. 北京：中国农业出版社

Cherubin C E，Eng R H K. 1986. Experience with the use of cefotaxime in the treatment of bacterial meningitis[J]. American Journal of Medicine，80(3): 398-404

Coumbe K M. 2001. The Equine Veterinary Nursing Manual[M]. Boston：Blackwell Science Ltd

Feldstein T J，Uden D L，Larson T A. 1987. Cefotaxime for treatment of gram-negative bacterial meningitis in infants and children[J]. Pediatr Infect Dis J, 6(5): 471-475.

Kahn C M. 2005. The Merck Veterinary Manual[M]. 9th ed. Merck & Co. , Inc

Linn J G, Hutjens M F, Shaver R, et al. 2005. Feeding the dairy herd[M]. 34th ed. Dairy Star: University of Minnesota

McGuirk S M. Polioencephalomalacia in bovine neurological disease[J]. The Veterinary Clinics of North America, 3: 107-118

Prescott J E, Baggot J D. 1988. Antimicrobial therapy in veterinary medicine[M]. Boston: Blackweii Scientific Ltd

Radostits O M，Gay C C，Blood D C，et al. 2009. Veterinary Medicine: A Textbook of the Disease of Cattle, Sheep, Pigs, Goats and Horses[M]. 10th ed. W. B. Saunders Company Ltd

Scott E R. 1992. Cerebrospinal fluid collection and analysis in some common ovine neurological conditions[J]. British Veterinary Journal, 148: 15-22

Scott E R. 1996. Indications for lumbosacral cerebrospinal fluid sampling in ruminant species in field situation[J]. Agri-Practice, 17: 30-34

Scott P R. 1995. The collection and analysis of cerebrospinal fluid as an aid to diagnosis in ruminant neurological disease[J]. British Veterinary Journal, 151: 603-614

Scott R R, Penny C D. 1993. A field study of meningo-encephalitis in calves with particular reference to cerebrospinal analysis[J]. Veterinary Record, 133: 119-121

附："动物内科病与护理"课程教学法

一、学情分析

"动物内科病与护理"是一门专业核心课程，第五学期开设，共54学时，32学时理论，22学时实验。在学习这门课程之前，已经开设的课程主要是职业技术教育学、职业教育心理学、职业教育学、教育技术、动物医学教学论、动物解剖与组织学、动物生理生化、兽医药理学、兽医微生物学与免疫学、畜牧专业的饲养学、营养分析等学科的知识等，这些课程的学习目的主要是让学生掌握基本理论、基本知识和基本技能，通过动物保定及临床检查、兽医临床检验技术、兽医特殊诊断技术等课程作为桥梁课程，学完该课程后，为将来更好地学习动物治疗技术、动物传染病防控技术、动物寄生虫病防控技术、动物防疫检疫技术、动物急症处置与护理等课程打基础。

学生在学习该门课程之前，要熟悉"动物内科病与护理"是理论性强、实践性强的课程，必须要有足够的兴趣，同时铭记，优秀的兽医需要极其敏锐的眼光来发现问题并解决问题，临床实践是至关重要的一点。

二、教材分析

河北省是畜牧生产大省，畜禽饲养量大。2014年全省生猪饲养量5598万头、牛720万头、羊3715万只、家禽9.78亿只。2015年上半年，河北省有近300个奶牛养殖小区升级为规模养殖场，全省规模养殖场比例达到49%，同比提高15个百分点。目前，河北省奶牛存栏300头以上规模化养殖率达98%，奶牛规模化养殖率全国最高。同时，河北省毗邻京津，地理位置特殊，随着京津冀协同发展系列规划及配套措施的逐步出台，畜牧业协同发展是大势所趋，但与京津地区相比，河北省不同地区发展程度各异，总体还存在畜牧业设施比较落后、规模化和标准化程度不高、畜牧农民合作组织发展滞后的难题。同时，《中华人民共和国动物防疫法》、《执业兽医管理办法》、《执业兽医资格考试管理暂行办法》等法律法规的出台为我们培养怎样的职教师资本科学生，如何培养职教师资本科学生，如何评价职教师资质量等提出了挑战。为促进中等职业学校动物医学专业教师发展，培养动物医学本科专业职教师资，建设高素质"双师型"动物医学专业教师队伍，教育部、财政部启动的培养包项目为这样的改革提供了机遇。

传统的兽医内科学突出理论机制讲授，研究内容主要是研究动物非传染性内科疾病的发生、发展、转归及防治的学科，研究的主要内容是常见、多发、群发病，以研究疾病的发生机制、临床症状和防治方法为重点，发病机制是难点。课程内容包括病因学、发病机制、临床症状、病理变化、诊断、预后、治疗和预防等七个授课环节。改革后动物内科病与护理课程将体现工学一体，理实一体编写原则，具有思想性、科学性、先进性、启发性、适用性。目的是培养的学生和学生毕业后去职业中学任教培养的学生能适应社会经济发展和畜群健康需求变化，护理的对象从患病畜禽延伸到食品安全和动物福利；适应科学技术的发展，内容体现"新"；适应医学模式的变化与发展，内容的选择和构建从传统的单一动物发病模式转变为群发、多发疾病健康护理的模式，体现"以畜群的健康为中心，以整体观为指导，以治疗护理程序为主线"；适应当前动物医学教育的改革与发展。

"动物内科病与护理"课程内容包括绪论和消化系统的疾病、呼吸系统的疾病、心血管及血液疾病、泌尿系统疾病、神经系统疾病、营养代谢性疾病、中毒性疾病等，每个单元按照总论和任务的分类设立二级学习情景，最后按照项目落实到每一个疾病上。疾病的讲授内容主要是按照发病原因、临床症状、诊断方法、治疗和护理、保健护理等五部分完成。重点是培养以案例为主的教学模式和以问题导向为主的教学模式，主要体现在群发、多发的疾病上，如口炎、痛风、奶牛酮病等，以及实践教学中，如亚硝酸中毒病例的复制与解救、有机磷农药中毒病例的复制与解救、胃肠炎病例的复制与解救等。难点是临床上每一个病例（如犬、奶牛等）和群发疾病（猪、禽）等所表现的症状，如何分析症状，如何查找病因，诊断的依据是什么，从哪个角度思考更切合实际，这些理论究竟与哪些疾病所表现出来的需要支持的理论要进行鉴别，真正在临床实践中，这些理论知识如何随着动物个体的差异或者饲养环境的改变及时调整方案等，如何给养殖场负责人、农场主说清楚平时应该从那些方面注意，以减少或预防疾病的发生等。

三、各章节教学法

关于兽医内科学理论的教学方法，国内许多高校教师已有报道，如循篇逐章讲授、"三明治"教学法、层次教学法、比较式教学、重点精讲式教学、讨论式教学、综述式教学、鉴别诊断式讲授、多媒体组合教学、以案例为基础的教学模式（case-based learning，CBL）、以问题为基础的教学模式（problem-based learning，PBL）等；但是"动物内科病与护理"是一门理论性和实践性都很强的临床主干课程之一，加上研究范围的扩大、内容的丰富、层次随着生物技术手段提高而加深，疾病的发病规律越加系统，所以在理论教学内容和教学方法改革的基础上，绪论和每一个单元的总论以综述式教学，其他落实到的具体每一个疾病采用案例为基础的教学模式或以问题为基础的教学模式的教学法。

四、教学法举例

1. 有机磷农药中毒（PBL 教学法）

教学思路：案例下发—问题提出—查阅资料—小组讨论—问题再提出—查阅资料—班级交流与讨论—总结反馈。

（1）设计阶段　　先给学生提供标准化案例的部分信息，之后教师提出动物有机磷农药中毒病是临床上常发的疾病，所以就想让学生通过自学加动手操作的方式学会该病。实习前先将项目的目的及思路告诉学生，7 个学生一组，自由组合，最好每组有个男生，特别是做犬的组，以保证安全。每组由组长、秘书和成员组成，每个成员负责的内容按照项目内容分工，该项目的内容包括：需要试剂的种类和数量；配制试剂所需的仪器、设备；各种耗材的清洗、消毒；溶液的配制；病例的复制；总结；每个成员的心得体会；完整的报告。最后每组选一位代表答辩，全班同学可以随时提问，全班所有小组的组长作为评委打分，最后平均值作为该组的分值，占 60%，每个组长给自己的成员打分占 30%，指导教师根据整个实验过程中问题的解决能力及动手能力打分 10%，这样每个学生就可以得到一个分值，在最后期末考试时占 30%。

（2）实施阶段　　学生们根据自己的时间及实习内容，由组长召开全组会议，给每个成员分工，如有的学生负责药品的领用及配制，有的学生负责实验器材的选择、领用及清洗消毒，有的负责对动物的灌胃、采血及注射等。但是实验在进行过程中遇到的问题很多，如每种药品的用途及剂量、生产厂家及批号等；首次用药后 2h 内无明显症状；用试纸法测血后试纸呈两圈显色带，且颜色不一致的原因；正常对照测得的数据与实验原理明显矛盾。实验有时被迫停止，成员之间互相埋怨或者有情绪，组长作为主责人同组员一起借助网络和图书馆查阅资料，甚至向相关的专业老师，如向教授生理课程、药理课程的老师求助，最终团结一心，在两周时间完成这个项目，每个学生都写出了个人体会，秘书交了一份完整的实习报告。

（3）讨论总结阶段　　每个组在完成实习报告后，精心准备 PPT，先在组内预答辩，设想在全班答辩的时候其他组的组长和同班学生可能问到的问题，同学们将在试验过程中的每个细节都用手机录像，作为证据，以证实在答辩过程中同学给他们组的提问。答辩会由指导教师主持，全班同学参与，因为每个组都进行过这个实习，遇到的问题及解决思路都不一样，各个组的结论出入较大，分析可能的原因比较牵强。指导教师在仔细听取学生的答辩时，还要及时点拨，这样有助于学生理清思路，并使讨论控制在正确方向上。指导教师的适时介入，合理控制讨论激烈程度，以期达到最佳的教学效果。

2. 腹腔积液（CBL 教学法）

（1）设计阶段　　理论教学可以采用以下三种方式选择进行：一是多媒体演示病例，运用现代化多媒体技术将临床病例图片、录像、化验单、诊断步骤、治疗方法等演示出来，可使教学内容形象、生动、直观，帮助学生理解和掌握内科疾病，大大提高教学质量；二是课堂讨论临床案例，在基本理论知识讲授结束后，针对典型案例让学生讨论，采用启发式、诱导式、讨论式等教学方法，调动学生发言的积极性，教师引导学生进行深入探讨，得出准确结论，最后教师作归纳总结；三是现场学习临床案例，先与学校动物医院取得联系，然后组织学生现场观摩临床病例，学习临床兽医如何与畜主交流询问病史，怎样做临床检查，如何分析鉴别症状，如何正确合理地诊断和撰写处方等，结束后，组织学生谈体会，进行总结点评，以使学生的知识水平真正得到提高。如果学习效果良好，可将学生分成几个小组进行临床病例的实践，使其真正体会到临床兽医所必须具备的能力。

（2）实施阶段

1）采用多媒体演示病例。

病例简介：贵宾犬，2 岁，雄性，已去势。该犬一个月前做去势手术，20 天前出现呕吐，食欲下降，最近一周完全无食欲，一天前检查出有血性腹水。既往史：无。现病史：呕吐，精神沉郁，呼吸急促，偶尔张口呼吸，腹围增大。

2）临床检查：体温 39.8℃、心率正常、血压 119/72/88。中度脱水，口腔黏膜浅粉色，触诊腹部紧张。

3）实验室检查。

A. 血常规检查。

检查项目	单位	检测值	参考范围	检查项目	单位	检测值	参考范围
RBC	L	4.88×10^{12}	5.65～8.87	NEU	$\times10^9$L	10.28	2.95～11.64
HCT	%	33.6	37.3～61.7	LYM	$\times10^9$L	1.67	1.05～5.10
HGB	g/dl	11.1	13.1～20.5	MONO	$\times10^9$L	1.06	0.16～1.12
MCV	fl	68.9	61.6～73.5	EOS	$\times10^9$L	0.12	0.06～1.23
MCH	pg	22.7	21.2～25.9	BASO	$\times10^9$L	0.06	0～0.10
MCHC	g/dl	33.0	32.0～37.9	PLT	K/μl	8	148～484
RDW	%	17.4	13.6～21.7	MPV	fl	8.3	8.7～13.2
RETIC	%	1.9	0～1.5	PDW	fl	13.0	9.1～19.4
RETIC	K/μl	90.8	10.0～110.0	PCT	%	0.01	0.14～0.46
WBC	L	18.66×10^9	5.05～6.76				

B．生化检查。

检查项目	单位	检测值	参考范围	检查项目	单位	检测值	参考范围
GLU	mmol/L	3.8	4.11～7.95	AST	U/L	＞1083	0～50
UREA	mmol/L	1.1	2.5～9.6	ALKP	U/L	266	23～212
CREA	μmol/L	43	44～159	GGT	U/L	4	0～7
BUN/CREA	mg/dl	6	10～26	TBIL	μmol/L	24	0～15
PHOS	mmol/L	1.14	0.81～2.20	CHOL	mmol/L	3.25	2.84～8.26
CA	mmol/L	2.08	1.98～3.00	NH_3	μmol/L	29	0～98
MG	mmol/L	0.69	0.58～0.99	TRIG	mmol/L	0.27	0.11～1.13
TP	g/L	50	52～82	AMYL	U/L	956	500～1500
ALB	g/L	21	23～40	LIPA	U/L	458	200～1800
GLOB	g/L	29	25～45	CK	U/L	145	10～200
ALB/GLOB	g/L	0.7	0.89～0.9	LDH	U/L	863	40～400
ALT	μ/L	412	10～125	LAC	mmol/L	2.22	0.50～2.50

C．血气检查。

检查项目	单位	检测值	参考范围
pH		7.33	7.31～7.42
HCO_3	mmol/L	19.7	20.0～29.0
PCO_2	mmHg	42.0	32.0～49.0
AnGap	mmol/L	25	8～25
TCO_2	mmol/L	20.8	21.0～31.0
Na	mmol/L	159.0	144.0～160.0
K	mmol/L	4.2	3.5～5.8
Cl	mmol/L	118.0	109.0～122.0

D．犬胰腺特异脂肪酶（cPL）异常。

E．腹腔液检查。腹水红色、浑浊，李凡他试验阴性，镜检少量的炎性细胞、大量红细胞。计数 100 个炎性细胞：淋巴细胞 55%、嗜中性粒细胞 26%、单核巨噬细胞 18%、嗜酸性粒细胞 1%。测腹水内蛋白水平，得到如下结果：

检测项目	TP	ALB	GLOB	ALB/GLOB
检测值	9g/L	9g/L	9g/L	2.0

F．X 光检查。

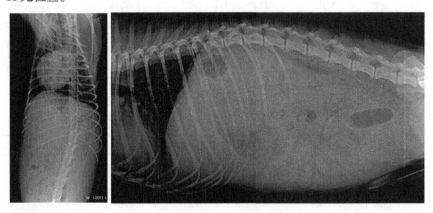

G．B 超检查。

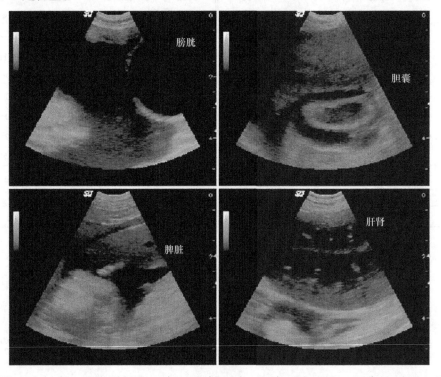

肝脏大小正常，肝实质回声正常，肝缘钝圆，胆囊透声度差，胆囊壁增厚，最厚处达 0.43cm（正常厚度小于 2～3mm），且呈强回声，形态不规则，边缘模糊，胆管扩张，官腔宽度达 0.89cm（正常小于 3mm）。

膀胱前侧、脾脏外侧缘、肝叶间、肠袢之间存在大量无回声或低回声液性暗区。

其他各脏器未见明显异常，腹腔内大量积液，未能明确找到胰腺。

H. 诊断。依据病史调查、临床症状观察和实验室辅助检查，初步得出腹腔积液。确诊需要通过 B 超引导穿刺后进行检查。

I. 治疗与护理。

J. 保健护理。

（3）讨论总结阶段

1）胰腺炎并发症有哪些，预后如何？

2）诊断思路：B 超引导下进行腹腔穿刺，判断腹水特性，为血性渗出液（浑浊，含大量红细胞、炎性细胞）。

据统计，血性腹水的病因以恶性肿瘤居多，若肿瘤破裂出血或肿瘤浸润腹膜、肠系膜血管致小血管糜烂、破裂出血，则导致血性腹水。该病例腹部 B 超各脏器、肠系膜上未见明显可疑肿物，且腹水内无可识别的肿瘤细胞，所以肿瘤的可能性极小。

肝硬化导致凝血功能障碍引起血性腹水也较常发生。但该病例经腹部 B 超可见，肝实质回声正常，肝叶大小正常，肝缘钝圆，形态规则，影像学上并未表现出肝硬化的病征。

从血液检查结果可得，犬胰腺炎阳性，急性出血坏死型胰腺炎可引起血性腹水。当动物发生胰腺炎时，炎症可直接从胰腺扩散到肝脏，引起肝炎，且发炎、水肿的胰腺压迫胆管，导致肝外胆管阻塞，胆汁流入胆总管受阻，导致胆汁淤积，胆管扩张，引发胆囊炎，均可导致肝酶活性升高（ALT、AST、ALKP），TBIL 升高。出血导致 HCT 降低，长期无食欲、呕吐，使 GLU、UREA、CREA 及蛋白低于正常值，持续血管和腹膜的渗漏也可引起低蛋白血症。血小板极低可能由于肝炎或急性感染，或由于出血导致机体血循环出现局限的凝血促动，产生过量的凝血酶，破坏体内凝血和抗凝过程的平衡，在凝血过程中大量血小板被消耗。

（付志新　胡俊杰　吴培福）